全国煤矿“三项岗位人员”安全培训考核系列教材

煤矿瓦斯检查作业

操作资格培训考核教材

中国煤炭工业协会培训中心 组织编写
全国煤炭行业教育培训资源编审专家委员会 审定

李雪琴 杜欣拓 主编
周心权 纪海矿 主审

应急管理出版社
·北京·

图书在版编目(CIP)数据

煤矿瓦斯检查作业操作资格培训考核教材/中国煤炭工业协会培训中心组织编写;李雪琴,杜欣拓主编.
——北京:应急管理出版社,2025
全国煤矿"三项岗位人员"安全培训考核系列教材
ISBN 978-7-5237-0256-7

Ⅰ.①煤… Ⅱ.①中…②李…③杜… Ⅲ.①煤矿—瓦斯监测—安全培训—教材 Ⅳ.①TD712

中国国家版本馆 CIP 数据核字(2024)第 007204 号

煤矿瓦斯检查作业操作资格培训考核教材
(全国煤矿"三项岗位人员"安全培训考核系列教材)

组织编写 中国煤炭工业协会培训中心
主　　编 李雪琴　杜欣拓
责任编辑 成联君
编　　辑 康嘉焱
责任校对 赵　盼
封面设计 众安图书

出版发行 应急管理出版社(北京市朝阳区芍药居 35 号　100029)
电　　话 010—84657898(总编室)　010—84657880(读者服务部)
网　　址 www.cciph.com.cn
印　　刷 徐州市立达印刷有限公司
经　　销 全国新华书店

开　　本 787mm×1092mm 1/16　**印张** 16　**字数** 381 千字
版　　次 2025 年 1 月第 1 版　2025 年 1 月第 1 次印刷
社内编号 20231444　**定价** 39.00 元

全国煤矿“三项岗位人员”安全培训考核系列教材
编审委员会

本书编委会

主　　编　李雪琴　杜欣拓
副 主 编　武春辉　郭海涛　孙昌宁　陈世宁
参　　编　姜秀雷　范智娟　郑卯成　张小娟
主　　审　周心权　纪海矿
审　　稿　王永湘　周连春　徐　永

出版说明

为了落实《安全生产法》《煤矿安全生产标准化管理体系基本要求及评分方法(试行)》等法律法规对煤矿安全培训工作的新要求,根据应急管理部、国家矿山安全监察局"按照看得懂、记得住、用得上原则,开发分层次、分专业、分岗位的教材体系""建设安全生产数字资源库,推动安全培训课件、事故案例、电子教材等资源共建共享"的要求,我们组织了煤炭行业的专家和骨干教师,共同编写了这套"科学准确、先进实用、配套数字化资源"立体化新形态的《全国煤矿"三项岗位人员"安全培训考核系列教材》。

为了编写好本套教材,我们组织了近二百位煤炭行业的专家和教学经验丰富的骨干教师,深入煤矿企业、安全培训机构进行了大量的调研,广泛征求了各方面的意见,力求做到教材与培训大纲、考核要求、考试题库、实际培训授课的有机统一和融合,确保做到科学准确和先进实用。本套教材具有如下特点:

(1) 内容新颖,科学准确。教材严格按照近年来颁布和修订的法律法规(如2024年的《煤矿安全生产条例》《关于防范遏制矿山领域重特大生产安全事故的硬措施》,2023年的《关于进一步加强矿山安全生产工作的意见》《煤矿地质工作细则》《煤矿单班入井(坑)作业人数限员规定》,2022年的《煤矿安全规程》《煤矿防灭火细则》等)进行编写,注重介绍当前煤矿生产中的新技术、新工艺、新材料、新设备和新方法,选取近五年内的典型事故案例。

(2) 严格按照培训大纲和考核要求编写。教材在编写中严格按照国家公布的培训大纲和考核要求编写,增加了《安全生产法》《煤矿安全生产标准化管理体系基本要求及评分方法(试行)》等关于安全培训的新内容和新要求(如安全风险分级管控、隐患排查治理、煤矿安全生产标准化和全员安全生产责任制等),同时考虑到煤矿"三项岗位人员"安全培训考核取证的实际,不过度拓展。

(3) 体例合理,配套数字化教学资源。教材将大纲考核内容的顺序进行适当调整,知识点之间有效衔接,便于读者由浅入深、循序渐进进行学习。教材配套PPT电子课件和视频、动画等微课、事故案例,便于教师讲授和学员学习。

(4) 建立网络题库,学员免费练题。学员用手机扫描书上的注册码和验证码(一书一码),登录后可以顺序练题、随机练题、模拟考试,自动建立个人错题集,以有效应对考试。

本套教材的编审得到了中国煤矿安全技术培训中心、山西煤矿安全培训中心、山东煤矿安全技术培训中心、河北煤矿安全培训中心、四川矿山安全技术培训中心、内蒙古煤矿安全培训中心、宁夏煤矿安全技术培训中心、江苏煤矿安全技术培训中心、国家能源集团神东煤炭教育培训中心、国家能源集团乌海能源职工培训中心、平顶山天安煤业股份有限公司安全技术培训中心、兖矿能源集团员工教育培训中心、内蒙古平庄煤业(集团)有限责任公司职工教育培训中心、华亭煤业集团有限责任公司培训中心、扎赉诺尔煤业有限责任公司职工教育培训中心、铁法能源有限责任公司安全培训中心、山东能源集团济南培训中心、晋能控股煤业集团培训教育中心、晋能控股煤业集团太原煤炭气化(集团)有限责任公司培训中心、山西焦煤霍州煤电集团职工培训教育中心、甘肃靖远煤电股份有限公司职工培训处、窑街煤电集团职工教育培训中心、新汶矿业集团公司安全技术培训中心、峰峰集团教育培训中心、淮北矿业集团安全培训中心、陕西陕煤彬长矿业集团员工培训中心、郑煤集团职工教育培训中心、淮河能源控股集团职工培训中心、华阳新材料集团公司人才培训中心、山西焦煤西山煤电(集团)有限责任公司职工教育中心、神木职业技术教育中心、新疆煤炭工业安全技术培训中心、鄂尔多斯市煤炭安全技术培训中心、毕节市煤矿安全技术培训中心、华晋焦煤有限责任公司培训中心、山东煤炭技师学院培训中心、大同煤炭职业技术学院培训部、中煤华利能源控股有限公司山西分公司培训中心、川煤集团攀枝花煤矿培训中心、晋能控股电力集团培训中心、吕梁市吕能培训有限公司、潞安职业技术学院、陕西能源职业技术学院、辽北技师学院、抚顺矿业集团技师学院、山西汾西矿业(集团)公司员工学校、山西工程职业学院、山西能源学院、山东能源新矿集团、河南能源化工集团焦煤公司、河南能源化工集团永煤公司职工培训学校、河南能源化工集团鹤煤公司、河南省能源工业技师学院、潞安职业技术培训学校、河南神火集团、晋能控股装备制造集团有限公司、陕西工程科技高级技工学校、晋能控股集团技师学院、晋中职业技术学院、云南能源职业技术学院、山东肥矿技师学院、中煤职业技术学院、徐矿集团人才培训中心、河南理工大学安全技术培训学院、河南工程学院安全技术培训中心、兰州资源环境职业技术学院安全技术培训中心、陕西陕煤黄陵矿业有限公司、陕西陕煤韩城矿业有限公司、陕西陕煤彬长矿业有限公司、陕西陕煤蒲白矿业有限公司、开滦(集团)有限责任公司、汇永控股集团有限公司、河南煤化集团、淮北矿业集团、皖北煤电集团、黑龙江鸡西矿业集团、开滦集团、潞安化工集团新元煤矿、山东能源集团、山西通洲煤化集团、太原国信安全技术有限公司、中国矿业大学(北京)、中国矿业大学、华北科技学院、吕梁学院、四川师范大学安全培训中心、六盘水师范学院、徐州众安图书有限公司等单位的大力支持,在此表示衷心感谢!

中国煤炭工业协会培训中心

前　言

为了落实煤矿安全培训“教考分离、统一标准、统一题库、统一证书、分级负责”的原则，贯彻执行《特种作业人员安全技术培训考核管理规定》《安全生产培训管理办法》和《煤矿安全培训规定》等对煤矿特种作业人员培训的规定，进一步做好煤矿特种作业人员安全操作资格培训考试工作，我们组织煤矿安全监察部门和煤矿安全培训机构的专家和学者，共同编写了《煤矿瓦斯检查作业操作资格培训考核教材》。

在本书编写过程中，编写人员深入煤矿企业、培训机构进行了大量的调研，广泛征求了各方面的意见，认真研究了大纲和题库，力图做到教材与考核大纲、实操考核标准、考试题库、实际培训授课的有机统一和融合。本书突出了煤矿瓦斯检查作业人员岗位知识和技能，具有很强的权威性、针对性和实用性。

本书主要有以下特点：

(1) 按照最新培训大纲和考核要求编写。本书以原国家安全生产监督管理总局颁布实施的《煤矿特种作业人员安全技术培训大纲及考核要求》(AQ 标准)和原国家煤矿安全监察局制定的《煤矿特种作业安全技术实际操作考试标准(试行)》为依据，贯彻了《特种作业人员安全技术培训考核管理规定》和《煤矿安全培训规定》对煤矿特种作业人员安全培训的新要求。

(2) 与国家题库无缝对接，有效融合。本书涵盖了国家题库的内容，把题库进行分类整理，有效融合在书中，并在题库解析部分指出了易错题，便于读者系统全面地理解、学习。

(3) 内容新颖，实用性强。本书编写过程中融入最近几年颁布和修订的法律法规(如 2021 年的《刑法》《安全生产法》《煤矿重大事故隐患判定标准》、2022 年的《煤矿安全规程》、2024 年的《煤矿安全生产条例》等)，注重介绍当前煤矿生产中的新技术、新工艺、新材料、新设备和新方法，选取了最近几年发生的典型事故案例。

(4) 体例合理，便于讲授和学习。本书把《煤矿特种作业人员安全技术培训大纲及考核要求》(AQ 标准)规定的考核内容的顺序进行了适当调整,使知识点之间有效衔接,便于教师讲授,也便于读者由浅入深地进行学习和备考。

(5) 立体化教材,动画、视频扫码可看。书中插入二维码,对于重点、难点,以及一些操作性强的内容,扫码可看视频讲解或动画演示,提高了教材的可读性。

(6) 建立网络题库进行考试练习。学员可以用手机或电脑免费练题。学员手机登录网络题库,可以进行顺序练题、随机练题、模拟考试,可以建立个人错题集,便于复习提高(网络题库免费使用期为验证后1年)。学员可先按章节顺序练题,生成个人错题集,随后在错题集中练习,逐步减少错题集中题目的数量,最终掌握所有错题。

(7) 编制了配套的电子课件,便于教学。我们组织教学经验丰富的教师编写了 PPT 电子课件,对购书超过 200 册的单位可以免费赠送,联系邮箱:414697740@qq. com。

本书由中国矿业大学(北京)周心权教授和全国煤炭行业技能大师淮北矿业集团纪海矿担任主审。两位专家从科学性、适用性和准确性等多方面进行了审阅和修改,在此表示衷心的感谢。

欢迎读者对本书提出批评和修正意见,以便以后修订完善。意见反馈邮箱为:414697740@qq. com。

编　者

视频和网络题库使用流程

1. 微信扫描本书封底的注册码,完成“众学教培服务平台”小程序的注册(可以点击右上角三个点,添加到桌面上,便于以后使用)。已经注册过的,无须重复注册。

2. 在“众学教培服务平台”中“我的”里面找“扫一扫”,扫描本书封底的验证码(一书一码,只能一人验证)。

3. 在“众学教培服务平台”中“我的”里面找“扫一扫”,扫描书中的二维码即可观看视频。

4. 在“众学教培服务平台”中“题库”里面找“煤矿瓦斯检查作业”题库,即可进行网络练题。

5. 使用中如有问题,请联系 QQ414697740、微信 13813483120。

目　录

第一篇　煤矿安全基本知识

第二篇 安全专业技术知识

第三篇 实际操作技能

培训学时安排表

为便于教学，我们按照近年来煤矿特种作业人员培训的新要求和培训大纲（AQ 标准）规定的培训内容，编制了培训学时安排表。

项目		培训内容	在本书中的位置	学时
安全技术知识（64 学时）	安全基本知识（24 学时）	煤矿安全生产法律法规与煤矿安全管理	第一章	4
		煤矿生产技术与主要灾害事故防治	第二、四章	10
		煤矿瓦斯检查工的职业特殊性	第七章	2
		职业病防治	第六章	4
		自救、互救与创伤急救	第五章	4
	安全技术基础知识（36 学时）	矿井通风	第三章	4
		矿井瓦斯防治	第八章	6
		矿井瓦斯检查与管理	第十章	6
		矿井瓦斯、一氧化碳、氧气检测仪器仪表	第十一章	4
		矿井安全监控系统	第十二章	2
		矿尘防尘	第四章	2
		矿井火灾防治	第四章	4
		典型事故案例分析	第四、十三章	4
		实验参观		4
	复习			2
	考试			2
安全操作技能（26 学时）		光学甲烷检测仪的使用与简单维护	第十一、十四章	6
		便携式甲烷检测仪的使用	第十一、十四章	4
		便携式二氧化碳检测仪的使用	第九、十四章	4
		一氧化碳检测仪的使用与维护	第十一、十四章	4
		自救器的使用训练	第五章	2
		创伤急救训练	第五章	2
		复习		2
		考试		2
合计				90

第一篇　煤矿安全基本知识

第一章　煤矿安全生产法律法规与安全管理

本章培训与考核要点

- 了解我国安全生产方针
- 了解有关煤矿安全生产法律法规
- 掌握劳动保护相关知识
- 掌握煤矿从业人员安全生产的权利和义务
- 了解煤矿安全管理制度

第一节　煤矿安全生产形势与安全生产方针

一、煤矿安全生产形势

近年来，我国煤矿安全生产形势持续稳定向好。随着落后产能淘汰退出，截至2023年底，全国煤矿数量减少到4300余处，年产120万t以上的大型煤矿产量占85%左右，实现“一井一面”或“一井两面”生产煤矿达1904处，已建成智能采掘工作面1400余个，有智能化工作面的煤矿有730余处。2023年，发生煤矿事故114起、死亡272人，全国煤矿百万吨死亡人数0.094人，比2022年上升23.7%。尽管近年来煤矿安全生产工作取得明显成效，但形势依然复杂严峻，重大事故尚未杜绝，较大事故时有发生，一般事故还经常发生，还存在一些突出问题。

(1) 安全培训不到位。受煤价波动等多种因素影响，安全培训工作弱化，培训质量不高，精准培训有差距。煤矿安全培训走形式、走过场，假培训、假办班、乱办班，假考核、乱发证、办假证等时有发生。

(2) 违法违规行为屡禁不止、屡罚不改。煤矿超层越界开采、超能力超强度生产、违规开采安全煤柱、违规转包分包、不经批准擅自复工复产等违法违规行为严重。

(3) 危险源辨识、风险管控不够深入。一些地区、部门和煤矿企业风险意识不强，把风险管控等同于一般性安全检查，在办公室或在电脑里搞风险辨识与管控，没有落实到煤矿井下现场，没有真正辨识系统性、深层次的危险源，也没有切实制定风险管控措施。

(4) 企业主体责任落实不到位。安全发展理念树得不牢，重生产轻安全，好像是为政府抓安全，缺乏内生动力。一些国有企业多层级管理，责任落实层层递减，制度措施和现场管理"两张皮"。

(5) 事故教训吸取不深刻。2020 年重庆松藻"9・27"重大火灾事故后，不到 3 个月吊水洞煤矿又发生重大事故。湖南省耒阳市 2011 年、2012 年连续发生透水事故后，2020 年又发生重大透水事故，3 起事故如出一辙。2023 年 2 月 22 日，内蒙古新井煤矿发生大面积坍塌事故，造成 53 人死亡。鄂尔多斯市小纳林沟露天煤矿 3 月 4 日因存在重大隐患被责停产整改，3 月 8—20 日竟然还偷偷出煤 7 万多吨。

(6) 随着开采深度的增加，一些矿井灾害日益严重。截至 2022 年底，全国煤矿有高瓦斯矿井 840 处、煤与瓦斯突出矿井 718 处、冲击地压矿井 133 处。随着开采深度的增加，部分煤矿由低瓦斯矿井向高瓦斯矿井或煤与瓦斯突出矿井演变、无冲击地压危险矿井向弱冲击或强冲击危险矿井演变、水文地质类型由简单向复杂或极复杂演变，大采深矿井地热、岩爆等问题凸显，且多种灾害叠加，煤与非煤、油气等相互伴生，防控难度增大。

(7) 采掘接续紧张没有有效解决。一些煤矿采掘接续紧张问题一直没有得到有效解决，有的矿井甚至还在加重，导致灾害治理时间、空间不足。传统上煤矿生产接续按照"两头"保"一面"布置，现在为了灾害治理需要"多头"保"一面"，但一些煤矿在投入、队伍、管理、技术上跟不上，陷入了采掘接续紧张的恶性循环。

(8) 外部环境不确定性带来安全风险。受国际能源贸易摩擦、行业特点和极端天气等影响，个别地区、个别时段可能出现煤炭市场异常波动、价格大起大落，企业开开停停，造成生产不均衡，事故风险增加。

煤矿安全生产必须以习近平新时代中国特色社会主义思想为指导，以改革创新为根本动力，以保护矿工生命安全为根本目的，健全矿山安全法治、安全责任、灾害防治、科技支撑、基础保障和社会化服务等六大体系，实施矿山智能化建设、重大灾害治理、风险分级管控和隐患排查治理、从业人员素质提升、监管监察能力建设和信息化建设等重点工程，扎实推进煤矿安全治理体系与治理能力现代化，才能实现煤矿安全的根本好转。

二、煤矿安全生产方针

(一) 煤矿安全生产方针的内容

安全生产方针是指国家对安全生产工作的总要求，是安全生产工作的方向。煤矿企业必须遵循"安全第一、预防为主、综合治理"的安全生产方针，把它作为安全生产工作的指导思想和行为准则。

1. 安全第一

安全第一是指强调安全，强调人的生命与健康高于一切，安全优先，以人为本，把安全放在一切工作的首位。煤矿企业要树立红线意识，落实"不安全不生产，隐患不排除不生产，安全措施不落实不生产"的原则，井下从业人员要珍惜自身生命健康，保持随时、随地安全生产的习惯，杜绝侥幸心理，实现自主保安、相互保安。

2. 预防为主

预防为主是指实现安全生产的主要工作在于预防，把安全生产工作的关口前移，超前防范，通过预防工作及时把各类事故消灭在萌芽之中。

3. 综合治理

综合治理是指综合运用各种手段，包括加强安全生产管理，保证安全生产投入，加强安全生产教育培训，做好业务保安、科技兴安工作，充分发挥各方面的安全监督作用，来保证安全生产。综合治理要求做到全方位、全过程、全员管理；重视科学技术对煤矿安全的重要支撑作用，提高煤矿生产机械化、自动化、信息化水平。综合治理是安全生产工作的重心所在，是保证安全管理目标实现的重要途径。

“安全第一、预防为主、综合治理”的安全生产方针是一个有机统一的整体。安全第一体现了以人为本的发展思想，是预防为主、综合治理的统帅和灵魂，没有安全第一的思想，预防为主就失去了思想支撑，综合治理就失去了整治依据。预防为主是实现安全第一的根本途径。只有把安全生产的重点放在建立风险管控预防体系上，超前防范，及时发现和整改事故隐患，才能有效减少事故损失，实现安全第一。综合治理是落实安全第一、预防为主的手段和方法。只有不断健全和完善综合治理工作机制，才能有效贯彻安全生产方针，真正把安全第一、预防为主落到实处，不断开创安全生产工作的新局面。

(二) 贯彻煤矿安全生产方针对特种作业人员的要求

(1) 牢固树立“安全第一”的思想，做到不安全不生产、风险不管控不生产。

(2) 遵守煤矿安全管理制度，学法、知法、守法，树立依法进行煤矿安全生产作业的意识。

(3) 遵纪守规，不违反劳动纪律，不违章作业，不违章指挥。

(4) 带领班组成员认真履行全员安全生产责任，按照安全操作规程作业，做到操作标准化。

(5) 参加安全生产培训，掌握煤矿安全知识和实际操作技能。

(6) 做好劳动保护，做好工伤预防，避免职业伤害。

(7) 工作中随时检查自己所处的作业环境，做到自主保安和相互保安。

(8) 树立安全理念，实现由“要我安全”向“我要安全”和“我能安全”的转变。

第二节　煤矿安全生产主要法律

我国的煤矿安全生产法律法规体系由煤矿安全生产相关的法律、法规(行政法规和地方性法规)、规章(部门规章和地方性规章)、标准规范构成。

一、《中华人民共和国刑法》(以下简称《刑法》)

2023 年 12 月 29 日，第十四届全国人大常委会第七次会议审议通过了《中华人民共和国刑法修正案(十二)》，于 2024 年 3 月 1 日起正式施行。修订后的《刑法》中关于安全生产的犯罪主要有以下几种：

(一) 重大责任事故罪

在生产、作业中违反有关安全管理的规定，因而发生重大伤亡事故或者造成其他严重后果的，处三年以下有期徒刑或者拘役；情节特别恶劣的，处三年以上七年以下有期徒刑。

【案例 1-1】 2016 年 7 月 29 日 20 时许，白×在未认真检查本班现场安全状况、未及时发现刮板输送机机尾稳固支柱存在的问题，且未取得操作证的情况下，开始生产作业。次日 8 时许，白×在点动刮板输送机时未发出信号，导致违章擅自提前进入工作面，冒险翻越刮板输送机的采煤工张×被刮板输送机拱起的溜槽挤压至顶板受伤，后经抢救无效死亡。

法院审理认为，白×作为煤矿负责安全生产和安全监督检查的队长，未认真履行职责、违反安全生产管理规定，在未取得操作证的情况下违章作业，致使发生一人死亡的事故，其行为已构成重大责任事故罪。根据白×的犯罪情节、悔罪表现，综合被害人家属得到的赔偿情况，法院判决其有期徒刑6个月，缓刑1年。

（二）强令违章冒险作业罪

强令他人违章冒险作业，或者明知存在重大事故隐患而不排除，仍冒险组织作业，因而发生重大伤亡事故或者造成其他严重后果的，处五年以下有期徒刑或者拘役；情节特别恶劣的，处五年以上有期徒刑。

案例解读

【案例1-2】 2015年1月4日，淮沪煤电有限公司××煤矿开拓二区201队喷浆班班长蒋×带领工人王××、魏××和邹×到该煤矿井下63号钻场喷浆作业。当班作业完成后，蒋×私自决定并强制工人王××、魏××和邹×违章冒险工作，将63号钻场的叉车移动到62号钻场下方。在操作的过程中，未按照规定操作，叉车脱手下滑冲出轨道，致使工人吴××和盛×受伤，吴××经抢救无效死亡。

蒋×违反操作规定，强令他人违章冒险作业，发生一人死亡、两人受伤的重大伤亡事故，其行为构成强令、组织他人冒险作业罪，被判处有期徒刑两年。

（三）重大劳动安全事故罪

安全生产设施或者安全生产条件不符合国家规定，因而发生重大伤亡事故或者造成其他严重后果的，对直接负责的主管人员和其他直接责任人员，处三年以下有期徒刑或者拘役；情节特别恶劣的，处三年以上七年以下有期徒刑。

【案例1-3】 2016年10月13日，黔西南州贞丰县××煤矿发生一起较大瓦斯爆炸事故，造成7人死亡，7人受伤，直接经济损失约815万元。李佩×身为该矿法定代表人、主要投资人，对该矿疏于管理，致矿难事故发生；实际负责人李显×、总工程师马××、安全副矿长丛××、生产副矿长宋××和机电副矿长于××在明知该矿安全生产条件不符合国家规定的情况下，仍然组织安排工人下井生产采煤。12时30分许，该矿1203采煤面因瓦斯积聚，工人爆破作业引发瓦斯爆炸事故。2018年5月22日，黔西南州中级人民法院终审裁定：李显×、李佩×、马××、丛××、宋××和于××犯重大劳动安全事故罪，分别被判处有期徒刑四年、三年零六个月、三年、三年、二年零六个月和二年零四个月（缓刑三年）。

（四）危险作业罪

在生产、作业中违反有关安全管理的规定，有下列情形之一，具有发生重大伤亡事故或者其他严重后果的现实危险的，处一年以下有期徒刑、拘役或者管制：

案例解读

（1）关闭、破坏直接关系生产安全的监控、报警、防护、救生设备、设施，或者篡改、隐瞒、销毁其相关数据、信息的；

（2）因存在重大事故隐患被依法责令停产停业、停止施工、停止使用有关设备、设施、场所或者立即采取排除危险的整改措施，而拒不执行的；

（3）涉及安全生产的事项未经依法批准或者许可，擅自从事矿山开采、金属冶炼、建筑施工，以及危险物品生产、经营、储存等高度危险的生产作业活动的。

【案例1-4】 2021年3月7日，刘×在金沙县××煤矿二号井检测瓦斯过程中，用牌板遮挡摄像头，用黑色电胶布封闭 T_2 甲烷传感器的进气口，防止瓦斯超限报警。3月8日，廖××为避免 T_2 甲烷传感器超限报警，用黑色电胶布封闭 T_2 甲烷传感器进气口，过了一段时间又将其撕掉。3月8日，金沙县能源局执法人在对该煤矿二号井21404综采工作面回风巷 T_5 甲烷传感器超限报警情况核实检查中发现：3月8日11时45分21404综采工作面回风巷 T_5 甲烷传感器超限报警，最大浓度3.42%，超限时长16 min，在此期间 T_2 甲烷传感器监测数据最大浓度为0.48，属人为故意对 T_2 甲烷传感器监控数据进行屏蔽，造成瓦斯超限后甲烷传感器监测数据失真。5月18日，廖××、刘×主动到公安机关自首，并如实供述自己用电胶布封闭 T_2 甲烷传感器进气孔的事实。2021年9月22日，金沙县人民法院判廖××和刘×犯危险作业罪，判处拘役三个月，缓刑六个月。

上述四种犯罪中的“发生重大伤亡事故或者造成其他严重后果”，是指如下情形之一：

(1) 造成死亡1人以上，或者重伤3人以上的；

(2) 造成直接经济损失100万元以上的；

(3) 其他造成严重后果或者重大安全事故的情形。

上述前三种犯罪中的“情节特别恶劣”，指具有下列情形之一：

(1) 造成死亡3人以上或者重伤10人以上，负事故主要责任的；

(2) 造成直接经济损失500万元以上，负事故主要责任的；

(3) 其他造成特别严重后果、情节特别恶劣或者后果特别严重的情形。

(五) 工程重大安全事故罪

建设单位、设计单位、施工单位、工程监理单位违反国家规定，降低工程质量标准，造成重大安全事故的，对直接责任人员，处五年以下有期徒刑或者拘役，并处罚金；后果特别严重的，处五年以上十年以下有期徒刑，并处罚金。

(六) 不报、谎报安全事故罪

在安全事故发生后，负有报告职责的人员不报或者谎报事故情况，贻误事故抢救，情节严重的，处三年以下有期徒刑或者拘役；情节特别严重的，处三年以上七年以下有期徒刑。

【案例1-5】 2019年7月29日，贵州省修文县××煤矿发生一起较大煤与瓦斯突出事故，造成4人死亡、2人轻伤，直接经济损失731.72万元。该煤矿在东下山违规布置施工隐蔽作业区域，在不具备安全生产条件的情况下，越界违法开采。事故发生后，该矿实际控制人郑××和矿长杨××组织瞒报事故，逃避修文县人民政府的核查。最终因遇难者家属报警，事情败露。2021年1月27日，贵阳市中级人民法院终审裁定：郑××和杨××犯不报、谎报安全事故罪，分别判处有期徒刑1年和6个月；综合其所犯的重大责任事故罪和非法采矿罪，最终执行有期徒刑7年和5年。

此外，《刑法》规定的与煤矿生产有关的犯罪还有非法采矿罪，破坏性采矿罪，以危害方法危害公共安全罪和非法制造、买卖、运输、邮寄、储存爆炸物罪。

二、《中华人民共和国安全生产法》(以下简称《安全生产法》)

修订后的《安全生产法》自2021年9月1日起施行。制定《安全生产法》的目的是加强安全生产工作，防止和减少生产安全事故，保障人民群众生命财产安全，促进经济社会持续健康发展。

该法包括生产经营单位的安全生产保障、从业人员的安全生产权利和义务、安全生产的监督管理、生产安全事故的应急救援和调查处理、法律责任等内容。煤矿特种作业人员应当重点掌握如下内容：

视频讲解

(1) 安全生产工作坚持中国共产党的领导。

(2) 安全生产工作应当以人为本，坚持人民至上、生命至上，把保护人民生命安全摆在首位，树牢安全发展理念，坚持安全第一、预防为主、综合治理的方针，从源头上防范化解重大安全风险。

(3) 安全生产工作实行管行业必须管安全、管业务必须管安全、管生产经营必须管安全，强化和落实生产经营单位主体责任与政府监管责任，建立生产经营单位负责、职工参与、政府监管、行业自律和社会监督的机制。

(4) 生产经营单位应当教育和督促从业人员严格执行本单位的安全生产规章制度和安全操作规程；并向从业人员如实告知作业场所和工作岗位存在的危险因素、防范措施以及事故应急措施。

(5) 生产经营单位应当关注从业人员的身体、心理状况和行为习惯，加强对从业人员的心理疏导、精神慰藉，严格落实岗位安全生产责任，防范从业人员行为异常导致事故发生。

(6) 生产经营单位必须为从业人员提供符合国家标准或者行业标准的劳动防护用品，并监督、教育从业人员按照使用规则佩戴、使用。

(7) 生产经营单位必须依法参加工伤保险，为从业人员缴纳保险费。国家鼓励生产经营单位投保安全生产责任保险；属于国家规定的高危行业、领域的生产经营单位，应当投保安全生产责任保险。

(8) 任何单位或者个人对事故隐患或者安全生产违法行为，均有权向负有安全生产监督管理职责的部门报告或者举报。

(9) 生产经营单位发生生产安全事故后，事故现场有关人员应当立即报告本单位负责人。

(10) 任何单位和个人都应当支持、配合事故抢救，并提供一切便利条件。

三、《中华人民共和国劳动法》(以下简称《劳动法》)

修订后的《劳动法》自 2018 年 12 月 29 日起施行。制定《劳动法》的目的是保护劳动者的合法权益、调整劳动关系、建立和维护适应社会主义市场经济的劳动制度、促进经济发展和社会进步。

《劳动法》的内容包括：总则、促进就业、劳动合同和集体合同、工作时间和休息休假、工资、劳动安全卫生、女职工和未成年工特殊保护、职业培训、社会保险和福利、劳动争议、监督检查、法律责任和附则。

《劳动法》规定了劳动者享有的基本权利和义务。劳动者享有平等就业和选择职业的权利、取得劳动报酬的权利、休息休假的权利、获得劳动安全卫生保护的权利、接受职业技能培训的权利、享受社会保险和福利的权利、提请劳动争议处理的权利以及法律规定的其他劳动权利。劳动者应当完成劳动任务，提高职业技能，执行劳动安全卫生规程，遵守劳动纪律和职业道德。

国家实行劳动者每日工作时间不超过 8 h，平均每周工作时间不超过 44 h 的工时制度。用人单位应当保证劳动者每周至少休息 1 日。煤矿企业因生产特点不能实行上述规定的，经劳动行政部门批准，可以实行其他工作和休息办法。劳动者连续工作一年以上的，享受带薪年休假。用人单位在元旦、春节、国际劳动节、国庆节及法律法规规定的其他休假节日期间应当依法安排劳动者休假。

工资分配应当遵循按劳分配原则，实行同工同酬。用人单位根据本单位的生产经营特点和经济效益，依法自主确定本单位的工资分配方式和工资水平。国家实行最低工资保障制度。用人单位支付劳动者的工资不得低于当地最低工资标准。劳动者在法定休假日和婚丧假期间以及依法参加社会活动期间，用人单位应当依法支付工资。用人单位与劳动者发生劳动争议，当事人可以依法申请调解、仲裁、提起诉讼，也可以协商解决。

四、《中华人民共和国劳动合同法》(以下简称《劳动合同法》)

修订后的《劳动合同法》自 2013 年 7 月 1 日起施行。制定《劳动合同法》的目的是完善劳动合同制度，明确劳动合同双方当事人的权利和义务，保护劳动者的合法权益，构建和发展和谐稳定的劳动关系。

(一) 劳动合同的内容

劳动合同应当具备以下条款：

视频讲解

(1) 用人单位的名称、住所和法定代表人或者主要负责人；

(2) 劳动者的姓名、住址和居民身份证或者其他有效身份证件号码；

(3) 劳动合同期限；

(4) 工作内容和工作地点；

(5) 工作时间和休息休假；

(6) 劳动报酬；

(7) 社会保险；

(8) 劳动保护、劳动条件和职业危害防护；

(9) 法律、法规规定应当纳入劳动合同的其他事项。

劳动合同除前款规定的必备条款外，用人单位与劳动者可以约定试用期、培训、保守秘密、补充保险和福利待遇等其他事项。

(二) 解除劳动合同

(1) 用人单位与劳动者协商一致，可以解除劳动合同。

(2) 劳动者提前 30 日以书面形式通知用人单位，可以解除劳动合同。劳动者在试用期内提前 3 日通知用人单位，可以解除劳动合同。

(3)【劳动者单方解除劳动合同】用人单位有下列情形之一的，劳动者可以解除劳动合同：

① 未按照劳动合同约定提供劳动保护或者劳动条件的；

② 未及时足额支付劳动报酬的；

③ 未依法为劳动者缴纳社会保险费的；

④ 用人单位的规章制度违反法律、法规的规定，损害劳动者权益的；

⑤ 因《劳动合同法》第二十六条第一款规定的情形致使劳动合同无效的；

⑥ 法律、行政法规规定劳动者可以解除劳动合同的其他情形。

用人单位以暴力、威胁或者非法限制人身自由的手段强迫劳动者劳动的，或者用人单位违章指挥、强令冒险作业危及劳动者人身安全的，劳动者可以立即解除劳动合同，不需事先告知用人单位。

(4)【用人单位单方解除劳动合同(过失性辞退)】劳动者有下列情形之一的，用人单位可以解除劳动合同：

① 在试用期间被证明不符合录用条件的；

② 严重违反用人单位的规章制度的；

③ 严重失职，营私舞弊，给用人单位造成重大损害的；

④ 劳动者同时与其他用人单位建立劳动关系，对完成本单位的工作任务造成严重影响，或者经用人单位提出，拒不改正的；

⑤ 因本法第二十六条第一款第一项规定的情形致使劳动合同无效的；

⑥ 被依法追究刑事责任的。

(5)【用人单位单方解除劳动合同(无过失性辞退)】有下列情形之一的，用人单位提前三十日以书面形式通知劳动者本人或者额外支付劳动者一个月工资后，可以解除劳动合同：

① 劳动者患病或者非因工负伤，在规定的医疗期满后不能从事原工作，也不能从事由用人单位另行安排的工作的；

② 劳动者不能胜任工作，经过培训或者调整工作岗位，仍不能胜任工作的；

③ 劳动合同订立时所依据的客观情况发生重大变化，致使劳动合同无法履行，经用人单位与劳动者协商，未能就变更劳动合同内容达成协议的。

(6)【用人单位不得解除劳动合同的情形】劳动者有下列情形之一的，用人单位不得依照上述(4)、(5)项的规定解除劳动合同：

① 从事接触职业病危害作业的劳动者未进行离岗前职业健康检查，或者疑似职业病病人在诊断或者医学观察期间的；

② 在本单位患职业病或者因工负伤并被确认丧失或者部分丧失劳动能力的；

③ 患病或者非因工负伤，在规定的医疗期内的；

④ 女职工在孕期、产期、哺乳期的；

⑤ 在本单位连续工作满十五年，且距法定退休年龄不足五年的；

⑥ 法律、行政法规规定的其他情形。

(7) 违反劳动合同行为的处理。依据《劳动法》的规定，违反劳动合同应承担的法律责任主要包括经济责任、行政责任及刑事责任。

① 因违反劳动合同，给对方造成经济损失的，应根据其后果和责任的大小予以赔偿。

② 劳动者违反劳动纪律和用人单位规章制度，应接受本单位的批评和教育，以及适当的行政处分。

③ 用人单位违反劳动法规或劳动合同，造成事故，使劳动者生命、财产遭受损失的，应追究用人单位的行政责任；损害劳动者身体健康的，应负责给予治疗，并向致病致残者支付各项用人费用；触犯刑律，构成犯罪者，由司法机关追究刑事责任。

【案例 1-6】 2003 年 3 月 1 日，王×与××煤矿签订劳动合同书，合同期限自 2003 年 3 月 1 日起至 2008 年 2 月 28 日止。2006 年 2 月 12 日晚，王×在燃放鞭炮过程中被炸伤，致右眼球摘除，左眼眼眶下壁骨折，被鉴定为五级伤残。2006 年 6 月，王×出院后回到该煤矿继续从事井下采掘工作。2006 年 9 月，因王×身体状况不能胜任井下采掘工作，被调至矿调度室工作。2007 年 4 月底，因王×视力问题不能从事调度室的调度记录工作，又被调至煤矿木厂工作，但其仍不能胜任。2008 年 4 月 15 日，该煤矿向王×送达了解除劳动合同通知书，王×拒绝签字。2008 年 5 月 17 日，该煤矿停止了王×的工作。王×向当地法院起诉了该煤矿。《劳动法》规定，劳动者患病或者非因工负伤，医疗期满后，不能从事原工作也不能从事由用人单位另行安排的工作的，用人单位可以解除劳动合同。法院判决支持了××煤矿与王×解除劳动合同的决定，但要求该矿支付原告王×一定经济补偿金。

五、《中华人民共和国职业病防治法》(以下简称《职业病防治法》)

2001年10月27日第九届全国人民代表大会常务委员会第二十四次会议通过《职业病防治法》后，该法分别于2011年、2016年、2017年和2018年经历了四次修订。制定《职业病防治法》的目的是：预防、控制和消除职业病危害，防治职业病，保护劳动者健康及其相关权益，促进经济社会发展。煤矿特种作业人员应重点掌握《职业病防治法》中的如下内容：

视频讲解

(1) 产生职业病危害的用人单位的设立除应当符合法律、行政法规规定的设立条件外，其工作场所还应当符合下列职业卫生要求：

① 职业病危害因素的强度或者浓度符合国家职业卫生标准；

② 有与职业病危害防护相适应的设施；

③ 生产布局合理，符合有害与无害作业分开的原则；

④ 有配套的更衣间、洗浴间、孕妇休息间等卫生设施；

⑤ 设备、工具、用具等设施符合保护劳动者生理、心理健康的要求；

⑥ 法律、行政法规和国务院卫生行政部门关于保护劳动者健康的其他要求。

(2) 用人单位必须采用有效的职业病防护设施，并为劳动者提供个人使用的职业病防护用品。用人单位为劳动者个人提供的职业病防护用品必须符合防治职业病的要求；不符合要求的，不得使用。

(3) 产生职业病危害的用人单位，应当在醒目位置设置公告栏，公布有关职业病防治的规章制度、操作规程、职业病危害事故应急救援措施和工作场所职业病危害因素检测结果。

(4) 对产生严重职业病危害的作业岗位，应当在醒目位置，设置警示标识和中文警示说明。警示说明应当载明产生职业病危害的种类、后果、预防以及应急救治措施等内容。

(5) 任何单位和个人不得将产生职业病危害的作业转移给不具备职业病防护条件的单位和个人。不具备职业病防护条件的单位和个人不得接受产生职业病危害的作业。

(6) 用人单位与劳动者订立劳动合同(含聘用合同，下同)时，应当将工作过程中可能产生的职业病危害及其后果、职业病防护措施和待遇等如实告知劳动者，并在劳动合同中写明，不得隐瞒或者欺骗。劳动者在已订立劳动合同期间因工作岗位或者工作内容变更，从事与所订立劳动合同中未告知的存在职业病危害的作业时，用人单位应当依照前款规定，向劳动者履行如实告知的义务，并协商变更原劳动合同相关条款。用人单位违反前两款规定的，劳动者有权拒绝从事存在职业病危害的作业，用人单位不得因此解除与劳动者所订立的劳动合同。

(7) 用人单位应当对劳动者进行上岗前的职业卫生培训和在岗期间的定期职业卫生培训，普及职业卫生知识，督促劳动者遵守职业病防治法律、法规、规章和操作规程，指导劳动者正确使用职业病防护设备和个人使用的职业病防护用品。劳动者应当学习和掌握相关的职业卫生知识，增强职业病防范意识，遵守职业病防治法律、法规、规章和操作规程，正确使用、维护职业病防护设备和个人使用的职业病防护用品，发现职业病危害事故隐患应当及时报告。劳动者不履行前款规定义务的，用人单位应当对其进行教育。

（8）对从事接触职业病危害的作业的劳动者，用人单位应当按照国务院卫生行政部门的规定组织上岗前、在岗期间和离岗时的职业健康检查，并将检查结果书面告知劳动者。职业健康检查费用由用人单位承担。用人单位不得安排未经上岗前职业健康检查的劳动者从事接触职业病危害的作业；不得安排有职业禁忌的劳动者从事其所禁忌的作业；对在职业健康检查中发现有与所从事的职业相关的健康损害的劳动者，应当调离原工作岗位，并妥善安置；对未进行离岗前职业健康检查的劳动者不得解除或者终止与其订立的劳动合同。

（9）劳动者离开用人单位时，有权索取本人职业健康监护档案复印件，用人单位应当如实、无偿提供，并在所提供的复印件上签章。

（10）对遭受或者可能遭受急性职业病危害的劳动者，用人单位应当及时组织救治、进行健康检查和医学观察，所需费用由用人单位承担。

六、《中华人民共和国矿山安全法》（以下简称《矿山安全法》）

《矿山安全法》自 1993 年 5 月 1 日起施行。其立法的目的是：保障矿山安全生产，防止矿山事故，保护矿山职工的人身安全，促进采矿业的发展。

《矿山安全法》是调整劳动关系中关于保护劳动者在采矿生产过程中安全与健康的关系，有关国家机关和社会团体监督、检查矿山安全法规贯彻、执行情况所发生的关系准则。若矿山企业、事业单位及其行政主管部门（或法人代表）不履行《矿山安全法》的规定，该法的执行部门可以直接或请求有关机关依法强制其履行。因此，它是现阶段我国矿山企业在安全生产中必须遵循的法律。

第三节　煤矿安全生产主要行政法规

一、《煤矿安全生产条例》

专家解读

2024 年 1 月 24 日，国务院总理李强签署第 774 号国务院令，公布了《煤矿安全生产条例》，自 2024 年 5 月 1 日起施行。制定《煤矿安全生产条例》，旨在加强煤矿安全生产工作，防止和减少煤矿生产安全事故，保障人民群众生命财产安全。《煤矿安全生产条例》共 6 章 76 条，主要规定了以下内容。

（1）坚持党的领导，确立工作原则。明确煤矿安全生产工作坚持中国共产党的领导，坚持人民至上、生命至上，坚持安全第一、预防为主、综合治理的方针。

（2）强化源头治理，严查风险隐患。要求煤矿企业对风险隐患进行自查自改并按规定报告。监管部门要建立健全督办制度，督促煤矿企业消除重大事故隐患。对“带病生产”的煤矿企业，依法采取责令停产整顿直至关闭的处罚措施。

（3）夯实煤矿企业主体责任。严格准入条件，明确煤矿企业取得安全生产许可证后方可进行生产。落实煤矿企业全员安全生产责任制。要求煤矿企业进行煤矿灾害鉴定并按照灾害程度和类型实施灾害治理。

（4）严格落实监管监察责任。规定煤矿安全生产实行地方党政领导干部安全生产责任制。明确监管部门和监管职责，要求县级以上地方人民政府负有煤矿安全生产监督管理职责的部门，依法对煤矿企业特别是一线生产作业场所进行监督检查。矿山安全监察机构履行煤矿安全监察职责，负责对地方政府煤矿安全生产监管工作进行监督检查，有权进入煤矿现场并采取相应处置措施。

(5) 加大惩处力度。对煤矿安全生产违法行为，规定了罚款、行业和职业禁入、责令停产整顿、予以关闭等法律责任。

二、《关于进一步加强矿山安全生产工作的意见》

2023 年 9 月 6 日，中共中央办公厅 国务院办公厅印发了《关于进一步加强矿山安全生产工作的意见》。这是新中国成立以来第一个经党中央、国务院同意印发的矿山安全生产领域的纲领性文件。它的出台实施，充分体现了以习近平同志为核心的党中央对矿山安全生产工作的高度重视。它以习近平新时代中国特色社会主义思想为指导，深入贯彻党的二十大精神，坚持统筹发展和安全，坚持人民至上、生命至上，既注重守正和创新相结合，认真总结近年来的成熟经验和好的做法，又注重问题导向和目标导向相统一，着力从根本上消除事故隐患、从根本上解决问题，提出了一系列加强矿山安全生产工作的重大任务和措施，为做好当前和今后一个时期矿山安全生产工作指明了方向和路径，对推动矿山行业安全发展、高质量发展具有里程碑意义。煤矿企业应当把贯彻落实《关于进一步加强矿山安全生产工作的意见》作为一项重大政治任务，动真碰硬、真抓实干，攻坚克难、善作善成，确保各项任务措施落地生根。对于《关于进一步加强矿山安全生产工作的意见》，煤矿特种作业人员班组长应重点掌握如下规定：

(1) 1 个采矿权范围内原则上只能设置 1 个生产系统。审批首次申请安全生产许可证的，应进行现场核查。

(2) 使用应当淘汰的危及生产安全的工艺、设备且拒不整改仍然生产建设的，或者经停产整顿仍不具备安全生产条件的矿山，应依法予以关闭取缔。

(3) 地下矿山应当建立人员定位、安全监测监控、通信联络、压风自救和供水施救等系统。

(4) 矿山企业应当健全以安全风险分级管控和隐患排查治理双重预防机制为核心的安全生产标准化管理体系。严格开展风险辨识评估并实施分级管控，定期开展全员全覆盖隐患排查治理，建立风险隐患台账清单，实行闭环管理。对排查整改不到位导致重大隐患依然存在或发生事故的，依法追究企业及相关责任人责任。

(5) 强化重大灾害治理。矿山企业应当查明隐蔽致灾因素，实施煤与瓦斯突出、冲击地压、水害等重大灾害分区管理、超前治理。

(6) 停工停产整改的矿山应当制定整改方案，限定单班下井人数，同一作业地点控制在 10 人以内，并向矿山安全监管监察部门报告后方可进行整改作业。

(7) 煤矿应当配备相关专业中专以上学历或者中级以上专业技术职称的专职技术人员。灾害严重矿山应当按要求配备灾害治理专职领导人员、专门机构、专业人员。

(8) 矿山企业应当建立健全并落实全员安全生产岗位责任制和安全生产管理制度。按照要求绘制、更新相关图纸，并报送矿山安全监管监察部门。未经安全培训合格的从业人员不得上岗作业，矿长、总工程师和分管安全、生产、机电等工作的副矿长每年应当接受专门的安全教育培训。首次取证的地下矿山特种作业人员应当具有高中以上文化程度。严格井下劳动定员管理，不得超定员安排人员下井作业，提高井下艰苦岗位津贴。取消井下劳务派遣用工，矿山企业或承包单位对欠薪应依法承担清偿责任。

事前预防转型　　事故监测预警　　重大隐患排查治理　　矿山智能化

注：2023 年 9 月 18 日，国务院新闻办公室新闻发布会上，国家矿山安全监察局对《关于进一步加强矿山安全生产工作的意见》中涉及的灾害事前预防转型、事故监测预警、重大隐患排查治理和矿山智能化四个问题的进行了解答（扫描以上二维码即可观看相关的解答视频）。

三、《关于防范遏制矿山领域重特大生产安全事故的硬措施》

2024 年 1 月 16 日，国务院安全生产委员会印发了《关于防范遏制矿山领域重特大生产安全事故的硬措施》（安委〔2024〕1 号，以下简称《硬措施》），针对当前矿山安全生产领域存在的突出问题，提出 8 个方面的硬措施。《硬措施》的出台实施，是贯彻落实习近平总书记关于安全生产重要指示批示精神的必然要求，是贯彻落实党中央、国务院重大决策部署的具体举措，是遏制当前矿山领域重特大生产安全事故多发频发势头的非常之举，为做好当前和今后一个时期矿山安全生产工作指明了方向路径、抓住了关键要害，对推动矿山领域高质量发展和高水平安全良性互动具有重大现实意义。各级矿山安全监管监察部门和各矿山企业要深刻认识《硬措施》出台的重大意义，自觉把思想和行动统一到习近平总书记重要指示批示精神和党中央、国务院重大决策部署上来，切实增强抓好贯彻落实的政治自觉、思想自觉和行动自觉，把贯彻落实《硬措施》作为一项重大政治任务和具体行动，发扬斗争精神，不折不扣、雷厉风行、求真务实、敢作善为抓落实，确保各项任务措施落地见效。各级矿山安全监管监察部门和各矿山企业要结合实际，制定宣传贯彻《硬措施》的具体方案，明确职责，周密组织，持续深入开展宣传贯彻活动。

四、《工伤保险条例》

修订后的《工伤保险条例》自 2011 年 1 月 1 日起施行。制定《工伤保险条例》的目的是保障因工作遭受事故伤害或者患职业病的职工获得医疗救治和经济补偿，促进工伤预防和职业康复，分散用人单位的工伤风险。该条例主要规定了工伤保险基金、工伤认定、劳动能力鉴定、工伤保险待遇、监督管理、法律责任等方面的内容。

工伤保险，是指劳动者在工作中或在规定的特殊情况下，遭受意外伤害或患职业病导致暂时或永久丧失劳动能力以及死亡时，劳动者或其遗属从国家和社会获得物质帮助的一种社会保险制度。

（一）工伤保险的作用

视频讲解

（1）工伤保险作为社会保险制度的一个组成部分，是国家通过立法强制实施的，是国家对职工履行的社会责任，也是职工应该享受的基本权利。工伤保险的实施是人类文明和社会发展的标志和成果。

（2）实行工伤保险保障了工伤职工医疗及其基本生活、伤残抚恤和遗属抚恤，在一定程度上解除了职工和家属的后顾之忧。

（3）建立工伤保险有利于促进安全生产，保护和发展社会生产力。工伤保险与生产单位改善劳动条件、防病防伤、安全教育、医疗康复、社会服务等工作紧密相连。对提高生产经营单位和职工的安全生产水平，防止或减少工伤、职业病，保护职工的身体健康至关重要。

(4) 工伤保险保障了受伤害职工的合法权益，有利于妥善处理事故和恢复生产，维护正常的生产、生活秩序，维护社会安定。

(二) 工伤认定

(1) 工伤保险认定的范围。

职工有下列情形之一的，应当认定为工伤：① 在工作时间和工作场所内，因工作原因受到事故伤害的；② 工作时间前后在工作场所内，从事与工作有关的预备性或者收尾性工作受到事故伤害的；③ 在工作时间和工作场所内，因履行工作职责受到暴力等意外伤害的；④ 患职业病的；⑤ 因工外出期间，由于工作原因受到伤害或者发生事故下落不明的；⑥ 在上下班途中，受到非本人主要责任的交通事故或者城市轨道交通、客运轮渡、火车事故伤害的；⑦ 法律、行政法规规定应当认定为工伤的其他情形。

职工有下列情形之一的，视同工伤：① 在工作时间和工作岗位，突发疾病死亡或者在 48 h 之内经抢救无效死亡的；② 在抢险救灾等维护国家利益、公共利益活动中受到伤害的；③ 职工原在军队服役，因战、因公负伤致残，已取得革命伤残军人证，到用人单位后旧伤复发的。

(2) 不能认定为工伤的情况：① 故意犯罪的；② 醉酒或者吸毒的；③ 自残或者自杀的。

(3) 工伤认定所需材料：① 工伤认定申请表；② 与用人单位存在劳动关系(包括事实劳动关系)的证明材料；③ 医疗诊断证明或者职业病诊断证明书(或者职业病诊断鉴定书)。

(三) 工伤保险待遇

职工因工作遭受事故伤害或者患职业病进行治疗，享受工伤医疗待遇。

职工治疗工伤应当在签订服务协议的医疗机构就医，情况紧急时可以先到就近的医疗机构急救。

治疗工伤所需费用符合工伤保险诊疗项目目录、工伤保险药品目录、工伤保险住院服务标准的，从工伤保险基金支付。

职工住院治疗工伤的伙食补助费，以及经医疗机构出具证明，报经办机构同意，工伤职工到统筹地区以外就医所需的交通、食宿费用从工伤保险基金支付，基金支付的具体标准由统筹地区人民政府规定。

工伤职工到签订服务协议的医疗机构进行工伤康复的费用，符合规定的，从工伤保险基金支付。

工伤职工因日常生活或者就业需要，经劳动能力鉴定委员会确认，可以安装假肢、矫形器、假眼、假牙和配置轮椅等辅助器具，所需费用按照国家规定的标准从工伤保险基金支付。

职工因工作遭受事故伤害或者患职业病需要暂停工作接受工伤医疗的，在停工留薪期内，原工资福利待遇不变，由所在单位按月支付。停工留薪期一般不超过 12 个月。伤情严重或者情况特殊的，经设区的市级劳动能力鉴定委员会确认，可以适当延长，但延长不得超过 12 个月。工伤职工评定伤残等级后，停发原待遇，按照《工伤保险条例》的有关规定享受伤残待遇。工伤职工在停工留薪期满后仍需治疗的，继续享受工伤医疗待遇。

生活不能自理的工伤职工在停工留薪期需要护理的，由所在单位负责。工伤职工已经评定伤残等级并经劳动能力鉴定委员会确认需要生活护理的，从工伤保险基金按月支付生活护理费。生活护理费按照生活完全不能自理、生活大部分不能自理或者生活部分不能自理三个不同等级支付，其标准分别为统筹地区上年度职工月平均工资的 50%、40%、30%。

五、《生产安全事故应急条例》

2019 年 2 月 17 日国务院公布了《生产安全事故应急条例》，自 2019 年 4 月 1 日起施行。《生产安全事故应急条例》是第一部专门针对生产安全事故应急工作的行政法规。它作为实施《安全生产法》《突发事件应对法》的重要支撑，其颁布实施必将全面提高我国生产安全事故应急工作的法治水平和应急能力。针对生产经营单位的事故应急工作，它明确了三项制度、一个机制和四个方面应急管理保障要求：应急预案制度、定期应急演练制度和应急值班制度，第一时间应急响应机制，人员、物资、科技和信息化四个方面应急管理保障要求。

第四节　煤矿安全生产主要部门规章

一、《煤矿安全规程》

修订后的《煤矿安全规程》自 2022 年 4 月 1 日起施行，制定《煤矿安全规程》的目的是保障煤矿安全生产和从业人员人身安全与健康，防止煤矿事故与职业危害。

《煤矿安全规程》是安全生产法律法规体系的重要组成部分，在煤炭行业具有极高的权威性，在煤矿安全生产领域居于主体规章地位，是规范煤矿安全生产行为的重要准绳。

1.《煤矿安全规程》的特点

视频讲解

(1) 强制性。《煤矿安全规程》是必须严格遵守和执行的，所有煤矿企事业单位和职工的生产行为都不能与之相背离；否则，视情节或后果严重程度给予行政处分经济处罚，或追究其刑事责任。

(2) 规范性。《煤矿安全规程》对一些内容做了具体的、明确的规定，规定了煤矿生产建设中哪些行为是被允许的，哪些行为是被禁止的，哪些行为是必须的，哪些行为是采取什么措施后才允许的，具有很强的规范性。

(3) 科学性。《煤矿安全规程》是长期煤炭生产经验和科学研究成果的总结，是广大煤矿职工集体智慧的结晶，也是煤矿职工用生命和汗水换来的教训。

(4) 稳定性。《煤矿安全规程》在一段时期内是相对稳定的，不得随意修改。执行一定时间后，根据各种因素的变化，再由有关安全生产监督管理部门负责组织修订。

2. 煤矿特种作业人员必须熟知的内容

(1) 煤矿企业必须对从业人员进行安全教育和培训。培训不合格的，不得上岗作业。特种作业人员必须按国家有关规定培训合格，取得资格证书，方可上岗作业。

(2) 对作业场所和工作岗位存在的危险有害因素及防范措施、事故应急措施、职业病危害及其后果、职业病危害防护措施等，煤矿企业应当履行告知义务，从业人员有权了解并提出建议。

(3) 从业人员有权制止违章作业，拒绝违章指挥；当工作地点出现险情时，有权立即停止作业，撤到安全地点；当险情没有得到处理不能保证人身安全时，有权拒绝作业。

(4) 从业人员必须遵守煤矿安全生产规章制度、作业规程和操作规程，严禁违章指挥、违章作业。

(5) 井下发生火灾时，矿值班调度和在现场的区、队、班组长应当依照灾害预防和处理计划的规定，将所有可能受火灾威胁区域中的人员撤离，并组织人员灭火。电气设备着火时，应当首先切断其电源；在切断电源前，必须使用不导电的灭火器材进行灭火。

(6) 入井(场)人员必须戴安全帽等个体防护用品，穿带有反光标识的工作服。入井(场)前严禁饮酒。

(7) 入井人员必须随身携带自救器、标识卡和矿灯，严禁携带烟草和点火物品，严禁穿化纤衣服。

(8) 煤矿企业应当为接触职业病危害因素的从业人员提供符合要求的个体防护用品，并指导和督促其正确使用。作业人员必须正确使用防尘或者防毒等个体防护用品。

(9) 煤矿企业必须按照国家有关规定，对从业人员上岗前、在岗期间和离岗时进行职业健康检查，建立职业健康档案，并将检查结果书面告知从业人员。

(10) 煤矿必须建立矿井安全避险系统，对井下人员进行安全避险和应急救援培训，每年至少组织 1 次应急演练。

煤矿特种作业人员要坚持学规程、用规程，不能等到出了事故才想起学习规程。

二、《煤矿安全培训规定》

修订后的《煤矿安全培训规定》自 2018 年 3 月 1 日起施行。制定《煤矿安全培训规定》的目的是加强和规范煤矿安全培训工作，提高从业人员的安全素质，防止和减少伤亡事故。对于该规定，煤矿特种作业人员应重点掌握以下内容：

(1) 煤矿特种作业人员应当具备初中及以上文化程度(自 2018 年 6 月 1 日起新上岗的煤矿特种作业人员应当具备高中及以上文化程度)，具有煤矿相关工作经历，或者职业高中、技工学校及中专以上相关专业学历。

(2) 煤矿特种作业人员必须经专门的安全技术培训和考核合格，由省级煤矿安全培训主管部门颁发《中华人民共和国特种作业操作证》(以下简称特种作业操作证)后，方可上岗作业(煤矿特种作业人员未取得特种作业操作证上岗作业，属于重大事故隐患)。

(3) 煤矿特种作业人员在参加资格考试前应当按照规定的培训大纲进行安全生产知识和实际操作能力的专门培训。其中，初次培训的时间不得少于 90 学时。已经取得职业高中、技工学校及中专以上学历的毕业生从事与其所学专业相应的特种作业，持学历证明经考核发证部门审核属实的，免予初次培训，直接参加资格考试。

(4) 参加煤矿特种作业操作资格考试的人员，应当填写考试申请表，由本人或其所在煤矿企业持身份证复印件、学历证书复印件或者培训机构出具的培训合格证明向其工作地或者户籍所在地考核发证部门提出申请。考核发证部门收到申请及其有关材料后，应当在 60 日内组织考试。对不符合考试条件的，应当书面告知申请人或其所在煤矿企业。

(5) 煤矿特种作业操作资格考试包括安全生产知识考试和实际操作能力考试。安全生产知识考试合格后，进行实际操作能力考试。煤矿特种作业操作资格考试应当在规定的考点进行，安全生产知识考试应当使用统一的考试题库，使用计算机考试，实际操作能力考试采用国家统一考试标准进行考试。考试满分均为 100 分，80 分以上为合格。

考核发证部门应当在考试结束后 10 个工作日内公布考试成绩。

申请人考试合格的，考核发证部门应当自考试合格之日起 20 个工作日内完成发证工作。申请人考试不合格的，可以补考一次；经补考仍不合格的，重新参加相应的安全技术培训。

(6) 特种作业操作证有效期 6 年，全国范围内有效。特种作业操作证由国家安全生产监督管理总局统一式样、标准和编号。

(7) 特种作业操作证有效期届满需要延期换证的，持证人应当在有效期届满 60 日前参加不少于 24 学时的专门培训，持培训合格证明由本人或其所在企业向当地考核发证部门或者原考核发证部门提出考试申请。经安全生产知识和实际操作能力考试合格的，考核发证部门应当在 20 个工作日内予以换发新的特种作业操作证。

(8) 离开特种作业岗位 6 个月以上、但特种作业操作证仍在有效期内的特种作业人员，需要重新从事原特种作业的，应当重新进行实际操作能力考试，经考试合格后方可上岗作业。

(9) 特种作业操作证遗失或者损毁的，应当及时向原考核发证部门提出书面申请，由原考核发证部门补发。特种作业操作证所记载的信息发生变化的，应当向原考核发证部门提出书面申请，经原考核发证部门审查确认后，予以更新。

(10) 企业井下作业人员调整工作岗位或者离开本岗位一年以上重新上岗前，以及煤矿企业采用新工艺、新技术、新材料或者使用新设备的，应当对其进行相应的安全培训，经培训合格后，方可上岗作业。

三、《煤矿领导带班下井及安全监督检查规定》

修订后的《煤矿领导带班下井及安全监督检查规定》自 2015 年 7 月 1 日起施行。煤矿特种作业人员应重点掌握如下内容：

(1) 煤矿是落实领导带班下井制度的责任主体，每班必须有矿领导带班下井，并与工人同时下井、同时升井。

(2) 煤矿没有领导带班下井的，煤矿从业人员有权拒绝下井作业，煤矿不得因此降低从业人员工资、福利等待遇或者解除与其订立的劳动合同。

(3) 任何单位和个人对煤矿领导未按照规定带班下井或者弄虚作假的，均有权向煤炭行业管理部门、煤矿安全监管部门、煤矿安全监察机构举报和报告。

多年的实践经验表明，领导带班与工人同时下井，有利于发现现场的安全问题，减少事故发生。

四、《矿山生产安全事故报告和调查处理办法》

2023 年 1 月 17 日，国家矿山安全监察局印发了《矿山生产安全事故报告和调查处理办法》。制定该规定的目的是规范矿山生产安全事故报告和调查处理，防范和遏制矿山生产安全事故。煤矿特种作业人员应重点掌握如下内容：

(1) 根据事故造成的人员伤亡或者直接经济损失，事故分为以下等级：

① 特别重大事故，是指造成 30 人以上死亡，或者 100 人以上重伤(包括急性工业中毒，下同)，或者 1 亿元以上直接经济损失的事故；

② 重大事故，是指造成 10 人以上 30 人以下死亡，或者 50 人以上 100 人以下重伤，或者 5000 万元以上 1 亿元以下直接经济损失的事故；

③ 较大事故，是指造成 3 人以上 10 人以下死亡，或者 10 人以上 50 人以下重伤，或者 1000 万元以上 5000 万元以下直接经济损失的事故；

④ 一般事故，是指造成 3 人以下死亡，或者 10 人以下重伤，或者 100 万元以上 1000 万元以下直接经济损失的事故。

上述的“以上”包括本数，所称的“以下”不包括本数。

(2) 矿山发生事故(包括涉险事故)后，事故现场有关人员应当立即报告矿山负责人；矿山负责人接到报告后，应当于 1h 内报告事故发生地县级及以上人民政府矿山安全监管部门，同时报告国家矿山安全监察局省级局。发生较大及以上等级事故的，可直接向省级人民政府矿山安全监管部门和国家矿山安全监察局省级局报告。

五、《煤矿重大事故隐患判定标准》

修订后的《煤矿重大事故隐患判定标准》自 2021 年 1 月 1 日起施行。制定该标准的目的是准确认定、及时消除煤矿重大生产安全事故隐患。该标准与现行的煤矿安全规定和工作实际相衔接，最大限度地减少了引用标准判定重大事故隐患时的自由裁量权，提高了判定的可操作性。

煤矿重大事故隐患包括以下 15 个方面：

(1) 超能力、超强度或者超定员组织生产。

(2) 瓦斯超限作业。

(3) 煤与瓦斯突出矿井，未依照规定实施防突出措施。

(4) 高瓦斯矿井未建立瓦斯抽采系统和监控系统，或者系统不能正常运行。

(5) 通风系统不完善、不可靠。

(6) 有严重水患，未采取有效措施。

(7) 超层越界开采。

(8) 有冲击地压危险，未采取有效措施。

(9) 自然发火严重，未采取有效措施。

(10) 使用明令禁止使用或者淘汰的设备、工艺。

(11) 煤矿没有双回路供电系统。

(12) 新建煤矿边建设边生产，煤矿改扩建期间，在改扩建的区域生产，或者在其他区域的生产超出安全设施设计规定的范围和规模。

(13) 煤矿实行整体承包生产经营后，未重新取得或者及时变更安全生产许可证而从事生产，或者承包方再次转包，以及将井下采掘工作面和井巷维修作业进行劳务承包。

(14) 煤矿改制期间，未明确安全生产责任人和安全管理机构，或者在完成改制后，未重新取得或者变更采矿许可证、安全生产许可证和营业执照。

(15) 其他重大事故隐患。

煤矿特种作业人员应当熟悉工种岗位相关的重大事故隐患的判定标准，能够及时发现、如实上报工作场所存在的重大事故隐患。

六、《煤矿作业场所职业病危害防治规定》

修订后的《煤矿作业场所职业病危害防治规定》自 2015 年 4 月 1 日起施行。制定该规定的目的是加强煤矿作业场所职业病危害的防治工作，强化煤矿企业职业病危害防治主体责任，预防、控制职业病危害，保护煤矿劳动者健康。该规定包括职业病危害防治管理，建设项目职业病防护设施，职业病危害项目申报，职业健康监护，粉尘、噪声、热害和职业毒害的防治等内容。对于该规定，煤矿特种作业人员应重点掌握如下内容：

(1) 煤矿不得使用国家明令禁止使用的可能产生职业病危害的技术、工艺、设备和材料，限制使用或者淘汰职业病危害严重的技术、工艺、设备和材料。

(2) 煤矿应当按照《煤矿职业安全卫生个体防护用品配备标准》(AQ 1051)规定，为接触职业病危害的劳动者提供符合标准的个体防护用品，并指导和督促其正确使用。

(3) 煤矿应当履行职业病危害告知义务，与劳动者订立或者变更劳动合同时，应当将作业过程中可能产生的职业病危害及其后果、防护措施和相关待遇等如实告知劳动者，并在劳动合同中载明，不得隐瞒或者欺骗。

(4) 煤矿应当在醒目位置设置公告栏，公布有关职业病危害防治的规章制度、操作规程和作业场所职业病危害因素检测结果；对产生严重职业病危害的作业岗位，应当在醒目位置设置警示标识和中文警示说明。

(5) 对接触职业病危害的劳动者，煤矿应当按照国家有关规定组织上岗前、在岗期间和离岗时的职业健康检查，并将检查结果书面告知劳动者。职业健康检查费用由煤矿承担。职业健康检查由省级以上人民政府卫生行政部门批准的医疗卫生机构承担。

七、《防治煤与瓦斯突出细则》

修订后的《防治煤与瓦斯突出细则》自 2019 年 10 月 1 日起施行。煤矿特种作业人员应重点掌握如下内容：

(1) 有突出矿井的煤矿企业、突出矿井应当依据《防治煤与瓦斯突出细则》，结合矿井开采条件，制定、实施区域和局部综合防突措施。区域综合防突措施包括下列内容：区域突出危险性预测；区域防突措施；区域防突措施效果检验；区域验证。局部综合防突措施包括下列内容：工作面突出危险性预测；工作面防突措施；工作面防突措施效果检验；安全防护措施。突出矿井应当加强区域和局部(简称两个“四位一体”)综合防突措施实施过程的安全管理和质量管控，确保质量可靠、过程可溯。

(2) 煤矿企业、煤矿的各职能部门负责人对职责范围内的防突工作负责；区(队)长、班组长对管辖范围内防突工作负直接责任；瓦斯防突工对所在岗位的防突工作负责。

(3) 突出煤层工作面的作业人员、瓦斯检查工、班组长应当熟悉突出预兆，发现有突出预兆时，必须立即停止作业，按避灾路线撤出，并报告矿调度室。班组长、瓦斯检查工、矿调度员有权责令相关现场作业人员停止作业、停电撤人。

(4) 突出矿井必须编制突出事故应急预案。突出煤层每个采掘工作面开始作业后 10 天内应当进行 1 次突出事故逃生、救援演习，以后每半年至少进行 1 次逃生演习，但当安全设施或者作业人员发生较大变化时必须进行 1 次逃生演习。

(5) 突出矿井的管理人员和井下工作人员必须接受防突知识培训，经考试合格后方可上岗作业。突出矿井井下工作人员的培训包括防突基本知识以及与本岗位相关的防突规章制度。

八、《煤矿防灭火细则》

为了加强煤矿防灭火工作，有效防控煤矿火灾事故，保障煤矿安全生产及从业人员生命安全和健康，2021 年 10 月 21 日国家矿山安全监察局印发了《煤矿防灭火细则》，于 2022 年 1 月 1 日起开始实施。煤矿特种作业人员应重点掌握如下内容：

(1) 煤矿企业、煤矿必须对从业人员进行防灭火教育和培训，定期对防灭火专业技术人员进行培训，提高其防灭火工作技能和有效处置火灾的应急能力。

(2) 井下工作人员必须熟悉灭火器材的使用方法和本职工作区域内灭火器材的存放地点。

(3) 井下严格实行明火管制，并符合下列规定：

① 严禁在采掘工作面进行电焊、气割等动火作业。

② 严禁携带烟草和点火物品，严禁穿化纤衣服入井。

③ 井下严禁使用灯泡取暖和使用电炉。

④ 井下爆破作业时，应当按照矿井瓦斯等级选用煤矿许用炸药和雷管，并严格按施工工艺进行爆破。

⑤ 井口和井下电气设备必须装设防雷击和防短路的保护装置。

(4) 井下使用的润滑油、棉纱、布头和纸等，必须存放在盖严的铁桶内。使用后的棉纱、布头和纸，也必须放在盖严的铁桶内，并由专人定期送到地面处理，不得乱放乱扔。严禁将剩油、废油泼洒在井巷或者硐室内。

(5) 井下清洗风动工具时，必须在专用硐室内进行，并使用不燃性和无毒性洗涤剂。

第五节　煤矿从业人员安全生产的权利和义务

《安全生产法》《矿山安全法》《劳动法》《煤炭法》等法律规定了煤矿从业人员在安全生产方面的权利和义务。关心和维护从业人员在安全生产方面的权利，是实现安全生产的重要条件。

一、煤矿从业人员安全生产的权利

煤矿从业人员安全生产的权利可概括为以下 8 个方面。

(一) 享受工伤保险和伤亡求偿权

生产经营单位与从业人员订立的劳动合同，应当载明有关保障从业人员劳动安全、防止职业危害的事项，以及依法为从业人员办理工伤社会保险的事项。生产经营单位不得以任何形式与从业人员订立协议，免除或者减轻其对从业人员因生产安全事故伤亡依法应承担的责任。因生产安全事故受到损害的从业人员，除依法享有工伤社会保险外，依照有关民事法律尚有获得赔偿的权利，有权向本单位提出赔偿要求。

视频讲解

(二) 危险因素和应急措施的知情权

生产经营单位的从业人员有权了解其作业场所和工作岗位存在的危险因素、防范措施及事故应急措施。

(三) 安全管理的批评检控权

矿山企业职工必须遵守有关矿山安全的法律、法规和企业规章制度。矿山企业职工有权对危害安全的行为提出批评、检举和控告。

(四) 拒绝违章指挥和强令冒险作业权

从业人员有权对本单位安全生产工作中存在的问题提出批评、检举、控告；有权拒绝违章指挥和强令冒险作业。生产经营单位不得因从业人员对本单位安全生产工作提出批评、检举、控告或者拒绝违章指挥、强令冒险作业而降低其工资、福利等待遇或者解除与其订立的劳动合同。

（五）紧急情况下的停止作业和紧急撤离权

从业人员发现直接危及人身安全的紧急情况时，有权停止作业或者在采取可能的应急措施后撤离作业场所。生产经营单位不得因从业人员在紧急情况下停止作业或者采取紧急撤离措施而降低其工资、福利等待遇或者解除与其订立的劳动合同。

（六）批评、检举和控告权利

从业人员有权对本单位安全生产工作中存在的问题提出批评、检举、控告。

（七）获得符合国家标准或者行业标准劳动防护用品的权利

生产经营单位必须为从业人员提供符合国家标准或者行业标准的劳动防护用品，并监督、教育从业人员按照使用规则佩戴、使用。

（八）获得安全生产教育和培训的权利

生产经营单位应当对从业人员进行安全生产教育和培训，保证从业人员具备必要的安全生产知识，熟悉有关的安全生产规章制度和安全操作规程，掌握本岗位的安全操作技能。未经安全生产教育和培训合格的从业人员，不得上岗作业。

二、煤矿从业人员安全生产的义务

作为法律关系内容的权利与义务是对等的，从业人员依法享有权利，同时也必须承担相应的法律义务和法律责任。《安全生产法》关于从业人员的安全生产义务的规定有以下四项：

(1) 必须遵法守规，服从管理的义务。

(2) 正确佩戴和使用劳保用品的义务。

(3) 接受安全生产教育和培训，掌握安全生产技能的义务。

(4) 发现事故隐患或者其他不安全因素及时报告和及时处理的义务。

第六节 煤矿安全管理制度

一、煤矿安全生产责任制

安全生产责任制是最基本的安全管理制度，是所有安全管理制度的核心，是“企业负责”的具体落实。安全生产责任制的实质是“安全生产，人人有责”，核心是将各级管理人员、各职能部门及其工作人员和岗位生产人员在安全管理方面应做的事情和应负的责任加以明确规定。

二、安全目标管理制度

安全目标管理是指煤矿企业将一定时期的安全工作任务转化为安全工作目标，制定安全目标体系，并层层分解到本企业的各个部门和个人，各个部门和个人按照所制定的目标，制定相应的对策措施。安全目标管理制度，应依据政府有关部门或上级下达的安全指标，结合实际制定年度或阶段安全生产目标，并将指标逐渐分解，明确责任、保证措施、考核和奖惩办法。

三、安全办公会议制度

安全办公会议由矿长或法定代表人主持，矿长外出时，由矿长委托生产副矿长或安全副矿长主持召开。安全办公会议的主要任务是传达贯彻上级一系列安全工作会议指示、指令、文件精神，分别听取有关专业部门对本旬安全生产检查情况的汇报，分析讨论各类隐患问题，并提出相应的安全技术措施和整改处理意见，结合各专业存在的安全工作重点，研究和部署相应安全管理规定。

四、安全技术措施审批制度

安全技术措施编制和审批，必须符合《安全生产法》《矿山安全法》《煤矿安全规程》等法律法规的规定和要求，并遵守上级主管部门颁发的各种文件、指令和技术标准。

采掘工作面作业规程和安全技术措施的审批，由总工程师和采掘专业的副总工程师负责审批；复杂硐室的组织设计，应用新技术、新工艺、新设备和新材料，以及采区首采工作面的作业规程，由上级主管部门审批。

开工前由施工单位的技术负责人组织全体人员对批准的作业规程和安全技术措施进行传达、学习，做好学习记录并存档。施工单位每月至少重新组织一次对作业规程和安全技术措施的学习，而且要做好学习记录。施工单位应根据现场的情况，每月对作业规程和安全技术措施进行复查，出现问题及时补充修改。

五、安全检查制度

安全检查是消除隐患、防止事故、改善劳动条件的重要手段。安全检查制度，应保证有效地监督安全生产规章制度、规程、标准、规范等执行情况；重点检查矿井“一通三防”的装备、管理情况；明确安全检查的周期、内容、检查标准、检查方式、负责组织检查的部门和人员、对检查结果的处理办法。对查出的问题和隐患应按“四定”原则（定项目、定人员、定措施、定时间）落实处理，并将结果进行通报及存档备案。

六、事故隐患排查制度

事故隐患排查制度应保证及时发现和消除矿井在通风、瓦斯、煤尘、火灾、顶板、机电、运输、爆破、水害和其他方面存在的隐患；明确事故隐患的识别、登记、评估、报告、监控和治理标准；按照分级管理的原则，明确隐患治理的责任和义务，并保证隐患治理资金的投入。

七、安全教育培训制度

安全教育与培训制度，应保证煤矿企业职工掌握本职工作应具备的法律法规知识、安全知识、专业技术知识和操作技能；明确企业职工教育与培训的周期、内容、方式、标准和考核办法；明确相关部门安全教育与培训的职责和考核办法；明确年度安全生产教育与培训计划，确定任务，保证安全培训的条件，落实费用。

八、安全投入保障制度

安全投入保障制度应按国家有关规定建立稳定的安全投入资金渠道，保证新增、改善和更新安全系统、设备、设施，消除事故隐患，改善安全生产条件，安全生产宣传、教育、培训、安全奖励、推广应用先进安全技术措施和管理、抢险救灾等均有可靠的资金来源。安全投入应能充分保证安全生产需要，安全投入资金要专款专用。煤矿企业应当编制年度安全技术措施计划，确定项目，落实资金、完成时间和责任人。

九、劳动防护用品产品发放与使用制度

该制度应符合《劳动防护用品产品质量监督检验暂行管理办法》及有关法规和标准的要求，内容应包括劳动防护用品的质量标准、发放标准、发放范围以及劳动防护用品的使用、监督检查等方面的内容。

十、矿用设备、器材使用管理制度

矿用设备、器材使用管理制度，应保证在用设备、器材符合相关标准，保持完好状态；明确矿用设备、器材使用前检测标准、程序、方法和检验单位、人员的资质；明确使用过程中的检验标准、周期、方法和校验单位、人员的资质；明确维修、更新和报废的标准、程序和方法。

十一、入井检身与出入井人员清点制度

入井检身与出入井人员清点制度，明确入井人员禁止带入井下的物品和检查方法；明确人员入井登记、升井登记、清点和统计、报告办法，保证准确掌握井下作业人数和人员名单，及时发现未能正常升井的人员并查明原因。

第二章　煤矿生产技术

本章培训与考核要点

- 了解煤层埋藏特征及其对安全生产的影响
- 熟悉矿图的种类、识读方法
- 了解矿井开拓的各种方式
- 了解矿井与采区生产系统
- 了解巷道分类、巷道掘进方法和巷道支护形式
- 了解采煤工作面的巷道布置、采煤工艺等采煤技术

第一节　矿井地质基本知识

一、岩石与岩层

岩石是一种或一种以上矿物组成的集合体。根据岩石的成因，岩石可分为岩浆岩、沉积岩、变质岩三大类。

岩层是指由两个平行的或近于平行的界面所限制的岩性相同或近似的层状岩石。

(1) 岩层的产状：岩层在地壳中的空间存在状态，如水平岩层、倾斜岩层、直立岩层和倒转岩层。

(2) 岩层的产状三要素：走向、倾向、倾角，如图 2-1 所示。

走向：倾斜岩层的层面与水平面的交线，称为走向线。走向线上各点的高程都相等。走向线两端延伸的方向，称为岩层的走向。走向就是表示倾斜岩层在水平面上的延伸方向。当岩层是个平面时，其走向线为一条直线，各点走向不变；当岩层为曲面时，其走向线为一条曲线，各点走向不同。

倾向：岩层层面上垂直于走向线，并沿岩层层面倾斜向下引出的直线，叫真倾斜线。真倾斜线在水平面上的投影线所指岩层向下倾斜的方向，就是岩层的倾向。

倾角：真倾斜线与其在水平面上的投影线的夹角，叫倾角。

二、地质构造

原始形成的沉积岩层受地壳运动的影响而发生了倾斜、褶皱，有的还发生了断裂，沿断裂面产生了位移。这种由地壳运动而造成的岩层或岩体的原始产状和原始形态的改变，称为地质构造变动。发生构造变动的岩层或岩体，形成了各式各样的构造形态(如褶皱、裂隙、断层)，称为地质构造。

(一) 断裂构造

地壳中的岩石(岩层或岩体)，特别是脆性较大和靠近地表的岩石，在受力情况下容易产

生断裂和错动，总称为断裂构造。

(1) 节理：几乎所有岩石中都可看到有规律的、纵横交错的裂隙。

(2) 断层：岩块沿着破裂面有明显位移的断裂构造。

断层的几个要素：断层面、断层线、断盘，如图 2-2 所示。根据断层两盘相对位移的关系分类：

① 正断层：上盘相对下降，下盘相对上升的断层；

② 逆断层：上盘相对上升，下盘相对下降的断层；

③ 平推断层：断层两盘沿着断层面在水平方向发生相对位移的断层；

④ 枢纽断层：断层运动具有旋转性质，好像上盘围绕着一个轴作旋转运动的断层。

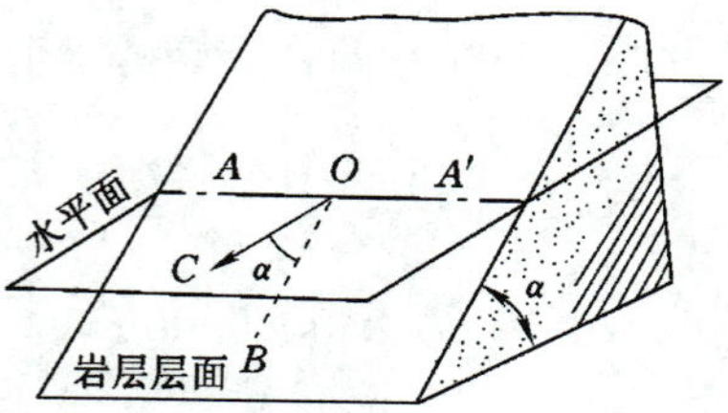

AOA′—走向线；OB—倾斜线；OC—倾向线

图 2-1 煤层产状

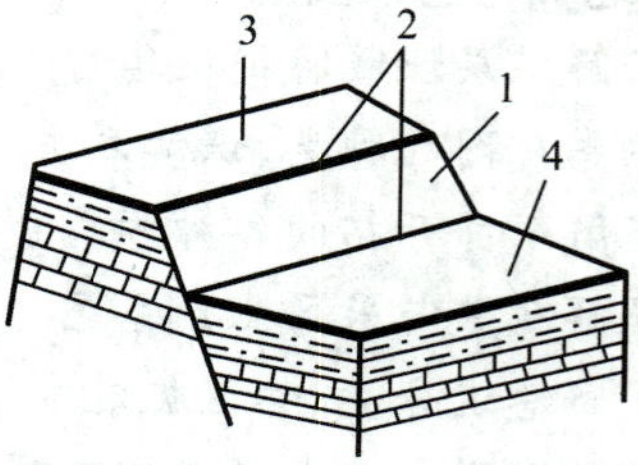

1—断层面；2—断层线；3—下盘；4—上盘

图 2-2 断层的要素

(二) 褶皱构造

岩层在水平方向积压力长期作用下，发生塑性变形而形成波状弯曲，这种构造形态称为褶皱构造。褶皱构造中岩层的一个弯曲，称为褶曲。褶曲的基本形态分为背斜和向斜。

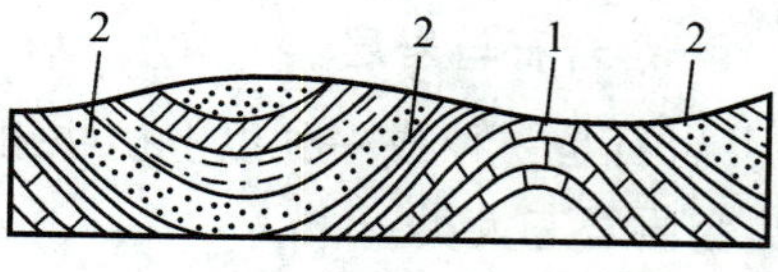

1—背斜；2—向斜

图 2-3 褶皱构造

背斜：突出的弯曲，两翼岩层从中心向外倾斜。向斜：岩层向下凹陷的弯曲，两翼岩层自两侧向中心倾斜，如图 2-3 所示。

三、煤层

煤层是指顶、底板岩石之间所夹的一套煤及其矸石层。煤层是煤系的主要组成部分，煤层层数、厚度及其变化是评价煤田经济价值的主要因素。

1. 煤层顶、底板

(1) 顶板：煤层上覆的岩层。根据岩性、厚度及采煤过程中的跨落难易程度，顶板分为：伪顶、直接顶和基本顶。

(2) 底板：位于煤层之下的岩层，分为直接底和基本底两种，如图 2-4 所示。

2. 煤层结构

煤层结构是指煤层中是否含有夹石层，分为简单结构和复杂结构和极复杂结构三种。

3. 煤层的形态

按煤层赋存的空间几何形态，分为层状煤层、似层状煤层和不规则状煤层三种形态。

4. 煤层的厚度

(1) 厚度分类。煤层的厚度是指煤层上下层面之间的垂直距离。

① 煤层总厚度：包括夹矸层在内的煤层全部厚度之和。

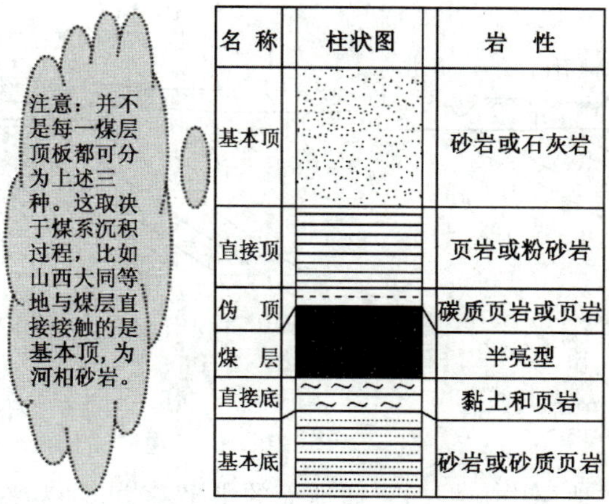

图 2-4　煤层柱状图

② 煤层有益(纯煤)厚度:所有煤分层厚度的总和。

③ 煤层可采厚度:在现代经济技术条件下适于开采的煤分层的总厚度。

(2) 煤层厚度等级。薄煤层,≤1.3 m;中厚煤层,1.3～3.5 m;厚煤层,>3.5 m。

第二节　矿井开拓与生产系统

一、矿井开拓

为开采煤炭,由地表进入煤层为开采水平服务所进行的井巷布置和开掘工程,称为井田开拓。在某一井田地质、地形及开采技术条件下,矿井开拓巷道有多种布置方式,开拓巷道的布置方式称为开拓方式。

按井筒(硐)形式可分为立井开拓、斜井开拓、平硐开拓、综合开拓。

1. 立井开拓

主井、副井均采用立井的开拓方式,称为立井开拓。井田开采一个,煤层赋存较深,表土层较厚。如图 2-5 所示,井田沿倾斜分为 2 个阶段,设 2 个开采水平。在阶段内沿走向划分为若干个采区。为减少初期工程量,尽快投产,可设中央采区。每个采区再划分为 3 个区段。

2. 斜井开拓

主井、副井均为斜井的开拓方式称为斜井开拓,如图 2-6 所示。采用斜井开拓时,一般以一对斜井开拓井田。斜井布置方式应满足井型大小、运输等要求。一般情况下,斜井井筒应布置在煤层(组)下部稳定的底板岩石中,井筒方向与煤层倾斜方向基本一致。当煤层倾角与要求的井筒倾角不一致时,可采用穿层斜井。当井筒倾角小,而煤层倾角大,则可开掘底板穿层斜井,穿底板斜井,井田可以是单水平、多水平开拓,也可以是单煤层、煤层群开拓。当煤层倾角较小,如近水平煤层,为减少斜井工程量,可开掘顶板穿层斜井。应用顶板穿层斜井时,一般井田内只开采一个煤层,且往往是单水平开拓。

3. 平硐开拓

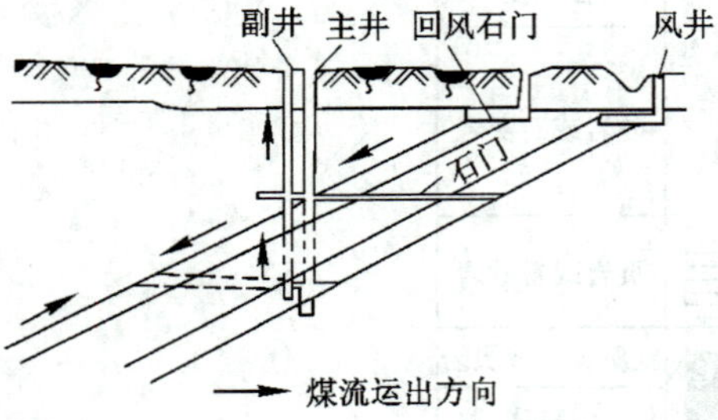

图 2-5　立井开拓

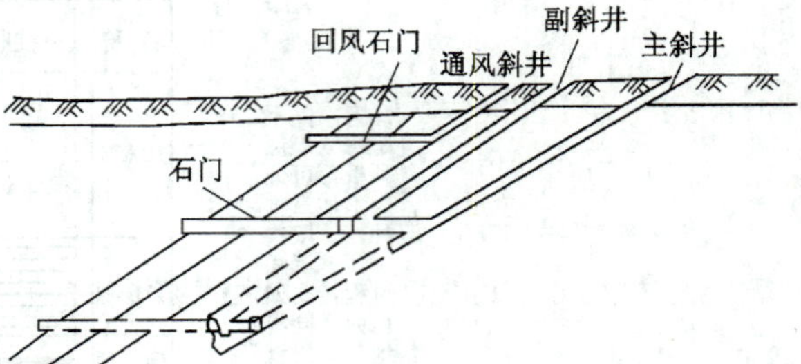

图 2-6　斜井开拓

服务于地下开采，在地层中开掘的直通地面的水平巷道，称为平硐。主要用于运输矿产品的平硐称为主平硐。用主平硐的开拓方式称为平硐开拓。简言之，利用直通地面的水平巷道进入地下煤层的开拓方式称为平硐开拓，如图 2-7 所示。

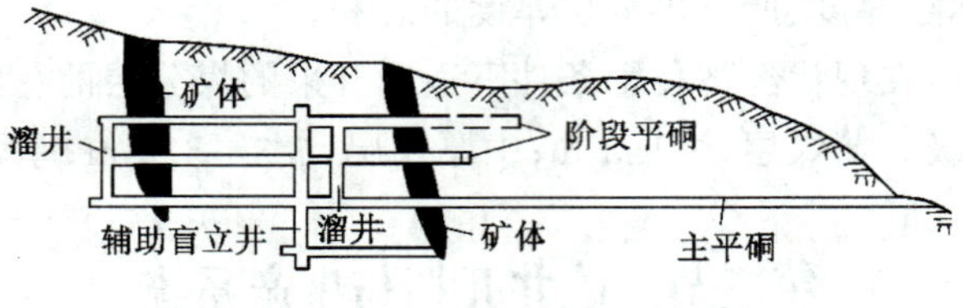

图 2-7　平硐开拓

4. 综合开拓

在复杂的地形、地质及开采技术条件下，采用单一的井筒形式开拓，在技术上有困难、经济上也不合理。各种开拓方式均有优缺点，若将两种开拓方式的主要优点结合起来，就出现了综合开拓，即采用立井、斜井、平硐等任何两种或两种以上的开拓方式，称为综合开拓。可供选择的综合开拓方式有：立井—斜井、平硐—斜井、立井—平硐及立井—斜井—平硐等。

二、矿井巷道

矿井开采需要在地下煤(岩)层中开凿大量的井巷和硐室，常按巷道的空间特征和用途来分类。

(一) 按巷道所处空间位置和形状分类

矿井巷道按巷道所处空间位置和形状，可分为垂直巷道、水平巷道和倾斜巷道。

1. 垂直巷道

立井：直接通达地面出口的垂直巷道，又称竖井。立井一般位于井田中部，担负全矿煤炭提升任务的为主立井，担负人员升降和材料、设备、矸石等辅助提升任务的为副立井。

暗立井：没有直接通达地面出口的垂直巷道，装有提升设备，也有主暗立井、副暗立井之分。暗立井通常用作上下两个水平之间的联系，即将下部水平的煤炭通过主暗立井提升到上部水平，将上部水平中的材料、设备和人员等转运到下部水平。

溜井：担负自上而下溜放煤炭任务的暗井。

2. 倾斜巷道

斜井：有直接出口通达地面的倾斜巷道。担负全口径下煤炭提升任务的斜井叫主斜井，担负矿井通风、行人、运料等辅助提升任务的斜井叫副斜井。

暗斜井:没有直接通达地面的出口,用作相邻上下水平联系的倾斜巷道,其任务是将下部水平的煤炭运到上部水平,将上部水平的材料、设备等运到下部水平。

上山:服务于一个采(盘)区的倾斜巷道,也称为采(盘)区上山。没有通达地面的出口,且位于开采水平之上,沿煤层或岩层从主要运输大巷由下向上开掘的倾斜巷道。上山用于开采其开采水平以上的煤层。按用途和装备,可将上山分为输送机上山(或运输上山)、轨道上山、通风上山和行人上山等。输送机上山(或运输上山)内的煤炭运输方向为由上到下运至水平大巷。

下山:由运输大巷向下,沿煤岩层开掘的为一个采(盘)区服务的倾斜巷道,也称为采(盘)区下山。按用途和装备,可将下山分为输送机下山(或运输下山)、轨道下山、通风下山和行人下山等。

3. 水平巷道

平硐:有出口直接通达地面的水平巷道。一般以一条主平硐担负全矿运煤、排矸、材料设备运输、进风、排水、供电和行人等任务,专作通风用的平硐称为通风平硐。

石门:与煤层走向垂直或斜交的水平岩石巷道。服务于全阶段、一个采区、一个区段的石门,分别称为阶段石门、采区石门、区段石门,用于运输的石门称为运输石门,用于通风的石门称为通风石门。

煤门:开掘在煤层中并与煤层走向垂直或斜交的水平巷道。煤门的长度取决于煤层的厚度,只有在厚煤层中才有必要掘进煤门。

平巷:没有出口直接通达地面,沿煤层走向开掘的水平巷道。开掘在岩层中的平巷叫岩石平巷,开掘在煤层中的平巷叫煤层平巷。按用途,可将平巷分为运输平巷、通风平巷等;按服务范围,将服务全阶段、分段、区段的平巷分别称为阶段平巷、分段平巷、区段平巷。

硐室:在井下开凿和建造的在空间 3 个轴线上长度相差不大且又不直通地面的较短的地下巷道,如绞车房、变电所、水泵房、炸药库和煤仓等。硐室一般断面较大且长度较短。

(二) 按巷道服务范围及其用途分类

矿井巷道按巷道服务范围及其用途,可分为开拓巷道、准备巷道和回采巷道。

1. 开拓巷道

为全矿井或一个开采水平服务的巷道叫开拓巷道。如井筒、井底车场、主要石门、阶段(水平)大巷、采区石门等井巷,以及掘进这些巷道的辅助巷道都属于开拓巷道。

2. 准备巷道

为采区一个以上区段、分段服务的巷道叫准备巷道,属于这类巷道的有采区上(下)山、区段集中巷、区段石门、采区车场、采区变电所等。

3. 回采巷道

形成采煤工作面及为其服务的巷道叫回采巷道,属于这类巷道的有采煤工作面的开切眼、区段运输平巷和区段回风平巷。

三、矿井生产系统

(一) 井下生产系统

煤矿井下生产系统主要有采煤系统、掘进系统、运煤系统、通风系统、运料排矸系统、排水系统、动力供应系统等。在煤矿生产过程中这些系统担负提升、运输、通风、排水、人员安

视频讲解

全进出、材料设备上下井、矸石出运、供电、供气、供水等任务，生产系统的畅通和安全是矿井安全生产的前提和保证。

1. 采煤系统

煤矿生产的中心环节是利用各种采煤方法进行采煤作业。采煤系统包括合理的巷道布置和适宜的采煤工艺（包括破煤、装煤、运煤、支护、采空区处理等，主要在图2-8中的24、25处进行）。

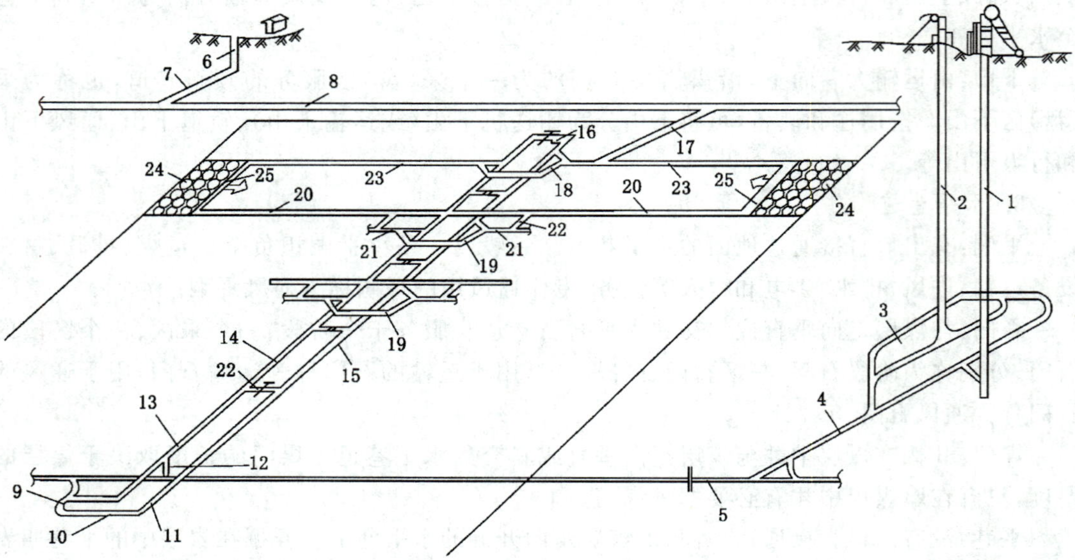

1—主井；2—副井；3—井底车场；4—主要运输石门；5—阶段运输大巷；6—回风井；7—回风石门；8—回风大巷；9—采区运输石门；10—采区下部车场底板绕道；11—采区下部车场；12—采区煤仓；13—行人进风巷；14—运输上山；15—轨道上山；16—上山绞车房；17—采区回风石门；18—采区上部车场；19—采区中部车场；20—区段运输平巷；21—下区段回风平巷；22—联络巷；23—区段回风平巷；24—开切眼；25—采煤工作面

图 2-8　煤矿生产系统

2. 掘进系统

掘进系统就是按照井田开采规划的总体部署和采煤设计要求，开掘各种类型的巷道，合理有序地开采煤炭资源的准备系统。采掘衔接是矿井生产均衡的重要保证，掘进作业是其中的重要环节。

3. 运煤系统

将井下煤炭运输提升到地面的设备设施及井巷布置统称为运煤系统。运煤系统担负煤炭运输和提升的重要任务。如图2-8所示的煤炭运输线路为：25→20→14→12→10→5→4→3→1。

4. 通风系统

新鲜空气由进风井进入矿井后，经过井下各用风场所，然后从回风井排出矿井，风流所经过的整个路线及其配套的通风设施称为矿井通风系统。矿井通风系统是煤矿井下生产中重要的系统之一，它负责向煤矿井下提供新鲜适宜的空气，并营造一个舒适的气候环境。如图2-8所示的风流线路为：地面→2→3→4→5→11→15→19→20→25；污风→23→17→8→

7→6→排出。

5. 运料排矸系统

担负井下需要材料、设备和矸石的运输，运送井下人员的系统称为运料排矸系统，又称为辅助运输系统。如图 2-8 所示的材料和设备的运送线路为：地面→2→3→4→5→9→11→15→23→25。

6. 排水系统

抽排矿井地下水的系统称为排水系统。它的作用就是将矿井水不断抽排到地面，防止矿井被淹没，保证人身安全和正常生产。矿井排水系统包括泵房、水仓、水泵、管路等设施。采掘工作面涌水由区段运输平巷、采区上山排到采区下部车场，经运输大巷、石门等巷道的排水沟，自流到井底车场水仓，由中央水泵房排到地面。

7. 动力供应系统

供电和供应压气的系统统称为动力供应系统。供电系统主要是为井下机械设备提供动力。常用的煤矿供电系统是：地面变电所→井下中央变电所→采区变电所→(移动式变电站)→工作面配电点。

煤矿井下除以上主要生产系统外，还有一些辅助系统，如煤矿安全避险系统、灌浆系统、瓦斯抽排系统、通信系统等，都为煤矿安全生产提供技术、设施设备保障。

(二) 工业广场及地面生产系统

工业广场是布置地面生产系统、建筑物、构筑物和井筒位置的场所。工业广场建筑物最主要的是主井、副井，其他工业建筑的位置取决于主、副井的位置；在工业广场内，有办公楼、修配厂、绞车房、矿灯房、变电站、电车房、材料库、电工房、油库、煤仓、金属支架厂等工业建筑和设施，有食堂、宿舍、招待所、医院等民用建筑和生活设施，还有各种管线、轨道等。

工业广场还包括地面煤炭深加工系统(原煤的筛分、破碎、拣选、地面储装运)、地面排矸系统和地面管线系统等。

第三节　采煤与掘进技术

一、采煤方法及工艺

(一) 采煤方法

采煤方法就是采煤系统与采煤工艺的综合及其在时间和空间上的相互配合。采煤方法主要分为壁式体系和柱式体系两种。我国大多采用壁式体系采煤法。

按照采煤工作面的推进方向与煤层走向的关系，壁式体系采煤法又可分为走向长壁采煤法和倾斜长壁采煤法。

(1) 走向长壁采煤法，如图 2-9 所示，首先将采(盘)区划分为区段，在区段内布置回采巷道(区段平巷、开切眼)，采煤工作面呈倾斜布置，沿走向推进，上下回采巷道基本上是水平的，且与采(盘)区上山相联。

(2) 倾斜长壁采煤法，如图 2-10 所示，首先将井田或阶段划分为带区及分带，在分带内布置回采巷道(分带斜巷、开切眼)，采煤工作面呈水平布置，沿倾向推进，两侧的回采巷道是倾斜的，并通过联络巷直接与大巷相联。

采煤工作面可分别用爆破、滚筒式采煤机或刨煤机破煤、装煤，用支架支护空间，用垮落

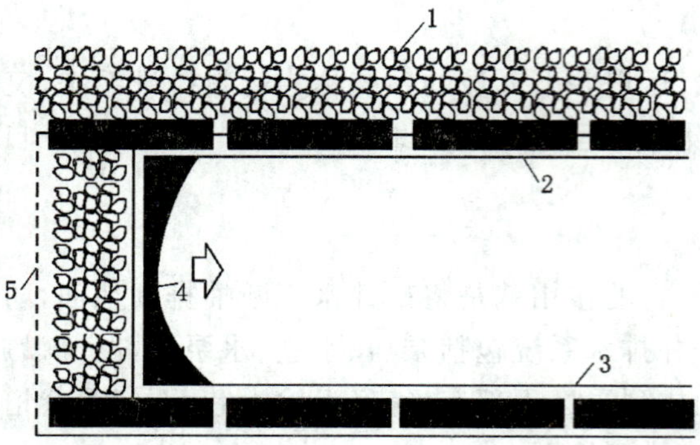

1—采空区；2—工作面回风巷；3—工作面进风巷；
4—工作面；5—开切眼

图 2-9　走向长壁采煤法

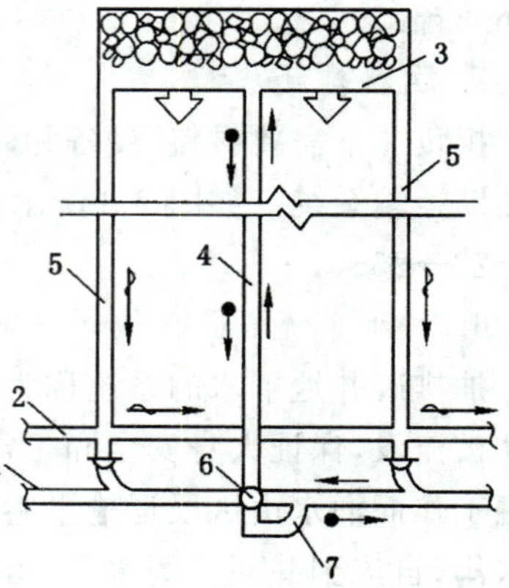

1—运输大巷；2—轨道大巷；3—采煤工作面；
4—运输巷；5—轨道巷；6—溜煤眼；7—绕道

图 2-10　倾斜长壁采煤法

法或充填法处理采空区。

（二）采煤工艺

采煤工作面内主要有破煤、装煤、运煤、支护及采空区处理等工序。其中，前三者是为了开采煤炭，简称为“采”；后两者是为了控制顶板，简称为“控”。

1. 爆破采煤

爆破采煤的主要特点是采用爆破落煤。这种采煤工艺正逐步被淘汰。

2. 普通机械化采煤

普通机械化采煤工作面布置如图 2-11 所示，普通机械化采煤工艺的主要特点是用采煤机落煤。采煤机主要有刨煤机和滚筒采煤机两类。滚筒采煤机主要有单滚筒和双滚筒两种。

(1) 落煤、装煤。普采工作面的落煤与装煤由采煤机完成。

(2) 运煤。普采工作面的运煤采用可弯曲刮板输送机。推移输送机时，利用液压千斤顶将输送机移到目的地，并使输送机平、直，符合要求。

(3) 支护。普采工作面使用单体液压支柱与铰接顶梁组成的悬臂支架支护顶板。

(4) 采空区处理。采空区处理一般采用全部垮落法。对极坚硬的顶板，可以利用深孔爆破方法强制放顶以保证工作面的安全生产。

3. 综合机械化采煤

综采工艺的主要特点是采用采煤机落煤，用整体自移式液压支架支护顶板，落煤、装煤、运煤、支护全部工序实现了机械化，综采工作面设备布置如图 2-12 所示。综采工作面设备配套很关键，尤其应使采煤机、刮板输送机和液压支架这三大设备均符合工作面的条件，并在生产能力、设备强度、空间尺寸等方面配套。

(1) 落煤、装煤。由采煤机完成。综采工作面主要采用双向割煤，往返一次进两刀，斜切式进刀。

(2) 运煤。采用可弯曲刮板输送机运煤。

(3) 支护。综采工作面支护主要采用自移式液压支架，工作面两端一般采用端头支架支

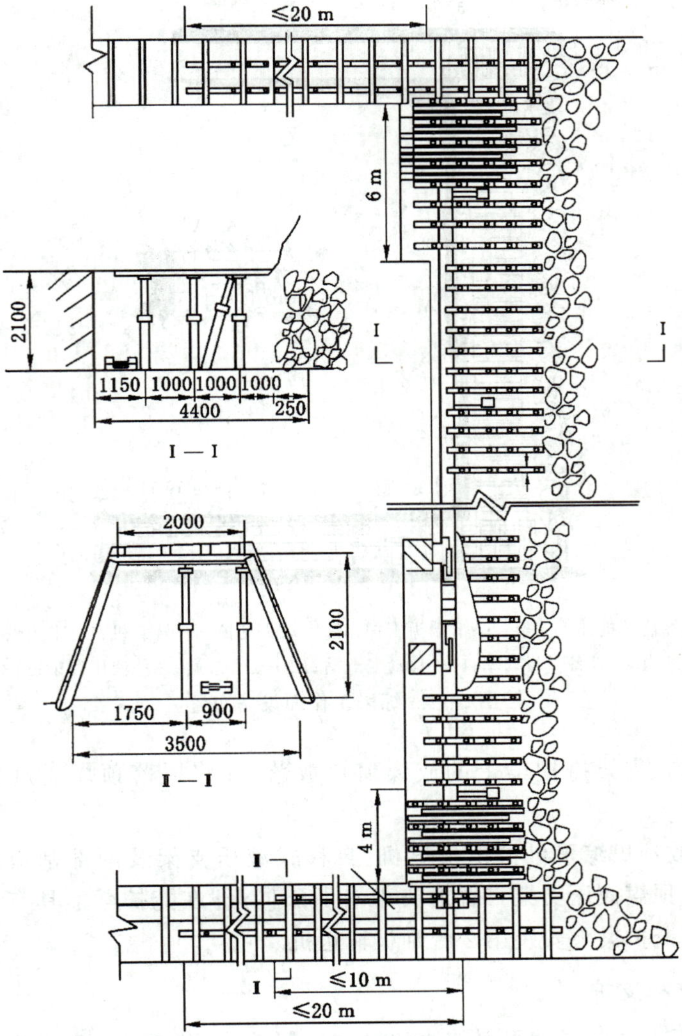

图 2-11　单滚筒采煤机普采工作面布置

护。按支架与围岩的相互作用方式,支架可分为支撑式、掩护式及支撑掩护式 3 种基本类型。

支架的形式不同则移架和推移刮板输送机的方式也不同。整体式支架移架和推移刮板输送机共用一个液压千斤顶连接支架底座和刮板输送机槽,互为支点进行推、拉刮板输送机和支架。迈步式自移支架的移动,依靠本身两框架互为支点,用一个千斤顶推拉两框架分别前移,用另一个千斤顶推移刮板输送机。

(4) 采空区处理。综采工作面主要用垮落法处理采空区。

4. 综采放顶煤采煤工艺

综采放顶煤工艺的主要特点是采用采煤机割煤和放顶煤。综采放顶煤工艺是在厚煤层中沿煤层底板布置采煤工作面,煤壁采用采煤机割煤,顶煤从支架后部放煤口放煤,前后两个刮板输送机运煤的采煤工艺。综采放顶煤与综采工艺基本相似,只是综采放顶煤适用于厚煤层开采,且多一道放煤工序。放煤是利用矿山压力将工作面顶部煤在工作面推进过后

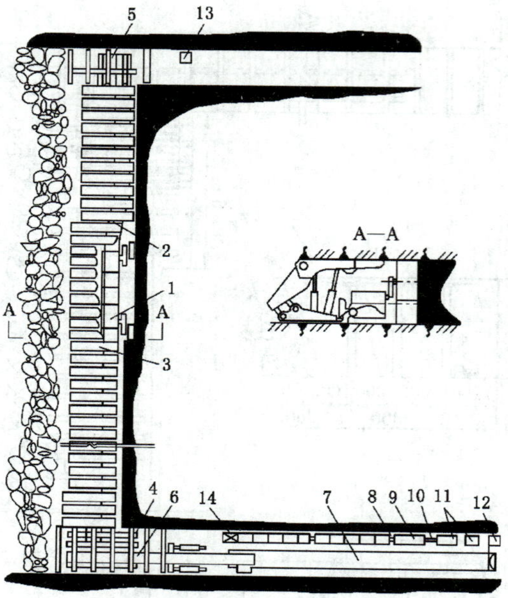

1—采煤机；2—刮板输送机；3—支架；4—下端头支护；5—上端头支护；6—转载机；7—带式输送机；8—配电箱；9—乳化液泵站；10—设备平板列车；11—移动变电站；12—喷雾泵站；13—液压绞车；14—集中控制台

图 2-12　综采工作面设备布置

视频讲解

破碎，在支架掩护梁上的放煤窗口放落，并将冒落顶煤通过后部刮板输送机运出。

放顶煤综采机械由采煤机、自移式液压支架及两部刮板输送机组成。其中，放顶煤液压支架与普通支架有所不同，即在掩护梁上具有一个液控落煤窗口，在掩护梁下安装第 2 台刮板输送机。

二、巷道掘进和支护

井巷工程施工方法包括钻眼爆破法和机械化掘进法，两者的主要差别在于破岩方法不同。井巷工程施工方法的主要工序有破岩、装岩、运岩和支护等。

（一）破岩

1. 钻爆破岩法

钻爆破岩法是指利用电钻或风钻等进行打眼、装药爆破的方法。为了提高打眼的速度可以使用专门的钻眼机械打眼，如风动凿岩机等。钻爆破岩法推广光面爆破。光面爆破是指在钻眼爆破过程中，通过采取一定的措施，使爆破后的巷道断面形状、尺寸基本符合设计要求，并尽量使巷道轮廓以外的围岩不受破坏的一种破岩方法。目前国内煤矿煤巷掘进以机械化掘进为主，岩巷掘进以钻爆破岩法为主。

2. 机械化破岩法

机械化破岩法是指利用综掘机对煤岩体进行切割和破碎的方法。该方法具有掘进速度快、效率高、巷道成形好、施工质量好等优点，在煤巷掘进中得到了广泛应用。采用综合机械化掘进机。可与自卸车、梭车、带式输送机等配套，实现掘进、运输连续作业，实现全自动凿岩机一次成巷施工。

(二) 装岩与运岩

装运煤岩有人工装运和机械装运两种方法。常用的装岩机有耙斗式、铲斗式、蟹爪式等。运输普遍采用矿车,用人或电机车调车。掘进煤巷时可以直接用刮板输送机或带式输送机运煤,综掘设备本身连接有装煤运煤设施。

(三) 巷道支护

维持巷道的有效断面,保持巷道安全使用空间的工作称为巷道支护,其目的是阻止围岩变形和垮落,防止顶板事故发生。巷道支护材料有水泥、石料、混凝土、木材和金属材料(如轻便钢轨、矿用工字钢、特殊工字钢、矿用特殊型钢等)。支护形式有架棚支护(金属拱形支护、木支护)、锚杆支护、锚喷支护、砌碹支护等。按支护存在的时间,分为临时支护和永久支护,锚喷支护和砌碹支护属于巷道永久支护,服务年限较长。

1. 架棚支护

架棚支护按棚式支架的材料构成,可分为木支架、金属支架和钢筋混凝土支架 3 种;按巷道断面形状可分为梯形支架和拱形支架(图 2-13);按支架结构可分为刚性支架和可缩性支架。

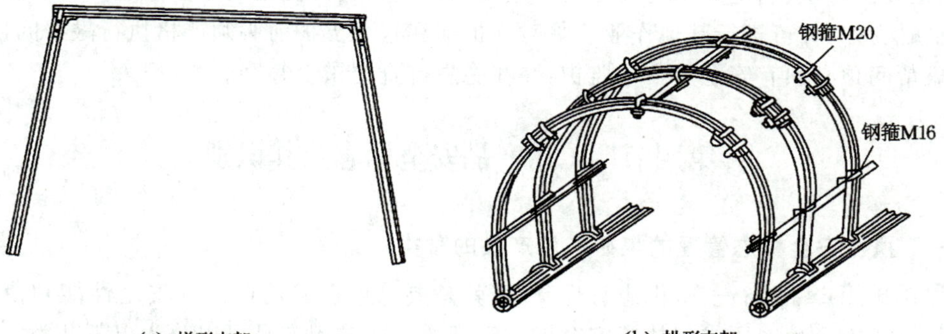

(a) 梯形支架　　(b) 拱形支架

图 2-13 金属支架

2. 砌碹支护

砌碹支护的主要形式是直墙拱顶式,是一种被动支护形式(图 2-14)。该支护具有坚固、耐久、防火、通风阻力小等优点。缺点是施工复杂、劳动强度大、成本高和进度慢等。直墙拱顶支护由拱、墙和基础 3 部分组成。

3. 锚杆支护、喷射混凝土支护

锚杆支护就是将锚杆预设在围岩中,使岩体得以加固,形成一个完整的支护结构,是一种主动支护形式,其支护原理如图 2-15 所示。锚杆种类有钢筋或钢丝绳砂浆锚杆、金属锚杆、木锚杆、树脂锚杆等。

喷射混凝土支护是将一定配比的水泥、砂、石子和速凝剂等混合搅拌均匀,装入喷射机,以压缩空气为动力,使拌和料沿管路吹送至喷头处与水混合,并以较高的速度喷射在岩面上凝结硬化而成的一种支护形式。

锚喷支护是锚杆支护、喷射混凝土支护和锚杆+喷射混凝土联合支护的总称。目前,我国大多数煤矿都采用锚喷支护。

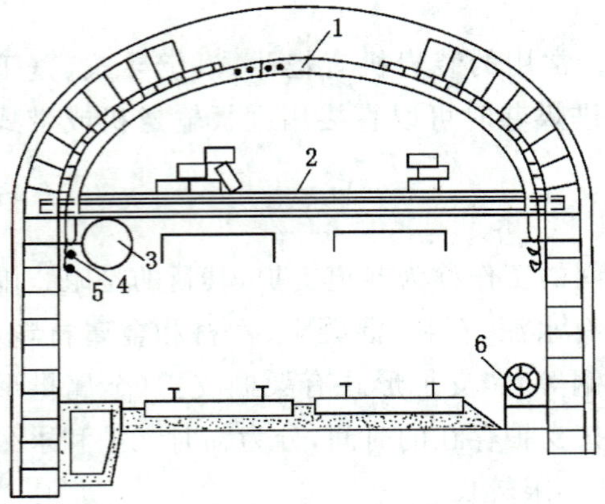

1—碹胎；2—工作台；3—风筒；4、5—线缆；6—供水管

图 2-14　砌碹支护

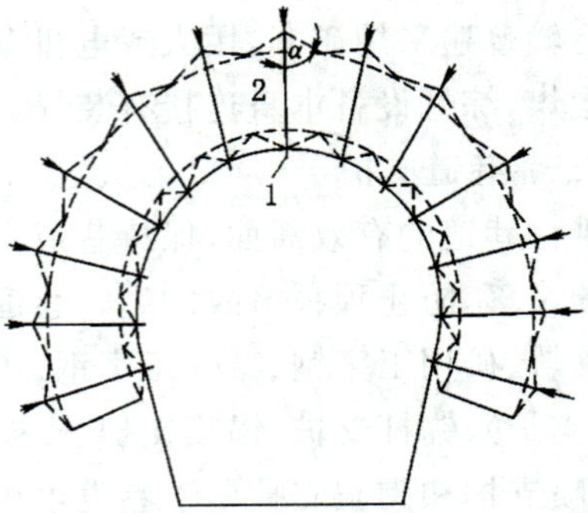

1—锚杆；2—岩层

图 2-15　锚杆支护原理示意图

巷道掘进作业危险性较大，应采取按技术标准设计、配备安全设施、进行有效的尘毒监测、强化安全管理、制定严格的安全规章制度等措施来确保掘进安全。巷道开掘后必须及时进行临时支护，方可进行其他作业。临时支护前和永久支护前必须严格执行敲帮问顶制度，两次敲帮问顶必须有安全员在场监护，并在隐患排查记录上签字。

第四节　矿用产品安全标志及其识别

一、执行安全标志管理的煤矿矿用产品的种类

煤矿矿用产品执行安全标志管理制度，就是要求煤矿矿用产品在安全性能和使用性能上满足煤矿安全生产要求。执行安全标志管理的煤矿矿用产品可以分为以下几类。

(1) 电气设备。包括高低压电器、防爆电机、综合保护装置、矿用泵以及其他防爆电器。

(2) 照明设备。包括安全帽灯、报警矿灯、防爆灯具等。

(3) 火工产品。包括煤矿许用炸药、煤矿许用雷管、发爆器等。

(4) 通讯、信号装置。包括防爆电话机及关联设备、无线电通信系统及关联设备、防爆声光报警信号装置、防爆信号通信机等。

(5) 钻孔机具及附件。包括煤(岩)电钻、凿岩机具(电动、液动、气动)、锚杆钻机(电动、液动、气动)、钻车、井下移动式空气压缩机、安全钻机(瓦斯抽采、探水、防突、放顶、注水、防灭火钻机)。

(6) 提升、运输设备。包括带式输送机及辅件、刮板输送机及辅件、钢丝绳、人车、防坠器、液力耦合器、辅助提运设备。

(7) 动力机车。包括内燃机车、蓄电池电机车、架线机车及配套电气设备。

(8) 通风、防尘设施。包括局部通风机、风筒、除尘与降尘设备。

(9) 阻燃及抗静电产品。包括输送带、电缆、风筒涂覆布、隔爆水槽(袋)、管材及塑料网带、非金属托辊、难燃介质。

(10) 环境、安全、工况监测监控仪器与装备。包括气体、粉尘、风速等检测仪表，安全监测监控系统及配套控制装置，自救器、呼吸器及其他防护装置。

(11) 支护设备。包括液压支架(含柱、阀、千斤顶)、滑移支架、单体液压支柱(含三用阀)、切顶支柱、摩擦支柱、金属顶梁、锚杆(索)。对上述范围内的进口产品,也执行安全标志管理。

(12) 采、掘机械及配套设备。包括采煤机、掘进机及其电控装置等。

二、煤矿矿用产品安全标志及其识别

煤矿矿用产品安全标志由图案和安全标志编号组成。在图案下部标注安全标志编号(编号由字母和数字组成)。煤矿矿用产品安全标志基本图案如图 2-16 所示。

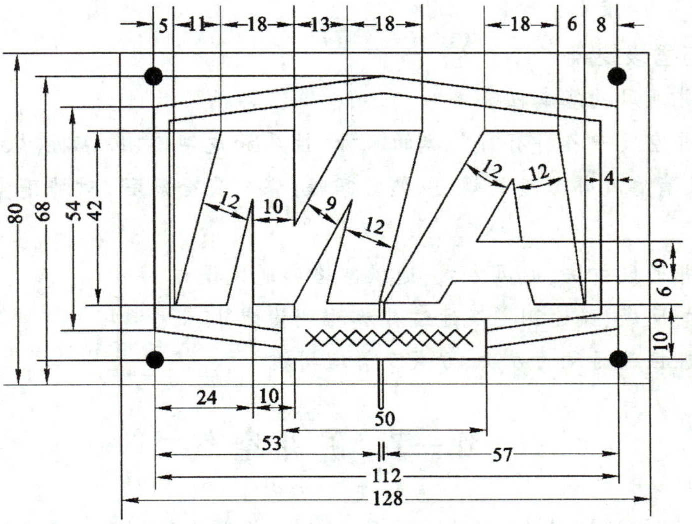

图 2-16　矿用产品安全标志基本图案(单位:mm)

煤矿矿用产品安全标志的识别要点:

(1) 看安全标志的尺寸规格。煤矿矿用产品安全标志分为标准规格和非标准规格。标准规格的基本图案分为五种规格:第一种规格尺寸如图 2-16 所示;第二种规格尺寸为第一种规格尺寸的0.66 倍;第三种规格尺寸为第二种规格尺寸的 0.66 倍,以此类推。

非标准规格(印刷、模压、模制、丝印、喷漆、蚀刻、雕刻、烙印、打戳等)应与标准规格的尺寸成线性比例。

(2) 看安全标志的颜色。标准规格安全标志为黄色底版,边框及“MA”为黑色并凸出 0.25 mm;非标准规格安全标志,其底版和图案颜色可根据产品外观或铭牌总体设计情况合理选用。

(3) 看安全标志的加施位置。标准规格安全标志,须加施在产品外体明显的位置上,选用的规格与产品外形尺寸相适应;非标准规格安全标志,须加施在产品外体的明显位置上或产品铭牌上。

(4) 电缆、输送带、管材、风筒(布)等产品,加施安全标志的间隔距离不大于 5 m,并保证在最小使用单元内具有不少于一处的安全标志。

(5) 在产品本体上不能加施安全标志的,其安全标志必须加施在产品最小包装上。

第三章　矿井通风

本章培训与考核要点

· 了解矿井通风的基本任务

· 掌握矿井空气中各种有害气体的来源、性质和危害，熟练掌握《煤矿安全规程》对井下空气中氧气及有害气体浓度的规定，熟练掌握《煤矿安全规程》对井下空气温度及采掘工作面风速的规定

· 了解矿井通风方法、通风方式、通风网络和通风设施

· 了解矿井反风、风速测定及通过井巷的风量计算

· 熟练掌握掘进通风的方法、方式及管理措施

第一节　矿井空气

矿井通风是利用通风动力，将地面的新鲜空气，沿着有通风设施确定的通风路线不断地进入井下各采掘工作面、机电硐室、爆炸材料库以及其他用风地点，以满足生产用风的需要，同时将用过的污浊空气不断地排出地面。这种向矿井井下连续不断地输入新鲜空气并排出污浊空气的通风过程称为矿井通风。

矿井通风的基本任务是：

(1) 向井下各工作场所连续供给适量的新鲜空气。

(2) 稀释并排除井下各种有害气体和浮游粉尘，使有害气体和浮游粉尘符合《煤矿安全规程》的规定。

(3) 为井下创造适宜的气候条件，提供良好的生产环境，保障职工的身体健康和生命安全，为设备的正常运转创造条件。

(4) 提高矿井的抗灾能力。

矿井空气是矿井井巷内气体的总称，包括地面进入井下的新鲜空气和井下产生的有毒有害的气体、浮尘。矿井空气的主要来源是地面空气，但是地面空气进入井下以后，在其化学成分和物理状态上发生一系列的变化，因而矿井空气与地面空气在性质和成分上均有较大差别。

一、矿井空气中有害气体

矿井空气中常见的有毒有害气体有：CO、NO_2、SO_2、H_2S、CH_4、NH_3、H_2，在煤矿生产过程中产生或煤层中涌出。矿井空气中常见有害气体的性质、来源及对人的危害性见表 3-1。

表 3-1 矿井空气中常见有害气体的性质、来源及对人的危害性

气体名称	主要来源	相对密度	色和味	危害性	最高容许浓度/%
一氧化碳(CO)	爆破作业、火灾、煤尘和瓦斯爆炸、煤自燃	0.97	无色、无味、无臭	极毒。一氧化碳与血红素的亲和力比氧和血红素的亲和力大250～300倍,阻碍了氧与血红素的结合而使人体缺氧,引起窒息和死亡	0.0024
二氧化碳(CO_2)	煤岩中涌出,有机物氧化,人员呼吸,爆破作业	1.52	无色、无味、无臭	微毒。对呼吸系统有刺激作用,在肺中的含量增加时使血液酸度变大,刺激呼吸中枢	
二氧化硫(SO_2)	含硫矿物氧化,在含硫矿物中爆破作业	2.2	有刺激臭味及酸味	与眼、呼吸道的湿表面接触后能形成亚硫酸,因而对眼、呼吸器官有强烈腐蚀作用,严重时会引起肺水肿	0.0005
二氧化氮(NO_2)	爆破作业	1.57	棕红色、有刺激臭味	强烈毒性。能和水结合成硝酸,对肺组织起破坏作用,造成肺水肿;对眼睛、鼻腔、呼吸道等有强烈刺激作用	0.00025
硫化氢(H_2S)	有机物腐烂,硫化矿物水解,煤岩中放出	1.19	无色、微甜、臭鸡蛋味、0.0001%时即可嗅到	强烈毒性。能使血液中毒,对眼睛黏膜及呼吸道系统有强烈刺激作用	0.00066
氨气(NH_3)	爆破作业	0.6	无色、有恶臭	刺激皮肤、呼吸道,使人流泪、咳嗽、头晕,严重中毒者会发生肺水肿	0.004
氢气(H_2)	蓄电池充电时放出	0.07	无色、无味、无臭	浓度达4%～7%时有爆炸性	
甲烷(CH_4)	煤岩涌出	0.554	无色、无味、无臭、无毒	具有爆炸性	不同地点允许浓度不同

注:1. 甲烷、二氧化碳和氢气的允许浓度按《煤矿安全规程》的有关规定执行。
2. 矿井中所有气体的浓度均按体积的百分比计算。
3. 二氧化氮浓度为氮氧化物换算成二氧化氮。

二、矿井气候条件

矿井气候条件指矿井空气的温度、湿度及风速三者的综合作用状态。这三个参数的不同组合,构成了不同的矿井气候条件。

(一) 矿井空气的温度

矿井空气的温度是影响矿内气候条件的主要因素,气温过高,影响人体散热,破坏身体热平衡，使人感到不适，气温过低人体散热过多，容易引起感冒，对人体最适宜的湿度一般认为是 15～20 ℃。

《煤矿安全规程》规定：当采掘工作面空气温度超过 26 ℃、机电设备硐室超过 30 ℃时，必须缩短超温地点工作人员的工作时间，并给予高温保健待遇。当采掘工作面的空气温度超过 30 ℃、机电设备硐室超过 34 ℃时，必须停止作业。进风井口以下的空气温度（干球温度，下同）必须在 2 ℃以上。

（二）矿井空气的湿度

空气的湿度是指空气中所含水蒸气量即空气的潮湿程度，一般用"相对湿度"表示。相对湿度指在同体积和同温度下，空气中实际含有的水蒸气数量与饱和水蒸气数量的百分比。对人体比较适宜的相对湿度一般为 50％～60％。

（三）井巷中的风速

在矿井井巷中，风流在单位时间内所流经的距离称为巷道中的风速。风速影响人体对流散热和蒸发散热的效果。对流换热强度随风速而增大。当气温低于体温时，风速越大，对流散热量也越大。井巷中的风流速度应当符合表 3-2 要求。

表 3-2　井巷中的允许风流速度

井巷名称	允许风速/($m \cdot s^{-1}$)	
	最低	最高
无提升设备的风井和风硐		15
专为升降物料的井筒		12
风桥		10
升降人员和物料的井筒		8
主要进、回风巷		8
架线电机车巷道	1.0	8
输送机巷，采区进、回风巷	0.25	6
采煤工作面、掘进中的煤巷和半煤岩巷	0.25	4
掘进中的岩巷	0.15	4
其他通风人行巷道	0.15	

设有梯子间的井筒或者修理中的井筒，风速不得超过 8 m/s；梯子间四周经封闭后，井筒中的最高允许风速可以按表 3-2 规定执行。

无瓦斯涌出的架线电机车巷道中的最低风速可低于表 3-2 的规定值，但不得低于 0.5 m/s。

综合机械化采煤工作面，在采取煤层注水和采煤机喷雾降尘等措施后，其最大风速可高于表 3-2 的规定值，但不得超过 5 m/s。

第二节　矿井通风系统

矿井通风系统包括矿井通风方式、通风方法、通风网络和通风设施四个方面。矿井通风系统是保证矿井通风安全可靠、经济合理的重要基础。

一、矿井通风方式

矿井通风方式是对矿井的进风井筒和回风井筒的相对位置而言的。按进、回风井筒的相对位置不同，矿井通风方式分为中央式（图 3-1a、图 3-1b）、对角式（图 3-1c、图 3-1d）、区域式（图 3-1e）、混合式（图 3-1f、图 3-1g）四大类，如图 3-1 所示。

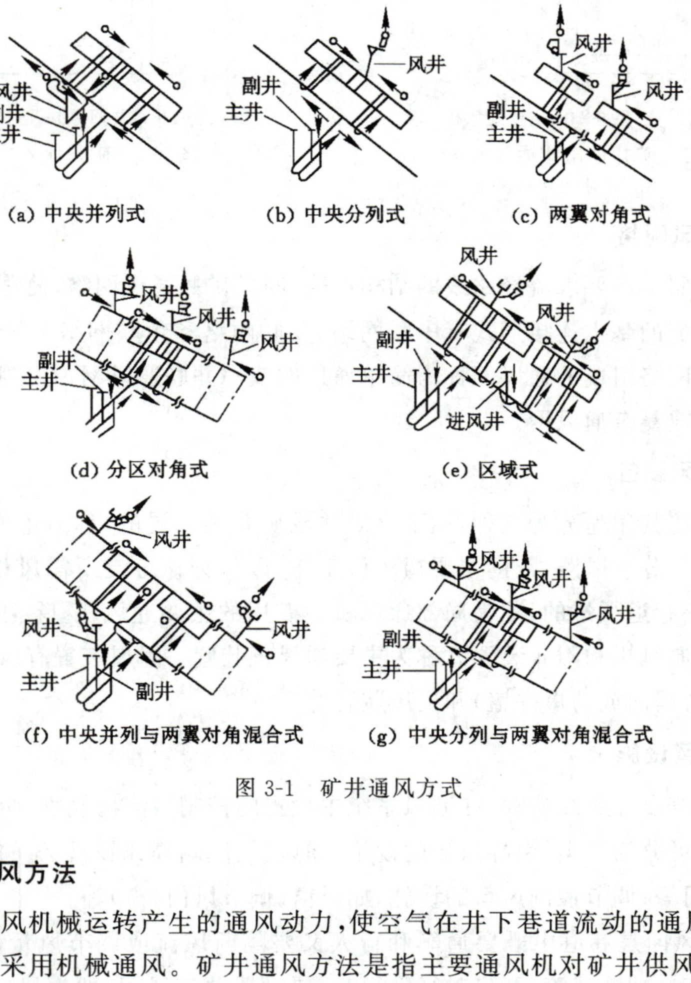

(a) 中央并列式　(b) 中央分列式　(c) 两翼对角式
(d) 分区对角式　(e) 区域式
(f) 中央并列与两翼对角混合式　(g) 中央分列与两翼对角混合式

图 3-1　矿井通风方式

二、矿井通风方法

利用矿井通风机械运转产生的通风动力，使空气在井下巷道流动的通风方法，称为机械通风。矿井必须采用机械通风。矿井通风方法是指主要通风机对矿井供风的工作方法。按主要通风机的安装位置不同分为抽出式、压入式及混合式三种。

（一）抽出式通风

抽出式通风是将矿井主要通风机安设在出风井一侧的地面上，新风经进风井流到井下各用风地点后，污风再通过风机排出地表的一种矿井通风方法（图 3-2）。目前我国大部分矿井一般多采用抽出式通风。

（二）压入式通风

压入式通风是将矿井主要通风机安设在进风井一侧的地面上，新风经主要通风机加压后送入井下各用风地点，污风再经过回风井排出地表的一种矿井通风方法（图 3-3）。

（三）混合式通风

混合式通风是在进风井和回风井一侧都安设矿井主要通风机，新风经压入式主要通风机送入井下，污风经抽出式主要通风机排出井外的一种矿井通风方法。

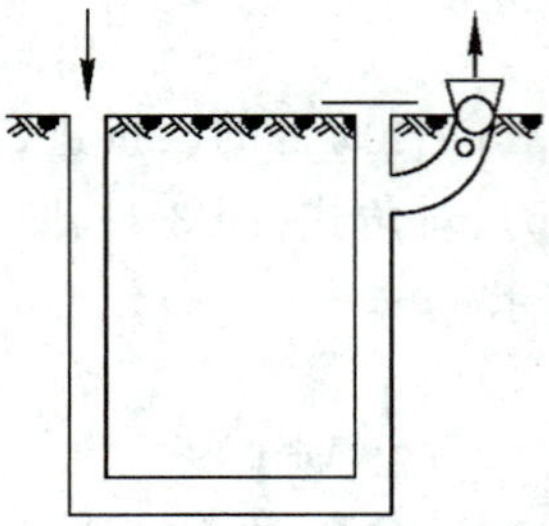

1—进风井；2—回风井；3—主要通风机

图 3-2　矿井抽出式通风

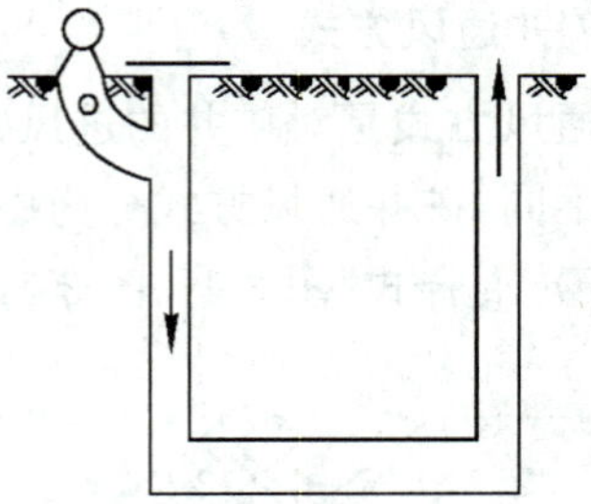

1—进风井；2—回风井；3—主要通风机

图 3-3　矿井压入式通风

三、矿井通风网络

矿井风流按照生产要求流经路线的结构形式，叫做矿井通风网络，简称通风网。矿井通风网络中井巷风流的基本连接形式有串联网络、并联网络和角联网络三种基本形式。仅有串联网络和并联网络组成的通风网称为简单通风网或串并联通风网，有角联通风网络时，则称为角联通风网或复杂通风网。

四、矿井通风设备

矿用通风机按其用途分为三种：用于全矿井或矿井某一翼的，称为主要通风机；用于矿井通风网路的某一分支风路，帮助主要通风机工作，以保证该分支所需风量的，称为辅助通风机；服务于独头巷道掘进的，称为局部通风机。矿用的主要通风机，除主机之外还有一些附属装置。主要通风机和附属装置总称为主要通风机装置。附属装置有风硐、扩散器（扩散塔）、防爆设施（防爆门或防爆井盖）和反风装置等。

五、矿井通风设施

为保证风流按设计路线流动，在通风系统中设置的控制风流构筑物，叫做通风设施。通风设施按其作用可分为三类：引导风流的设施，如风桥、风硐等；隔断风流的设施，如风墙（密闭）、风门、防爆门等；调节控制风量的设施，如风窗、调节风门（窗）等。

（1）风门。风门是巷道中既要通车和行人又要隔断风流或调节风量的设施，如图 3-4 所示。风门关闭时，切断风流；开启时行人行车；要设置两道风门，两道风门要闭锁，其间距要符合要求；风门要迎风开启。

（2）风墙（密闭）。密闭是切断风流和封闭已采完的采区和盲巷的设施，如图 3-5 所示。按服务年限长短又分为临时密闭和永久密闭两种。临时密闭服务时间短，隔断风流快，砌筑方法简单，速度快。井下常见的临时密闭有帆布密闭、充气密闭、木板密闭等。永久密闭是服务年限两年以上，长期切断风流的密闭。

（3）防爆门。在装有主要通风机的出风井口，必须安装防爆设施，在斜井口设防爆门（图 3-6），在立井口设防爆井盖。其作用有两个：① 当井下一旦发生瓦斯或煤尘爆炸时，受高压爆炸冲击波的作用，防爆门自动打开，保护主要通风机免受毁坏；② 爆炸冲击波过后能自动关闭，迅速恢复矿井通风。在正常情况下它是气密的，以防止风流短路。

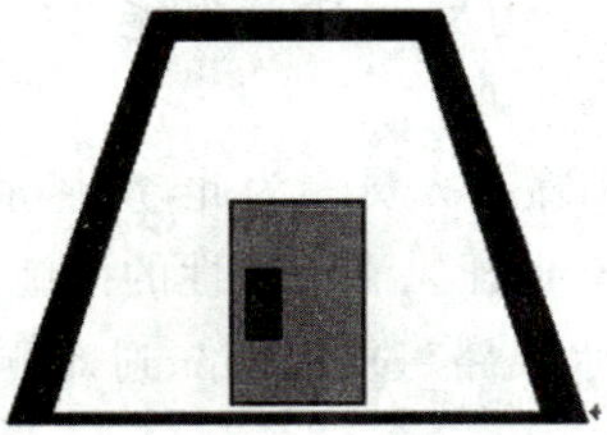

图 3-4 风门

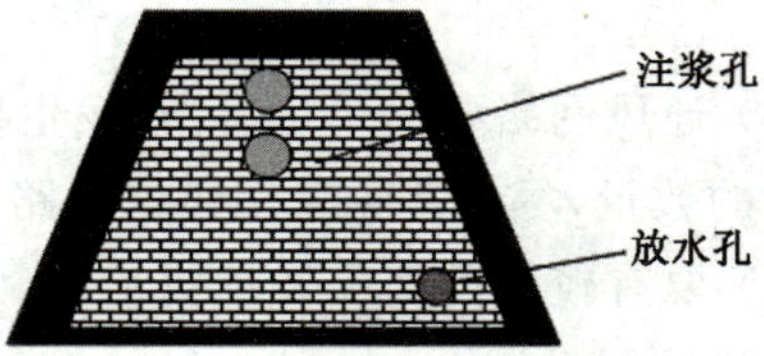

图 3-5 密闭

(4) 风桥。风桥是将平面交叉的进、回风流隔成立体交叉的一种通风设施。常用的有绕道式风桥、混凝土风桥(图 3-7)、铁筒式风桥等。

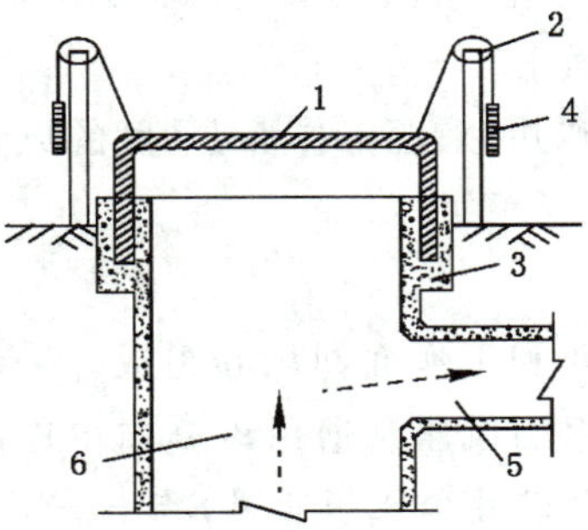

1—防爆门;2—滑轮;3—密封液槽;4—平衡锤;5—风硐;6—回风立井

图 3-6 防爆门

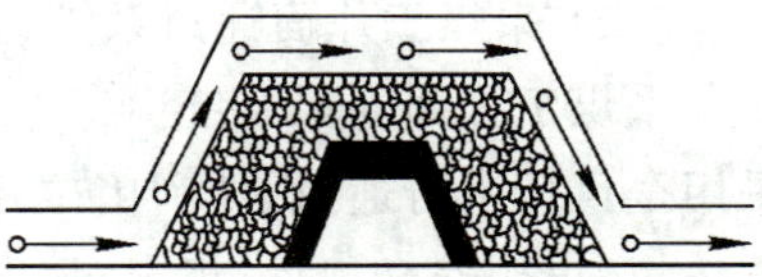

图 3-7 混凝土风桥

(5) 风硐。风硐是连接主要通风机和风井的一段巷道。

五、采区通风系统

采区通风系统是指矿井风流经主要进风巷进入采区,流经采区进风巷道,清洗采掘工作面、硐室和其他用风巷道后,沿采区回风巷道排至矿井主要回风巷的整个网络。

(一) 采区通风系统

(1) 每一个生产水平和采区,必须布置单独的回风巷,实行分区通风。采区进、回风巷必须贯穿整个采区的长度或高度。严禁一段为进风巷,一段为回风巷。采掘工作面、硐室都要采用独立通风。采用串联通风时,必须符合《煤矿安全规程》的要求。

(2) 井下各地点按《煤矿安全规程》对风流中的甲烷、二氧化碳、氢气和其他有害气体的浓度,风速及温度,每人供风量的规定合理配风。按井下同时工作的最多人数计算,每人每分钟供给风量不得少于 4 m^3。要尽量减少采区漏风。

(3) 采区必须有独立的风道,实行分区通风。采区进、回风巷必须贯穿整个采区的长度或高度。严禁将一条上山、下山或盘区的风巷分为两段,其中一段为进风巷,另一段为回风巷。

(4) 采掘工作面应实行独立通风,严禁 2 个采煤工作面之间串联通风。

同一采区内采煤工作面和与其相连接的 1 个掘进工作面、相邻的 2 个掘进工作面,布置独立通风有困难时,在制定措施后,可采用串联通风,但串联通风的次数不得超过 1 次。

(5) 按瓦斯、二氧化碳、气候条件和工业卫生的要求,合理配风。要尽量减少采区漏风,并避免新风到达工作面之前被污染和加热。要保证通风阻力尽量小，通风能力尽量大，风流畅通。

(6) 通风网络要简单，以便在发生事故时易于控制和撤离人员。为此，应尽量减少通风构筑物的数量，尽量避免采用角联风路；无法避免时，要有保证风流稳定性的措施。

(7) 要有较强的防灾和抗灾能力。为此，要设置供水线路、避灾线路、避难硐室和灾变时的风流控制设施。

(8) 采掘工作面的进风和回风不得经过采空区或冒顶区。

(9) 井下机电设备硐室必须设在进风风流中；采用扩散通风的硐室，其深度不得超过 6 m，入口宽度不得小于 1.5 m，并且无瓦斯涌现。

(10) 矿井主要通风机停止运转时，必须立即停止作业，切断电源，工作人员先撤到进风巷道中，由值班矿领导组织全矿井工作人员全部撤出。

(11) 矿井应当具备完整的独立通风系统。矿井、采掘工作面、采区的风量必须满足安全生产要求。

(二) 采煤工作面通风系统

采煤工作面通风系统由工作面进风巷、工作面和工作面回风巷组成。采煤工作面通风采用全风压进行通风，即利用矿井主要通风机产生的风压和通风设施向工作面供风的通风方法。《煤矿安全规程》规定：采煤工作面必须采用矿井全风压通风，禁止采用局部通风机稀释瓦斯。

(三) 上行通风与下行通风

(1) 上行通风。当采煤工作面的进风巷水平低于回风巷水平时，采煤工作面的风流沿工作面的倾斜方向由下向上流动，这样的通风方式称为上行通风。

(2) 下行通风。当采煤工作面的进风巷水平高于回风巷水平时，采煤工作面的风流沿工作面的倾斜方向由上向下流动，这样的通风方式称为下行通风。

《煤矿安全规程》规定：煤层倾角大于 12°的采煤工作面采用下行通风时，应报矿总工程师批准，并遵守下列规定：

(1) 采煤工作面风速不得低于 1 m/s。

(2) 在进、回风巷中必须设置消防供水管路。

(3) 有突出危险的采煤工作面严禁采用下行通风。

第三节　矿井反风与测风

当矿井在进风井口附近、井筒或井底车场及其附近的进风巷中发生火灾、瓦斯和煤尘爆炸时，为了防止事故蔓延至作业人员集中的采掘工作面，以便进行灾害处理和救护工作，有时需要改变矿井的风流方向，这就是矿井反风。《煤矿安全规程》规定：生产矿井主要通风机必须装有反风设施，并能在 10 min 内改变巷道中的风流方向；当风流方向改变后，主要通风机的供给风量不应小于正常供风量的 40%。每季度应至少检查 1 次反风设施，每年应进行 1 次反风演习；当矿井通风系统有较大变化时，应进行 1 次反风演习。

一、矿井反风

（一）全矿井反风

全矿井反风，是指使全矿井总进风巷道和总回风巷道及采区主要进风巷道和回风巷道的风流全面反向的通风方式。当矿井进风井口附近、井筒（包括井底车场主要硐室）及与井底车场直接相通的大巷（如中央石门、运输大巷）发生火灾时，应采用全矿井反风。全矿井反风主要有反风道反风、主要通风机反转反风、无反风道反风和调整动叶安装角反风四种方式。

1. 反风道反风

利用主要通风机设置的专用反风道和控制风门，使主要通风机的排风口与反风道相连，风流由风硐压入回风道，从而实现风流反向的反风方式称为反风道反风。反风道反风是一种常用且可靠的反风方式，采用轴流式和离心式主要通风机都可以实现。该反风方法要求矿井建设时期就建立相应的反风装置，施工工程量大，投资大，反风使用设备多，实施起来比较复杂。

2. 主要通风机反转反风

主要通风机反转反风只适用于轴流式通风机。反风时，将电动机的三相电源线中的任意两相调换相接，主要通风机工作轮反转，使井下风流反向。虽然这种反风方法的基建费用少、简便，但是反风量有限，难以满足要求。目前，一些新型通风机在设计时已考虑了这一问题，反风量有所提高。

3. 无反风道反风

无反风道反风是利用备用的主要通风机的机体作为反风道，来实现反风的。这种方法基建投资小，但反风阻力大，反风不方便。

4. 调整动叶安装角反风

对于动叶可同时转动的轴流式通风机，只要把所有的叶片同时偏转一定角度，不必改变叶轮转向就可以实现矿井风流反向。我国 GAF 型通风机具有这种功能，国外具有此功能的风机较多。

（二）局部反风

井下采区内发生火灾时，主要通风机保持正常运转，通过调整采区内预设风门的开关状态，实现采区内部部分巷道风流反向，把火灾烟流直接引向回风巷道，防止其进入采煤工作面，危害工人健康，影响正常生产。

在进行采区设计时，应考虑布置局部反风联络巷道和反风风门等反风系统。这些反设施应采用不燃性材料制作，在采区布置中提前设置，应实现远程控制，以便于及时反风或火灾较为严重时人员无法接近。

二、矿井测风

测量井巷风速的仪表叫风表，又称风速计。目前，煤矿中常用的风表按结构和原理不同可分为机械式、热效式、电子叶轮式和超声波式等几种。在煤矿安全监控系统和通风机在线监控系统中，利用风速传感器和数据通信软件，可在井、上下直接读取传感器安设地点的井巷风速。

（一）风速测定仪表

1. 机械叶轮式风表

机械叶轮式风表由叶轮、传动蜗轮、蜗杆、读数盘、回零压杆、离合闸板、护壳等构成，如

图 3-8 所示。

风表的叶轮由 8 个铝合金叶片组成，叶片与转轴的垂直平面成一定的角度，当风流吹动叶轮时，通过传动机构将运动传给计数器 3，指示出叶轮的转速。离合闸板 4 的作用是使计数器与叶轮轴联结或分开，用来开关计数器。回零压杆 5 的作用是能够使风表的表针回零。

由于风表结构和使用中机件磨损、腐蚀等影响，通常风表的计数器所指示的风速并不是实际风速，表速（指示风速）$v_{表}$ 与实际风速（真风速）$v_{真}$ 的关系可用风表校正曲线来表示。风表出厂时都附有该风表的校正曲线，风表使用一段时间后，还必须按规定重新进行检修和校正，得出新的风表校正曲线。图 3-9 为风表校正曲线示意图。

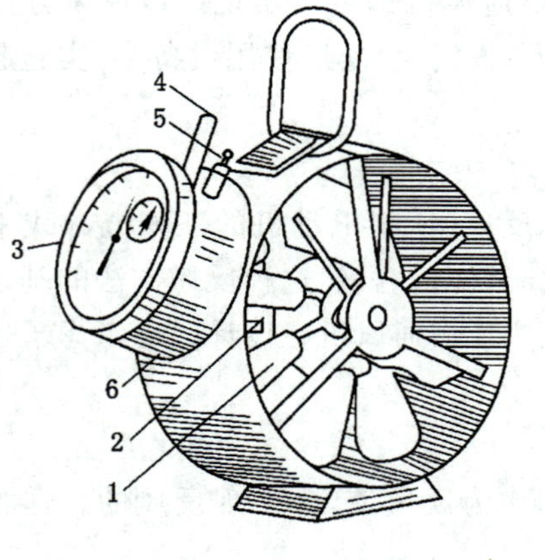

1—叶轮；2—蜗杆轴；3—读数盘；4—离合闸板；
5—回零压杆；6—护壳

图 3-8　机械叶轮式风表

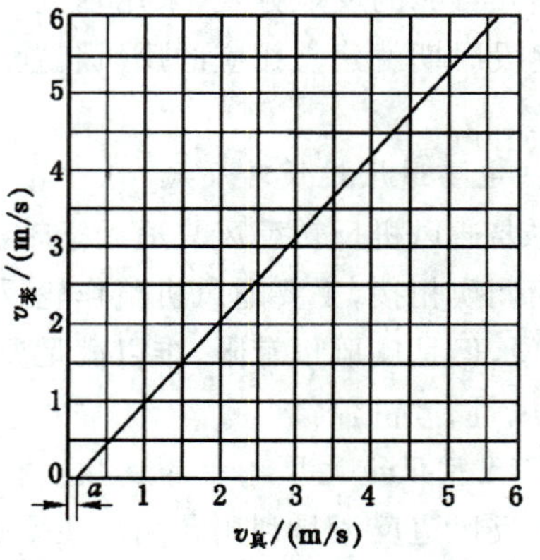

图 3-9　风表校正曲线示意图

目前我国生产和使用的叶轮式风表主要有：DFA-2 型（中速）、DFA-3 型（微速）、DFA-4 型（高速）、AFC-121（中、高速）、EM9（中速）等。机械叶轮式风表的特点是体积小，重量轻，重复性好，使用及携带方便，测定结果不受气体环境影响；缺点是精度低，读数不直观，不能满足自动化遥测的需要。

2. 电子叶轮式风表

电子叶轮式风表由机械结构的叶轮和数据处理显示器组成。它的测定原理是，叶轮在风流的作用下旋转，转速与风速成正比，利用叶轮上安装的一些附件，根据光电、电感等原理把叶轮的转速转变成电量，利用电子线路实现风速的自动记录和数字显示。它的特点是读数和携带方便，易于实现遥测。如 CFD5 型电子叶轮式风速计（图 3-10）就可用于矿山井下。

图 3-10　电子叶轮式风速计

3. 超声波风速计

它是利用超声波技术，通过测量气流的卡曼涡街频率来测定风速的仪器，目前主要用于集中监控系统中的风速传感器。它的特点是结构简单，寿命长，性能稳定，不受风流的影响，精度高，风速测量范围大。

(二) 井巷测风方法及步骤

1. 测风方法

为了测得巷道内的平均风速,可采用线路法或定点法。线路法是风表按一定的线路均匀移动,如图 3-11 所示;定点法是将巷道断面分为若干格,风表在每一个格内停留相等的时间进行测定(图 3-12),根据断面大小,常用的有 9 点法、12 点法等。

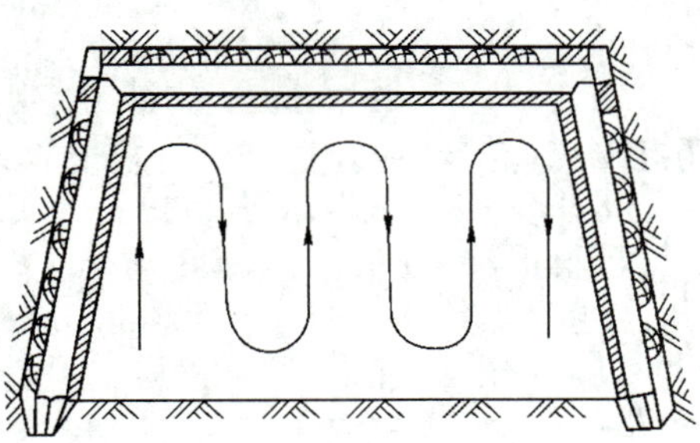

图 3-11 线路法测风

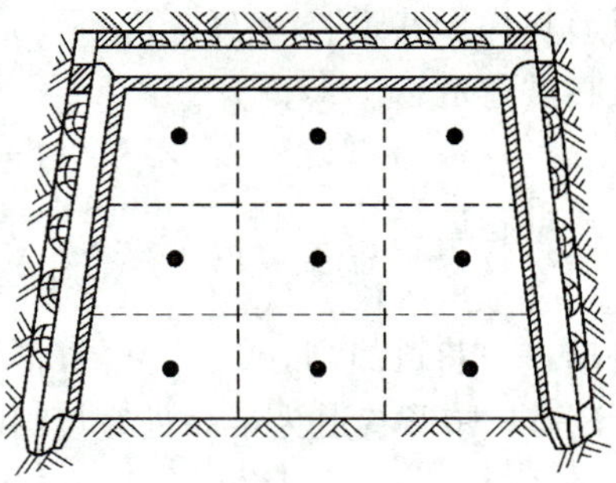

图 3-12 定点(9 点)法测风

测风时,根据测风员的站立姿势不同又分为迎面法和侧身法两种。

迎面法是测风员面向风流,将手臂伸向前方测风。由于测风断面位于人体前方,且人体阻挡了风流,使风表的读数值偏小,为了消除人体的影响,需将测得的真风速乘以 1.14 的校正系数,才能得到实际风速。

侧身法是测风员背向巷道壁站立,手持风表将手臂向风流垂直方向伸直,然后在巷道断面内作均匀移动。由于测风员立于测风断面内减少了通风面积,从而增大了风速,测量结果较实际风速偏大,故需对测得的真风速进行校正。校正系数 K 由下式计算:

$$K=\frac{S-0.4}{S}$$

式中 S——测风站的断面积,m^2;

0.4——测风员阻挡风流的面积,m^2。

2. 用机械式风表测风步骤

(1) 测风员进入测风站或待测巷道中,先估测风速范围,然后选用相应量程的风表。

(2) 取出风表和秒表,先将风表指针和秒表回零,然后使风表叶轮平面迎向风流,并与风流方向垂直,待叶轮转动正常后(约 20~30 s),同时打开风表的计数器开关和秒表,在 1 min 的时间内,风表要均匀地走完测量路线(或测量点),然后同时关闭秒表和计数器开关,读取风表指针读数。为保证测定准确,一般在同一地点要测三次,取平均值,并按下式计算表速:

$$v_{表}=\frac{n}{t}$$

式中 $v_{表}$——风表测得的表速,m/s;

n——风表刻度盘的读数,取三次平均值,m;

t——测风时间,一般 60 s。

(3) 根据表速查风表校正曲线,求出真风速 $v_{真}$。

(4) 根据测风员的站立姿势,将真风速乘以校正系数 K 得实际平均风速 $v_{均}$,即:

$$v_{均}=Kv_{真}$$

(5) 根据测得的平均风速和测风站的断面积，按下式计算巷道通过的风量：

$$Q=v_{均}S$$

式中　Q——测风巷道通过的风量，m^3/s；

S——测风站的断面积，m^2，按下列公式测算：

矩形和梯形巷道：$S=H\cdot B$

三心拱巷道：

$$S=B(H-0.07B)$$

半圆拱巷道：

$$S=B(H-0.11B)$$

式中　H——巷道静高，m；

B——梯形巷道为半高处宽度，拱形巷道为净宽，m。

第四节　掘进通风

一、近距离掘进通风技术

通过资料调查和现场调研，认为对于瓦斯较小巷道的近距离巷道主要以矿井全风压通风来治理瓦斯。具体可以采用技术较成熟的风障导风、风筒导风和平行巷道导风。

1. 风障导风

如图 3-13 所示，在巷道内设置纵向风障，把风障上游一侧的新风引入掘进工作面，清洗后的污风从风障下游一侧排出。在短巷掘进时，可用木板、竹、帆布等制作风障；在长巷掘进时，可用砖、石、混凝土等材料构筑风障。这种导风方法在构筑和拆除风障的工程量大，适用于短距离或无其他更好方法可用时。

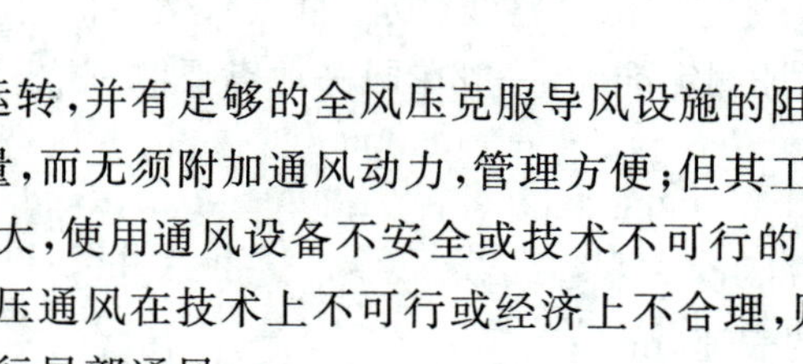

图 3-13　风障导风

在主要通风机正常运转，并有足够的全风压克服导风设施的阻力时，全风压通风能连续供给掘进工作面所需风量，而无须附加通风动力，管理方便；但其工程量大，使用风障有碍运输。因此，在瓦斯涌出量大，使用通风设备不安全或技术不可行的局部地点，可以使用全风压通风。但是，如果全风压通风在技术上不可行或经济上不合理，则必须借助专门的通风动力设备，对掘进工作面进行局部通风。

2. 风筒导风

风筒导风的两种形式如图 3-14 所示，在巷道内设置挡风墙截断主导风流，用风筒把新鲜空气引入掘进工作面，污浊空气从独头掘进巷道中排出。此种方法辅助工程量小，风筒安装、拆卸比较方便，通常用于需风量不大的短巷掘进通风中。

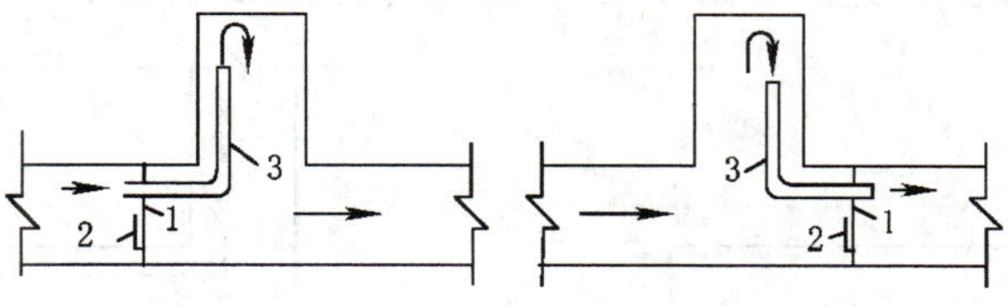

1—密闭墙；2—风窗；3—风筒

图 3-14　风筒导风

3. 平行巷道导风

平行巷道导风的两种形式如图 3-15 所示，在掘进主巷的同时，在附近与其平行掘一条配风巷，每隔一定距离在主、配巷间开掘联络巷，形成贯穿风流，当新的联络巷沟通后，旧联络巷即封闭。两条平行巷道的独头部分可用风障或风筒导风，巷道的其余部分用主巷进风，配巷回风。此方法常用于煤巷掘进，尤其是厚煤层的采区巷道掘进中，当运输、通风等需要开掘双巷时。此法也常用于解决长巷掘进独头通风的困难。

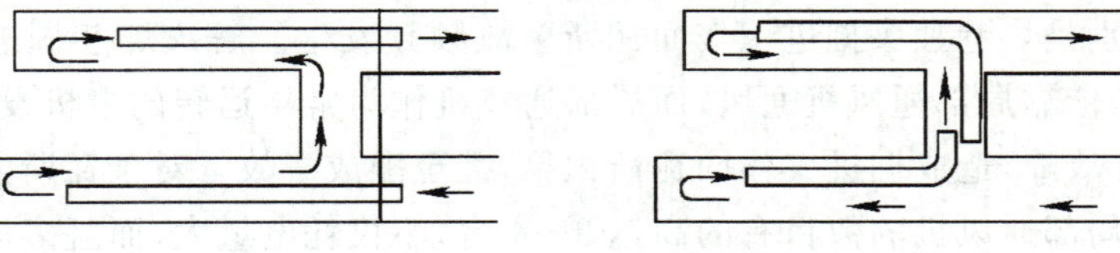

图 3-15　平行巷道导风

二、普通掘进通风技术

利用局部通风机做动力，通过风筒导风的通风方法称局部通风机通风，它是目前局部通风最主要的方法。局部通风机的常用通风方式有压入式、抽出式和混合式。

1. 压入式通风

压入式通风布置如图 3-16 所示，局部通风机及其附属装置安装在离掘巷道口 10 m 以外的进风侧，将新鲜风流经风筒输送到掘进工作面，污风沿掘进巷道排出。

2. 抽出式通风

抽出式通风布置如图 3-17 所示。局部通风机安装在离掘进巷道 10 m 以外的回风侧，新鲜风流沿巷道流入，污风通过风筒由局部通风机抽出。

上述两种通风方式，当以排除瓦斯为主的煤巷、半煤岩巷和有瓦斯涌出的岩巷掘进时应采用压入式通风；而当以排除粉尘为主的井筒掘进时，宜采用抽出式通风。

3. 混合式通风

混合式通风是压入式和抽出式两种通风方式联合运用，兼有压入式和抽出式两者优点，其中压入式向工作面供新风，抽出式从工作面排出污风。其布置方式取决于掘进工作面空气中污染物的空间分布和掘进、装载机械的位置。

混合式通风的主要缺点是降低了压入式与抽出式两列风筒重叠段巷道内的风量，当掘进巷道断面大时，风速就更小，则此段巷道顶板附近易形成瓦斯层状积聚。因此，两台风机之间的风量要合理匹配，以免发生循环风，并使风筒重叠段内的风速大于最低风速。

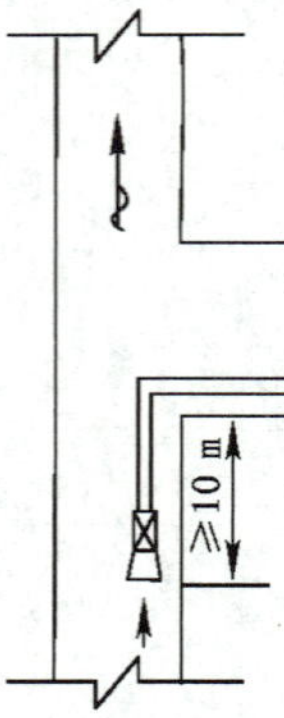

图 3-16　压入式通风

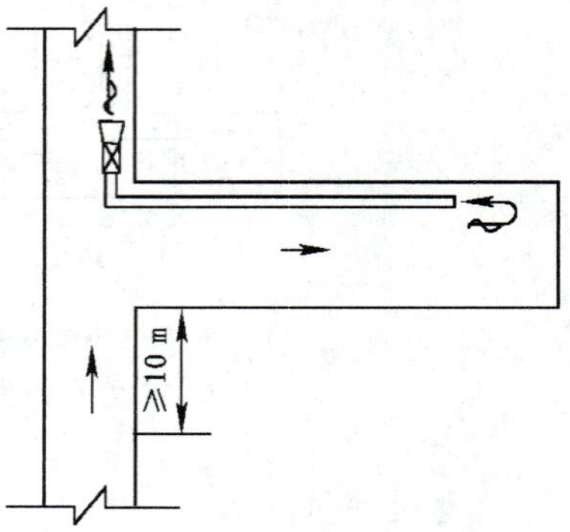

图 3-17　抽出式通风

三、长距离掘进通风技术

近年来，我国煤矿开采随着深度的增加，掘进工作面单进水平的提高，掘进速度的加快，煤壁暴露面的瓦斯释放速度也在加快，致使掘进工作面的绝对瓦斯涌出量大大增加，瓦斯灾害日趋严重，特别是煤巷独头掘进工作面瓦斯事故频频发生。解决煤巷掘进工作面瓦斯灾害的主要措施是依靠局部通风机通风，而局部通风机作为常年运转的电机设备，由于各种原因经常出现各种故障，造成掘进工作面瓦斯积聚，甚至酿成事故。对于瓦斯涌出量较大的矿井，掘进工作面局部通风机的数目有的高达 3～4 台，不仅耗电量大，而且多风筒供风造成掘进巷道断面缩小，长距离供风造成风筒损耗大，且风筒越长沿途漏风量越大，工作面有效风量越低。所以对高瓦斯矿井，瓦斯涌出量成为制约巷道掘进长度的关键因素。另外，随着矿井机械化程度的提高，高产高效矿井长走向、大断面采煤工作面的普及与推广，对于长距离掘进通风技术提出了更高的要求。

适用于长巷掘进的通风方法主要有：① 全风压与局部通风结合的长巷掘进通风（使用联络巷）方式；② 直接利用大功率通风机、大直径风筒掘进通风。

1. 全风压与局部通风结合的长巷掘进通风方式

如图 3-18 所示，随着掘进工作面的推进，及时封闭掘进两巷间的联络巷，形成全风压通风，同时将局部通风机安设于全风压风流进风巷中，向掘进工作面供风，局部通风机随联络巷的密闭跟进而前移。

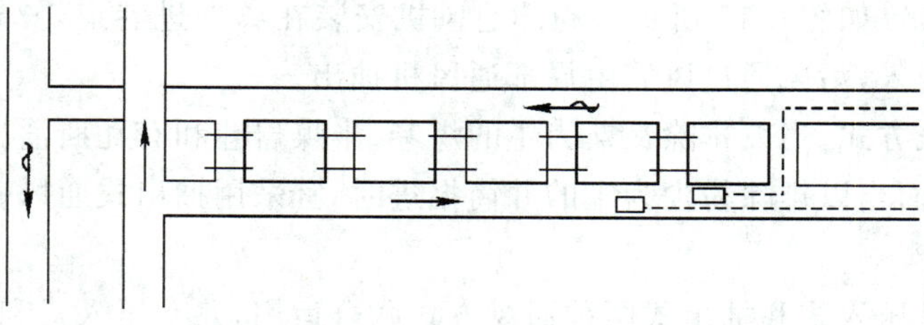

图 3-18　全风压与局部通风结合的通风方式工作原理图

2. 直接利用大功率通风机、大直径风筒掘进通风

采用局部通风机串联通风的方法主要依靠两通风机串联来补充风压在风筒中的损失，同时减小了高风压对风筒的损坏，该技术依靠局部通风机作动力，风筒作导风工具。

四、掘进通风安全管理

(1) 掘进巷道必须采用矿井全风压通风或局部通风机通风，不得采用扩散通风。

(2) 煤巷、半煤岩巷和有瓦斯涌出的岩巷的掘进通风方式应采用压入式，不得采用抽出式；如果采用混合式，必须制定安全措施。瓦斯喷出区域和煤(岩)与瓦斯(二氧化碳)突出煤层的掘进通风方式必须采用压入式。

(3) 局部通风机必须由指定人员负责管理，保证正常运转。

(4) 压入式局部通风机和启动装置，必须安装在进风巷道中，距掘进巷道回风口不得小于 10 m；全风压供给该处的风量必须大于局部通风机吸入风量，局部通风机安装地点到回风口间的巷道中的最低风速必须符合《煤矿安全规程》的有关规定。

(5) 必须采用抗静电、阻燃风筒。风筒口到掘进工作面的距离以及混合式通风的局部通风机和风筒的安设，应在作业规程中明确规定。

(6) 低瓦斯矿井掘进工作面的局部通风机，可采用装有选择性漏电保护装置的供电线路供电，或与采煤工作面分开供电。

(7) 瓦斯喷出区域，高瓦斯矿井、煤(岩)与瓦斯(二氧化碳)突出矿井中，掘进工作面的局部通风机应装设“三专”(专用变压器、专用开关、专用线路)供电；也可采用装有选择性漏电保护装置的供电线路供电，但每天应有专人检查 1 次，保证局部通风机可靠运转。

(8) 严禁使用 3 台以上(含 3 台)的局部通风机同时向 1 个掘进工作面供风。不得使用 1 台局部通风机同时向 2 个作业的掘进工作面供风。

(9) 使用局部通风机供风的地点必须实行风电闭锁，保证停风后自动切断停风区内全部非本质安全型电气设备的电源。使用 2 台局部通风机供风的，2 台局部通风机都必须同时实现风电闭锁。

(10) 使用局部通风机通风的掘进工作面，不得停风；因检修、停电等原因停风时，必须撤出人员，切断电源。恢复通风前，必须检查瓦斯。只有在局部通风机及其开关附近 10 m 以内风流中的瓦斯浓度都不超过 0.5%时，方可人工开启局部通风机。

第四章　煤矿主要灾害防治

本章培训与考核要点

- 掌握矿井火灾防治知识
- 掌握矿尘防治知识
- 掌握矿井水灾防治知识
- 掌握矿井顶板灾害防治知识

第一节　矿井火灾防治

一、矿井火灾的基础知识

凡是发生在矿井地面或井下，威胁到井下安全生产，造成损失的非控制燃烧均称为矿井火灾。如地面井口房、通风机房失火或井下输送带着火、煤炭自燃等都是非控制燃烧，均属矿井火灾。

（一）矿井火灾的分类

（1）根据燃烧物不同，矿井火灾可分为煤炭自燃火灾、火药燃烧火灾、油料火灾、坑木火灾、瓦斯燃烧火灾和机电设备火灾等。

（2）根据发火地点不同，矿井火灾分为地面火灾和井下火灾。发生在矿井工业广场范围内地面上的火灾称为地面火灾。地面火灾可能发生在办公楼、井口房、矸石山、储煤场等地点。井下火灾可能发生在井筒、巷道、采煤工作面、煤柱、采空区和硐室等地点。

（3）根据引火热源不同，矿井火灾可分为外因火灾和内因火灾。外因火灾是指由外部火源，如明火、爆破、瓦斯煤尘爆炸、机械摩擦、电路短路等原因造成的火灾。内因火灾又叫自燃火灾，是指一些易燃物（主要指煤炭）在一定条件下和环境中（破碎堆积并有空气供给）自身发生物理化学变化（氧化、发热）聚积热量而导致着火形成的火灾。

（二）矿井火灾危害

矿井火灾对煤矿生产及职工安全的危害主要有以下几个方面：

（1）产生大量的有毒有害气体。

（2）引发瓦斯、煤尘爆炸。

（3）毁坏设备设施。

（4）引起矿井风流状态紊乱。

（5）烧毁资源、影响生产、造成重大经济损失。

（三）矿井火灾三要素

发生矿井火灾的原因很多，但引起火灾的基本要素有三点：

(1) 可燃物。煤矿中的煤是大量而普遍存在的可燃物。另外,坑木、各类机电设备、各种油料、炸药等都具有可燃性。可燃物的存在是火灾发生的基础。

(2) 热源。具有一定温度和足够热量的热源才能引起火灾。煤矿井下热源有:煤炭自燃、瓦斯煤尘爆炸、爆破、机械摩擦、电流短路、烧焊以及其他明火。

(3) 氧。缺氧就不能维持燃烧。

火灾的发生,必须同时满足以上三个条件。因此,对矿井火灾的防治与扑灭都应从这三个方面考虑。

二、矿井外因火灾及其预防

外因火灾大多容易发生在井底车场、机电硐室、运输及回采巷道等机械、电气设备比较集中,而且风流比较畅通的地点。这类火灾一般发生得比较突然,发展速度也快。一个小火源,稍有疏忽,火势就可能蔓延扩大到很大的范围。如果发现不及时,处理方法不当,或是行动措施不果断,会给矿井带来严重损失以至发生惨痛的人身伤亡事故。

(一) 外因火灾预防的对策

外因火灾的预防主要从两个方面进行:一是防止失控的高温热源;二是尽量采用不燃或阻燃材料支护和不燃或难燃制品,同时防止可燃物大量积存。

煤矿井下失控的高温热源较多,如电气设备过负荷短路产生的电弧、电火花,不正确的爆破作业产生的爆炸火焰,机械设备运转不佳造成的摩擦火花,物品碰撞引起的冲击火花,违章吸烟,使用电炉、灯泡取暖,烧焊以及瓦斯、煤尘爆炸等都能形成外因火灾。

(二) 及时发现外因火灾的方法

及时发现外因火灾是防止其发展和控制其危害的一个重要措施。随着科学技术的发展,及时发现外因火灾的方法逐渐增多,主要介绍以下几种:

(1) 标志气体。一般情况下,采用 CO 和 CO_2 等气体作为发生火灾的标志气体。通过对标志气体的监测,确定火灾是否发生。考虑到风量稀释的影响,安装在不同风量巷道的一氧化碳传感器应设置不同的临界值。

(2) 温升变色涂料。温升变色涂料是早期发现发热的指示剂,当涂料覆盖物温度升高超出其额定值时即会变色;当温度下降到正常值时,则又恢复原色。因此,人们利用温升变色涂料的特性,将其涂敷在电机或机械设备的外壳上和容易发热的部位。根据颜色的变化,及时发现外因火灾初期的现象,采取有效措施,预防外因火灾的发生。

(3) 火灾检测器。根据外因火灾初期产生的温升、烟雾、烟尘、气体等特性,运用现代科学技术,研制了感温、感烟等火灾检测器。这些检测器可以及时发现初期火灾,进行报警,同时启动灭火装置,将火灾扑灭。

【案例 4-1】 2020 年 9 月 27 日,重庆能投渝新能源有限公司松藻煤矿井下二号大倾角胶带运煤上山发生重大火灾事故,造成 16 人死亡、42 人受伤,直接经济损失 2501 万元。事故直接原因:松藻煤矿二号大倾角运煤上山带式输送机下方煤矸堆积,起火点 −63.3 m 标高处回程托辊被卡死、磨穿形成破口,内部沉积粉煤;磨损严重的输送带与起火点回程托辊滑动摩擦产生高温和火星,点燃回程托辊破口内积存粉煤;带式输送机运转监护工发现输送带异常情况,电话通知地面集控中心停止带式输送机运行,紧急停机后静止的输送带被引燃,输送带阻燃性能不合格、巷

事故案例

道倾角大、上行通风，火势增强，引起输送带和煤混合燃烧；火灾烧毁设备，破坏通风设施，产生的有毒有害高温烟气快速蔓延至2324-1采煤工作面，造成重大人员伤亡。

三、矿井内因火灾及其预防

(一) 内因火灾发火原因

1. 煤炭自燃条件

煤炭自燃的充分必要条件是：

(1) 有自燃倾向性的煤被开采后呈破碎状态，堆积厚度一般要大于0.4 m。

(2) 有较好的蓄热条件。

(3) 有适量的通风供氧。通风是维持较高氧浓度的必要条件，是保证氧化反应自动加速的前提。实验表明，氧浓度大于15%时，煤炭氧化方可较快进行。

(4) 上述三个条件共存的时间大于煤的自然发火期。

上述四个条件缺一不可，前三个条件是煤炭自燃的必要条件，最后一个条件是充分条件。

2. 煤的自燃倾向性

煤的自燃倾向性是描述煤的氧化能力的内因属性，是煤的固有特性。煤的自燃倾向性分为3类：容易自燃、自燃和不易自燃。煤的自燃倾向性划分是煤矿采取防治技术和管理措施的主要依据。

3. 煤的自然发火期

自然发火期是指在开采过程中暴露的煤炭，从接触空气到发生自燃的一段时间。煤的自然发火期越短的煤层自然发火的危险程度越大。

煤的自然发火期反映了煤的氧化特性(内因)与外在环境、治理措施、开采条件与工艺等外因属性的综合影响。所有开采煤层应当通过统计法、类比法或者实验测定等方法确定煤层最短自然发火期。

(二) 内因火灾的防治措施

自燃火灾多发生在风流不畅通的地点，如采空区、压碎的煤柱、巷道顶煤、断层附近、浮煤堆积处等。防治自燃火灾的措施主要有：开采技术措施、均压防灭火、预防性灌浆、阻化剂灭火、惰性气体防灭火、凝胶防灭火、泡沫防灭火等。

1. 开采技术措施

矿井的开拓方式、采区巷道布置、回采方法和回采工艺、通风系统选择以及技术管理水平等因素，对煤层的自燃影响很大。提高回采率，减少煤柱和采空区遗煤，破坏自燃的物质基础；提高回采速度，回采后及时封闭采空区，缩短煤炭与空气接触的时间，减少漏风，消除自燃的供氧条件，破坏煤炭自燃的过程，从而达到防止自燃的目的。

2. 预防性灌浆

预防性灌浆就是利用不燃性材料和水按一定比例配成浆液，利用高度差产生的静压或水泵产生的动压，经输浆管路输送至可能发生自燃的采空区。浆液中的固体物沉降下来，水则经巷道排出。这种预防采空区遗留煤炭自燃的措施，叫做预防性灌浆。这是我国目前广泛采取的一种预防煤炭自燃的措施。

3. 阻化剂防火

阻化剂是抑制煤氧结合、阻止煤氧化的化学药剂。所谓阻化剂防火就是将阻化剂喷洒于煤壁、采空区或压注入煤体之内，以抑制或延缓煤炭的氧化，达到防止自燃的目的。阻化剂防火可采用喷洒阻化剂、压注阻化剂和汽雾阻化剂等工艺。

4. 凝胶防灭火

凝胶防灭火就是将基料和促凝剂按一定比例混合配成水溶液后，发生化学反应生成凝胶，从而破坏煤炭着火的一个或几个条件，以达到防灭火的目的。

5. 均压防灭火

均压防灭火技术就是利用风窗、风机、调压气室等降低采空区区域两侧风压差，从而减少向采空区漏风供氧，达到抑制和窒息煤炭自燃的方法。均压防灭火技术具有以下特点：可以在不影响工作面生产的前提下实施及采用；均压通风加强了密闭区的气密性，减少了采空区的漏风，从而加速了密闭区（或采空区）里的空气惰化；工程量小、投资少、见效快。

6. 氮气防灭火

氮气防灭火是将氮气注入预定的区域，使该区域内的空气惰化，使氧气的浓度小于煤炭自燃的临界氧气浓度，从而防止煤炭氧化自燃，也可以使已经形成的火区因缺氧而逐渐熄灭。采用惰性气体防火时，根据矿井实际条件，注入惰性气体方式可采用连续或者间断注入，注入惰性气体方法可采用埋管注入、拖管注入、钻孔注入或密闭墙插管注入等。

四、矿井火灾处理与控制

矿井灭火方法可分为直接灭火法、隔绝灭火法和综合灭火法。

（一）直接灭火法

1. 用水灭火

水是最经济、最有效、来源最广的灭火材料。一般采用水射流和水幕两种方式来灭火。

1）用水灭火的注意事项

（1）灭火人员应站在火源的上风侧，并要保持有畅通的排烟路线，及时将高温气体和水蒸气排出。如果人员站在下风侧会受到高温和火烟的侵害，并易受到冒顶和高温水蒸气的伤害。

（2）要有足够的水量。少量的水或微弱的水流，不但灭不了火，而且在高温下与煤生成 H_2 和 CO（水煤气），形成爆炸性混合气体。

（3）扑灭火势猛烈的火灾时，不要把水射流直接喷射到火源中心。应先从火源外围开始喷水，随着火势的减小再逐渐逼近火源中心，以免产生大量高温水蒸气，在高温下发生水煤气反应，产生具有爆炸性的氢气，引发爆炸，或导致燃烧的煤块、炽热的煤渣突然喷出而烫伤人员。

（4）不能用水扑灭带电的电气火灾。

（5）油类火灾若用水灭火时，只能使用雾状的细水，这样才能产生一层水蒸气笼罩在燃烧物的表面上，使燃烧物与空气隔离。若用水射流灭火可使燃烧的液体飞溅，又因油比水轻，可漂浮在水面上，易扩大火灾的面积。

（6）要保证正常风流，以便火烟和水蒸气能顺利地排到回风流。

（7）经常检查火区附近的瓦斯和风流变化情况。

2）用水灭火的适用条件

用水灭火费用低、效果好、速度快，但用水灭火也有其局限性：电气火灾和油类火灾不宜用水来扑灭；井巷顶板受高温作用后易破坏，被冷水冷却后易冒顶垮落；要铺设供水管路，并在地面要建造蓄水池。

一般用水灭火的适用条件为：

(1) 发火地点明确，人能够接近火源。

(2) 发火初期阶段，火势不大，范围较小，对其他区域无影响。

(3) 有充足的水源，供水系统完善。

(4) 火源地点通风系统正常，风路畅通无阻，瓦斯浓度低于2%。

(5) 灭火地点顶板完好，能在支护掩护下进行灭火作业。

经验证明，在井筒和主要巷道尤其是在带式运输机巷道中装设水幕，当火灾发生时立即启动，能很快限制火灾的蔓延扩展。在火势无法控制，又无其他有效的灭火措施时，也可用水淹没火区。但在恢复生产时需付出大量的财力和人力。

2. 用砂子或岩粉灭火

把砂子或岩粉直接撒盖在燃烧物体上将空气隔绝，使火熄灭。砂子或岩粉不导电并有吸收液体的作用，故适用于扑灭包括电气和油类火灾在内的各类初起火灾。砂子或岩粉成本低廉，易于长期保存，灭火时操作简单，所以在机电硐室、材料仓库、炸药库、绞车房、通风机房等地点，都应备有防火砂箱。

3. 用化学灭火器灭火

目前煤矿上使用的化学灭火器有两类：一类是泡沫灭火器，另一类是干粉灭火器。泡沫灭火器是一种简易的泡沫发生装置，发泡量较少，主要用于小范围的火灾。如果扑灭大范围的火灾，可用高倍数泡沫发生装置灭火。

4. 高倍数泡沫灭火

高倍数泡沫灭火，就是采用高倍数泡沫发生装置将高倍数泡沫起泡剂和压力水混合，在通风机的风流推动下产生气液两相物质(高倍数泡沫)，在泡沫充满巷道进入火区时，泡沫液膜上的水分蒸发吸收大量热量，起到冷区降温作用。高倍数泡沫灭火成本低、水量损失小、速度快、效果明显，可在远离火区的安全地点进行灭火。

5. 燃油惰气灭火

燃油惰气灭火就是用惰气发生装置产生惰气，注入火区灭火。用惰气扑灭矿井火灾，一般是在不能接近火源，以及用其他方法直接灭火具有很大危险或不能获得应有效果时采用。它的主要优点是：惰化火区空气，既能灭火，又能抑制瓦斯爆炸；能使火区造成正压，减少向火区漏风；惰气容易进入冒落区的小孔、裂缝，起到灭火作用；灭火后的恢复工作比较安全、迅速、经济，设备损害率低。缺点是产生的惰气往往温度较高，产生的热力风压可能逆转风流，增加了救灾的难度。

6. 挖除火源

挖除火源灭火，就是把着火带及附近已经发热或正在燃烧的可燃物挖除并运出井外。这是一种扑灭火灾最简单、最彻底的方法，一般适用于火灾初始阶段，燃烧物较少，火势和火灾范围都不大的情况下，特别适用于煤炭自燃火灾。但前提条件是火源位于人员可直接到达的地点。

【案例4-2】 2020年12月4日，重庆市永川区吊水洞煤矿井下发生重大火灾事故，造成23人死亡、1人重伤，直接经济损失2632万元。事故直接原因：重庆市胜杰再生资源回收有限公司在吊水洞煤矿井下回撤设备时，回撤人员在−85 m水泵房内违规使用氧气/液化石油气切割水泵吸水管，掉落的高温熔渣引燃了水仓吸水井内沉积的油垢，油垢和岩层渗出油燃烧产生大量有毒有害烟气，在火风压作用下蔓延至进风巷，造成人员伤亡。

事故案例

（二）隔绝灭火法

隔绝灭火就是建造密闭墙切断通往火区的空气，进而使氧含量降低，达到灭火的目的。这类灭火方法是在采用直接灭火法达不到预期效果，或人员不能接近火区时使用。

（三）综合灭火法

综合灭火就是隔绝灭火与其他灭火的综合应用，如直接灭火无效时，在封闭火区的基础上，再采取灌浆、注入惰性气体或喷阻化剂等措施。综合灭火法既可以用于扑灭矿井火灾，还可以有针对性地预防采空区等有自然发火危险和受火区威胁的地段发生火灾。

第二节　矿尘防治

矿尘是指在矿山生产过程中产生的并能长时间悬浮于空气中的煤炭或岩石的细微颗粒，也称粉尘。煤矿生产过程中，凿岩、割煤、爆破、装运、破碎等作业都会产生大量的矿尘。

一、矿井粉尘的危害

矿尘具有很大的危害性，主要表现在以下几个方面。

（1）污染作业环境。当煤尘浓度达到一定程度时会影响作业人员的视线，甚至会引起伤亡事故，影响劳动生产效率。作业场所空气中粉尘浓度不符合要求时，应当采取有效措施。

（2）煤尘爆炸。煤尘爆炸产生的冲击波可以扬起巷道中沉积的煤尘，发生连续爆炸，甚至波及全矿井，强大的冲击波会造成人员的伤害和设备的破坏，同时还可能有高温和有毒有害气体产生。

（3）损害机械。空气中的粉尘落到机器的转动部件上，会加速转动部件的磨损，降低机器的精度和寿命。

（4）职业病。尘肺病是工人长期吸入大量微细矿尘而引起的以纤维组织增生为主要特征的肺部疾病。工人一旦患上尘肺病，很难治愈，当前我国煤矿由尘肺病引发的矿工致残和死亡人数远高于各类工伤事故的总和。

矿井的主要尘源在采煤工作面、掘进工作面，煤（岩）装运、转载点，锚喷作业点，其他工作场所也可能产生大量粉尘。据统计，采煤工作面产尘量占45%～80%，掘进工作面产尘量占20%～38%，锚喷作业点产尘量占10%～15%，运输通风巷道产尘量占5%～10%，其他作业点产尘量占2%～5%。

二、煤尘爆炸事故的特征

（一）煤尘爆炸事故的类型

煤尘爆炸事故可分为两类：单一的煤尘爆炸事故和瓦斯煤尘混合爆炸事故。煤尘爆炸事故主要指前者。

（二）煤尘爆炸的条件

煤尘爆炸必须同时具备4个条件，缺一不可。

（1）煤尘具有爆炸性。并不是所有的煤尘都具有爆炸性，煤尘具有爆炸性是煤尘爆炸的必要条件。煤尘有无爆炸性，要通过煤尘爆炸性鉴定才能确定。

（2）煤尘的爆炸浓度。具有爆炸性的煤尘只有在空气中呈浮游状态并具有一定的浓度时才能发生爆炸。煤尘的爆炸浓度受很多因素的影响，瓦斯的存在将使煤尘爆炸浓度下限降低，从而增加了煤尘爆炸的危险性。随着瓦斯浓度的升高，煤尘爆炸浓度下限会急剧下降。

（3）高温热源。能够引燃煤尘爆炸的热源温度的变化范围比较大，它与煤尘中挥发分含量有关。煤矿井下能点燃煤尘的高温火源主要为爆破时出现的火焰、电气火花、冲击火花、摩擦高温、井下火灾和瓦斯爆炸等。

（4）足够的氧气含量。空气中氧气含量不低于18%。

三、预防煤尘爆炸的技术措施

煤尘爆炸后产生的冲击波毁坏巷道、损伤人员，产生大量CO对人员伤害很大，煤尘爆炸还会造成矿井火灾、巷道冒落等二次灾害。预防煤尘爆炸的技术措施主要包括减、降尘措施，防止煤尘引燃措施及隔绝煤尘爆炸措施等。

1. 减、降尘措施

减、降尘措施是指在煤矿井下生产过程中，通过减少煤尘产生量或空气中悬浮煤尘含量，以达到从根本上杜绝煤尘爆炸的可能性。主要方法有煤层注水、水炮泥、喷雾降尘等。

2. 防止煤尘引燃的措施

防止煤尘引燃的措施与防止瓦斯引燃的措施大致相同。特别要注意的是，瓦斯爆炸往往会引起煤尘爆炸。此外，煤尘在特别干燥的条件下可产生静电，放电时产生的火花也能将自身引爆。

【案例4-3】 2019年1月12日，陕西省神木市百吉煤矿发生一起重大煤尘爆炸事故，造成21人死亡，直接经济损失3788万元。事故直接原因：506连采工作面和开采保安煤柱工作面采空区及与之连通的老空区顶板大面积垮落，老空区气体压入与老空区连通的巷道内，扬起巷道内沉积的煤尘，弥漫506连采面，并达到爆炸浓度，在三支巷中部处于怠速状态下的无MA标志非防爆C17运煤车产生火花，点燃煤尘，发生爆炸，造成人员伤亡。

事故案例

3. 隔绝煤尘爆炸的措施

开采有煤尘爆炸危险煤层的矿井，必须有预防和隔绝煤尘爆炸的措施。

（1）清除落尘。定期清除落尘，防止沉积煤尘参与爆炸，可有效降低爆炸威力，使爆炸由于得不到煤尘补充而逐渐熄灭。

（2）撒布岩粉。定期在井下某些巷道中撒布惰性岩粉，增加沉积煤尘的灰分，抑制煤尘爆炸的传播。

（3）设置水棚。隔爆水棚按隔绝煤尘爆炸作用的保护范围，分为主要隔爆棚和辅助隔爆棚。主要隔爆棚应设置的地点如下：

① 矿井两翼与井筒相连通的主要运输大巷和回风大巷；

② 相邻采区之间的集中运输巷道和回风巷道；

③ 相邻煤层之间的运输石门和回风石门。

辅助隔爆棚应设置的地点如下：

① 采、掘工作面进、回风巷；

② 采区内的煤层掘进巷道；

③ 采用独立通风并有煤尘爆炸危险的其他巷道。

(4) 设置岩粉棚。岩粉棚是由安装在巷道中靠近顶板处的若干块岩粉台板组成，台板的间距稍大于板宽，每块台板上放置一定数量的惰性岩粉，当发生煤尘爆炸事故时，火焰前的冲击波将台板震倒，岩粉即弥漫于巷道中，火焰到达时，岩粉从燃烧的煤尘中吸收热量，使火焰传播速度迅速下降，直至熄灭。

(5) 设置自动隔爆棚。自动隔爆棚是利用各种传感器，将瞬间测量的煤尘爆炸时的各种物理参量迅速转换成电信号，指令机构的演算器根据这些信号准确计算出火焰传播速度后选择恰当时机发出动作信号，让抑制装置强制喷撒固体或液体等消火剂，从而可靠地扑灭爆炸火焰，阻止煤尘爆炸蔓延。

四、矿井综合防尘技术

矿井综合防尘是指采用各种技术手段减少矿山粉尘的产生量，降低空气中的粉尘含量。矿井应当每年制定综合防尘措施、预防和隔绝煤尘爆炸措施及管理制度，并组织实施。

(一) 通风防尘

通风防尘就是利用矿井通风手段，排出或稀释含尘空气，引进新鲜风流。通风除尘是目前应用最广、效果最好的一项防尘技术措施。通风除尘必须具备一定的风速，《煤矿安全规程》规定的最低排尘风速是：掘进中的岩巷不应小于 0.15 m/s；采面、掘进中的煤巷、半煤巷不应小于 0.25 m/s。在巷道中，风速过高会造成已落矿尘重新飞扬。《煤矿安全规程》规定井巷最高风速是：采矿场和采准巷道不得超过 4 m/s；运输巷道和采区进风道不得超过 6 m/s；提升人员和物料的井筒、主要进风道和回风道、修理中的井筒不得超过 8 m/s。

(二) 湿式作业

湿式作业是利用水或其他液体，使之与尘粒相接触而捕集粉尘的方法，它包括湿式凿岩、水封爆破、喷雾洒水、刷洗井巷周壁、喷雾净化风流等。

(三) 净化风流

净化风流就是使井巷中含尘的空气通过一定的设施或设备将矿尘捕获的技术措施。目前使用较多的是水幕和湿式除尘装置。

(1) 水幕净化风流。水幕由在巷道顶部或两帮的水管上间隔安装数个喷雾器喷雾形成。喷雾器的布置应以水幕布满整个巷道断面为准，并尽可能靠近尘源，缩小含尘空气的弥散范围。一个产尘点可间隔一定距离安装多道水幕。井工煤矿采煤工作面回风巷应当安设风流净化水幕。喷射混凝土时，距离喷浆作业点下风流 100 m 内，应当设置风流净化水幕。

(2) 湿式除尘。除尘装置把气流或空气中含有的粉尘颗粒分离并捕集起来，又称为集尘器或捕尘器。煤矿多用湿式除尘装置，利用尘粒与液滴的碰撞进行除尘。

(四) 煤层注水

煤层注水是在采煤工作面回采前预先在煤层中打若干钻孔，通过钻孔注入压力水来润湿煤体，增加煤的水分和尘粒间的黏着力，增加煤的塑性，减少采煤时煤尘的产生和煤尘的飞扬。我国煤层注水的方式主要有长钻孔注水和短钻孔注水两种。

【案例 4-4】 2020 年 8 月 20 日，山东能源肥城矿业集团梁宝寺煤矿发生煤尘爆炸事故，造成 7 人死亡、9 人受伤。该矿为国有重点煤矿，核定生产能力 330 万 t/a，主采 3 煤层，煤尘具

事故案例

有爆炸性。事故的直接原因：该矿综放工作面采煤机截割过程中，滚筒截齿与中间巷（工作面内与运输顺槽、回风顺槽平行的煤巷）金属支护材料机械摩擦产生火花，引燃截割中间巷松软煤体扬起的煤尘（悬浮尘），导致煤尘爆炸。事故也暴露出如下问题：该矿防尘管理不到位，未严格按设计进行煤层注水，未对中间巷沉积煤尘进行清扫、冲洗；推采过程中支架间喷雾、放顶煤喷雾使用不正常。

（五）密闭尘源

通常产生强度高的产尘点，往往会使矿尘向外围扩散，不易控制。如果在不影响正常作业的前提下，将产尘地点密闭起来，并使密闭空间内保持一定的负压，矿尘就不会扩散。

（六）个体防护

在采取各种通风防尘措施之后，矿内空气仍会有一些微细矿尘，通过佩戴各种防护面具来减少矿尘吸入人体的措施就是个体防护。目前个体防护的工具主要是防尘口罩、防尘帽、防尘呼吸器等。对防尘口罩性能的要求是，对呼吸性粉尘的阻尘率应不低于96%，并且呼吸阻力小，佩戴方便，不影响视野。

第三节　矿井水灾防治

一、煤矿防治水的原则和措施

（一）煤矿防治水十六字基本原则

煤矿防治水工作应当坚持预测预报、有疑必探、先探后掘、先治后采的原则。

（二）煤矿防治水七项措施

根据不同水文地质条件，采取探、防、堵、疏、排、截、监等综合防治措施。

“探”主要是指采用超前勘探方法，查明采掘工作面周围水体的具体位置和贮存状态等情况，为有效地防治矿井水害做好必要的准备，其在水害防治措施中居核心地位、起先导作用。

“防”主要指合理留设各类防隔水煤（岩）柱和修建各类防水闸门或防水闸墙等，防隔水煤（岩）柱一旦确定后，不得随意开采破坏。

“堵”主要指注浆封堵具有突水威胁的含水层或导水断层、裂隙和陷落柱等导水通道。

“疏”主要指探放老空水和对承压含水层进行疏水降压。

“排”主要指完善矿井排水系统，排水管路、水泵、水仓和供电系统等必须配套。

“截”主要指加强地表水（河流、水库、洪水等）的截流治理。

“监”主要指建立矿井地下水动态监测系统，必要时建立突水监测预警系统，及时掌握地下水的动态变化。

防治水工作的七项综合治理措施是水害防治的基本技术方法。

二、矿井突水预兆

从开拓工作面开始发展到突水，在工作面及其附近显示出的某些异常现象，统称突水预兆。识别和掌握这些预兆，可以及时采取应急措施，撤离危险区人员，防止人员伤亡事故。突水前预兆有以下几种：

（1）挂红。因地下水中含有铁的氧化物，在水压作用下，通过煤（岩）裂隙时，附着在裂隙表面，出现暗红色铁锈。

(2) 挂汗。当采掘工作面接近积水区时，水在压力作用下，通过煤岩裂隙而在煤岩壁上凝结成许多水珠，但有时空气中的水分遇到低温煤岩壁也可凝结为水珠。因此，遇到挂汗现象，首先辨别真伪，辨别方法是剥去表面层，观察新暴露面是否也有潮气，如果煤岩潮湿则是透水征兆。

(3) 空气变冷。采掘工作面接近大量积水时，气温骤然降低，煤壁发凉，人一进去就有凉爽感，时间越长越感阴凉。

(4) 出现雾气。当巷道内温度较高时，积水渗到煤壁后引起蒸发而迅速形成雾气。

(5) 水叫。井下高压积水，向煤岩裂隙强烈挤压与两壁摩擦而发出嘶嘶叫声，说明采掘工作面距积水区已很近。

(6) 顶板淋水加大。原有裂隙淋水突然增大，应视作透水前兆。

(7) 顶板来压、底板鼓起。在地下水压作用下，顶、底板弯曲变形，有时伴有潮湿、渗水现象。

(8) 水色发浑、有臭味。老空水一般发红，味涩；断层水一般发黄、味甜；溶洞水常有臭味。

(9) 有害气体增加。积水区向外散发瓦斯、二氧化碳和硫化氢等有害气体。

(10) 裂隙出现渗水。水清即离积水区尚远，水浊则离积水区已近。

以上征兆不一定都同时出现，有时可能出现其中一个，有时可能出现多个，但有时透水征兆不明显甚至不出现，因此，要认真辨别。

根据《煤矿安全规程》的规定，当出现透水征兆时，应当立即停止作业，撤出所有受水患威胁地点的人员，报告矿调度室，并发出警报。在原因未查清、隐患未排除之前，不得进行任何采掘活动。

【案例 4-5】 2021 年 8 月 14 日，青海省海北州柴达尔煤矿发生重大溃砂溃泥事故，造成 20 人死亡，直接经济损失 5391.02 万元。事故直接原因：该矿＋3690 m 综放工作面顶部疏防水不彻底，工作面出现异常淋水、多次发生局部片帮冒顶、液压支架被“压死”、工作面被封堵，但该矿未采取有效措施进行治理，违章冒险继续进行清淤，强行挑顶提架作业导致顶煤抽冒，大量顶煤、渣石及水混合物呈泥石流状迅速溃入工作面及运输巷，造成事故发生。事故也暴露出该矿安全管理混乱，在＋3690 m 综放工作面淋水增大、煤泥溃入、多次冒顶片帮等征兆明显情况下，不过问不监督，放任安全风险失控加剧形成重大隐患。组织开展的安全大检查工作流于形式，未跟踪督促矿井整改存在的隐患。

事故案例

三、矿井井下防治水措施

根据不同水文地质条件，矿井井下主要采取探、防、堵、疏、排、截、监等综合防治措施。

(一) 矿井探放水技术

探水是指采矿过程中用超前勘探方法，查明采掘工作面顶底板、侧帮和前方的含水构造(包括陷落柱)、含水层、积水老窑等水体的具体位置、产状等，其目的是为有效防治矿井水害做好必要的准备。

采掘工作必须执行预测预报、有疑必探，先探后掘、先治后采。在地面无法查明水文地质条件时，应当在采掘前采用物探、钻探或者化探等方法查清采掘工作面及其周围的水文地质条件。

【案例 4-6】 2022 年 5 月 9 日，云南省富源县大山脚煤矿发生一起水害事故，造成 4 人死亡，直接经济损失 976 万元。事故直接原因：被大山脚煤矿整合关闭的联兴煤矿 C3 煤层 110303 机运巷“两端高、中间低”，低凹处形成老空积水。大山脚煤矿组织一组煤轨道大巷反掘（上段）工作面掘进作业时，掘通被整合关闭的联兴煤矿 C3 煤层 110303 机运巷积水老巷导致发生透水事故。事故暴露出该矿技术管理薄弱、安全管理混乱：未认真分析运用隐蔽致灾因素普查报告和物探成果，在掘进前未针对物探发现的异常区域进行钻探验证；未对可能存在老空水影响的煤层编制分区管理设计；技术人员责任心不强，主观认为老空积水已疏排干净，在未查清工作面前方老巷积水的情况下冒险组织掘进作业。

事故案例

（二）防水煤（岩）柱与防水闸门

1. 防水煤（岩）柱

在煤体与含水层（带）接触地段，为防止井巷或采空空间突水危害，留设一定宽度（或高度）的煤岩体不采，以堵截水源流入矿井，这部分煤岩体称为防水煤岩柱。相邻矿井的分界处，应当留设防隔水煤（岩）柱。矿井以断层分界的，应当在断层两侧留设防隔水煤（岩）柱。

矿井防隔水煤（岩）柱一经确定，不得随意变动，并通报相邻矿井。严禁在设计确定的各类防隔水煤（岩）柱中进行采掘活动。

2. 防水闸门和防水闸墙

防水闸门和防水闸墙是井下防水的主要安全设施。水文地质条件复杂、极复杂或者有突水淹井危险的矿井，应当在井底车场周围设置防水闸门或者在正常排水系统基础上另外安设由地面直接供电控制，且排水能力不小于最大涌水量的潜水泵。在其他有突水危险的采掘区域，应当在其附近设置防水闸门；不具备设置防水闸门条件的，应当制定防突（透）水措施，报企业主要负责人审批。当井下发生突然涌水或出现突水征兆危及矿井安全时，必须立即做好关闭防水闸门的准备工作，同时请示抢险救灾指挥部，批准后方可关闭防水闸门。

（三）注浆堵水

注浆堵水是指将注浆材料（水泥、水玻璃、化学材料以及黏土、砂、砾石等）制成浆液，压入地下预定位置，使其扩张固结、硬化，起到堵水截流、加固岩层和消除水患的作用。

（四）疏干开采和疏水降压

疏干开采是指对煤层顶板或煤层含水层的疏干。矿井疏干的目的是预防地下水突然涌入矿井，避免灾害事故，改善劳动条件，提高劳动生产率，消除地下水静水压力造成的破坏作用等，是煤矿防治水的一种主要措施。对于大水矿区，为了减少矿井涌水量，应采取截流、浅排和排、供、生态环保“三位一体”结合等辅助措施，与疏干工作统筹考虑，进行综合防治。

疏水降压，是指受水害威胁和有突水危险的矿井或采区借助于专门的疏水工程（疏水石门、疏水巷道、放水钻孔、吸水钻孔等），有计划有步骤地将煤层上覆或下伏强含水层中的地下水进行疏放，使其水位（压）值降至某个安全水位（压）值以下的过程。

（五）井下排水

为了防止水灾的发生，矿井必须建立有效排水系统，排水系统必须符合《煤矿安全规程》的规定，保证日常排水和抗灾抢险排水的能力。

(六) 矿井地下水动态监测

矿井应当建立地下水动态监测系统，对井田范围内主要充水含水层的水位、水温、水质等进行长期动态观测，对矿井涌水量进行动态监测。受底板承压水威胁的水文地质类型复杂、极复杂矿井，应当采用微震、微震与电法耦合等科学有效的监测技术，建立突水监测预警系统，探测水体及导水通道，评估注浆等工程治理效果，监测导水通道受采动影响变化情况。

第四节　矿井顶板灾害防治

一、顶板事故的分类

按冒顶地点不同可将冒顶事故分为采煤工作面冒顶和巷道冒顶两类。按冒顶的规模分为局部冒顶和大面积冒顶。

二、采煤工作面冒顶事故的预兆及防治

(一) 采煤工作面冒顶的预兆

(1) 掉渣，顶板破裂严重。

(2) 煤体压酥，煤壁片帮增多。

(3) 裂缝变大，顶板裂隙增多。

(4) 发出响声，岩层下沉断裂，如木支柱会发出劈裂声、金属支柱的活柱急速下缩发出的响声；或者采空区顶板断裂垮落时发出的闷雷声。

(5) 顶板出现离层，用“问顶”方式试探顶板，如顶板发出“咚咚”声，说明顶板岩层之间已经离层。

(6) 有淋水的采煤工作面，顶板淋水有明显增加。

(7) 在含瓦斯煤层中，瓦斯涌出量会突然增大。

(8) 破碎的伪顶或直接顶有时会因背顶不严或支架不牢出现漏顶现象。

(二) 采煤工作面冒顶的预防措施

(1) 及时支护悬露顶板，加强“敲帮问顶”。

(2) 炮采时炮眼布置及装药量要合适，避免崩倒支架。

(3) 尽量使工作面与煤层节理垂直或斜交以避免片帮，一旦片帮，应掏梁窝超前支护。

(4) 综采工作面采用长侧护板，整体顶梁、内伸缩式前梁，增大支架向煤壁方向的推力，提高支架的初撑力。

(5) 采煤机移过后，及时伸出伸缩梁，及时接顶带压移架。

(6) 破碎直接顶范围较大时，可注入树脂类黏结剂固化，支护形式宜采用交错梁直线柱布置，必要时要支设贴帮柱。综采工作面宜选用掩护式液压自移支架。

(三) 采煤工作面冒顶的处理

采煤工作面发生冒顶后，要立即查清原因、及时处理。处理采煤工作面冒顶的方法常用的有探板法、撞楔法、小巷法和绕道法等。

【案例 4-7】 2022 年 2 月 25 日，贵州省黔西南州三河顺勋煤矿发生一起重大顶板事故，造成 14 人死亡，直接经济损失 2288.47 万元。事故直接原因：超出矿界范围布置的隐蔽采面支护强度不足，导致复合顶板离层、断裂，支柱稳定性不够造成推垮型冒顶，酿成事故。

事故案例

事故暴露出该矿顶板管理不到位：未编制采面作业规程，未进行支护强度验算，未对单体液压支柱进行压力测试；现场单体液压支柱打设混乱，柱梁数量不足；采面停止回采时未对采面支护进行维护，在采面出现煤壁切顶现象后仍未采取加强支护措施。

二、巷道顶板事故防治

80%以上的巷道顶板死亡事故发生在掘进工作面及巷道交岔口。

（一）掘进工作面冒顶事故的原因及预防措施

1. 掘进工作面冒顶事故的原因

（1）掘进破岩后，顶部存在将与岩体失去联系的岩块，如果支护不及时，该岩块可能与岩体失去联系而冒落。

（2）掘进工作面附近已支护部分的顶部存在与岩体完全失去联系的岩块，一旦支护失效，就会冒落造成事故。

2. 预防掘进工作面冒顶事故的措施

（1）根据掘进工作面岩石性质，严格控制空顶距。当掘进工作面遇到断层褶曲等地质构造破坏带或层理裂隙发育的岩层时，棚子支护时应紧靠掘进工作面，并缩小棚距，在掘进工作面附近应采用拉条等把棚子连成一体，防止棚子被推垮，必要时还要打中柱；锚杆支护时应有特殊措施。

（2）严格执行“敲帮问顶”制度，危石必须挑下，无法挑下时应采取临时支撑措施，严禁空顶作业。

（3）掘进工作面冒顶区及破碎带必须背严接实，必要时要挂金属网防止漏空。

（4）掘进工作面炮眼布置及装药量必须与岩石性质、支架与掘进工作面距离相适应，以防止因爆破而崩倒棚子。

（5）采用前探掩护式支架，使工人在煤层顶板有防护的条件下出碴、支棚腿，以防止冒顶伤人。

（二）巷道交岔处冒顶事故的原因及预防措施

1. 巷道交岔处冒顶事故的原因

巷道交岔处冒顶事故往往发生在巷道开岔的时候，因为开岔口需要架设抬棚替换原巷道的棚子的棚腿，如果开岔处巷道顶部存在与岩体失去联系的岩块，并且围岩正向巷道挤压，而新支设抬棚的强度不够或稳定性不够就可能造成冒顶事故。

（1）抬棚架设一段时间后才能稳定，过早拆除原巷道棚腿容易造成抬棚不稳。

（2）开口处围岩尖角如果被压碎，抬棚腿失去依靠也会失稳。至于抬棚的强度，则与选用的支护材料及其强度有关。

2. 预防巷道交岔处冒顶事故的措施

（1）交岔口应避开原来巷道冒顶的范围。

（2）必须在开口抬棚支设稳定后再拆除原巷道棚腿，不得过早拆除，切忌先拆棚腿后支护抬棚。

（3）注意选用抬棚材料的质量与规格，保证抬棚有足够的强度。

（4）当开口处围岩尖角被挤压坏时，应及时采取加强抬棚稳定性的措施。

【案例 4-8】 2021 年 5 月 26 日，枣庄矿业集团新安煤业有限公司 3 上 104 运输巷外段掘进工作面发生一起较大顶板事故，死亡3人，轻伤1人，直接经济损失928万元。事故直接原因：事故地点位于区域性断层和伴生断层叠加区，巷道顶板受断层切割形成不完整岩石块体，调向开门施工交岔点跨度不断扩大，支护强度不够，顶部岩石块体失稳滑落，引发顶板大面积垮落。事故也暴露出事故巷道段支护参数和支护方式不合理。在交岔点施工跨度不断扩大的情况下，没有针对性地调整支护参数、支护方式，只选用了"锚（杆）索梁网"支护、加密了锚（杆）索密度，未采取联合支护等强化措施，未调整锚（杆）索长度，致使锚（杆）索未锚固到稳定岩层中，锚固作用降低，支护强度不够。

事故案例

（三）支架支护巷道冒顶事故的原因及预防措施

1. 支架支护巷道冒顶事故的原因

（1）压垮型冒顶是因巷道顶板或围岩施加给支架的压力过大，损坏了支架，从而导致巷道顶部已破碎的岩块冒落。

（2）漏垮型冒顶是因无支护巷道或支护失效（非压坏），巷道顶部存在的游离岩块，在重力作用下冒落，造成事故的发生。

（3）推垮型冒顶是因巷道顶帮破碎岩石，在其运动过程中存在平行巷道轴线的分力，如果这部分巷道支架的稳定性不够，可能被推倒而发生冒顶。

2. 支架支护巷道冒顶事故的预防措施

（1）在可能的情况下，巷道应布置在稳定的岩体中，并尽量避免采动的不利影响。

（2）巷道支架应有足够的支护强度以抗衡围岩压力。

（3）巷道支架所能承受的变形量，应与巷道使用期间围岩可能的变形量相适应。

（4）尽可能做到支架与围岩共同承载。支架选型时，尽可能采用有初撑力的支架；支架施工时要严格按工序质量要求进行，并特别注意顶与帮的背严背实问题，杜绝支架与围岩间的空顶与空帮现象。

（5）凡因支护失效而空顶的地点，重新支护时应先护顶，再施工。

（6）巷道替换支架时，必须先支新支架，再拆旧支架。

（7）在易发生推垮型冒顶的巷道中要提高巷道支架的稳定性，可以在巷道的架棚之间严格地用拉撑件连接固定，增加架棚的稳定性，以防推倒。倾斜巷道中架棚被推倒的可能性更大，其架棚间拉撑件的强度、密度要适当加大。

此外，在掘进工作面10 m内、断层破碎带附近10 m内、巷道交岔点附近10 m内、冒顶处附近10 m内，都是容易发生煤层顶板事故的地点，巷道支护必须适当加强。

更多新的煤矿灾害事故案例，请扫描下面的二维码观看。每年更新，请购买正版图书，以免影响观看。

瓦斯1　　瓦斯2　　火灾1　　火灾2

矿尘 1　　矿尘 2　　顶板 1　　顶板 2

水灾 1　　水灾 2　　冲击地压 1　　冲击地压 2

第五章　煤矿事故自救互救与创伤急救

本章培训与考核要点

- *熟练掌握矿工自救与互救的原则*
- *掌握自救器的分类、用途及使用时应注意的问题*
- *掌握井下各类灾害发生时的自救与互救措施及避灾方法*
- *熟练掌握创伤急救操作技术*

第一节　煤矿事故应急预案

一、煤矿事故应急预案的内容和实施要求

生产安全事故应急预案是针对可能发生的事故，为降低其严重后果而预先制定的应急救援方案，是应急救援活动的指导性文件。煤矿事故应急预案包括综合应急预案、专项应急预案和现场处置方案等内容。

综合应急预案，是指煤矿企业为应对各种生产安全事故而制定的综合性工作方案，是本单位应对生产安全事故的总体工作程序、措施和应急预案体系的总纲。

专项应急预案，是指煤矿企业为应对某一种或者多种类型生产安全事故，或者针对重要生产设施、重大危险源、重大活动防止生产安全事故而制定的专项性工作方案。

现场处置方案，是指煤矿企业根据不同生产安全事故类型，针对具体场所、装置或者设施所制定的应急处置措施。

煤矿特种作业人员应当了解本矿的应急预案，具备自救互救和应急避险的技能。煤矿至少每半年组织1次生产安全事故应急救援预案演练，演练结束后，对应急预案的修订部分组织从业人员进行宣贯学习。

按照应急救援预案和灾害预防与处理计划的相关内容，针对重点工作场所、重点岗位的风险特点制定应急处置卡，现场作业人员随身携带，一旦发生紧急情况，按照应急处置卡的方法应急避险。

二、事故报告

事故发生后，现场人员应尽量了解和判断事故的性质、地点和灾害程度，在认真积极地消灭或控制事故的同时，及时向矿调度室报告灾情，并迅速向可能受灾的人员发出警报。

(1) 报告形式。就近用电话报告。

(2) 报告对象。首先应向矿调度室报告。矿调度室值班领导可根据灾情及时向上级汇报或组织人员抢救。若首先向本区队领导报告，往往会延误抢救时机。

(3) 报告内容。报告内容包括事故性质、发生地点、影响范围、人员伤亡以及现场抢救、撤离情况等。

(4) 报告方法。沉着冷静地把话说清楚，要如实报告灾情，不能含糊不清。若不清楚就说“不清楚”，弄清楚后再次汇报。

三、避灾行动原则

(一) 积极抢救

根据灾情和现场条件，在保证自身安全的前提下，采取积极的方法和措施，及时进行现场抢救，将事故消灭在初始阶段或控制在最小范围。

(二) 安全撤离

当受灾现场不具备事故抢救的条件，或抢救事故可能危及自身安全时，应按规定的避灾路线和当时的实际情况，尽量选择安全条件最好且距离最短的路线，迅速撤离危险区域。

(三) 及时报告

发生灾情后，事故地点附近的人员应尽量了解和判断事故的性质、地点和灾害程度，利用最近处的电话或其他方式迅速地向矿调度室汇报，并向事故可能波及的区域发出警报，使其他工作人员尽快知道灾情。

(四) 妥善避灾

在灾变现场无法撤退时，如矿井冒顶堵塞、火焰或有害气体浓度过高无法通过以及在自救器有效工作时间内不能到达安全地点时，应迅速进入预先筑好的或就近快速建造的临时避难硐室，妥善避灾，等待矿山救护队的救援。在避灾时要注意给外面的救援人员留有信号标记。

四、避灾路线

在制定年度《矿井灾害预防和处理计划》时，已预计到矿井存在的自然灾害因素及可能发生各种事故的地点、情况，从而规定一旦发生某种事故后人员的撤退路线，这个撤退路线就是避灾路线。避灾路线应设置明显的路标，方向要标明，并使全矿人员熟悉掌握，使大家都知道何地发生何种事故后，人员从哪条路线上撤退是最安全的。

第二节　矿井自救设施与设备

一、自救器

自救器是入井人员在井下发生火灾、瓦斯煤尘爆炸、煤与瓦斯突出时防止有害气体中毒或缺氧窒息的一种随身携带的呼吸保护器具。《煤矿安全规程》规定：入井人员必须随身携带自救器。自救器有过滤式和隔离式两类。过滤式自救器仅能防护一氧化碳一种气体，对其他有毒气体不起防护作用，而且不能提供人呼吸的氧气。目前我国煤矿禁止使用过滤式自救器，而采用隔离式自救器。

隔离式自救器能提供人呼吸所需的氧气，人的呼吸在人体与自救器之间循环进行，与外界空气成分无关，所以它能防护各种毒气。根据隔离式自救器中氧气的来源不同又分为化学氧隔离式自救器和压缩氧隔离式自救器两种。

(一) 化学氧自救器

化学氧自救器是指利用化学生氧物质产生氧气的隔离式呼吸保护器。它用于灾区环境大气中缺氧或存在有毒有害气体的环境，供一般入井人员使用，只能使用一次。

操作演示

1. 使用方法

(1) 佩戴位置。将专用腰带穿入自救器腰带环内，固定在背部一侧腰间(图5-1a)。

(2) 开启扳手。使用时先将自救器沿腰带转到右侧腹前，左手托底，右手拉护罩胶片，使护罩挂钩脱离壳体，再用右手掰锁口带扳手至封印条断开后，丢开锁口带(图5-1b)。

(a) 佩戴位置

(b) 开启扳手

(c) 去掉上外壳

(d) 套上挎带

(e) 提起口具并立即戴好

(f) 调整挎带

图5-1　化学氧自救器使用方法

(3) 去掉上外壳。左手抓住下外壳，右手将上外壳用力拔下、扔掉(图5-1c)。

(4) 套上挎带。将挎带套在脖子上(图5-1d)。

(5) 戴好口具。提起口具并立即拔出启动针，使气囊逐渐鼓起，立即拔掉口具塞并同时将口具塞入口中，口具片置于唇齿之间，牙齿紧紧咬住牙垫，紧闭嘴唇(图5-1e)。

(6) 夹好鼻夹。两手同时抓住两个鼻夹垫的圆柱形把柄，将弹簧拉开，憋住一口气，使鼻夹垫准确地夹住鼻子。

(7) 调整挎带。如果挎带过长，抬不起头，可以拉动挎带上的大圆环，使挎带缩短，长度适宜后，系在小圆环上(图5-1f)。

(8) 退出灾区。上述操作完成后，开始撤离灾区。途中感到吸气不足时不要惊慌，应放慢脚步，做深呼吸，待气量充足后再快步行走。

2. 使用注意事项

(1) 每班携带自救器前，应检查自救器外壳有无损伤或松动，如发现不正常现象应及时将自救器送到发放室检查校验。

(2) 携带自救器时，应避免碰撞、跌落，禁止将自救器当坐垫用；禁止用尖锐的器具猛砸外壳或药罐；禁止自救器接触带电体或浸泡在水中。

(3) 携带自救器时，任何场所不准随意打开自救器上外壳；如果自救器上外壳已意外开启，应立即停止携带，做报废处理。

(4) 在井下工作时，一旦发现事故征兆，应立即佩戴自救器后迅速撤离。佩戴自救器要求操作准确、迅速。

(5) 佩戴自救器撤离火区时，要冷静、沉着，最好匀速行走。

(6) 在整个逃生过程中，要注意把口具、鼻夹戴好，保证不漏气，严禁从嘴中取下口具说话。

(7) 吸气时，比平时正常吸气干、热一些，表明自救器在正常工作，对人体无害，此时千万不可取下自救器。

(8) 当发现呼气时气囊瘪而不鼓，并渐渐缩小时，表明自救器的使用时间已接近终点，要做好应急准备。

【案例 5-1】 2022 年 11 月 22 日，中煤平朔集团井工三矿井下发生一起较大事故，造成 4 人死亡。该矿核定生产能力 1000 万 t/a，属正常生产矿井。经初步调查，事故发生在该矿 34204 综采工作面，工作面遇断层构造群无法正常推进，矿方跳过该构造群重新布置开切眼，新开切眼的支架及相关设备已安装完毕，在辅运顺槽端头向内 5 m 处施工密闭墙时(未完工)，1 名工人擅自进入密闭墙内晕倒，在附近作业的 3 名工人在未使用自救器的情况下盲目组织施救，进入密闭墙内后随即晕倒。在附近作业的相关人员佩戴自救器进入密闭墙内将 4 人救出，随即送往医院，经抢救无效死亡。

(二) 压缩氧自救器

操作演示

压缩氧自救器是指利用压缩氧气供氧的隔离式呼吸保护器。它用于灾区环境大气中缺氧或存在有毒有害气体的情况，是一种可反复多次使用的自救器，每次使用后只需要更换吸收二氧化碳的吸收剂并重新充装氧气即可重复使用。

1. 使用方法

(1) 携带时，挎在肩膀上。

(2) 使用时，先打开外壳封口带手把。

(3) 打开上盖，然后左手抓住氧气瓶，右手用力向上提上盖，此时氧气瓶开关即可自动打开，随后将主机从下壳中拽出。

(4) 摘下安全帽，挎上挎带，戴好安全帽。

(5) 拔开口具塞，将口具放入口腔里，牙齿咬住牙垫。

(6) 将鼻夹夹在鼻子上，开始呼吸。

(7) 在呼吸的同时，按动补给按钮 1～2 s，气囊充满后立即停止(在使用过程中发现气囊供气不足时，按上述方法操作)。

(8) 挂上腰钩。

2. 使用注意事项

(1) 压缩氧自救器储装有高压氧气,在携带过程中要防止碰撞自救器,严禁将自救器当坐垫使用。

(2) 携带过程中严禁开启扳把。

(3) 佩戴压缩氧自救器行走时要匀速行走,应保持呼吸均匀,禁止狂奔和取下鼻夹、口具或通过口具讲话。

(4) 自救器不能使用或失效时,应用湿毛巾捂住口鼻,匍匐前行至安全地点。

二、煤矿安全避险"六大系统"

煤矿安全避险"六大系统"是预防事故以及事故发生时开展自救互救、紧急避险而达到减少伤亡目的的重要技术保障。煤矿安全避险"六大系统"是指监测监控系统、人员定位系统、紧急避险系统、压风自救系统、供水施救系统和通信联络系统。煤矿应建立应急演练制度,科学确定避灾路线,编制应急预案,每年开展一次"六大系统"联合应急演练。加强入井人员培训,使其熟悉各种灾害情况的避灾路线,并能正确使用安全避险设施。

(一) 矿井监测监控系统

矿井监测监控系统是指可以实现对煤矿井下瓦斯、一氧化碳浓度、温度、风速等动态监控的自动化系统。矿井监测监控系统中心站实行 24 h 值班制度,当系统发出报警、断电、馈电异常信息时,能够迅速采取断电、撤人、停工等应急处置措施,充分发挥其安全避险的预警作用。

(二) 井下人员定位系统

井下人员定位系统是指通过入井人员携带识别卡,确保能够实时掌握所有井下各个作业区域人员的动态分布及变化情况的系统。当发生紧急情况时,可以准确掌握井下作业人员的位置,为事故应急救援提供依据。

(三) 井下紧急避险系统

井下紧急避险系统是指在灾害事故发生时,为不能撤到安全区域的人员建立的避险场所和设施。井下紧急避险系统包括临时避难硐室、永久避难硐室等。煤与瓦斯突出矿井应建设采区避难硐室;突出煤层的掘进巷道长度及采煤工作面走向长度超过 500 m 时,必须在距离工作面 500 m 范围内建设避难硐室等。煤与瓦斯突出矿井以外的其他矿井,从采掘工作面步行,凡在自救器所能提供的额定防护时间内不能安全撤到地面的,必须在距离采掘工作面 1000 m 范围内建设避难硐室等。紧急避险设施应具备安全防护、氧气供给保障、有害气体去除、环境监测、通信、照明、动力供应、人员生存保障等基本功能,在无任何外界支持的条件下其额定防护时间不低于 96 h。

(四) 矿井压风自救系统

矿井压风自救系统是指为了实现所有采掘作业地点在灾变期间能够提供压风供气,为事故现场人员提供氧气的系统。空气压缩机一般设置在地面,而在深部多水平开采的矿井,空气压缩机安装在地面难以保证对井下作业地点有效供风时,可安装在其供风水平以上 2 个水平的进风井井底车场安全可靠的位置。突出矿井的采掘工作面要设置压风自救装置。其他矿井的掘进工作面要安设压风管路,并设置供气阀门。

(五) 矿井供水施救系统

矿井供水施救系统是指为了保证发生火灾、爆炸等事故现场人员用水的需要而事先配装的实时供水系统。《煤矿安全规程》要求建设完善的防尘供水系统，除设置三通及阀门外，还要在所有采掘工作面和其他人员较集中的地点设置供水阀门，以保证各采掘作业地点在灾变期间能够实现提供应急供水的要求。

（六）矿井通信联络系统

矿井通信联络系统是指一旦事故发生实施救援时保证畅通、有效地传递重要信息的系统。按照在灾变期间能够及时通知人员撤离和实现与避险人员通话的要求，建设完善的通信联络系统。在主副井绞车房、井底车场、运输调度室、采区变电所、水泵房等主要机电设备硐室和采掘工作面以及采区、水平最高点处安设电话。井下避难硐室、井下主要水泵房、井下中央变电所和突出煤层采掘工作面、爆破时撤离人员集中地点等，设有直通矿调度室的电话。要积极推广使用井下无线通信系统、井下广播系统，以确保发生险情时，可及时通知井下人员撤离。

三、避难硐室

避难硐室是矿井的重要安全设施，是发生事故后人员无法撤出灾区时的避难场所。如撤退路线被堵塞无法通过或在自救器有效工作时间内不能到达安全地点时，均应进入避难硐室避难。避难硐室可分为永久避难硐室和临时避难硐室两种。

（一）永久避难硐室

永久避难硐室预先设在井底车场附近或采区工作地点安全出口的路线上，距工作地点不能太远（即不能超过自救器的有效工作时间）。避难硐室的容积原则上应能容纳采区的全体人员。硐室内应备有供避灾人员呼吸用的供气装置（如压风自救装置）、通信设备、自救器、药品、食物等。需要注意两个问题：一是硐室内的供气装置要有保障，即空气气源能长时间供气，遇险人员使用的呼吸装置要佩戴方便、迅速，呼吸自如舒畅。二是硐室内要存放一定数量的自救器，其防护时间要长一些（如 30 min 以上的化学氧和压缩氧自救器），确保遇险人员在条件允许时，佩戴自救器从避难硐室撤到安全地点或井上。

（二）临时避难硐室

临时避难硐室，是利用工作地点的独头巷道、硐室或两道风门之间的巷道，在事故发生后临时修建的。为此，应事先在上述地点准备所需的木板、木柱、黏土、沙子或砖等材料，在有压气条件下，还应装有带阀门的压气管。临时避难硐室修筑方便，正确地利用它，能对遇险人员发挥很好的救护作用。

（三）避难硐室内避难时的注意事项

（1）进入避难硐室前，应在硐室外留有衣物、矿灯等明显标志，以便救护队发现。

（2）待避时应保持安静，不急躁，尽量俯卧于巷道底部，以保持体力、减少氧气消耗，并避免吸入更多的有毒气体。

（3）硐室内只留一盏矿灯照明，其余矿灯全部关闭，以备再次撤退时使用。

（4）间断敲打铁器或岩石等以发出呼救信号。

（5）全体避灾人员要团结互助、坚定信心。

（6）被水堵在上山时，不要向下跑出探望。水被排走露出棚顶时，也不要急于出来以防 SO_2、H_2S 等气体中毒。

（7）看到救护人员后，不要过分激动，以防血管破裂。

（8）待避时间过长遇救后，不要过分饮用食品和见到强光，以防损伤消化系统和眼睛。

第三节　煤矿灾害应急处置及避灾方法

一、现场紧急处置的原则及避灾方法

事故发生后，灾区内或受威胁区的人员，要迅速判断事故性质，利用现场条件，在保证安全的前提下采取措施，将事故消灭在初始阶段或最大限度地降低事故的危害程度。

(1) 在消除事故灾害时，要保持统一指挥和组织，严禁冒险蛮干和单独行动。

(2) 在抢救过程中，必须保证自身安全。

(3) 在抢救伤员时，必须坚持“三先三后”的原则，即先救生还者，后救已死亡者；先救受伤较重者，后救受伤较轻者；对于窒息，心跳、呼吸停止，出血，骨折的伤员，先复苏、止血、固定，然后再搬运。

(4) 采取各种措施，消除初始灾害，防止灾区情况恶化。

二、煤矿灾害情况发生重大变化的处置规定

2023 年 4 月 3 日，国家矿山安全监察局下发了《国家矿山安全监察局关于做好煤矿灾害情况发生重大变化及时报告和出现事故征兆等紧急情况及时撤人工作的通知》，要求全国煤矿建立灾害情况发生重大变化及时报告制度和出现事故征兆等紧急情况及时撤人制度，落实相关工作责任。

(一) 煤矿灾害情况发生重大变化及时报告制度

煤矿出现下列情形之一的，现场作业人员应当及时向煤矿分管负责人或带班值班矿领导报告；情况严重的，及时向煤矿主要负责人报告：

(1) 井下甲烷浓度达到 0.75%以上，或者变化浓度超过 0.2 个百分点的；

(2) 高瓦斯矿井、突出矿井煤层急剧变薄、增厚的；

(3) 矿井涌水量(不包括探放水时的可控出水量)、长观孔水位变化幅度达到 20%以上的；

(4) 井下出现突水点；

(5) 矿井一氧化碳浓度达到 24 ppm，或者变化浓度超过 5 ppm 的，或者有带式输送机的进风巷发现一氧化碳的；

(6) 冲击地压监测单个微震事件能量达到 10^4J 以上的；

(7) 采掘工作面遇有预测外或者变化较大地质构造的；

(8) 顶板离层、锚杆(索)应力、支架压力等监测数据突然增大，或者锚杆(索)断裂、棚梁棚腿弯曲严重的；

(9) 露天煤矿台阶有滑动迹象，工作面有伞檐或者有塌陷危险的老空区，发现拒爆、熄爆的；

(10) 出现其他重大变化应当报告的。

(二) 煤矿出现事故征兆等紧急情况及时撤人制度

煤矿有下列情形之一的，必须及时撤出危险区域作业人员：

(1) 井下所有作业场所回风流中甲烷浓度超过 1.0%的；

(2) 井下发生明显响煤炮声，喷孔、顶钻，煤壁外鼓、掉渣，瓦斯涌出持续增大或者忽大

忽小，煤尘增大等突出征兆的；

(3) 井下出现煤层变湿、挂红、底鼓、淋水加大(含砂)等透水、突水、溃水征兆的；

(4) 井田及周边地面积水坑水位突然下降并溃入井下的；

(5) 当暴雨、洪水等自然灾害预警等级为红色(一级)、橙色(二级)的；

(6) 发现明火且不能立即扑灭的；

(7) 井下采掘作业地点出现强烈震动、巨响、瞬间底(帮)鼓、煤岩弹射等动力现象的；

(8) 全矿井计划外停电且不能立即有效恢复的；

(9) 露天煤矿遇到暴雨、8 级及以上大风等特殊天气，以及边坡出现明显沉降、变形加速、裂缝增大或贯通、大面积滚石滑落等滑坡征兆的；

(10) 其他事故征兆等紧急情况应当停产撤人的。

(三) 相关工作责任的落实

(1) 所有现场作业人员、带班值班人员具有出现事故征兆等紧急情况及时撤人的权力。出现事故征兆等紧急情况时，所有现场作业人员、带班值班人员无需请示，有权第一时间撤人，并在确保安全的前提下向矿调度室汇报。

(2) 煤矿要建立灾害情况发生重大变化及时报告和出现事故征兆等紧急情况及时撤人奖惩机制，加强从业人员培训和演练，保证从业人员熟练掌握各类报告和撤人情形，对及时报告灾害情况重大变化或出现事故征兆等紧急情况及时撤人、避免发生事故的，应当给予重奖。

三、矿井灾害事故的应急处置及避灾方法

煤矿特种作业人员对有害气体、烟雾、温度、非常规响声和风流变化应时刻保持高度警惕；应熟记压风自救地点、避难硐室、自救器更换地点、最佳撤离路线；具备熟练佩用自救器、处理故障的能力；遇到突发情况，应保持头脑清醒、果断行动，积极进行自救互救。

(一) 瓦斯与煤尘爆炸事故的应急处置及避灾方法

(1) 发生爆炸事故时，应背向空气颤动的方向，俯卧倒地，面部贴在地面，避开冲击波，屏住呼吸，用毛巾捂住口鼻，防止把火焰吸入肺部；用衣物盖住身体的暴露皮肤，以减少烧伤。

(2) 发生爆炸事故后，要立即佩用自救器，沿着避灾路线迅速撤退到安全地点，并向调度室报告事故性质、地点等灾害情况。

(3) 在班组长的带领下开展互救工作，帮助受伤人员佩戴自救器，进行简单包扎、止血和固定等处理后，快速撤离灾区。条件允许时，采取断电等措施，控制事故的危险源，防止事故进一步扩大。

(4) 如因爆炸破坏了避灾路线指示牌，应迎着风流方向撤退。

(5) 在撤退经过的巷道交岔口，应留下明显的标志，以引起救援人员的注意。

(6) 在撤退途中听到爆炸声或空气震动冲击波时，应立即背向声音和气浪传来的方向，脸向下，双手置于身体下面，闭上眼睛，迅速卧倒，头部要尽量低。

(7) 当唯一的出口被堵，无法撤退时，应采取灾区避险措施，等待救援。

(8) 当矿井发生瓦斯(煤尘)爆炸时，距离较远的事故波及区域的特种作业人员可能感觉不明显，只要发现风流速度加快、煤尘飞扬、空气颤动的现象，就应高度警惕，以便及时采取措施自救互救。

听到爆炸冲击声，头脑清醒要镇静。
切莫乱跑与乱冲，立即趴下闭眼睛。
面部捂上湿毛巾，背朝声响和气浪。
双手隐蔽在身下，身体盖严防烧伤。
最好趴在水沟旁，坚固物体做屏障。
迅速戴好自救器，爆炸过后就逃离。
尽快进入新风巷，避灾路线要牢记。
无法逃离进硐室，堵好硐口防毒气。
硐口设置标记物，敲打呼救发信息。

【案例 5-2】 2013 年 7 月 23 日，四川省煤炭产业集团芙蓉公司杉木树煤矿 N3022 风巷在排放瓦斯过程中，发生瓦斯爆炸事故，造成 7 人死亡。该矿为国有重点煤矿，设计生产能力 150 万 t/a，核定生产能力 130 万 t/a，属煤与瓦斯突出矿井，煤层具有Ⅰ级自然发火倾向，矿井水文地质复杂。事故原因是：供电网络出现故障造成 N3022 风巷局部通风机停止运行，导致 N3022 风巷瓦斯积聚，在恢复通风过程中发生瓦斯爆炸；在未查清爆炸原因的情况下，矿领导安排排放瓦斯，在排放瓦斯过程中再次发生爆炸，造成 7 名救护队员死亡。

（二）煤与瓦斯突出事故的应急处置及避灾方法

（1）在采煤工作面发现突出预兆时，应迅速佩用自救器，以最快的速度通知人员迎着新鲜风流撤离。

（2）按照突出事故的避灾路线，迅速撤出灾区，并立即向调度室报告。

（3）对于小型煤与瓦斯突出事故，在保障安全的前提下，采取加强支护、清理堵塞物等措施，对被困人员施救。

（4）如因突出破坏了避灾路线指示牌，应迎着风流方向撤退。

（5）在撤退所经过的巷道交岔口，应留设指示行进方向的标志，提示救援人员注意。

（6）撤退途中，听到爆炸声或感到空气震动冲击波时，应立即背向声音和气浪传来的方向，脸向下，双手置于身体下面，闭上眼睛，迅速卧倒，头部要尽量放低。

（7）撤离时，超过自救器的保护时间，应进入以下地点进行自救：

① 最近的避难硐室或临时避险设施。

② 有压风自救装置和供水施救装置的地点。

③ 在有压风管、铁风筒的巷道或硐室，应打开供风阀门或接头形成正压通风，也可利用现场材料加固设置生存空间。

（8）在避难地点外设置标识，有规律地敲击金属物、顶、帮岩石等，发出呼救信号，但禁用铁质工具敲击金属，避免产生火花而引起爆炸。

（9）被困待救期间，所有人员要节约体能，轮流开启矿灯，保持镇定，互相鼓励，积极配合营救工作。

瓦斯突出显预兆，赶快撤人并汇报。
戴好隔离自救器，防护眼镜也戴牢。
迎着新风向外撤，沉着迅速井口跑。
无法撤离进硐室，隔离门要紧关闭。

打开硐室压风管，戴好头盔好供气。
节约用灯和食物，硐口明显做标记。
敲打金属发响声，呼救人员来这里。

（三）矿井火灾事故的应急处置及避灾方法

（1）火灾事故的初期，应利用巷道的供水管道和灭火器材进行直接灭火，控制火势的发展，为彻底扑灭火灾打下基础。灭火应注意以下几点：① 要有充足的水量，应先从火源外围逐渐向火源中心喷射水流；② 要保持正常通风，并要有畅通的回风通道，以便及时将高温气体和水蒸气排出；③ 发生电气设备火灾时，首先要切断电源；④ 不宜用水扑灭油类火灾；⑤ 灭火人员要站在火源上风侧，以免烟气或水蒸气伤人。

（2）应该了解火势的发展情况，火区波及范围、烟雾蔓延速度、有害气体含量、通风系统、风流速度和方向以及自己所处巷道位置，确定撤退路线和避灾自救的方法。

（3）撤退时，不要惊慌和狂奔乱跑，在现场负责人及有经验的老工人带领下有组织地撤退。

（4）位于火源回风侧的人员或撤退中遇到烟雾，应迅速佩用自救器，尽快撤到新鲜风流中；或在烟雾没有到达前，顺着风流尽快撤到安全地点。如果距火源较近且火势不大，可迅速穿过火区撤到进风侧。

（5）在自救器有效保护时间内不能撤出时，应到储存自救器的硐室内更换自救器后再进行撤退；条件不具备时，应到有压风管路系统的地点，佩用压缩空气装置。

（6）撤退行动要迅速果断，快速有序。撤退中应靠巷道有连通出口的一侧行进，避免错过脱离危险区的机会，随时注意观察巷道和风流的变化情况，谨防火风压可能造成的风流逆转。人员之间要互相照应，互相帮助，团结互爱。

（7）如果巷道充满了烟雾，造成视线不清，应尽量贴着巷道底板，辨认风流方向，俯身摸着铁道或铁管有秩序地外撤。

（8）如果逆风或顺风都无法撤出时，应迅速进入避难硐室。没有避难硐室的巷道可在烟雾到来之前，选择合适的地点，利用现场条件构筑临时避难硐室。

（9）逆烟流撤退具有很大的危险性，一般情况下不采用这种方法。除非在附近有脱离危险区的通道出口，又有脱离危险区的把握时，才可以采取这种自救的方法。

（10）撤退过程中，发现有爆炸的预兆，应立即避开爆炸的正面巷道，进入旁侧巷道或躲避硐室；如果情况紧急，应迅速背向爆源，靠巷道的一侧就地顺着巷道趴卧，面部朝下紧贴巷道底板，用双臂护住头面部并尽量减少皮肤的外露部分；如果巷道内有水坑或水沟，则应顺势爬入水中。在爆炸发生的瞬间，要尽力屏住呼吸或是闭气将头面浸入水中，防止吸入爆炸火焰及有害气体。

井下火灾一发现，迅速扑灭莫迟延。
火势猛烈难扑灭，赶快汇报求支援。
火区人员守纪律，服从命令听指挥。
辨明方向逆风走，立即戴好自救器。
避灾路线要记清，尽快撤离危险区。
烟雾弥漫道路堵，无法撤离莫踌躇。
躲进硐室风门间，堵严硐口防雾烟。

节约用灯和食物，敲打金属来呼救。

（四）矿井透水事故的应急处置及避灾方法

（1）透水后，应观察和判断透水的地点、水源、涌水量、发生原因、危害程度等情况，撤退到透水地点以上的水平，不能进入透水点附近及下方的独头巷道。

（2）在撤退过程中，应靠近巷道一侧，抓牢支架或其他固定物体，尽量避开压力水头和泄水流，并注意防止被水中滚动的矸石和木料撞伤。

（3）如透水破坏了巷道中的照明和路标，迷失行进方向时，应朝着有风流通过的上山巷道方向撤退。

（4）在撤退沿途和所经过的巷道交岔口，应留设明显标志，以提示救援人员注意。

（5）人员撤退到竖井，需从梯子间上去时，应遵守秩序，禁止慌乱和争抢。行动中手要抓牢，脚要蹬稳，切实注意自己和他人的安全。

（6）如果唯一的出口被水封堵无法撤退时，应有组织地在独头工作面躲避，等待救援人员的营救。严禁盲目潜水逃生。

（7）当被涌水围困无法退出时，应迅速进入预先筑好的避难硐室中。水位不断上升又没有通路时，可爬上巷道中高部冒落的空间。如发生老空透水，应在避难硐室处建临时挡墙或风帘，防止涌出有毒有害气体的伤害。进入避难硐室前，应设置明显标志。

（8）在避灾期间，要做好长时间避灾的准备，人员应轮流担任岗哨观察水情，用敲击和呼喊的方法，有规律地发出呼救信号，其余人员均应静（卧）坐，减少体力和空气消耗。

（9）被困期间断绝食物后，应努力克制自己，不要嚼食杂物充饥。需要饮水时，应选择适宜的水源，并用纱布或衣服进行过滤。

（10）被困时间过长，发现救援人员时，不要过度兴奋和慌乱，以防发生意外。升井时，要用毛巾蒙住双眼，避免强光照射；升井后的一段时间内，以流食为主，切忌暴饮暴食。

透水征兆要记牢，发现征兆就汇报。
采取措施抗灾害，防止淹井把矿保。
人员撤退要迅速，低处要向高处跑。
透水下方有人员，屏住呼吸手抓牢。
防止呛水和溺水，闯过水头最重要。
老空老窑来臭水，赶快戴好自救器。
最后一人关闸门，水泵司机听指挥。
道路隔断无法逃，上山独头地势高。
节约用灯和食物，自身防护要做好。
敲打金属发信号，等待救援莫急躁。

（五）冒顶事故时的应急处置及避灾方法

（1）当发现工作地点有发生冒顶的征兆，应迅速离开危险区，撤退到安全地点。

（2）没有及时撤出时，要靠煤帮贴身站立或到木垛处避灾。

（3）如被冒落物覆盖后，要立即发出呼救信号。以便救援人员准确判断出被困地点和距离，制定最佳的抢救方案，缩短救灾时间，提高抢救的成功率。

（4）如冒落范围小，有利于抢救遇险人员时，可用工具把大块岩石移开或支起，将人员救出。

(5) 清理堵塞物时，要防止伤害遇险人员。严禁用爆破、镐刨、锤砸等方法。对抢救出的人员，首先要清理口鼻腔堵塞物，保证呼吸道畅通，并根据情况对受伤人员进行止血、包扎和固定。

(6) 被困人员要积极配合外部的营救工作。

(7) 要根据现场情况进行针对性处置，如无第二次大面积顶板动力现象，立即组织人员营救被困人员，防止事故扩大。抢救时，要加强顶板管理、巷道支护，设专人观察顶板变化和检查气体的含量。

垮面冒顶有征兆，速向调度室汇报。
情况严重别冒险，人员撤离工作面。
如果有人被埋压，抢救过程重安全。
如果巷道堵人员，搞好自救莫迟延。
安全地点来静坐，节灯节食延时间。
随时戴上自救器，严防瓦斯会超限。
轮流扒戳找出口，敲打金属求救援。
上级派人来抢救，一定救你脱危险。

第四节　创伤急救

在煤矿井下，如果矿工发生急性病症或意外伤害，就需要周围人员的救助。如果施救者抢救科学得法，就可以挽救生命，减少伤残；如果施救者不懂急救知识，可能适得其反。

一、井下创伤急救的基本原则

煤矿井下离地面的医院比较远，在施行现场急救时应遵循“三先三后”原则。

(1) 对心跳、呼吸骤停的伤员，应先复苏后搬运。

(2) 对出血的伤员，应先止血后搬运。

(3) 对骨折的伤员，必须先固定后搬运。

二、创伤急救的关键

现场创伤急救的关键在于及时。对于心跳呼吸骤停的伤病员在 2 min 内进行急救的成功率可达 70%，4～5 min 内进行急救的成功率可达 43%，15 min 以后进行急救的成功率则较低。据统计，现场创伤急救搞得好可减少 20%的伤员死亡。

三、现场急救的方法

(一) 人工呼吸

1. 人工呼吸前的准备工作

(1) 伤员的呼吸道要保持通畅无阻，以使气体容易进出。要检查口、鼻内有无泥草、痰涕或其他分泌物，如有应予以清除。

(2) 松开伤员的衣领、内衣、裤带，使外界没有阻碍胸廓的影响因素，让肺脏伸缩自如。

(3) 如有活动的假牙应立即取出，以免坠入气管。

(4) 要求在操作方法上，原则上不加重或无害于身体已有的损伤。

2. 口对口或(鼻)吹气法

口对口吹气法是效果最好、操作最简单的一种方法。

视频讲解

(1) 操作前使伤员仰卧,即腹胸朝上。

(2) 救护者在伤员头部的一侧,一只手托起伤员下颌,并尽量使其头部后仰;另一只手将其鼻孔捏住,以免吹气时从鼻孔漏气。

(3) 救援人员自己深吸一口气,对紧伤员的口将气吹入,使伤员吸气。

(4) 松开捏住鼻子的手,并用手压其胸部以帮助伤员呼气。

(5) 如此有节律地、均匀地反复进行,每分钟吹气 14～16 次。

(6) 注意吹气时切勿过猛、过短,也不宜过长,以占一次呼吸周期的 1/3 为宜。其具体操作方法如图 5-2 所示。

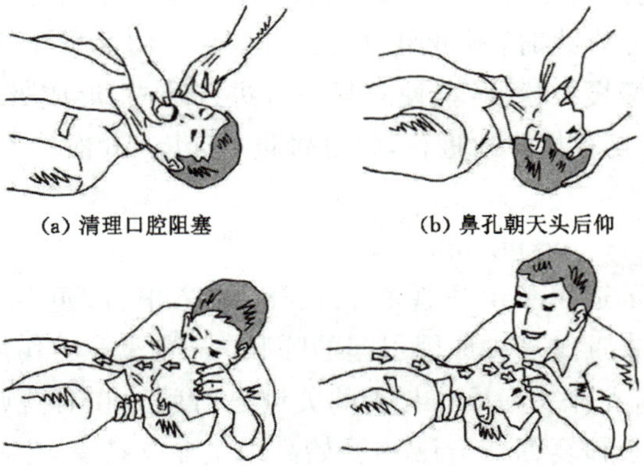

(a) 清理口腔阻塞　(b) 鼻孔朝天头后仰

(c) 贴嘴吹气胸扩张　(d) 放开嘴鼻呼气

图 5-2　口对口吹气法

3. 仰卧压胸法

此法便于观察病人的表情,而且气体交换量也接近于正常人的呼吸量;最大的缺点是,伤员的舌头由于仰卧而后坠,容易阻碍空气的出入;所以采用本法时要将病人的舌头按出。这种姿势,对于淹溺及胸部创伤、肋骨骨折的伤员不宜使用。操作方法(图 5-3)如下:

(1) 病人取仰卧位,背部可稍加垫,使胸部凸起。

(2) 救护人屈膝跪地于病人大腿两侧,把双手分别放于乳房下面(相当于第六、七对肋骨处),大拇指向内,靠近胸骨下端,其余四指向外,放于胸廓肋骨之上。

(3) 向下同时稍向前压,其方向、力量、操作要领等与俯卧压背法相同。

(4) 按上述动作,反复有节律地进行,每分钟进行 16～20 次。

4. 俯卧压背法

此法应用较普遍,是一种较古老的方法。由于病人取俯卧位,舌头能略向外坠出,不会堵塞呼吸道,救护人不必专门来处理病人的舌头,节省了时间,能及时进行人工呼吸。具体操作方法(图 5-4)如下:

(1) 伤病人取俯卧位,即胸腹贴地,腹部可微微垫高,头偏向一侧,两臂伸过头,一臂枕于头下,另一臂向外伸开,以使胸廓扩张。

(2) 救护人面向其头,两腿屈膝跪地于伤病人大腿两旁,把两手平放在其背部肩胛骨下

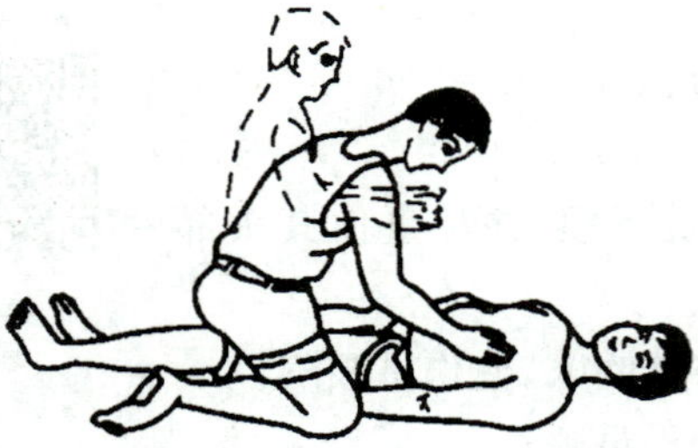

图 5-3　仰卧压胸法人工呼吸

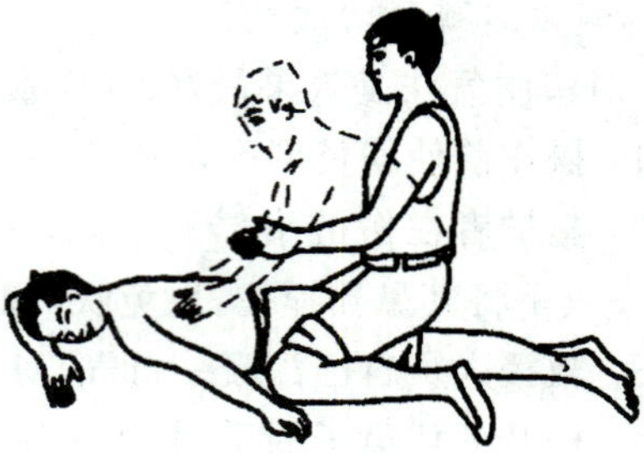

图 5-4　俯卧压背法人工呼吸

角(大约相当于第七对肋骨处)、脊柱骨左右,大拇指靠近脊柱骨,其余四指稍微张开并弯曲。

(3) 救护人俯身向前,慢慢用力向下压缩,用力的方向是向下、稍向前推压;当救护人的肩膀与病人的肩膀将成一直线时,不再用力;在这个向下、向前推压的过程中,即将肺内的空气压出,形成呼气;然后慢慢放松回身,使外界空气进入肺内,形成吸气。

(4) 按上述步骤,反复有规律地进行,每分钟进行 14～16 次。

(二) 心肺复苏

1. 心肺复苏概述

视频讲解

心肺复苏适用于由急性心肌梗死、脑卒中、严重创伤、电击伤、溺水、挤压伤、踩踏伤、中毒等多种原因引起的呼吸、心跳骤停的伤病员。对于心跳呼吸骤停的伤病员,心肺复苏成功与否的关键是时间。在心跳呼吸骤停后 4 min 之内开始正确的心肺复苏,8 min 内开始高级生命支持者,生存希望较大。心肺复苏操作主要有心前区叩击术和胸外心脏按压术两种方法。

2. 心肺复苏操作程序

(1) 安全确认。

(2) 判断意识。

(3) 高声呼救。

(4) 将伤病员翻转成仰卧姿势,放在坚硬的平面上。

(5) 判断颈动脉搏动与呼吸。看胸部有无起伏;听有无呼吸声;感觉有无呼出气流拂面。

(6) 胸外心脏按压。

(7) 打开气道。

(8) 口对口人工呼吸。

(9) 重复做五个循环,判断意识,无意识,从第 6 步重新开始下个五循环。

(10) 复原(侧卧)位。心肺复苏成功后或无意识但恢复呼吸及心跳的伤病员,将其翻转为复原(侧卧)位。

3. 心前区叩击术

心前区叩击术是指伤员心脏骤停后救护者立即叩击心前区,叩击力应中等,一般可连续叩击 3～5 次(图 5-5),并观察伤员脉搏、心跳。若心脏恢复则表示复苏成功;反之,应立即改用胸外心脏按压术。操作时,应使伤员头低脚高,施术者以左手掌置其心前区,右手握拳,从距患者胸部上方 40～50 cm 处,向左手背上叩击。

4. 胸外心脏按压术

胸外心脏按压术适用于各种原因造成的心跳骤停者。在进行胸外心脏按压前，应先用心前区叩击术，如果叩击无效，应及时正确地进行胸外心脏按压。

(1) 判断有无意识：轻拍患者双肩、在双耳边呼唤。如果病人清醒，要继续观察，如果没有反应则为昏迷，进行下一个流程。

(2) 高声呼救，并立即进行心肺复苏术。

(3) 检查及畅通呼吸道：取出口内异物，清除分泌物。用一只手推前额使头部尽量后仰，同时另一只手将下颌向上方抬起。

(4) 人工呼吸：判断是否有呼吸：一看二听三感觉（维持呼吸道打开的姿势，将耳部放在病人口鼻处），一看：患者胸部有无起伏；二听：有无呼吸声音；三感觉：用脸颊接近患者口鼻，感觉有无呼出气流。如果无呼吸，应立即给予人工呼吸 3 次，保持压额抬颌手法，用压住额头的手以拇指食指捏住患者鼻孔，张口罩紧患者口唇吹气，同时用眼角注视患者的胸廓，胸廓膨起为有效。待胸廓下降，吹第二口气。

(5) 胸外心脏按压术（图 5-6）。其操作方法是：

首先将伤员仰卧于木板上或地上，解开其上衣和腰带，脱掉胶鞋。

图 5-5　心前区扣击术

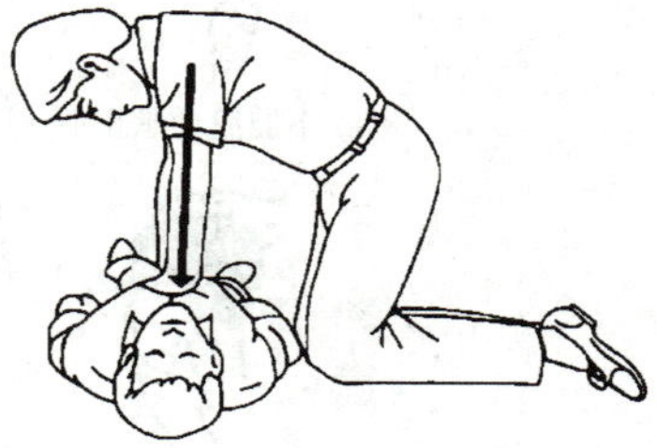

图 5-6　胸外心脏按压术

救护者位于伤员一侧，手掌面与前臂垂直，将另一手掌压于其上，使双手重叠，置于伤员胸骨中下 1/3 处（其下方为心脏），以双肘和臂肩之力，有节奏、冲击式地向脊柱方向用力按压，使成人胸骨下陷至少 5 cm。

视频讲解

按压后，迅速抬手使胸骨复位，以利于心脏舒张。按压次数以每分钟 80～100 次为宜。按压过快，心脏舒张不够充分，心室内血液不能完全充盈；按压过慢，动脉压力低，效果也不好。

使用胸外心脏按压术时的注意事项：

(1) 按压力量应因人而异。对身强力壮的伤员，按压力量可大些；对年老体弱的伤员，力量宜小些。按压时要稳健有力、均匀规则，重力应放在手掌根部，着力仅在胸骨处，切勿在心尖部按压，同时注意用力不能过猛；否则可致肋骨骨折、心包积血或引起气胸等。

(2) 胸外心脏按压与口对口吹气法最好同时施行，无论单人心肺复苏还是双人心肺复苏，均为每按压心脏 30 次，做口对口人工呼吸 2 次。

(3) 按压显效时，可摸到伤员颈总动脉、股动脉开始搏动，散大的瞳孔开始缩小，口唇、皮肤转为红润。

（三）止血术

成年人血量约为4500～5000 mL，为体重的8%左右，人体若失血超过1000 mL便会有生命危险。因此，止血术对于抢救伤员是非常重要的。出血分动脉出血、静脉出血和毛细血管出血三种。对于毛细血管出血，一般用干净布条包扎伤口即可；对于静脉出血，可用加压包扎法止血；而对于动脉出血，由于喷流太快，抓紧止血是救人生命的关键。

1. 指压止血法

在伤口附近靠近心脏一端的动脉处，用拇指压住出血的血管，以阻断血流。此法可作为四肢大出血的暂时性止血措施。在指压止血的同时，应立即寻找材料，准备换用其他止血方法。各部位的止血点及其止血区域如图5-7所示。

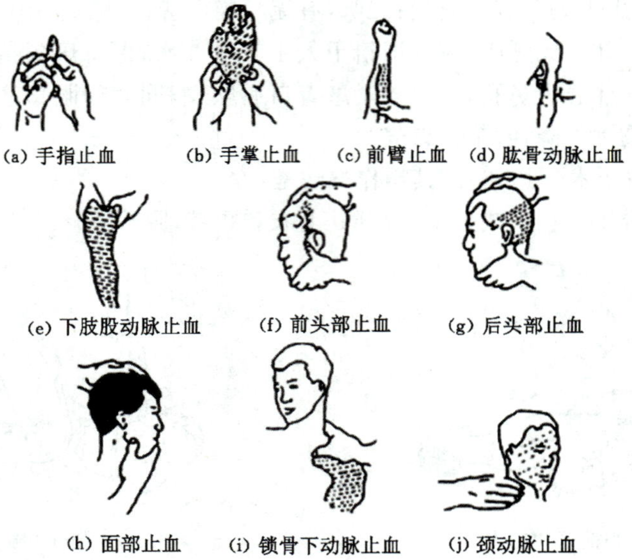

图5-7　指压止血法

2. 止血带止血法

当上肢或下肢大出血时，可在井下就地取材，使用胶管或止血带等材料采用止血带止血法压迫出血伤口的近心端进行止血。

（1）止血带的使用方法：① 在伤口近心端上方加垫；② 急救者左手拿止血带，上端留13～17cm，紧贴加垫处；③ 右手拿止血带长端，拉紧环绕伤肢伤口近心端上方2周，然后将止血带交左手中、食指夹紧；④ 左手中、食指夹止血带，顺着肢体下拉成环；⑤ 将上端一头插入环中拉紧固定；⑥ 在上肢应扎在上臂的上1/3处，在下肢应扎在大腿的中下1/3处。其具体操作方法如图5-8所示。

（2）止血带使用注意事项：① 扎止血带前，应先将伤肢抬高，防止肢体远端因瘀血而增加失血量；② 扎止血带时要有衬垫，不能直接扎在皮肤上，以免损伤皮下神经；③ 前臂和小腿不适于扎止血带，因其均有2根平行的骨骼，骨间可通血流，所以止血效果差。但在肢体离断后的残端可使用止血带，应尽量扎在靠近残端处；④ 禁止扎在上臂的中段，以免压伤桡神经，引起腕下垂；⑤ 止血带的压力要适中，以既达到阻断血流又不损伤周围组织为度；⑥ 止血带止血持续时间一般不应超过1 h，时间太长可导致肢体坏死；太短会使出血、休克进一步恶化。因此，使用止血带的伤员必须配有明显标志，并准确记录开始扎止血带的时间，每 0.5～1 h 缓慢放松 1 次止血带，放松时间为 1～3 min，此时可抬高伤肢压迫局部止血；再扎止血带时应在稍高的平面上绑扎，不可在同一部位反复绑扎。使用止血带以不超过 2 h 为宜，应尽快将伤员送到医院救治。

3. 加垫屈肢止血法

当前臂和小腿动脉出血不能制止时，如果没有骨折和关节脱位，这时可采用加垫屈肢止血法止血。在肘窝处或膝窝处放入叠好的毛巾或布卷，然后屈肘关节或屈膝关节，再用绷带或宽布条等将前臂与上臂或小腿与大腿固定。其具体操作方法如图 5-9 所示。

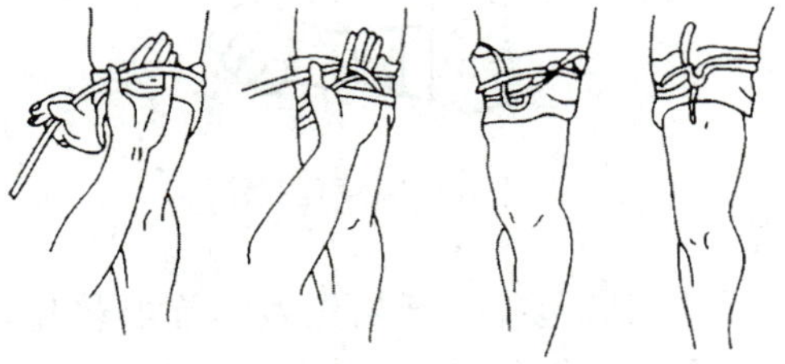

图 5-8　止血带止血法

图 5-9　加垫屈肢止血法

4. 加压包扎止血法

加压包扎止血法主要适用于静脉出血的止血。其做法是：首先将干净的纱布、毛巾或布料等盖在伤口处，然后用绷带或布条适当加压包扎，即可止血。压力的松紧度以能达到止血而不影响伤肢血液循环为宜。其具体操作方法如图 5-10 所示。

5. 绞紧止血法

在找不到止血带的情况下，可用毛巾、三角巾、绷带、衣片等折叠成带状，在伤口上先加垫，然后用带子绕衬垫一周打结，用小木棒插入其中，先提起，适当绞紧至不出血，而后固定，如图 5-11 所示。

图 5-10　加压包扎止血法

图 5-11　绞紧止血法

(四) 创伤包扎

包扎的目的是保护伤口和创面，减少感染，减轻痛苦。加压包扎有止血作用。用夹板固定骨折的肢体时，需要包扎，以减少继发性损伤，也便于将伤员运送到医院。

1. 布条包扎法

(1) 环形包扎法。该方法适用于头部、颈部、腕部、胸部、腹部等处的包扎。将布条做环行重叠缠绕肢体数圈后即成。

(2) "8"字包扎法。该方法多用于关节处的包扎。先在关节中部环形包扎 2 圈，然后以关节为中心，从中心向两边缠，一圈向上，一圈向下，2 圈在关节屈侧交叉，并压住前圈的 1/2。其具体操作如图 5-12 所示。

（3）螺旋包扎法。该方法用于前臂、下肢和手指等部位的包扎。先用环形法固定起始端，把布条渐渐地斜旋上缠或下缠，每圈压前圈的 1/2 或 1/3，呈螺旋形，尾部在原位上缠 2 圈后予以固定。其具体操作方法如图 5-13 所示。

图 5-12　“8”字包扎法

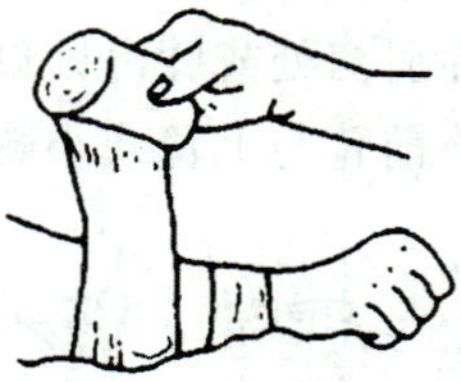

图 5-13　螺旋包扎法

（4）螺旋反折包扎法。该方法多用于粗细不等的四肢包扎。开始先做螺旋形包扎，待到渐粗的地方，以一只手拇指按住布条上面，另一只手将布条自该点反折向下并遮盖前圈的 1/2 或 1/3。各圈反折须排列整齐，反折头不宜在伤口和骨头突出部分。其具体操作方法如图 5-14 所示。

2. 毛巾包扎法

（1）头顶部包扎法。将毛巾横盖于头顶部，包住前额，两前角拉向头后打结，两后角拉向下颌打结。其具体操作如图 5-15a 所示。或者将毛巾横盖于头顶部，包住前额，两前角拉向头后打结，然后两后角向前折叠，左右交叉绕到前额打结，如果毛巾太短可接带子。其具体操作方法如图 5-15b 所示。

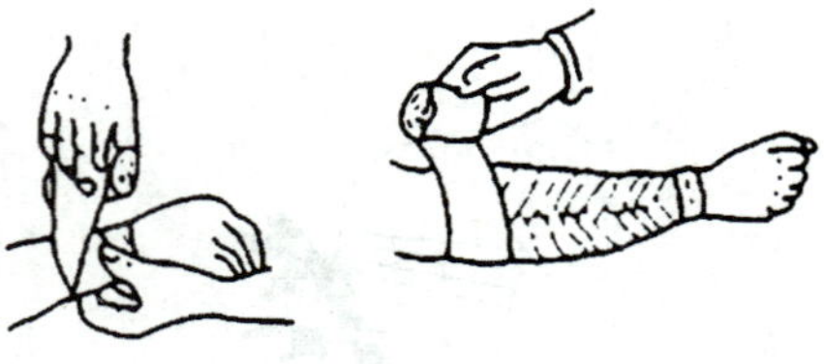

(a)　(b)

图 5-14　螺旋反折包扎法

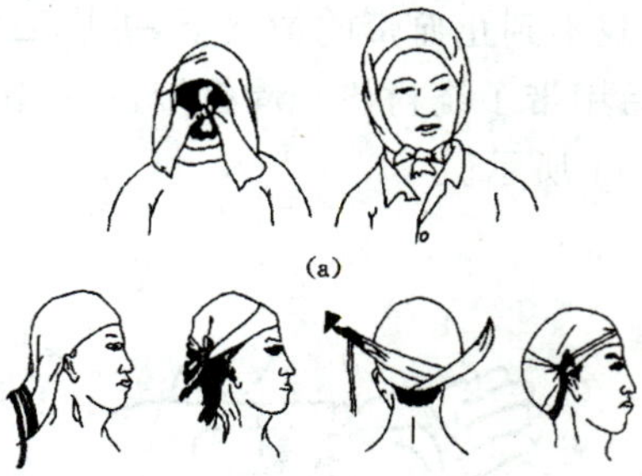

(a)

(b)

图 5-15　头顶部包扎法

（2）面部包扎法。将毛巾横置，盖住面部，向后拉紧毛巾的两端，在耳后将两端的上下角交叉后分别打结，在眼、鼻、嘴处剪洞。其具体操作方法如图 5-16 所示。

（3）下颌包扎法。将毛巾纵向折叠成四指宽的条状，在一端扎一小带，毛巾中间部分包住下颌，两端上提，小带经头顶部在另一侧耳前与毛巾交叉，然后小带绕前额及枕部与毛巾另一端打结。

（4）肩部包扎法。单肩包扎时将毛巾斜折放在伤侧肩部，腰边穿带子在上臂固定，叠角向上折，一角盖住肩的前部，从胸前拉向对侧腋下，另一角向上包住肩部，从后背拉向对侧腋下打结。

(5) 胸部包扎法。全胸包扎时将毛巾对折,腰边中间穿带子,由胸部围绕到背后打结固定。胸前的两片毛巾折成三角形,分别将角上提至肩部,包住双侧胸,两角各加带过肩到背后与横带相遇打结。其具体操作方法如图 5-17 所示。

图 5-16　面部包扎法

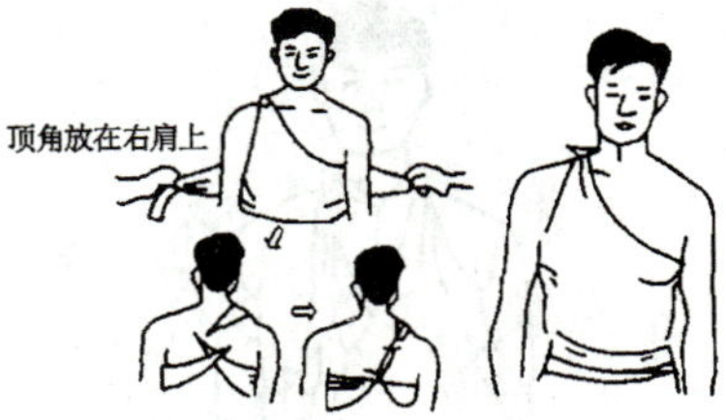

图 5-17　胸部包扎法

(6) 背部包扎法。该方法与胸部包扎法相同。

(7) 腹部包扎法。将毛巾斜对折,中间穿小带,小带的两头拉向后方,在腰部打结,使毛巾盖住腹部。将上、下两片毛巾的前角各扎一小带,分别绕过大腿根部与毛巾后角在大腿外侧打结。

(8) 臂部包扎法。该方法与腹部包扎法相同。

3. 包扎注意事项

(1) 在包扎时,应做到动作迅速敏捷,不触碰伤口,以免引起出血、疼痛和感染。

(2) 不能用井下的污水冲洗伤口。伤口表面的异物(如煤块、矸石等)应去除,但伤口深部异物须由医院处理,防止重复感染。

(3) 包扎动作要轻柔,松紧度要适宜,不可过松或过紧,结头不要打在伤口上,应使伤员体位舒适,绷扎部位应维持在功能位置。

(4) 脱出的内脏不可拿回腔内,以免造成体腔内感染。

(5) 包扎范围应超出伤口边缘 5～10 cm。

(五) 骨折临时固定

骨折临时固定是防止创伤休克的有效急救措施,可减轻伤员的疼痛,防止因骨折端移位而刺伤邻近组织、血管和神经。

1. 操作要点

(1) 在进行骨折固定时,应使用夹板、绷带、三角巾、棉垫等物品。手边没有上述物品时,可就地取材,如使用树枝、木板、木棍、硬纸板、塑料板、衣物、毛巾等代替。必要时也可将受伤肢体固定于伤员健侧肢体上,如下肢骨折可与健侧绑在一起,伤指可与邻指固定在一起。如果骨折断端错位,救护时暂不要复位,即使断端已穿破皮肤露在外面,也不可进行复位,而应按受伤原状包扎固定。

(2) 骨折固定应包括上、下两个关节,在肩、肘、腕、股、膝、踝等关节处应垫棉花或衣物,以免压破关节处皮肤。固定应以伤肢不能活动为度,不可过松或过紧。

(3) 搬运伤员时要做到轻、快、稳。

2. 固定方法

(1) 上臂骨折。在患侧腋窝内垫以棉垫或毛巾,在上臂外侧安放垫衬好的夹板或其他代用物后开始绑扎。绑扎后,使肘关节屈曲 90°,将患肢捆于胸前,再用毛巾或布条将其悬吊于胸前。其具体操作如图 5-18 所示。

（2）前臂及手部骨折。用衬好的两块夹板或代用物，分别置放在患侧前臂及手的掌侧及背侧，以布带绑好，再以毛巾或布条将前臂吊于胸前。其具体操作如图 5-19 所示。

图 5-18　上臂骨折固定包扎法

图 5-19　前臂及手部骨折固定包扎法

（3）大腿骨折。用长木板放在患肢及躯干外侧，将髋关节、大腿中段、膝关节、小腿中段、踝关节同时固定。

（4）小腿骨折。用长、宽合适的木夹板两块，自大腿上段至踝关节分别在内外两侧捆绑固定。

（5）骨盆骨折。用衣物将骨盆部包扎住，并将伤员两下肢互相捆绑在一起，膝、踝间加以软垫，屈髋、屈膝。要多人将伤员仰卧平托在木板担架上。有骨盆骨折者，应注意检查伤者有无内脏损伤及内出血。

（6）锁骨骨折。以绷带做“∞”形固定，固定时双臂应向后伸。

（7）脊柱骨折。确定伤员脊柱骨折后，应按伤员伤后的姿势固定，不能轻易搬动。固定方法是：用三块夹板组成“工”字形，其中一块长约 75 cm，另两块长约 60 cm；把长的一块顺着人体放在贴近脊柱处，在板和背部之间用毛巾或布垫好；把短的两块板横放在竖板的两端，分别放在两肩后和腰骶部，然后用绷带或三角巾固定在两肩和腰骶部，先固定上端的横板，再固定下端的横板（图 5-20a）。如无夹板时，可使用硬板担架固定搬运脊柱骨折伤员（图 5-20b）。

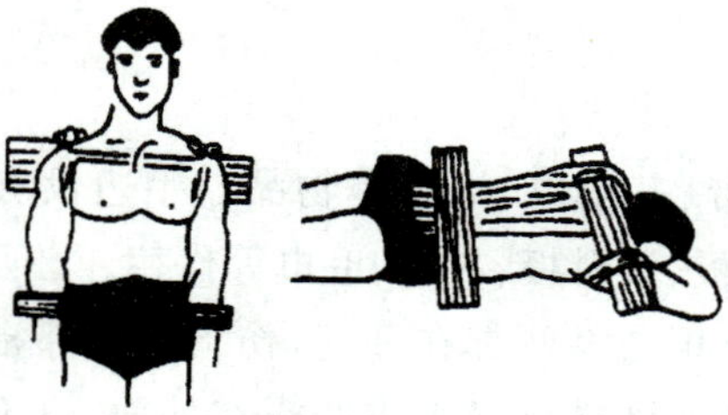

(a) 用夹板组成的“工”字形固定法

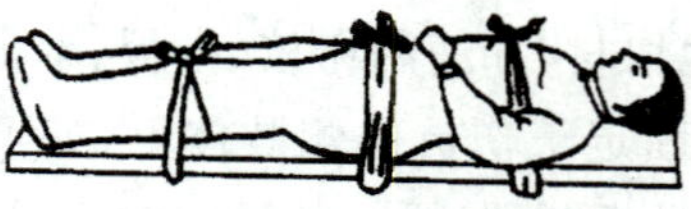

(b) 用硬板担架固定法

图 5-20　脊柱骨折固定法

（六）伤员运送

井下条件复杂，转运伤员时要尽量做到轻、稳、快。没有经过初步固定、止血、包扎和抢救的伤员，一般不应转运。运送时应做到不增加伤员的痛苦，避免造成新的损伤及并发症。伤员运送时应注意以下事项：

(1) 呼吸、心搏骤停及休克昏迷的伤员应先及时复苏后再搬运。若现场没有懂得复苏技术的人员，则可为争取抢救时间而迅速向外搬运，去迎接救护人员进行及时抢救。

(2) 对昏迷或有窒息症状的伤员，要将其肩部稍垫高，使头部后仰，面部偏向一侧或采用侧卧位，以防胃内呕吐物或舌头后坠堵塞气管而造成窒息，注意随时都要确保呼吸道通畅。

(3) 一般伤员可用担架、木板、风筒、刮板输送机槽、绳网等物品运送，但脊柱损伤和骨盆骨折的伤员应用硬板担架运送。

(4) 对一般伤员均应先行止血、固定、包扎等初步救护后，再进行转运。

(5) 一般外伤的伤员，可平卧在担架上，抬高伤肢；胸部外伤的伤员可取半坐位；有开放性气胸者，须封闭包扎后才可转运。腹腔部内脏损伤的伤员，可平卧，用宽布带将腹腔部捆在担架上，以减轻痛苦及出血。骨盆骨折的伤员可仰卧在硬板担架上，屈髋、屈膝，膝下垫软枕或衣物，用布带将骨盆捆在担架上。

(6) 搬运胸、腰椎损伤的伤员时，先把硬板担架放在伤员旁边，由专人照顾患处，另有2～3人在旁帮其保持脊柱伸直位，同时用力轻轻将伤员推移到担架上，推动时用力大小、快慢要保持一致，要保证伤员脊柱不弯曲。伤员在硬板担架上取仰卧位，受伤部位垫上薄垫或衣物，使脊柱呈过伸位，严禁坐位或肩背式搬运。

(7) 对脊柱损伤的伤员，要严禁让其坐起、站立和行走，也不能用1人抬头、1人抱腿或人背的方法搬运，因为脊柱损伤后再弯曲活动时，有可能损伤脊髓而造成伤员截瘫甚至突然死亡，所以在搬运时要十分小心。在搬运颈椎损伤的伤员时，要专有1人抱持伤员的头部，轻轻地向水平方向牵引，并且固定在中立位，不使颈椎弯曲，严禁左右转动。搬运者多人双手分别托住颈肩部、胸腰部、臀部及两下肢，同时用力移上担架，取仰卧位。担架应用硬木板，肩下应垫软枕或衣物，使颈椎呈伸展样(颈下不可垫衣物)，头部两侧用衣物固定，防止颈部扭转且忌抬头。若伤员的头和颈已处于曲歪位置，则须按其自然固有姿势固定，不可勉强纠正，以避免损伤脊髓而造成高位截瘫，甚至突然死亡。

(8) 转运时应让伤员的头部在后面，随行的救护人员要时刻注意伤员的面色、呼吸、脉搏，必要时要及时抢救。随时注意观察伤口是否继续出血、固定是否牢靠，出现问题要及时处理。走上、下山时，应尽量保持担架平衡，防止伤员从担架上滚落下来。

(9) 将伤员运送到井上后，应向接管医生详细介绍受伤情况及检查、抢救经过。

四、煤矿各种伤害的急救

(一) 创伤性休克

创伤性休克是由于剧烈打击、重要脏器损伤、大出血使有效循环血量锐减，以及剧烈疼痛、恐惧等多种因素综合形成的。

1. 判断早期休克

判断早期休克可采用“三看二摸”的方法。

(1) 看神志。休克早期，伤员兴奋、烦躁、焦虑或激动，随着病情发展，脑组织缺氧加重，伤员表现淡漠、意识模糊，至晚期则昏迷。

(2) 看面颊、口唇和皮肤色泽。休克早期，外周小血管收缩，色泽苍白；后期则因缺氧、瘀血，色泽青紫。

(3) 看表浅静脉。休克后颈及四肢浅表静脉萎缩。

(4) 摸脉搏。休克代偿期，周围血管收缩，心率增快。收缩压下降前可以摸到脉搏增快，这是早期诊断的重要依据。

(5) 摸肢端温度。肢端温度降低，四肢冰凉。

2. 对创伤性休克人员的现场急救

创伤性休克的现场救治是为了消除创伤的不利因素影响，弥补由于创伤所造成的机体代谢的紊乱，调整机体的反应，动员机体的潜在功能以对抗休克。

(1) 患者平卧，保持安静，避免过多搬动，注意保温和防暑。

(2) 对创口予以止血和简单清洁包扎，以防再次污染；对骨折要做初步固定。

(3) 保持呼吸道通畅，昏迷患者头应侧向，并将其舌牵出口外。

(4) 抓紧时间送医院抢救。

(二) 冒顶挤压伤害

发生冒顶挤压人员时，由于身体肌肉丰富的部位如大腿、臀部或腰背部受到重物的挤压，使受压部分组织坏死，随之引起肢体肿胀、休克和急性肾衰竭等症状，称为挤压综合征。

1. 挤压伤害的症状

(1) 肢体肿胀。受压部位会出现压痕、变硬、皮下出血、水泡、肿胀、红斑等，呈暗褐色，甚至皮肤脱落。

(2) 感觉异常。受压部位会出现感觉减退或麻木，伸展会引起疼痛，周围脉搏仍会存在。

2. 对挤压伤害人员的现场急救

(1) 搬除重物。要搬除压在身上的重物，并及时清除口、鼻处异物，保持呼吸道通畅。

(2) 立即制动。伤员取平卧位，对肿胀的肢体不移动或减少活动，将伤肢暴露在凉爽处或用凉水降低伤肢温度(冬季要注意防止冻伤)，对伤肢不抬高、不按摩、不热敷。在骨折处做临时固定，对出血者做止血处理。

(3) 及时止血。对开放性伤口和活动性出血者，应予止血，不加压包扎，更不上止血带(大血管断裂出血时除外)。

(4) 抓紧时间送往医院。

(三) 有害气体中毒或窒息

对有害气体中毒或窒息人员应采取以下急救措施：

(1) 立即将伤员从危险区抢运到新鲜空气中，并安置在顶板良好、无淋水的地点。

(2) 立即将伤员口、鼻内的黏液、血块、泥土、碎煤等除去，并解开其上衣和腰带，脱掉胶鞋。

(3) 用衣服覆盖在伤员身上用以保暖。

(4) 根据心跳、呼吸、瞳孔等生命体征和伤员的神志情况，初步判断伤情的轻重。正常人每分钟心跳 60～80 次、呼吸 16～18 次，两眼瞳孔是等大等圆的，遇到光线能迅速收缩变小，而且神志清醒。休克伤员的两眼瞳孔不一样大，对光线反应迟钝或不收缩。对呼吸困难或停止呼吸者，应及时进行人工呼吸。当出现心跳停止的现象(心音、脉搏消失，瞳孔完全散大、固定，意志消失)时，除进行人工呼吸外，还应同时进行胸外心脏按压急救。

(5) 对二氧化硫和二氧化氮的中毒者只能进行口对口的人工呼吸，不能进行压胸或压背法人工呼吸，否则会加重伤情。当伤员出现眼红肿、流泪、畏光、喉痛、咳嗽、胸闷现象时，说明是二氧化硫中毒所致。当出现眼红肿、流泪、喉痛及手指、头发呈黄褐色现象时，说明是二氧化氮中毒所致。

(6) 人工呼吸持续的时间以恢复自主性呼吸或到伤员真正死亡时为止。当救护队来到现场后,应转由救护队用苏生器苏生。

(四) 触电

对触电人员应采取以下急救措施:

(1) 立即切断电源或使触电者脱离电源。

(2) 迅速观察伤员有无呼吸和心跳。如果发现已停止呼吸或心音微弱,应立即进行人工呼吸或胸外心脏按压。

(3) 如果呼吸和心跳都已停止时,应同时进行人工呼吸和胸外心脏按压。

(4) 对遭受电击者,如果有其他损伤(如跌伤、出血等),应做相应的急救处理。

(五) 烧伤

煤矿作业人员烧伤的急救要点可概括为以下5个字:

(1) "灭",即扑灭伤员身上的火,使伤员尽快脱离热源,缩短烧伤时间。

(2) "查",即检查伤员呼吸、心跳情况,检查是否有其他外伤或有害气体中毒现象。对爆炸冲击烧伤伤员,应特别注意有无颅脑或内脏损伤和呼吸道烧伤。

(3) "防",即要防止休克、窒息、创面污染。伤员因疼痛和恐惧发生休克或发生急性喉头梗阻而窒息时,可进行人工呼吸等方法进行急救。为了减少创面的污染和损伤,在现场检查和搬运伤员时,伤员的衣服可以不脱、不剪开。

(4) "包",即用较干净的衣服把创面包裹起来,防止感染。在现场除化学烧伤可用大量流动的清水持续冲洗外,对创面一般不做处理,尽量不弄破水泡以保护表皮组织。

(5) "送",即把严重伤员迅速送往医院。

(六) 溺水

对溺水人员应迅速采取下列急救措施:

(1) 转送:把溺水者从水中救出以后,要立即送到比较温暖和空气流通的地方,并且松开腰带,脱掉湿衣服,盖上干衣服,以保持体温。

(2) 检查:以最快的速度检查溺水者的口、鼻,如果有异物堵塞,应迅速清除,擦洗干净,以保持其呼吸道通畅。

(3) 控水:使溺水者取俯卧位,用木料、衣服等垫在腹下;或救护者左腿跪下,把溺水者的腹部放在救护者的右侧大腿上,使溺水者头朝下,并压溺水者背部,迫使溺水者体内的水由气管、口腔流出。

(4) 人工呼吸:当上述方法控水效果不理想时,应立即做俯卧压背式人工呼吸,或口对口吹气,或胸外心脏按压。

第六章　煤矿职业病危害防治

本章培训与考核要点

- 了解职业健康相关法律法规
- 掌握单位职业健康管理制度
- 熟悉职业健康基础知识、劳动者职业卫生权利与义务
- 掌握所在岗位职业病危害因素的识别、健康损害与控制
- 掌握职业病防护设施与职业病防护用品的使用和维护
- 掌握职业病危害事故应急处置知识和技能

第一节　煤矿职业健康形势

一、煤矿职业病

职业病，是指企业、事业单位和个体经济组织（以下统称用人单位）的劳动者在职业活动中，因接触粉尘、放射性物质和其他有毒有害物质等因素而引起的疾病。要构成职业病，必须具备以下4个条件，缺一不可。

（1）患病主体是企业、事业单位或个体经济组织的劳动者。

（2）必须是在从事职业活动的过程中产生的。

（3）必须是因接触粉尘、放射性物质和其他有毒有害物质等职业病危害因素引起的。

（4）必须是国家公布的《职业病分类和目录》所列的职业病。

职业病的种类按2013年12月23日开始施行的《职业病分类和目录》进行划分，共10类132种。煤矿职业病主要有煤肺、硅肺、水泥肺等尘肺病，噪声引起的听力下降或耳聋，振动引起的疾患和高温引起的中暑等。煤矿井下发病人数最多、危害最大的职业病是尘肺病。目前，世界各国对尘肺病都没有特效治疗方法，唯一的办法就是预防。

二、煤矿职业病防治的现状

近年来，国有大中型煤炭企业的职业卫生条件有了较大改善，职业病高发势头得到一定遏制。但是，当前煤炭行业职业病防治形势依然严峻，突出问题是：

（1）职业病病人数量大。

（2）尘肺病、职业中毒等职业病发病率在各行业稳居高位。

（3）职业病危害范围广，几乎所有的煤炭企业都存在职业病危害，特别是许多中小企业

注：本部分按照《国家卫生健康委办公厅 关于进一步加强用人单位职业健康培训工作的通知》（国卫办职健函〔2022〕441号）和煤矿特种作业人员安全培训考核的要求编写。

工作场所劳动条件恶劣，劳动者缺乏必要的职业病防护措施。

（4）对劳动者健康损害严重，尘肺病等慢性职业病一旦发病往往难以治愈，伤残率高。

因此，煤矿特种作业人员应当带头遵守煤矿的职业健康管理制度和操作规程，学习职业病危害防治和职业健康管理知识，合理使用职业病危害防护设施和防护用品，提高职业病防范意识和预防能力。

三、职业健康相关法律、法规、规章及主要职业卫生标准

近年来，我国在职业病危害防治方面的法律不断修订和完善，形成了相对完整的职业健康防治法律法规和标准体系。

（1）《职业病防治法》（2018 年修订）。

（2）《职业病诊断与鉴定管理办法》（2021 年修订）。

（3）《煤矿安全规程》第五编煤矿职业危害防治。

（4）《职业病危害项目申报办法》。

（5）《用人单位职业病危害告知与警示标识管理办法》。

（6）《工作场所职业卫生管理规定》。

（7）《煤矿作业场所职业病危害防治规定》。

（8）《建设项目职业病防护设施“三同时”监督管理办法》。

第二节　煤矿主要职业危害及防治措施

劳动者在劳动过程中因接触职业危害因素而对劳动者健康和劳动能力的侵害，称为职业危害。煤矿职业危害因素主要有粉尘、有毒有害气体、噪声、振动、潮湿的环境、高温的环境、放射性物质等。职业病防治工作坚持预防为主、防治结合的方针，实行分类管理、综合治理。

一、粉尘

在煤矿生产和建设过程中所产生的各种岩矿微粒统称为煤矿粉尘，它是污染作业环境、损害劳动者健康的重要职业性有害因素。煤矿粉尘主要是岩尘和煤尘，它是在矿井生产（如钻眼、爆破、切割、装载、落煤及运输和提升）过程中，因煤岩被破碎而产生的。不同的矿井由于煤、岩地质条件和物理性质及采掘方法、作业方式、通风状况和机械化程度不同，粉尘的生成量有很大的差异。所有粉尘对身体都是有害的，不同特性特别是不同化学性质的生产性粉尘，可能引起机体的不同损害，其中以呼吸系统损害最为主要。

（一）粉尘的主要危害

粉尘对机体影响最大的是呼吸系统损害，包括尘肺、粉尘沉着症、呼吸系统炎症和呼吸系统肿瘤等疾病。粉尘的粒径越小，越容易通过人体的呼吸道而进入肺泡，并沉积于其中。接尘工龄越长，患尘肺的概率越大。消除尘肺病，预防是根本，综合防治是关键。含有可溶性有毒物质如铅、砷、锰的粉尘，可在呼吸道黏膜很快溶解吸收，导致中毒。

尘肺病

（二）粉尘的主要防治措施

煤矿应当加强粉尘的监测和防治工作，制定职业危害防治措施。煤矿行业根据其粉尘的产生特点形成了各具特色的控制粉尘浓度的技术措施，主要体现在如下几个方面。

1. 粉尘防治的技术措施

（1）改革工艺与设备。这是消除粉尘危害的主要途径，如用安全无害的工艺或原材料来代替有害的工艺或原材料；使用遥控操纵、计算机控制、隔室监控等措施避免工人接触粉尘；尽可能采用不含或含游离二氧化硅低的材料代替含游离二氧化硅高的材料；寻找石棉的替代品等。

（2）湿式作业。这是一种非常经济实用的技术措施，如湿式凿岩、井下爆破后冲洗岩帮、高压注水采煤等。

（3）密闭抽风除尘。对不能采取湿式作业的场所，可使用密闭抽风除尘的方法。如采用密闭尘源和局部抽风相结合，可防止粉尘外溢，抽出的空气经过除尘处理后排入大气。

2. 个体防护措施

个体防护是对技术防尘措施的必要补救，在作业现场，当工程控制无法将作业场所中职业危害因素的强度或者浓度降低到国家规定的职业卫生接触限值以下时，工人就必须使用合适的个体防护用品。工人防尘防护用品包括：防尘口罩、防尘眼镜、防尘安全帽、防尘服、防尘鞋等。个人防尘要求作业人员佩戴防尘口罩和防尘安全帽。

3. 卫生保健措施

职业健康监护共分为上岗前检查、在岗期间定期健康检查、离岗时健康检查、离岗后医学随访检查和应急检查。对从事接触职业危害作业的劳动者，煤矿企业应当按照《煤矿作业场所职业危害防治规定》的规定组织上岗前、在岗期间和离岗时的职业健康检查，并将检查结果书面告知从业人员。

二、职业毒害

煤矿生产中接触到的化学毒物主要有氮氧化物、碳氧化物和硫化氢等有毒有害气体。

（一）氮氧化物的危害及防治

1. 氮氧化物的危害

煤矿中的氮氧化物以二氧化氮为主，二氧化氮为刺激性气体，比空气重，较难溶于水，可随呼吸进入到肺的深部，对肺组织产生强烈的刺激和腐蚀作用，可引起支气管炎和肺水肿等。其次是一氧化氮，在空气中和体内均容易被氧化为二氧化氮。吸入高浓度一氧化氮可产生毒性反应，使血红蛋白氧化成高铁血红蛋白，使组织缺氧，引起呼吸困难和窒息，导致中枢神经损害。可能接触氮氧化物的一般有岩巷爆破、煤巷爆破、爆破采煤等各工种。

2. 氮氧化物的预防措施

（1）进行职业卫生知识培训，增强工人的安全意识和自我防护意识。

（2）建立完善的应急救援措施，当事故发生后能使伤员及时得到现场救治，争取抢救时间。

（3）建立健全职工健康档案，对作业者开展全面健康监护工作。从事氮化氧化物作业应做上岗前体检，上岗后每1～2年体检一次。

(二) 碳氧化物的危害及防治

1. 碳氧化物的危害

煤矿中碳氧化物主要有一氧化碳与二氧化碳。一氧化碳是无色、无味、无臭的气体,比空气轻,易燃易爆,一氧化碳进入人体之后会和血液中的血红蛋白结合,进而使血红蛋白不能与氧气结合,从而引起机体组织出现缺氧,导致人体窒息死亡。一氧化碳具有毒性,对心脏和大脑的影响最为显著。可能接触一氧化碳的工种一般有:井下通风、岩巷爆破、煤巷爆破、采煤打眼、水力采煤、采煤支护、机械采煤等各工种。煤尘爆炸后要产生大量有害气体,尤其 CO 浓度一般为 2%~3%,最高可达 8%~10%,造成人员中毒。

二氧化碳密度大,比空气重,一般多积聚于巷道低处及通风不良的废巷中。高浓度时有显著毒性,主要是对呼吸中枢的毒性作用。在生产过程中,煤矿井下作业场所空气中二氧化碳的来源有煤、岩层涌出,煤自燃,爆破,人员呼吸等。抽放容易自燃和自燃煤层的采空区瓦斯时,必须经常检查一氧化碳浓度和气体温度等有关参数的变化,发现有自然发火征兆时,应立即采取措施。

2. 碳氧化物的预防措施

(1) 加强通风。加强通风,将碳氧化物冲淡到《煤矿安全规程》规定的浓度以下。如果碳氧化物产生量较大,可采用抽放措施。

(2) 加强检查。应用各种仪器或煤矿安全集中监测系统监视井下各种有害气体的动态,以便及时采取相应的措施。

(3) 警示危险。需要进入闲置时间较长的巷道进行作业时,必须先通风、后作业。盲道或废弃巷道应及时予以密闭或用栅栏隔断,并设立警示牌。

(4) 喷雾洒水。当工作面有二氧化碳放出时,可使用喷雾洒水的办法使其溶于水中。

(5) 急救措施。若有人缺氧窒息时,应移至空气新鲜的地方进行急救。

(6) 个人防护。进入高浓度一氧化碳的环境工作时,在通风的同时,要戴好特制的一氧化碳防毒面具,两人同时工作,以便监护和互助。二氧化碳的防护与一氧化碳类似,对于皮肤的防护,可佩戴保温手套,穿防护服;对于眼睛的防护,可佩戴安全护目镜或面罩。

(三) 硫化氢的危害及防治

1. 硫化氢的危害

硫化氢为无色、带有臭鸡蛋气味的气体,且易燃易爆,爆炸浓度界限为 4.3%~46%。比空气重,易积聚于低洼处。易溶于水,扰动溶有硫化氢的积水即可逸出硫化氢气体。吸入后对人体有剧毒,主要作用于中枢神经系统。当接触浓度较高时,由于迷走神经反射,会立即发生昏迷或呼吸麻痹而呈“闪电式”的死亡,严重的会使人立即产生喉头痉挛、咽喉水肿而窒息。可能接触硫化氢的工种一般有:井下通风、爆破采煤、采煤支护、机械采煤、采煤运输、采煤装载、井下积水的老空区作业等各工种。

2. 硫化氢的预防措施

《煤矿安全规程》规定,矿井内硫化氢的含量不得超过 0.00066%。接触硫化氢的作业人员应佩戴防毒口罩、安全护目镜、防毒面具和空气呼吸器,佩戴硫化氢报警设施。同时,完善硫化氢检测系统。

三、物理因素

煤矿井下高温高湿的作业生产环境十分恶劣,噪声与振动又是煤矿生产中很常见的有害因素。为保障煤矿工人的安全，防止职业病的发生，煤矿企业必须做好井下噪声、高温及振动等职业性有害因素的防治。

(一) 噪声的危害及主要防治措施

1. 噪声对人体的危害

根据作用的系统不同可把噪声的危害分为听觉系统(特异性)危害和听觉外系统(非特异性)危害。

(1) 听觉系统危害。工人若长时间在 85 dB(A)的强噪声下工作，会感到刺耳难受，长时间接触就会造成职业性耳聋。

在某些生产条件下，如进行爆破，由于防护不当或缺乏必要的防护设备，可因强烈爆炸所产生的振动波造成急性听觉系统的严重外伤，引起听力丧失，称为爆震性耳聋。根据损伤程度不同可出现鼓膜破裂，听骨破坏，内耳组织出血，甚至同时伴有脑震荡。

(2) 听觉外系统危害。噪声还可引起听觉外系统的损害。主要表现在神经系统、心血管系统等，如易疲劳、头痛、头晕、睡眠障碍、注意力不集中、记忆力减退等一系列神经症状。高频噪声可引起血管痉挛、心率加快、血压增高等心血管系统的变化。长期接触噪声还可引起食欲不振、胃液分泌减少、肠蠕动减慢等胃肠功能紊乱的症状。

2. 噪声的主要控制措施

(1) 消除、控制噪声源。消除、控制噪声源是噪声危害控制的根本措施。采用无噪声或低噪声设备代替高噪声设备，如无声液压机的应用；减低设备运行的负荷，减少设备部件的摩擦和撞击等。

(2) 控制噪声的传播。采用吸声、隔声、消声、减振的材料和装置以及阻尼与隔振技术，阻止噪声的传播。

(3) 个人防护。对生产现场的噪声控制不理想或特殊情况下高噪声作业，个人防护用品是保护听觉器官的有效措施，如佩戴防护耳塞、防护耳罩、头盔等。

(4) 健康监护。对上岗前的职工进行体格检查，是否存在职业禁忌证，如听觉系统疾患、中枢神经系统疾患、心血管系统疾患等。对在岗职工则进行定期的体检，以早期发现听力损伤，及时采取有效的防护措施。

(5) 合理安排劳动和休息。噪声作业应避免加班或连续工作时间过长，否则容易加重听觉疲劳，故应适当安排工间休息，休息时应尽量离开噪声环境，使听觉疲劳得以恢复。

《煤矿安全规程》规定：作业人员每天连续接触噪声时间达到或者超过 8 h 的，噪声声级限值为 85 dB(A)。每天接触噪声时间不足 8 h 的，可以根据实际接触噪声的时间，按照接触噪声时间减半、噪声声级限值增加 3 dB(A)的原则确定其声级限值。

(二) 高温的危害及主要防治措施

1. 高温作业对人体的危害

高温作业时，人体可出现一系列生理功能改变，这些变化在一定程度内是适应性反应，但若超过一定的限度，则可能会对机体产生不良影响。

2. 高温的主要控制措施

(1) 作业管理措施。在作业过程中通过通风降温、洒水降温、井下空调等措施，降低作业区温度。

(2) 个体防护。高温场所作业，个人防护极为重要。企业应及时向作业人员发放符合国家标准的高温作业个人防护用品，包括工作服、工作帽、防护眼镜、面罩和手套等，并为职工提供保存防护用品的设施。

（3）加强医疗预防。企业做好高温职业危害健康管理，主要应注意职工高温危害的职业健康检查、危害档案管理和职业卫生教育。

《煤矿安全规程》规定：当采掘工作面空气温度超过 26 ℃，机电设备硐室超过 30 ℃时；必须缩短超温地点工作人员的工作时间，并给予高温保健待遇。当采掘工作面的空气温度超过 30 ℃，机电设备硐室超过 34 ℃时，必须停止作业。

（三）振动的危害及主要防治措施

1. 振动对人体的危害

生产过程中的一切振动统称为生产性振动。长期接触生产性振动可对机体产生不良影响。低强度振动主要引起组织和器官的位移、挤压，易引起不适感、疲劳、头晕、注意力分散等；高强振动易引起组织和器官的撞伤、压伤等机械性损伤，出现耳鸣、胸腹痛、注意力难集中等。

2. 振动的主要控制措施

（1）减少扰动。其主要指减少或消除振动源的影响，如改善机器的平衡，提高安装质量等。

（2）防止共振。防止共振是指防止或减少设备、结构对振动源的响应。如改变振动系统固有频率，改变振动系统扰动源频率。

（3）隔振措施。采取措施减小或隔离振动的传递，常在振源与需要防振的设备间安装弹性隔振装置，使振源的大部分振动被隔振装置吸收，减小振源对设备或场所的干扰。

（4）限制作业时间。当振动工具的振动强度控制暂时达不到标准时限值时，可适当缩短工人接触振动的时间，这是预防振动危害的重要措施。

（5）改善作业环境，加强个人防护。坚持就业前体检，凡患有就业禁忌证者，不能从事该种作业；定期对工作人员进行体检，尽早发现受振动损伤的作业人员，采取适当预防措施及时治疗振动病患者。

第三节　煤矿职业卫生管理制度和应急处置

一、职业卫生管理制度

煤矿应当制定职业病危害防治计划和实施方案，建立健全下列职业卫生管理制度和操作规程：

（1）职业病危害防治责任制度。

（2）职业病危害警示与告知制度。

（3）职业病危害项目申报制度。

（4）职业病防护设施管理制度。

（5）职业病个体防护用品管理制度。

（6）职业病危害日常监测及检测、评价管理制度。

（7）建设项目职业卫生“三同时”制度。

（8）劳动者职业健康监护及其档案管理制度。

（9）职业病诊断、鉴定及报告制度。

（10）职业病危害防治经费保障及使用管理制度。

(11) 职业病危害防治档案管理制度。

(12) 职业病危害事故应急管理制度。

(13) 法律、法规、规章规定的其他职业病危害防治制度。

煤矿安全生产管理人员应当了解上述制度,重点掌握职业病危害警示与告知制度、职业病防护设施管理制度、职业病个体防护用品管理制度和劳动者职业健康监护及其档案管理制度。

二、职业危害告知

煤矿与煤矿工人订立劳动合同(含聘用合同)时,应当将工作过程中可能产生的职业病危害及其后果、职业病防护措施和待遇等如实告知煤矿工人,并在劳动合同中写明,不得隐瞒或者欺骗。

煤矿工人在已订立劳动合同期间因工作岗位或者工作内容变更,从事与所订立劳动合同中未告知的存在职业病危害的作业时,煤矿应当向煤矿工人履行如实告知的义务,并协商变更原劳动合同相关条款。

煤矿应当在醒目位置设置公告栏,公布有关职业病防治的规章制度、操作规程、职业病危害事故应急救援措施和工作场所职业病危害因素检测结果。存在或者产生职业病危害的工作场所、作业岗位、设备、设施,应当按照《工作场所职业病危害警示标识》(GBZ 158)的规定,在醒目位置设置图形、警示线、警示语句等警示标识和中文警示说明。警示说明应当载明产生职业病危害的种类、后果、预防和应急处置措施等内容。存在或者产生高毒物品的作业岗位,应当按照《高毒物品作业岗位职业病危害告知规范》(GBZ/T 203)的规定,在醒目位置设置高毒物品告知卡,告知卡应当载明高毒物品的名称、理化特性、健康危害、防护措施及应急处理等告知内容与警示标识。

三、职业病危害防护设施与职业病个体防护用品

煤矿在有关职业健康的生产技术、工艺、材料和设备的管理上应优先考虑实现本质安全。在无法完全避免职业危害的情况下,应采用危害程度较低的生产技术、工艺设备、原材辅料,选用有效的职业病防护设施等,减少或降低职业病危害因素的危害,保护劳动者。在职业病危害防护设施设备不能完全保护劳动者的情况下,给劳动者发放防护用品进行防护。

职业病危害防护设施设备要纳入企业设备管理,建立台账、档案和检修计划,经常进行维修检查并有责任人进行维护,严格按照计划进行检修和大修,确保处于良好状态。

煤矿应当为劳动者提供符合国家职业卫生标准的职业病个体防护用品,并督促、指导煤矿工人按照使用规则正确佩戴、使用,不得发放钱物替代发放职业病个体防护用品。煤矿应当对职业病个体防护用品进行经常性的维护、保养,确保其有效,不得使用不符合国家职业卫生标准或者已经失效的职业病个体防护用品。煤矿工人应当认真学习职业病个体防护用品的使用方法,不使用个体防护用品的不得上岗作业。

四、职业病危害事故应急处置

发生或者可能发生急性职业病危害事故时,煤矿应当立即采取控制和应急救援措施,并及时报告所在地卫生行政部门和有关部门。卫生行政部门接到报告后,应当及时会同有关部门组织调查处理;必要时,可以采取临时控制措施。卫生行政部门应当组织做好医疗救治工作。对遭受或者可能遭受急性职业病危害的煤矿劳动者,煤矿应当及时组织救治、进行健

康检查和医学观察，所需费用由用人单位承担。

（1）作业地点发现有职业病危害事故预兆或已经发生职业危害事故时，现场人员应停止作业，撤出所有受威胁地点的人员，按指定的避灾路线撤离，并向矿调度中心汇报（内容要简明扼要，说明事故性质、地点、范围、主要原因和伤亡情况等）。撤离期间要尽可能通知沿途受灾害影响区域人员一同撤离到安全地点。

（2）矿调度中心接到井下职业病危害事故报告后，应立即启动应急预案，通过井下语音广播系统、无线通信系统、调度通信系统等，通知到井下所有可能受事故波及区域的人员撤离，接到通知的作业人员应立即撤离。

（3）发生中毒事故时，会有人相继出现胸闷、头痛、恶心等症状，应立即将中毒者移至新鲜空气处。在搬运途中，如仍受有害气体威胁，施救者一定要戴好自救器，对被救人员也要戴好自救器。将中毒者口中一切妨碍呼吸的东西（如假牙、黏液和泥土等）除去，将衣领及腰带松开，并使其保暖。

（4）如果是一氧化碳中毒，中毒者还没有停止呼吸或呼吸虽已停止但心脏还有跳动，要立即给中毒者解开衣服，搓摩他的皮肤，使他温暖以后，立即进行人工呼吸。如果心脏停止跳动，就要迅速进行心脏复苏，同时进行人工呼吸。

（5）如果是硫化氢中毒，在进行人工呼吸以前，要用湿棉花或手帕盖住他的口鼻。

（6）如果是二氧化碳窒息，情况也不太严重，只要把他抬到新鲜风流中稍作休息后，就会苏醒。假如窒息时间较长，就要进行人工呼吸。在进行人工呼吸前，先要搓擦他的皮肤。

（7）如果作业现场呼吸性粉尘浓度超过接触浓度管理限制，立即停止作业并向矿调度室汇报，调度室通知有关领导进行分析并处理。

（8）如果设备发生故障，出现异常噪声或噪声指标超过国家最高环保标准时，要立即停止设备运行，开启备用设备并通知矿调度室。

（9）当不能撤离时，要暂时避到安全地点，要沉着、冷静，尽量减少动作。并要在躲避地点巷道口悬挂矿灯、工具或定时间隔敲打管子、铁轨等，发出呼救信号，等待救援。

第四节　煤矿从业人员职业病预防的权利和义务

劳动者依法享有职业卫生保护的权利。用人单位应当为劳动者创造符合国家职业卫生标准和卫生要求的工作环境和条件，并采取措施保障劳动者获得职业卫生保护。工会组织依法对职业病防治工作进行监督，维护劳动者的合法权益。用人单位制定或者修改有关职业病防治的规章制度，应当听取工会组织的意见。

一、煤矿从业人员职业病预防的权利

煤矿从业人员享有下列职业病预防的权利：

（1）获得职业卫生教育、培训权利。劳动者上岗前应接受职业健康培训，上岗前培训不得少于 8 学时，之后每年接受一次在岗培训，在岗培训不得少于 4 学时。因变更工艺、技术、设备、材料，或者岗位调整导致劳动者接触的职业病危害因素发生变化的，用人单位应当重新对劳动者进行上岗前职业健康培训。

（2）获得职业健康检查、职业病诊疗、康复等服务。

（3）了解工作场所产生或者可能产生的职业病危害因素、危害后果和应当采取的职业

病防护措施。

（4）要求用人单位提供符合防治职业病要求的职业病防护设施和个人使用的职业病防护用品，改善工作条件。

（5）对违反职业病防治法律、法规以及危及生命健康的行为提出批评、检举和控告。

（6）拒绝违章指挥和进行没有职业病防护措施的作业。

（7）参与用人单位职业卫生工作的民主管理，对职业病防治工作提出意见和建议。

（8）索取本人职业健康监护档案复印件。煤矿从业人员离开煤矿企业时，有权索取本人职业健康监护档案复印件，煤矿企业应如实、无偿提供，并在所提供的复印件上签章。

二、煤矿从业人员职业病预防的义务

（1）劳动者应当学习和掌握相关的职业卫生知识，增强职业病防范意识。

（2）遵守职业病防治法律、法规、规章和操作规程。

（3）正确使用、维护职业病防护设备和个人使用的职业病防护用品。

（4）发现职业病危害事故隐患应当及时报告。劳动者不履行前款规定义务的，用人单位应当对其进行教育。

第二篇　安全专业技术知识

第七章　煤矿瓦斯检查作业人员的职业特殊性

本章培训与考核要点

- 了解煤矿作业特点
- 了解煤矿瓦斯检查作业人员在防治煤矿灾害中的重要作用
- 掌握煤矿瓦斯检查作业人员的职业道德和安全职责

第一节　煤矿井下作业特点

煤炭工业是一个特殊行业，生产条件和工作环境相对特殊，工作场所环境变化大，生产安全事故始终影响和制约着煤矿的生产建设。因此，从业人员了解煤矿井下作业场所特点，对于履行自己的岗位职责具有重要意义。

一、煤矿作业环境特殊

煤矿作业场所多为地下作业，条件相对艰苦，而且我国95％以上的煤矿是井工煤矿，井深平均在400 m以上，作业环境具有明显的特殊性。

(1) 井下作业场所空间较小。采煤工作面空间依据煤层厚度而定，中厚煤层空间稍大，薄煤层、极薄煤层作业空间非常狭小，给行人和运输造成不便。此外，采掘作业面经常处在交替衔接之中，采掘作业的条件变化较大。

(2) 作业场所没有自然采光，井下作业人员要靠矿灯照明；采掘设备和各种运输设备运转声响大，经常造成噪声超标。

(3) 有的井下作业场所和巷道经常出现淋水现象，或者巷道存有积水，导致井下环境湿度较大。

(4) 在生产过程中，伴随着粉尘、有害气体的产生，采深大的矿井伴有地热现象，环境温度较高。

(5) 作业场所在地下，井深巷远，加上辅助时间，作业人员在井下时间较长，劳动强度大。

二、煤矿生产系统复杂

(1) 煤矿生产工艺复杂。煤矿井下生产具有多工种、多方位、多系统立体交叉连续作业的特点。采煤、掘进、通风、机电、排水、供电、运输等系统中，任何部位或任何一个环节出现问题，都可能酿成事故，甚至造成重特大事故。

(2) 煤矿生产和建设常常同时进行。要保证矿井持续生产，保持采掘平衡，必须要在工作面回采的同时，不断进行巷道开拓准备，保证生产接替，这些生产建设环节的交叉，增加了安全生产、组织管理和技术管理的复杂性。

三、煤矿生产设备多

(1) 煤矿机电设备多而复杂。由于煤矿生产环节多，工艺复杂，所以井下生产要用到提升运输设备、通风压风设备、电气设备、排水设备、采掘设备以及保障安全生产的安全监测监控及瓦斯抽采设备。

(2) 煤矿机电设备向机械化、自动化、智能化的方向发展。综采成套设备的生产能力在适宜的煤层条件下，采煤工作面可实现年产超千万吨，出现了“一矿一面、一个采区、一条生产线”的高效集约化生产模式。高度智能化的采煤机实现了远程操控和工作面无人操作，胶带运输系统实现了自动化，矿井主要通风机、主提升设备操作也实现了智能化。

四、煤矿事故诱发因素多样

(1) 由于煤矿生产条件的特殊性，大多数煤矿灾害因素多，致灾机理复杂。矿井瓦斯、矿尘、水、火、冲击地压及有毒有害气体经常威胁着煤矿安全生产，甚至引起重大安全事故。

(2) 安全管理不到位，设备、物料处于不安全状态，违章指挥、违章作业是造成煤矿事故的重要因素。

第二节　瓦斯检查作业人员在灾害防治中的重要作用

在井下生产过程中，瓦斯检查作业人员是同瓦斯灾害进行斗争的侦察员，其工作为生产作业提供了安全保障，也直接关系到整个矿井和井下所有人员的生命安全。因此，瓦斯检查作业人员要努力加强自身业务学习，使自己的专业知识不断更新，业务水平不断提高。同时，瓦斯检查一般都是单独作业，在瓦斯检查工作中遇到或接触的危险、危害也多，既要做到很好地保护自己，又要做到有效地检查处理瓦斯事故，确保矿井生产顺利进行。

一、检查瓦斯浓度，掌握瓦斯的变化规律

(1) 瓦斯是一种无色、无味、无臭的气体，看不见、摸不着，只有通过检测仪器才能检测出来。瓦斯检查作业人员所使用的光学瓦斯检定器就是一种精度比较高的瓦斯检测仪器，是检查瓦斯的主要工具。通过瓦斯检查，可以随时随地了解井下空气中的瓦斯浓度，掌握瓦斯的变化规律。

(2)《煤矿安全规程》规定，一个矿井中只要有一个煤(岩)层发现瓦斯，该矿井即为瓦斯矿井。瓦斯矿井必须依照矿井瓦斯等级进行管理。同时，国家还要求煤矿企业必须按照要求进行瓦斯等级鉴定和通风能力的核定工作，瓦斯检查作业通过对瓦斯浓度的认真细致的检查为瓦斯等级鉴定和通风能力核定提供基础数据。

(3) 在煤矿生产过程中需要使用大量的机械设备和电气设备，瓦斯检查作业人员对瓦斯浓度的检查为这些设备的安全运行提供准确的信息。

(4) 由于地质赋存条件的限制，有些煤矿仍然采用爆破作业，极易引起瓦斯、煤尘爆炸事故，因此《煤矿安全规程》规定井下爆破作业必须执行“一炮三检”和“三人连锁爆破”制度，而这些都需要发挥瓦斯检查的重要作用。

二、及时发现瓦斯事故隐患，预防瓦斯事故的发生

煤层中的瓦斯含量、瓦斯涌出量和瓦斯涌出形式以及矿井空气中瓦斯浓度的高低是随着煤的变质程度、煤层的埋藏深度、围岩的透气性、煤层的地质史、地质构造、开采规模、开采程序、生产工艺以及采空区管理的不同而时刻在发生变化的，在时间和空间上存在着很大的不均衡性和差异性，只有通过瓦斯检查作业人员的定地点、定时间、定次数的检查才能及时发现瓦斯积聚超限的事故隐患，并采取积极有效的措施及时进行处理，才能消除瓦斯爆炸的事故隐患。

第三节 瓦斯检查作业人员的职业道德和安全职责

一、瓦斯检查作业人员的职业道德

瓦斯检查作业人员始终处于“一通三防”前沿阵地，是防治瓦斯的第一道防线，其职业道德的高低、敬业精神的好坏直接关系到瓦斯防治工作的成败，其作用举足轻重，至关重要。

(1) 树立牢固的安全意识。要时刻牢记“安全第一，预防为主，综合治理”的安全生产方针，严格遵守国家有关安全生产的法律、法规和煤矿企业的各项安全生产管理制度，始终把职工的生命和煤矿安全放在首要位置，真正做到“安全第一，生产第二”。

(2) 具有强烈的事业心。要热爱煤矿事业，热爱自己的本职工作，愿意为煤矿安全生产站好岗、放好哨，为煤矿安全生产保驾护航而努力工作。

(3) 工作作风严谨扎实。要工作积极、认真负责、扎实肯干、不畏困难、不怕艰险，具有强烈的责任感和使命感。

(4) 专业技术水平高。要了解和熟悉瓦斯防治的相关专业基础知识，熟练掌握瓦斯检查的操作技术，能够独立处理和解决本职工作范围内的事故隐患和各种疑难问题。

二、瓦斯检查工的岗位安全职责

(1) 负责采煤工作面、工作面上下隅角、工作面上、下流的 CO_2、CH_4、CO 以及温度的检查。

(2) 负责掘进工作面及回风流 CO_2、CH_4、CO 及温度的检查。

(3) 负责将气体检查结果与气体监测探头示值进行对照，发现问题及时汇报处理。

(4) 负责井下各烧焊地点、各类电器试验地点的有害气体检查。

(5) 负责井下密闭内外的气体、温度检查。

(6) 负责对井下巡回检查线路内出现的通风隐患进行检查，对检查路线内的各类通防安全设施进行检查。

(7) 负责对临时停风地点设置栅栏及恢复通风前的气体检查工作。

(8) 负责瓦斯班报的填写，台账、记录的检查和上报工作。

第八章　矿井瓦斯防治

本章培训与考核要点

- 掌握矿井瓦斯的性质、危害及矿井瓦斯等级的划分
- 熟练掌握矿井瓦斯爆炸的条件和防治措施
- 掌握煤与瓦斯突出的基本概念和防治突出的措施
- 了解瓦斯抽采的作用、条件、方法和抽采系统

第一节　矿井瓦斯基础知识

一、矿井瓦斯

矿井瓦斯是煤矿生产过程中必然遇到的一种有害气体，是成煤过程中一种伴生产物，指由煤层气构成的以甲烷为主的有害气体，有时单独指甲烷。矿井瓦斯来自煤层和煤系地层，它的形成经历了两个不同的造气过程：从植物遗体到形成泥炭，属于生物化学造气过程；从褐煤、烟煤到无烟煤，属于变质作用造气时期。由于在生化作用造气时期泥炭的埋藏较浅，覆盖层的胶结固化也不好，因此生成的气体通过渗透和扩散很容易排到大气中，一般不会保留在煤层内，留存在煤层中的瓦斯，仅是变质作用生成的气体总量的3%～24%。

1. 瓦斯(甲烷)的性质

甲烷是一种无色、无味、无臭的气体，标准状态下1 m^3 甲烷的质量为0.7168 kg，与空气的相对密度为0.554，比空气轻。甲烷无毒，但空气中甲烷浓度的增高会导致氧气浓度的降低，空气中甲烷达到一定浓度后，可使人因缺氧而窒息。甲烷具有燃烧、爆炸性，在一定条件下，如遇高温热源可引起燃烧或爆炸。瓦斯有很强的扩散性，扩散速度是空气的1.34倍。巷道内瓦斯浓度的分布取决于其涌出源的分布和涌出强度。当无瓦斯涌出源时，瓦斯在井巷断面内的分布是比较均匀的；当有瓦斯涌出源时，在其涌出的侧壁附近瓦斯浓度会增高。若巷道顶板、冒落区顶部积聚高浓度瓦斯，这不是因为瓦斯表现出上浮力，而是说明这里有瓦斯涌出源。

2. 矿井瓦斯的危害

(1) 瓦斯窒息。甲烷无毒，但空气中甲烷浓度增高时会导致氧气浓度降低，在压力不变的情况下，当甲烷浓度达到43%时，氧气浓度就会被冲淡到12%，人就会感到呼吸困难；当甲烷浓度达到57%时，氧气浓度就会降到9%，短时间内人员就会因缺氧窒息而死亡。

凡井下盲巷或通风不良的地区，都必须及时封闭或设置栅栏，并悬挂“禁止入内”的警标，严禁人员入内。

(2) 瓦斯的燃烧和爆炸。当瓦斯与空气混合达到一定浓度时，遇到高温火源就能燃烧

或发生爆炸，一旦形成灾害事故，会造成大量井下作业人员的伤亡，严重影响和威胁矿井安全生产，给国家财产和职工生命安全造成巨大损失和危害。

3. 瓦斯的赋存

（1）瓦斯在煤层中的垂直分带。在漫长的地质年代中，变质作用过程中生成的瓦斯在其压力差与浓度差的驱动下不断向大气中运移，而地表空气通过渗透和扩散也不断向煤层深部运移，这就导致沿煤层垂深出现了特征明显的 4 个分带，即 CO_2—N_2 带、N_2 带、N_2—CH_4 带和 CH_4 带，如图 8-1 所示。各带的气体成分组成与含量见表 8-1。按照各带的成因和组分变化规律，第Ⅰ、Ⅱ、Ⅲ带又统称为瓦斯风化带，第Ⅳ带称为瓦斯带。

确定瓦斯风化带和瓦斯带的深度是很重要的，因为在瓦斯带内，煤层中瓦斯含量、瓦斯压力以及在开采条件变化不大的前提下的瓦斯涌出量都随着深度的增加而有规律地增大。研究这些规律及影响因素，是防治矿井瓦斯灾害的基本工作之一。

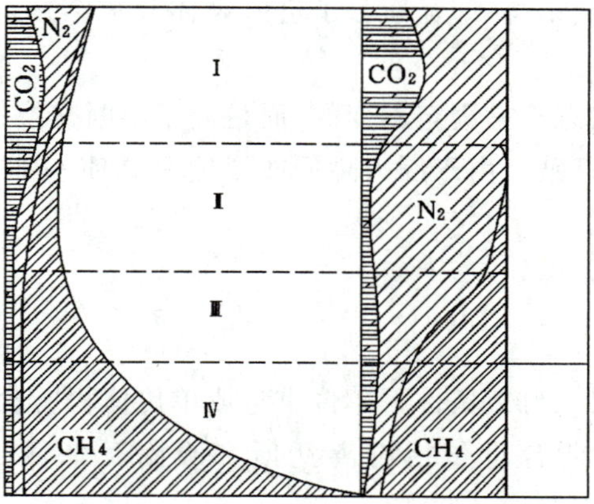

Ⅰ、Ⅱ、Ⅲ——瓦斯风化带；Ⅳ——瓦斯带

图 8-1 煤层瓦斯垂向分带图

表 8-1 煤层垂向各瓦斯带主要特征

名称	成因	瓦斯成分/%		
		N_2	CO_2	CH_4
CO_2—N_2	生物化学—空气	20～80	＞20	＜10
N_2	空气	＞80	＜10～20	＜20
N_2—CH_4	空气—变质	＜80	＜10～20	＜80
CH_4	变质	＜20	＜10	＞80

（2）瓦斯的赋存状态。瓦斯在煤层及围岩中的赋存状态有两种，一种是游离状态，另一种是吸附状态，如图 8-2 所示。

① 游离状态。这种状态的瓦斯以自由气体状态存在于煤层及围岩的孔洞中，其分子可自由运动，处于承压状态。

② 吸附状态。吸附状态的瓦斯按照结合形式的不同，又分吸着状态和吸收状态。吸着状态是指瓦斯被吸着在煤体或岩体微孔表面，在表面形成瓦斯薄膜；吸收状态是指瓦斯被溶

1—游离瓦斯；2—吸着瓦斯；3—吸收瓦斯；4—煤体；5—孔隙

图 8-2　煤层瓦斯赋存状态示意图

解于煤体中，与煤的分子相结合，即瓦斯分子进入煤体胶粒结构，类似于气体溶解于液体的现象。

煤体中瓦斯存在的状态不是固定不变的，而是处于不断交换的动平衡状态，当条件发生变化时，这一平衡就会被打破。由于压力降低或温度升高使一部分吸附瓦斯转化为游离瓦斯的现象，叫做瓦斯解吸。

二、煤层瓦斯含量

1. 概念

煤层瓦斯含量指煤层在自然条件下单位重量或单位体积所含有的瓦斯量，一般用 m^3/t 或 m^3/m^3 表示。煤层瓦斯含量包括游离瓦斯和吸附瓦斯两部分，其中游离瓦斯约占 10%～20%，吸附瓦斯约占 80%～90%。

2. 煤层瓦斯含量的主要影响因素

煤层瓦斯含量的大小决定于两个方面的因素：一是在成煤过程中伴生气体量和煤的含瓦斯能力；二是煤系地层保存瓦斯的条件。

(1) 煤的变质程度。煤的变质程度决定了成煤过程中伴生的气体量和煤的含瓦斯能力。煤的变质程度越高，生成的气体量就越大，煤的微孔隙就越多，总的表面积就越大(1 kg 煤的孔隙表面积可达 200 m^2)，吸附瓦斯的量就越大，含瓦斯能力就越强。因此，在其他条件相同的情况下，变质程度高的煤层，瓦斯含量就大。煤的变质程度增高的顺序是：褐煤、烟煤、无烟煤。根据实验室测定：煤层含有瓦斯的最大能力，一般不超过 60 m^3/t。此外，煤层中的灰分和杂质也会降低煤层吸附瓦斯的能力。煤中的水分，不仅占据了煤的孔隙空间，也占据了煤的孔隙表面，降低了煤的含瓦斯能力。

(2) 煤系地层保存瓦斯的条件。煤层瓦斯含量的大小，主要取决于煤系地层保存瓦斯的条件。

① 煤层有无露头。煤层有无露头对煤层瓦斯含量有很大影响。有露头时一般存在着瓦斯风化带，在该带内瓦斯沿煤层向大气中运移阻力较小，煤层的瓦斯很容易放散到大气中去。所以，地表有煤层露头时，该煤层的瓦斯含量会很低。

② 煤层埋藏深度。煤层埋藏深度增加，保存瓦斯的条件变好，煤层吸附瓦斯的能力加大，瓦斯放散就越来越困难，在瓦斯带内，煤层的瓦斯含量和瓦斯压力随埋藏深度的增加而

增加。瓦斯压力梯度是指煤层埋藏深度每增加 1 m，煤层内瓦斯压力的增加值。

③ 围岩的透气性。煤层上覆和下伏岩层的透气性，对煤层瓦斯含量影响很大。煤层被透气性很低的岩层包围，煤层的瓦斯放散不出去，瓦斯含量就高；反之，瓦斯含量就低。

④ 煤层的地质史。成煤有机物沉积后，直到现今的变质作用阶段，经历了漫长的地质年代。其间，地层多次下降或上升，覆盖层加厚或遭受剥蚀，海相与陆相交替变化并伴有地质构造运动等。这些地质过程的形式和持续的时间对煤层瓦斯含量影响很大。一般来说，以下降、覆盖层加厚和海相沉积为主要变化的地质活动过程，会导致煤层瓦斯含量增高；反之，煤层瓦斯含量则降低。

⑤ 地质构造及其他条件。闭合的和倾伏的背斜或穹窿，通常是储瓦斯构造，在其轴部区域形成瓦斯包，即所谓“气顶”。构造形成的煤层局部变厚的大型煤包，往往也是瓦斯包。断层对煤层瓦斯含量的影响与其性质有关，开放性断层（张性、张扭性或导水的压性断层等）会导致煤层瓦斯含量降低；封闭性断层（压性、压扭性或不导水断层）会导致煤层瓦斯含量增高。

三、矿井瓦斯涌出

1. 矿井瓦斯涌出形式

当煤层被开采时，煤体受到破坏，贮存在煤体内的部分瓦斯就会离开煤体而涌入采掘空间，这种现象叫做瓦斯涌出。

(1) 普通涌出。瓦斯从采落的煤炭及煤层、岩层的暴露面上，通过细小的空隙缓慢而长时间的涌出称为普通涌出，涌出的瓦斯中首先是游离瓦斯，而后是部分解吸的吸附瓦斯。普通涌出是瓦斯涌出的主要形式，不仅范围广，而且数量大。

(2) 特殊涌出。如果煤层或岩层中含有大量瓦斯，采掘时，这些瓦斯有时会在极短的时间内，突然的、大量的涌出，可能还伴有煤粉、煤块或岩块，瓦斯的这种涌出形式称为特殊涌出。瓦斯特殊涌出是一种动力现象，分为瓦斯喷出和煤与瓦斯突出。瓦斯特殊涌出的范围是局部的、短暂的、突发性的，但其危害极大。

2. 矿井瓦斯涌出来源

掌握矿井瓦斯涌出的来源，是实行瓦斯分源治理的前提条件。按照瓦斯涌出地点和分布状况，瓦斯涌出来源可分为：

(1) 煤岩壁瓦斯涌出。即从采掘工作面及巷道周围的煤壁中涌出的瓦斯。

(2) 采落煤炭瓦斯涌出。即采掘工作面进行采煤和掘进时从落煤中涌出的瓦斯。

(3) 采空区的瓦斯涌出。即从采空区的顶底板和浮煤中涌出的瓦斯。

(4) 邻近煤层瓦斯涌出。即从邻近煤层中的煤岩壁、巷壁和落煤中涌出的瓦斯。

上述瓦斯构成了矿井瓦斯涌出总量，它们各自在总量中所占比例大小随着生产条件的改变而改变，其测定方法是：在全矿同时测定各区域的绝对瓦斯涌出量，然后分别计算出各自所占的百分比。

通过对瓦斯涌出来源及构成比例关系的分析，可以找出主要瓦斯涌出源，并采取相应措施进行重点控制与管理，尽量减少其涌出量。

3. 矿井瓦斯涌出量

(1) 矿井瓦斯涌出量的概念与计算。矿井瓦斯涌出量是指在开采过程中，单位时间内或单位重量煤中涌出的瓦斯量，仅指普通涌出。表示矿井瓦斯涌出量的方法有两种：

① 绝对瓦斯涌出量。绝对瓦斯涌出量是指单位时间内涌入采掘空间的瓦斯量，用 m^3/min 或 m^3/d 表示，可用下式进行计算：

$$Q_{CH_4}=QC$$

式中　Q_{CH_4}——矿井（或采区）绝对瓦斯涌出量，m^3/min；

Q——矿井（或采区）总回风量，m^3/min；

C——矿井（或采区）总回风流中的瓦斯浓度，%。

② 相对瓦斯涌出量。相对瓦斯涌出量是指在矿井正常生产条件下，月平均日产 1 t 煤涌出的瓦斯量，用 m^3/t 表示，可用下式进行计算：

$$Q'_{CH_4}=1440\,Q_{CH_4}N/A$$

式中　Q'_{CH_4}——矿井（或采区）相对瓦斯涌出量，m^3/t；

Q_{CH_4}——矿井（或采区）绝对瓦斯涌出量，m^3/min；

A——矿井（或采区）月产煤量，t；

N——矿井（或采区）的月工作天数。

必须指出，对于抽采瓦斯的矿井，在计算矿井瓦斯涌出量时，应包括抽采的瓦斯量。

(2) 影响瓦斯涌出量的因素。矿井瓦斯涌出量并不是固定不变的，它随自然条件和开采技术条件的变化而变化。

① 煤层瓦斯含量。它是影响矿井瓦斯涌出量的决定因素。被开采煤层的原始瓦斯含量越高，其涌出量就越大。如果开采煤层附近有瓦斯含量大的围岩或煤层（通常称为邻近层），由于采动影响，邻近层中的瓦斯就会沿采动裂隙涌入开采空间，导致实际瓦斯涌出量大于开采煤层的瓦斯含量。

② 地面大气压力的变化。正常情况时，采空区及裂隙中的瓦斯与巷道风流处于相对平衡的状态。当大气压力突然降低时，就会破坏原来的平衡状态，瓦斯涌出的数量就会增大；反之，瓦斯涌出量变小。因此，当地面大气压突然下降时，必须百倍警惕，加强对采空区和密闭区等附近的瓦斯检查。否则，可能造成重大事故。

③ 开采规模。开采规模是指矿井的开采深度、开拓开采的范围以及矿井产量。开采深度越大，煤层瓦斯含量越高，瓦斯涌出量就越大；开拓与开采范围越大，瓦斯涌出的暴露面积越大，其涌出量就越大；在其他条件相同时，产量高的矿井其瓦斯涌出量一般较大。

④ 开采程序。厚煤层分层开采时，第一分层（上分层）的瓦斯涌出量最大，这是由于采动影响，其他分层中的瓦斯也会沿裂隙透出的缘故。显然，对顶底部邻近层都已采过的煤层，其开采过程中的瓦斯涌出量会显著地减少。

⑤ 采煤方法与顶板管理。机械化采煤时，煤的破碎较严重，瓦斯涌出量高；水力采煤时，水包围着采落的煤体，对其中的瓦斯的排出起阻碍和吸收作用，导致湿煤中残余的瓦斯含量增大，其瓦斯涌出量较小。采用全部陷落法管理顶板时，由于能够造成顶底板更大范围的松动，以及采空区存留大量散煤等原因，其瓦斯涌出量比采用充填法管理顶板时要高。另外，采用回采率低的采煤方法，瓦斯涌出量相对就高。

⑥ 生产工序。同一采煤工作面，爆破或割煤时的瓦斯涌出量最高，较该面平均涌出量可高出一倍或几倍。

⑦ 通风压力。采用负压通风（抽出式）的矿井，风压越高瓦斯涌出量越大，而采用正压通风（压入式）的矿井，风压越高瓦斯涌出量越小。这主要是风压与瓦斯涌出压力相互作用

的结果。

⑧ 采空区管理。一般来说，多数采空区都积存有大量瓦斯，其管理方法及好坏程度对瓦斯涌出量影响很大。例如，该封闭而未封闭或密闭质量很差，就会造成采空区瓦斯向外涌出；对采空区进行合理抽采就会降低矿井的实际瓦斯涌出量。

总之，矿井瓦斯涌出量的影响因素很多，但有主有次，应根据不同矿井的具体条件，找出其主要因素及影响规律，以制定和采取针对性的防治措施。

四、矿井瓦斯等级划分

1. 矿井瓦斯等级划分的目的

矿井瓦斯等级是矿井瓦斯涌出量大小和安全程度的基本标志。由于不同煤田瓦斯生成与赋存的条件不同，开采时不同矿井的瓦斯涌出量就有很大差异。为保障安全生产，并做到经济合理，必须对矿井瓦斯等级进行划分。不同瓦斯等级矿井所选用的通风设备、供风标准及有关管理制度都应有所不同。因此，根据瓦斯涌出量和涌出形式将矿井瓦斯划分为不同等级，对矿井瓦斯实行分级管理，是十分必要的。

2. 矿井瓦斯等级划分的依据

一个矿井中只要有一个煤(岩)层发现瓦斯，该矿井即为瓦斯矿井。瓦斯矿井必须依照矿井瓦斯等级进行管理。

根据矿井相对瓦斯涌出量、矿井绝对瓦斯涌出量、工作面绝对瓦斯涌出量和瓦斯涌出形式，矿井瓦斯等级划分为：低瓦斯矿井、高瓦斯矿井和突出矿井。

(1) 同时满足下列条件的矿井为低瓦斯矿井：矿井相对瓦斯涌出量不大于 10 m^3/t；矿井绝对瓦斯涌出量不大于 40 m^3/min；矿井任一掘进工作面绝对瓦斯涌出量不大于 3 m^3/min；矿井任一采煤工作面绝对瓦斯涌出量不大于 5 m^3/min。

(2) 突出矿井是指在矿井开拓、生产范围内有突出煤层的矿井。突出煤层是指在矿井井田范围内发生过突出或者经鉴定、认定有突出危险的煤层。突出煤层鉴定应当首先根据实际发生的瓦斯动力现象进行，瓦斯动力现象特征基本符合煤与瓦斯突出特征或者抛出煤的吨煤瓦斯涌出量大于等于 30m3(或者为本区域煤层瓦斯含量 2 倍以上)的，应当确定为煤与瓦斯突出，该煤层为突出煤层。

每 2 年必须对低瓦斯矿井进行瓦斯等级和二氧化碳涌出量的鉴定工作，鉴定结果报省级煤炭行业管理部门和省级煤矿安全监察机构。上报时应当包括开采煤层最短发火期和自燃倾向性、煤尘爆炸性的鉴定结果。高瓦斯、突出矿井不再进行周期性瓦斯等级鉴定工作，但应当每年测定和计算矿井、采区、工作面瓦斯和二氧化碳涌出量，并报省级煤炭行业管理部门和煤矿安全监察机构。

(3) 具备下列条件之一的矿井称为突出矿井：发生过煤(岩)与瓦斯突出的；经鉴定具有煤(岩)与瓦斯突出煤(岩)层的；依照有关规定有按照突出管理的煤层，但在规定期限内未完成突出危险性鉴定的。

每 2 年必须对低瓦斯矿井进行瓦斯等级和二氧化碳涌出量的鉴定工作，报省级煤炭行业管理部门审批，并报省级煤矿安全监察机构备案。上报时应包括开采煤层最短发火期和自燃倾向性、煤尘爆炸性的鉴定结果。高瓦斯、突出矿井不再进行周期性瓦斯等级鉴定工作，但应每年测定和计算矿井、采区、工作面瓦斯和二氧化碳涌出量。

第二节　瓦斯爆炸灾害防治

一、瓦斯爆炸的基本条件

1. 瓦斯浓度达到爆炸界限

瓦斯爆炸具有一定的浓度范围，只有在这个浓度范围内，瓦斯才能够爆炸，这个范围称为瓦斯爆炸的界限。最低爆炸浓度叫爆炸下限；最高爆炸浓度叫爆炸上限。在新鲜空气中，瓦斯爆炸的界限一般认为是5%～16%。当瓦斯浓度低于5%时，由于参加化学反应的瓦斯较少，不能形成热量积聚，因此，不能爆炸，只能燃烧，燃烧时，在火焰周围形成比较稳定的、呈现蓝色或淡青色的燃烧层；当瓦斯浓度达到5%(下限)，瓦斯就能爆炸；浓度在5%～9.5%时，爆炸威力逐渐增强；在浓度为9.5%时，因为空气中的全部瓦斯和氧气都能参加反应，所以，这时的爆炸威力最强；瓦斯浓度在9.5%～16%(上限)时，爆炸威力呈逐渐减弱的趋势；当浓度高于16%时，由于空气中的氧气不足，满足不了氧化反应的全部需要，只能有部分瓦斯与氧气发生反应，所生成的热量被多余的瓦斯和周围介质吸收而降温，所以也就不能发生爆炸。

2. 一定温度的引爆火源

瓦斯爆炸的第二个基本条件是高温火源的存在。点燃瓦斯所需的最低温度，称为引火温度。瓦斯的引火温度一般认为是650～750 ℃。明火、煤炭自燃、电气火花、赤热的金属表面、吸烟、爆破、安全灯网罩、架线火花甚至撞击和摩擦产生的火花等都足以引燃瓦斯。因此，消灭井下一切火源是防止瓦斯爆炸的重要措施之一。

3. 充足的氧气含量

实验表明，瓦斯爆炸界限随着混合气体中氧气浓度的降低而缩小，氧气浓度降低时，瓦斯爆炸下限缓缓地提高，而瓦斯爆炸的上限则迅速下降，当氧气浓度降到12%时，混合气体中的瓦斯就失去了爆炸性，遇火也不会爆炸。当氧气含量低于12%时，短时间内就能导致人窒息死亡，因此井下工作地点的氧气含量不得低于20%，而且在正常生产的矿井中，采用降低空气中的氧气含量来防止瓦斯爆炸是没有实际意义的。

二、瓦斯爆炸产生的危害

1. 产生高温

试验研究表明，当瓦斯浓度为9.5%时，爆炸时产生的瞬时温度，在自由空间可达1850 ℃，在封闭的空间内高达2650 ℃。由于井下巷道是半封闭空间，其内的瓦斯爆炸温度在1850 ℃与2650 ℃之间，而这样高的温度，不仅会烧伤人员、烧坏设备，还可能引起井下火灾，扩大灾情。

2. 产生高压

瓦斯爆炸产生的高温，会使气体突然膨胀引起气体压力的骤然增大，再加上爆炸波的叠加作用或瓦斯连续爆炸，爆炸产生的冲击压力会越来越高。据测定，瓦斯爆炸后的压力约为爆炸前的10倍。在高温高压的作用下，爆源处的气体以每秒几百米的速度向前冲击。

3. 产生大量的有毒有害气体

爆炸后生成大量的一氧化碳是造成人员大量伤亡的主要原因；如果有煤尘参与爆炸，一氧化碳生成量就会更大，危害就更为严重。统计资料表明，在发生的瓦斯、煤尘爆炸事故中，死于一氧化碳中毒的人数占总死亡人数的70%以上。因此，《煤矿安全规程》规定，入井人员必须随身携带额定防护时间不低于30 min的隔绝式自救器。

三、影响瓦斯爆炸的因素

1. 可燃性气体的混入

在瓦斯和空气的混合气体中，如果有一些可燃性气体混入，像硫化氢、乙烷等，由于这些气体本身具有爆炸性，不仅增加了爆炸气体的总浓度，而且会使瓦斯爆炸下限降低，从而扩大了瓦斯爆炸的界限。

2. 爆炸性煤尘的混入

若瓦斯和空气的混合气体中混入了爆炸性煤尘，由于煤尘本身遇到火源会放出可燃性气体，因而会使瓦斯爆炸下限降低。

3. 惰性气体的混入

瓦斯和空气的混合气体中，惰性气体的混入会使氧气的含量降低，因而可以缩小瓦斯的爆炸界限，降低瓦斯爆炸的危险性。

4. 混合气体的压力

混合气体的压力越大，所需的点火温度就越低，也就越容易发生瓦斯爆炸事故。

5. 混合气体的初始温度

混合气体的初始温度越高，瓦斯爆炸的界限就越大。

6. 瓦斯浓度与点火温度

不同的瓦斯浓度，所需的点火温度不同。瓦斯浓度在7%～8%时，所需的点火温度最低，也就最容易发生瓦斯爆炸。

四、防止瓦斯爆炸的措施

1. 防止瓦斯积聚的措施

(1) 加强通风管理工作，采用合理的通风系统，确保矿井供风持续、稳定、安全可靠。

(2) 加强瓦斯检查及管理工作，严格按照《煤矿安全规程》的相关要求进行瓦斯检查和管理。

(3) 及时处理局部积聚的瓦斯（如工作面上隅角或采空区边界、切割中的采煤机附近、顶板冒落处等容易积聚瓦斯的地点）。

(4) 按照《煤矿安全规程》的有关规定进行抽采瓦斯（煤层瓦斯抽采或采空区瓦斯抽采等）。

2. 防止引燃瓦斯的措施

(1) 严禁携带烟草及点火工具下井；严禁穿化纤衣服入井；井下禁止使用电炉；严禁拆卸、敲打、撞击矿灯；井口房、瓦斯抽采站、通风机房周围20 m内禁止使用明火；井下电、气焊工作应严格审批手续并制定有效的安全措施；加强井下火区管理等。

(2) 井下爆破作业必须使用煤矿许用电雷管和煤矿许用炸药，且质量合格，严禁使用不合格或变质电雷管或炸药，严格执行“三人连锁爆破”和“一炮三检”制度。

(3) 加强井下机电和电气设备管理，防止出现电气火花。

(4) 加强井下机械的日常维护和保养工作，防止机械摩擦火花引燃瓦斯。

3. 防止瓦斯爆炸灾害范围扩大的措施

(1) 实行分区式通风，各水平、采区或工作面都应有其独立的进、回风系统。

(2) 通风系统力求简单，不用的巷道及时封闭。

(3) 装有主要通风机的井口，必须装设防爆门或防爆井盖，以便在井下发生瓦斯爆炸时，冲击波将防爆门(或井盖)冲开，释放能量，防止通风机受到破坏。

(4) 矿井主要通风机必须装有反风设备，并做到每季度至少检查一次，每年至少进行一次反风演习，操作时间和反风风量达到《煤矿安全规程》的规定要求，保证在处理事故需要紧急反风时能灵活使用。

(5) 隔爆设施是根据瓦斯或煤尘爆炸时所产生的冲击波与火焰的速度差的原理设计的。爆炸时产生的冲击波在前，可使隔爆设施动作，将随后而来的火焰扑灭、隔住，从而使爆炸灾害范围不再扩大。在连接两翼、相邻采区、相邻煤层的巷道中，设置岩粉棚、水槽棚或水幕撒布岩粉，以阻止瓦斯爆炸火焰的传播。

(6) 编制《矿井灾害预防与处理计划》，每季度根据矿井变化的情况进行修订和补充，并且组织所有入井职工认真学习、贯彻，使每个入井人员都能了解和熟悉一旦发生瓦斯爆炸时的撤出和躲避的路线与地点，每年由矿长组织一次实战演习。

(7) 佩戴自救器。每个入井人员不仅要随身佩戴自救器，还要懂原理、会使用，在发生瓦斯爆炸或其他灾害时，能安全逃生。

第三节　局部瓦斯积聚与处理

一、局部瓦斯积聚的概念

局部瓦斯积聚是指采掘工作面及其他巷道内，体积大于 0.5 m^3 的空间内积聚的瓦斯浓度达到 2%的现象。

二、易发生局部瓦斯积聚的地点

凡井下瓦斯涌出量较大，通风不良或风流达不到的地点，都极易发生局部瓦斯积聚，主要地点有采煤工作面上隅角、刮板输送机底槽内、顶板冒落的空洞、风速低的巷道顶板附近、临时停风的掘进工作面和盲巷、采煤工作面接近采空区边界、水采工作面、采煤机械风流不畅附近等。

三、瓦斯积聚的危害

在瓦斯矿井，一旦发生瓦斯积聚，如不及时采取措施，当遇到点燃火花时，极易造成瓦斯燃烧或爆炸；同时，瓦斯积聚的地点，达到一定浓度后，人员进入容易发生窒息事故。瓦斯积聚是井下安全生产的隐患，一旦发现，应及时采取措施进行处理。

四、局部瓦斯积聚处理的方法

1. 采煤工作面上隅角处瓦斯积聚的处理方法

(1) 引导风流法。引导风流法的实质是将新鲜风流引入瓦斯积聚的地点，把局部积聚的瓦斯冲淡、带走。如图 8-3 所示的风障引导风流法是应用较普遍的方法，它适应于上隅角瓦斯涌出量不超过 2 m^3/min、工作面风量大于 200 m^3/min、风障最大长度不超过 20 m 的条件。风障引导风流法的优点是安设简单，不需要任何动力设备；其不足是引入风量有限、波动性大，增加了通风阻力，加剧了采空区漏风，减少了作业空间，降低了作业环境的安全程度。

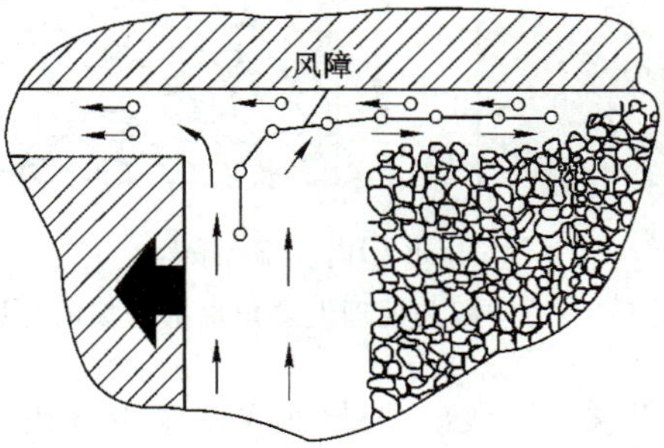

图 8-3　风障引导风流处理上隅角积聚瓦斯

(2) 风筒导排风流法。风筒导排法，按其动力源的不同分为水力引射器、电动通风机和压气引射器 3 种不同导排方式。其处理积聚瓦斯的原理和布置方式都是相同的，如图 8-4 所示，风筒进风口设在上隅角瓦斯积聚地点后，工作面中一部分风流流经上隅角进入风筒口时，把积聚的瓦斯冲淡、带走。

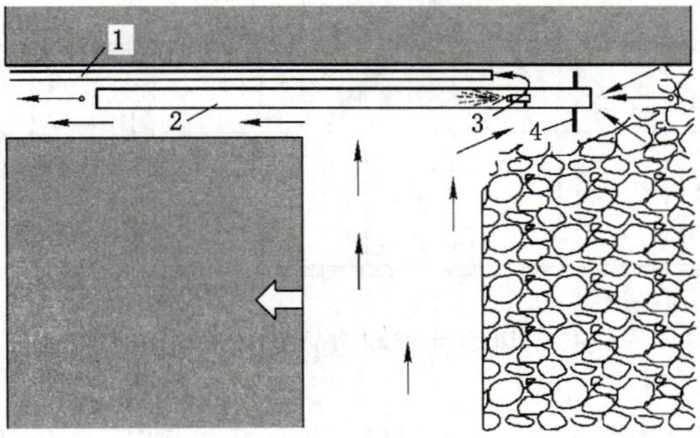

1—水管；2—导风筒；3—喷射器；4—风障

图 8-4　利用水力引射器排除积聚的瓦斯

这种方法的优点是处理能力大，适应范围广。其缺点是需要安设设备，并占据了一定采掘空间，影响作业环境和条件。尤其是电动通风机，虽然有很好的防爆性能，但由于采煤工作面作业条件较差，难免产生冲击、摩擦火花等，因此，管理和维护比较困难，且需要一定的动力条件，不经济。

(3) 沿空留巷排除法。在工作面回风巷沿空留巷，使部分风流通过上隅角，以冲淡和带走上隅角局部积聚的瓦斯，如图 8-5 所示。

(4) 瓦斯抽采法。瓦斯抽采法即进行采空区的瓦斯抽采，采用可移动瓦斯泵抽采上隅角瓦斯。

(5) 充填置换法。充填置换法是对采空区上隅角的空隙进行充填，将积聚瓦斯的空间用不燃性固体物质充填严密，使瓦斯没有积聚的空间。这种方法效果明显，还可达到预防自然发火的目的，是一举多得的好措施，但这种方法除受条件限制外，工艺过程较复杂，对生产

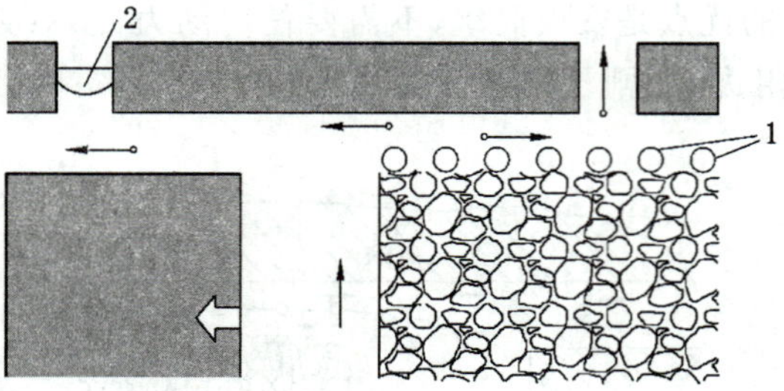

1—密集支柱；2—调节风门

图 8-5　沿空留巷处理上隅角局部积聚的瓦斯

有一定干扰。因此，除特殊要求的少数矿井外，大部分矿井还没有应用。

(6) 调整通风方法。根据煤层赋存条件的不同和瓦斯涌出量大小、涌出来源及涌出形式，可调整或选择较适宜的通风方式，达到预防、排除上隅角积聚瓦斯的目的。

2. 巷道冒落空间内瓦斯积聚的处理方法

(1) 导风板引风法。在高顶空间下的支架顶梁上钉挡板，把一部分风流引到高冒处，吹散积聚瓦斯，如图 8-6 所示。

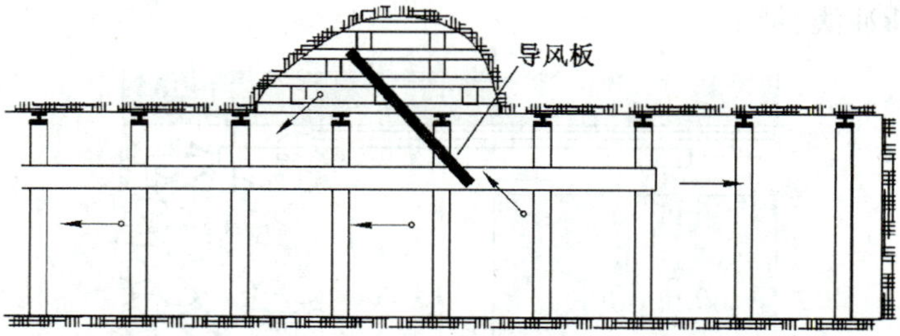

图 8-6　导风板引风法处理巷道冒落空洞内局部积聚的瓦斯

(2) 充填置换法。在棚梁上铺设一定厚度的木板或荆笆，再在上面填满黄土或砂子，从而将积聚的瓦斯置换排除，如图 8-7 所示。

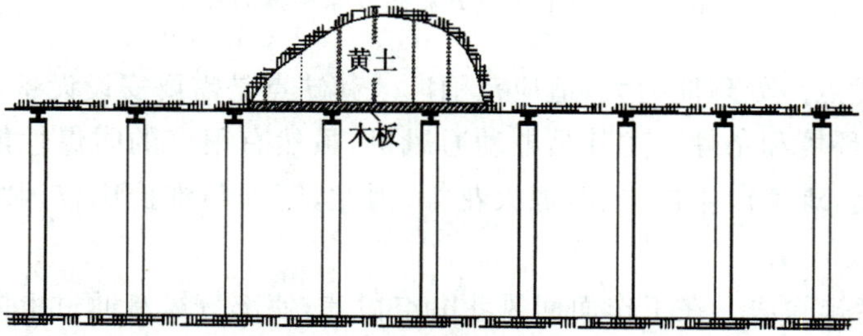

图 8-7　充填置换法处理巷道冒落空洞内局部积聚的瓦斯

(3) 风筒分支排放法。巷道内若有风筒，可在冒顶处附近的风筒上加"三通"或安设一段小直径的分支风筒，向冒顶空洞内送风，以排除积聚的瓦斯，如图 8-8 所示。

(4) 压风排除法。在有压风管通过的巷道，可在管路上接出分支，并在支管上设若干个喷嘴，利用压风将积聚的瓦斯排除。

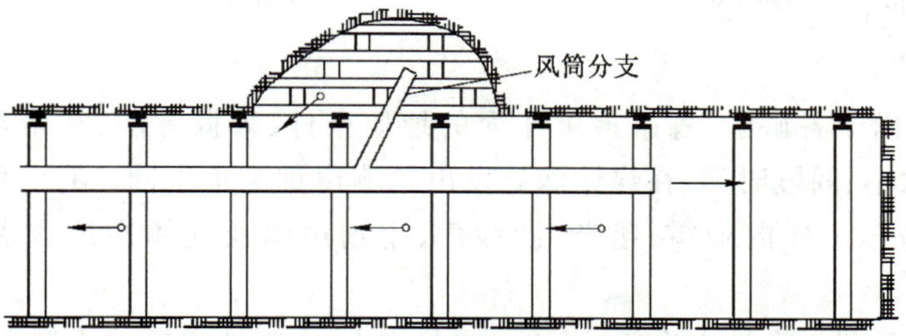

图 8-8　风筒分支排放法处理巷道冒落空洞中局部积聚的瓦斯

3. 巷道顶部层状赋存瓦斯的处理方法

(1) 加大巷道内的风流速度,使风速大于 0.5～1.0 m/s,让瓦斯与风流充分混合而吹散瓦斯。

(2) 加大顶板附近的风流速度,如在顶梁下设置导风板,将风流引向顶板附近等;也可沿顶板铺设铁风筒,每隔一定距离接出一短管,或沿顶板铺设钻有小孔的压风管等,从而将积聚的层状瓦斯吹散。

(3) 隔绝瓦斯来源。如果顶板裂隙发育有大量瓦斯涌出,可用木板或黏土将其背严、填实。

(4) 钻孔抽采瓦斯。如果顶板有集中的瓦斯来源,可向顶板打钻接管抽采瓦斯。

4. 采煤机附近瓦斯积聚的处理方法

根据瓦斯积聚形成的不同原因,应采取相应的处理方法:

(1) 加大风量。在采取煤层注水湿润煤体和采煤机喷雾降尘等措施后,经矿总工程师批准,可适当加大风量,但不得超过 5 m/s。

(2) 降低瓦斯涌出量和减少瓦斯涌出量的不均衡性。即延长采煤机在生产班中的工作时间或每昼夜增加一个生产班次,使采煤机以较小的速度和截深采煤。

(3) 当采煤机附近(或工作面其他部位)出现局部瓦斯积聚时,可安装小型局部通风机或水力引射器,吹散排出积聚的瓦斯。

(4) 抽采瓦斯。即采取煤层开采前预抽或开采过程中边采边抽的方法降低瓦斯涌出量。

第四节　煤与瓦斯突出灾害防治

一、煤与瓦斯突出概述

在煤矿井下由于地应力和瓦斯(二氧化碳)的共同作用,在极短的时间内,破碎的煤和瓦斯由煤体内或岩体内突然向采掘空间抛出的异常的动力现象,称为煤与瓦斯突出。

当发生煤与瓦斯突出时,采掘工作面的煤壁将遭到破坏,大量的煤与瓦斯将从煤层内部,以极快的速度向巷道或采掘空间喷出,充塞巷道,煤层中会形成孔洞。同时由于伴随有强大的冲击力,巷道设施会被摧毁,通风系统会被破坏,甚至发生风流逆转,还可能造成人员窒息和发生瓦斯爆炸、燃烧及煤流埋人事故。

二、煤与瓦斯突出的预兆及规律

1. 煤与瓦斯突出的预兆

绝大多数的煤与瓦斯突出在发生前都有预兆,没有预兆的突出是极少数的。突出的预兆可分为有声预兆和无声预兆。

(1) 有声预兆：

① 响煤炮。由于各矿区、各采掘工作面的地质条件、采掘方法、瓦斯及煤质特征的不同,预兆声音的大小、间隔时间、在煤体深处发出的响声种类也不同。有的像炒豆似的噼噼啪啪声,有的似跑车一样的闷雷、嘈杂、沙沙声、嗡嗡声以及气体穿过含水裂隙时的吱吱声等。

② 其他声音预兆。发生突出前,因压力突然增大,支架会嘎嘎响或发出劈裂折断声,煤岩壁会开裂,打钻时会喷煤、喷瓦斯等。

(2) 无声预兆：

① 煤层结构构造方面表现为:煤层层理紊乱,煤变软、变暗淡、无光泽,煤层干燥和煤尘增大,煤层受挤压褶曲变粉碎、厚度变大、倾角变陡。

② 地压显现方面表现为:压力增大,使支架变形,煤壁外鼓、片帮、掉渣,顶底板出现凸起台阶、断层、波状鼓起,手扶煤壁感到震动和冲击,炮眼变形装不进药,打眼时垮孔、顶夹钻等。

③ 其他方面的预兆有:瓦斯涌出异常,忽大忽小,空气气味异常、闷人,忽冷忽热。

上述突出预兆并非每次突出时都同时出现,而是出现一种或几种。当发现有突出的预兆时,现场人员要立即按避灾路线撤离。撤离时每个人都必须佩戴好隔离式自救器,同时要将发生突出的地点、预兆情况以及人员撤离情况向调度室汇报;立即切断突出地点及回风流中的一切电气设备的电源,撤离现场要关闭反向风门,并在突出区域或瓦斯流区域内设置栅栏,以防人员进入。当确定不能撤离突出的灾区时,要进入就近的避难硐室,关好铁门,打开供气阀,做好自救。

2. 煤与瓦斯突出的一般规律

国内外煤与瓦斯突出的统计资料表明,煤与瓦斯突出的发生有以下规律：

(1) 地压是突出发生的主要动力。

① 突出的危险性随着煤层埋藏深度的增大而增大。

② 采掘工作形成的集中应力区是突出密集区。

③ 突出危险区集中在地质构造带且呈带状分布。

④ 产生强烈震动的采掘作业可能诱发突出。

⑤ 受煤自重的影响,上山掘进工作面发生突出的次数多,强度小;下山掘进工作面发生突出的次数少,强度稍大。

(2) 瓦斯是抛出煤体完成突出过程的主要动力。

① 突出危险煤层的瓦斯压力一般为 0.7～1 MPa,同一煤层中瓦斯压力越高的区域,突出的危险性越大。

② 突出危险煤层的瓦斯含量和开采时的瓦斯涌出量都在 10 m^3/t 以上。突出发生时,吨煤瓦斯喷出量是煤层瓦斯含量的几倍至几百倍。突出气体的种类主要是甲烷,个别矿井突出二氧化碳,突出瓦斯中含有少量重烃类气体。

(3) 煤的物理力学性质决定突出发生发展的难易。

① 突出的次数和强度随着煤层厚度,特别是软分层厚度的增加而增多,突出最严重的煤层一般是最厚的主采煤层。

② 突出危险性随着煤层倾角的增大而增加。

③ 突出煤层的特点是力学强度低，手捻能成粉末，煤层结构软硬相同。

三、煤矿防突工作的原则和流程

(一) 煤矿防突工作的原则

防突工作必须坚持“区域综合防突措施先行、局部综合防突措施补充”的原则，按照“一矿一策、一面一策”的要求，实现“先抽后建、先抽后掘、先抽后采、预抽达标”。突出煤层必须采取两个“四位一体”综合防突措施，做到多措并举、可保必保、应抽尽抽、效果达标，否则严禁采掘活动。在采掘生产和综合防突措施实施过程中，发现有喷孔、顶钻等明显突出预兆或者发生突出的区域，必须采取或者继续执行区域防突措施。

(二) 两个“四位一体”综合防突措施及其工作流程

有突出矿井的煤矿企业、突出矿井应当依据《防治煤与瓦斯突出细则》，结合矿井开采条件，制定、实施区域和局部综合防突措施。区域综合防突措施包括下列内容：

(1) 区域突出危险性预测；

(2) 区域防突措施；

(3) 区域防突措施效果检验；

(4) 区域验证。

局部综合防突措施包括下列内容：

(1) 工作面突出危险性预测；

(2) 工作面防突措施；

(3) 工作面防突措施效果检验；

(4) 安全防护措施。

突出矿井应当加强区域和局部(两个“四位一体”)综合防突措施实施过程的安全管理和质量管控，确保质量可靠、过程可溯。

四、区域综合防突措施

突出矿井应当对开采的突出煤层进行区域突出危险性预测，经区域预测为突出危险区的煤层，必须采取区域防突措施并进行区域防突措施效果检验。经效果检验仍为突出危险区的，必须继续进行或者补充实施区域防突措施。经区域预测或者区域防突措施效果检验为无突出危险区的煤层进行揭煤和采掘作业时，必须采用工作面预测方法进行区域验证。

(一) 区域预测

区域预测一般根据煤层瓦斯参数结合瓦斯地质分析的方法进行，也可以采用其他经试验证实有效的方法。区域预测，把煤层划分为突出煤层和非突出煤层。

(二) 区域防突措施

区域防突措施主要包括开采保护层和预抽煤层瓦斯两类。开采保护层时，具有抽采瓦斯系统的矿井，应同时抽采被保护层的瓦斯，以防被保护层瓦斯大量涌入保护层引起瓦斯超限。

(1) 开采保护层分为上保护层和下保护层两种方式。具备开采保护层条件的突出危险区，必须开采保护层。开采保护层时，采空区内不得留设煤(岩)柱。

开采保护层后，被保护层中对应区域内的煤体被充分卸压，导致煤层和围岩中积蓄的弹性能被释放，减弱了发出突出的主要动力；煤体卸压后产生大量裂隙，使煤层的透气性增加，造成瓦斯潜能的释放，减弱了完成突出过程的主要动力；高压瓦斯的大量释放，使煤层瓦斯含量降低，导致煤体强度增加，煤的坚固性系数提高，增大了突出的反作用力。所以，当开采保护层后，就使得在卸压区范围内开采被保护层时，一般不会再发生煤与瓦斯突出。

(2) 预抽煤层瓦斯。煤层抽放瓦斯后，大量高浓度瓦斯的排出导致瓦斯潜能的释放，减弱了完成突出过程的主要动力；大量瓦斯的排出直接导致煤体强度增大，增加了突出的反作用；大量瓦斯的排出，释放了积蓄在煤体和围岩中的弹性能，减弱了发动突出的主要动力。这些因素综合作用，从而消除了突出的危险。

预抽煤层瓦斯区域防突措施有：地面井预抽煤层瓦斯、井下穿层钻孔或者顺层钻孔预抽区段煤层瓦斯、顺层钻孔或者穿层钻孔预抽回采区煤层瓦斯、穿层钻孔预抽井巷(含立井、斜井、石门等)揭煤区域煤层瓦斯、穿层钻孔预抽煤巷条带煤层瓦斯、顺层钻孔预抽煤巷条带煤层瓦斯、定向长钻孔预抽煤巷条带煤层瓦斯等。

煤矿应当根据生产和地质条件合理选取区域防突措施。突出煤层突出危险区必须采取区域防突措施，严禁在区域防突措施效果未达到要求的区域进行采掘作业。

(三) 区域防突措施效果检验

开采保护层的保护效果检验主要采用残余瓦斯压力、残余瓦斯含量及其他经试验证实有效的指标和方法。采用预抽煤层瓦斯区域防突措施的，必须对区域防突措施效果进行检验，检验指标优先采用残余瓦斯含量指标，根据现场条件也可采用残余瓦斯压力或者其他经试验证实有效的指标和方法进行检验。

(四) 区域验证

区域预测为无突出危险区或者区域措施效果检验有效时，采掘过程中还应当对无突出危险区进行区域验证，并保留完整的工程设计、施工和验证的原始资料。

【案例 8-1】 2022 年 3 月 15 日，云南省曲靖市富源县平庆煤业有限公司平庆煤矿发生煤与瓦斯突出事故，造成 1 人死亡，97 人涉险，直接经济损失 282.7 万元。事故直接原因：平庆煤矿 117805 掘进工作面处于构造带(煤层变厚、煤体松软)，且位于上覆已开采的煤层留设煤柱的应力叠加区和本煤层瓦斯富集区采取的局部防突措施未能消除煤层的突出危险，掘进机割煤扰动诱发煤与瓦斯突出。事故暴露出该矿技术管理薄弱，未查明 117805 机巷掘进工作面地质构造情况；未建立以总工程师为首的瓦斯治理技术管理体系，未认真落实瓦斯抽采达标评判、通风瓦斯日分析制度等措施。该矿安全管理混乱，未认真落实县煤炭管理部门对 C7+8 煤层按突出煤层进行管理的要求，对 117805 机巷掘进工作面顶板破碎、煤层变厚、煤体松软、瓦斯异常涌出、片帮频繁等突出征兆不重视，仍组织作业。

事故案例

五、局部综合防突措施

(一) 工作面的突出危险性预测

井巷揭煤工作面的突出危险性预测应当选用钻屑瓦斯解吸指标法或者其他经试验证实有效的方法进行。可采用下列方法预测煤巷掘进工作面的突出危险性：钻屑指标法、复合指标法、R 值指标法、其他经试验证实有效的方法。

(二) 工作面防突措施

井巷揭煤工作面的防突措施包括超前钻孔预抽瓦斯、超前钻孔排放瓦斯、金属骨架、煤体固化、水力冲孔或者其他经试验证明有效的措施。立井揭煤工作面可以选用上述除水力冲孔以外的各项措施。金属骨架、煤体固化措施，应当在采用了其他防突措施并检验有效后方可在揭开煤层前实施。对所实施的防突措施都必须进行实际考察，得出符合本矿井实际条件的有关参数。

(三) 工作面防突措施效果检验

工作面执行防突措施后，必须对防突措施效果进行检验。工作面防突措施效果检验必须包括以下两部分内容：

(1) 检查所实施的工作面防突措施是否达到了设计要求和满足有关规章、标准等规定，并了解、收集工作面及实施措施的相关情况、突出预兆等(包括喷孔、顶钻等)，作为措施效果检验报告的内容之一，用于综合分析、判断。

(2) 各检验指标的测定情况及主要数据。

(四) 安全防护措施

井巷揭穿突出煤层和在突出煤层中进行采掘作业时，必须采取避难硐室、反向风门、压风自救装置、隔离式自救器、远距离爆破等安全防护措施。

第五节　矿井瓦斯抽采

一、瓦斯抽采的作用

为了减少和解除矿井瓦斯对煤矿安全生产的威胁，利用机械设备和专用管道造成的负压，将煤层中存在或释放出的瓦斯抽出来，输送到地面或其他安全地点的做法，叫做瓦斯抽采。瓦斯抽采的作用就是为了减少和消除瓦斯威胁，保证煤矿生产安全，主要表现在以下几个方面：

(1) 瓦斯抽采可以减少开采时的瓦斯涌出量，从而可减少瓦斯隐患和各种瓦斯事故，是保证安全生产的一项预防性措施。

(2) 瓦斯抽采可以减少通风负担，降低通风费用，还能够解决通风难以解决的难题。

(3) 煤层中的瓦斯同煤炭一样是一种地下资源，将瓦斯抽出来送到地面作为原料和燃料加以利用，“变害为利”“变废为宝”不仅可以节约煤炭、保护环境而且具有可观的经济效益。

二、瓦斯抽采的必要条件

《煤矿安全规程》规定有下列情况之一的矿井，必须建立地面永久抽采瓦斯系统或井下临时抽采瓦斯系统：

(1) 任一采煤工作面的瓦斯涌出量大于 5 m^3/min 或任一掘进工作面瓦斯涌出量大于 3 m^3/min，用通风方法解决瓦斯问题不合理的。

(2) 矿井绝对瓦斯涌出量达到以下条件的：大于或等于 40 m^3/min；年产量 1.0～1.5 Mt 的矿井，大于 30 m^3/min；年产量 0.6～1.0 Mt 的矿井，大于 25 m^3/min；年产量 0.4～0.6 Mt 的矿井，大于 20 m^3/min；年产量小于或等于 0.4 Mt 的矿井，大于 15 m^3/min。

三、瓦斯抽采系统

能够造成一定负压将瓦斯从煤层中抽出并安全输送到地面上来的机械设备，称为瓦斯抽采设备。由瓦斯抽采设备和管路构成的系统，称为瓦斯抽采系统，它主要由瓦斯泵、抽采管路和安全装置三部分组成。

1. 瓦斯泵

煤矿普遍使用的瓦斯抽采泵有水环式真空泵、回转式瓦斯泵和离心式瓦斯泵等三种。

(1) 水环式真空泵。其优点是真空度高，结构简单，运转可靠，工作叶轮内有水环，没有瓦斯爆炸危险；其缺点是流量小，正压侧压力低，轴和外壳磨损较大。适用于抽采量较小、管路较长和抽采压力高的抽采区域。

(2) 回转式瓦斯泵。其优点是流量不受阻力变化的影响，运行稳定，效率较高，便于维护保养；其缺点是检修工艺要求高，间隙难于控制，运转噪声大，抽采压力高时漏气较大，磨损严重。适用于流量要求稳定而阻力变化大和负压较高的抽采区域。

(3) 离心式瓦斯泵。其优点是运行稳定可靠，不易出故障，抽气均匀，磨损小，寿命长，流量高，噪声低；其缺点是效率低，两台泵联合运转性能差。适用于抽采量大、管道阻力不高的抽采区域。

2. 抽采管路

瓦斯抽采管路包括主管路、分支管路和支管路等。主管路的直径为 250～426 mm，用于抽采整个矿井或几个抽采区域的瓦斯；分支管路的直径为 150～250 mm，用于抽采一个区域或一个阶段的瓦斯；支管路的直径为 100～150 mm，用于抽采一个工作面或一个钻场的瓦斯。为了调节、测定管路中的瓦斯浓度、流量和压力，还要安设阀门、仪表、防水等附属设施。管路要尽量敷设在弯道少、距离短、矿车不经常通过的巷道中，并架设一定的高度且固定在巷壁上，以免水淹锈蚀管路。

3. 安全装置

安全装置主要有“三防”装置和放水装置。《煤矿安全规程》规定：干式抽采瓦斯泵吸气侧管路系统中，必须装设有防回火、防回气和防爆炸作用的安全装置，并定期检查，保持性能良好。放水装置是能放掉管路中的水，以防管路堵塞的装置，可分为人工放水和自动放水两种。

四、《煤矿安全规程》对瓦斯抽采的有关规定

1. 抽采瓦斯设施应符合的要求

(1) 地面泵房必须用不燃性材料建筑，并必须有防雷电装置，其距进风井口和主要建筑物不得小于 50 m，并用栅栏或者围墙保护。

(2) 地面泵房和泵房周围 20 m 范围内，禁止堆积易燃物和有明火。

(3) 抽采瓦斯泵及其附属设备，至少应有 1 套备用，备用泵能力不得小于运行泵中最大一台单泵的能力。

(4) 地面泵房内电气设备、照明和其他电气仪表都应采用矿用防爆型；否则必须采取安全措施。

(5) 泵房必须有直通矿调度室的电话和检测管道瓦斯浓度、流量、压力等参数的仪表或自动监测系统。

(6) 干式抽采瓦斯泵吸气侧管路系统中，必须装设有防回火、防回流和防爆炸作用的安

全装置，并定期检查，保持性能良好。抽采瓦斯泵站放空管的高度应超过泵房房顶 3 m。

泵房必须有专人值班，经常检测各参数，做好记录。当抽采瓦斯泵停止运转时，必须立即向矿调度室报告。如果利用瓦斯，在瓦斯泵停止运转后和恢复运转前，必须通知使用瓦斯的单位，取得同意后，方可供应瓦斯。

2. 设置井下临时抽采瓦斯泵站时应遵守的规定

(1) 临时抽采瓦斯泵站应安设在抽采瓦斯地点附近的新鲜风流中。

(2) 抽出的瓦斯可引排到地面、总回风巷、一翼回风巷或分区回风巷，但必须保证稀释后风流中的瓦斯浓度不超限。在建有地面永久抽采系统的矿井，临时泵站抽出的瓦斯可送至永久抽采系统的管路，但矿井抽采系统的瓦斯浓度必须符合《煤矿安全规程》的规定。

(3) 抽出的瓦斯排入回风巷时，在排瓦斯管路出口必须设置栅栏、悬挂警戒牌等。栅栏设置的位置是上风侧距管路出口 5 m、下风侧距管路出口 30 m，两栅栏间禁止任何作业。

3. 抽采瓦斯必须遵守的规定

(1) 抽采容易自燃和自燃煤层的采空区瓦斯时，抽采管路应安设一氧化碳、甲烷、温度传感器，实现实时监测监控。发现有自然发火征兆时，应当立即采取措施。

(2) 井上下敷设的瓦斯管路，不得与带电物体接触并应当有防止砸坏管路的措施。

(3) 采用干式抽采瓦斯设备时，抽采瓦斯浓度不得低于 25%。

(4) 利用瓦斯时，在利用瓦斯的系统中必须装设有防回火、防回流和防爆炸作用的安全装置。

(5) 抽采的瓦斯浓度低于 30%时，不得作为燃气直接燃烧。进行管道输送、瓦斯利用或排空时，必须按有关标准的规定执行，并制定安全技术措施。

五、矿井瓦斯抽采的方法

1. 本煤层瓦斯抽采

本煤层抽采就是采用巷道法或钻孔法直接抽采开采煤层的瓦斯。按照抽采与采掘的时间关系，本煤层抽采可分为“预抽”和“边抽”两种方法。所谓预抽，就是在开采之前预先抽出煤体内的瓦斯，以减少开采时瓦斯涌出量。预抽又可分为巷道预抽和钻孔预抽两种方式。所谓边抽，就是指边生产边抽采瓦斯，即生产和抽采同时进行。边抽又包括边采边抽和边掘边抽两种方式。

(1) 巷道预抽。巷道预抽就是在采煤前事先掘出瓦斯巷道（这些巷道同时考虑采煤工作的需要，因此也叫采准巷道），然后将巷道密闭，在密闭处接设管路进行抽采，直到采煤时为止。

这种抽采方法的优点是：煤体卸压范围大，煤的暴露面积大，有利于瓦斯释放。缺点是：需要提前掘进瓦斯巷道，提前投资且在抽采结束即将开采之前，还要对巷道重新修复和支护，浪费工时和材料；在掘进巷道过程中，由于瓦斯涌出量大，不仅施工困难，增加通风负担，而且瓦斯回收率低，浪费资源；如果管理不好，抽采巷道密闭不严，不仅抽出的瓦斯浓度低，而且巷道内易引起自然发火。因此，目前应用很少。

(2) 钻孔预抽。图 8-9 为钻孔预抽本煤层瓦斯时的钻场、钻孔和管路的布置示意图。这种方法由于钻孔贯穿煤层，钻孔与煤层的层理面或垂直或斜交，瓦斯很容易沿层理面流入钻孔，有利于提高抽采效果。此外，抽采工作是在采煤和掘进之前进行的，所以能使生产过程中的瓦斯涌出量大大减少。由于被抽采煤层没受采动影响，煤层压力没有较大的变化（未卸压），因此，对于透气性低的煤层，可能达不到预抽效果。这种方法适用于煤层瓦斯含量较大，透气性较好和有一定倾斜角度的中、厚煤层。

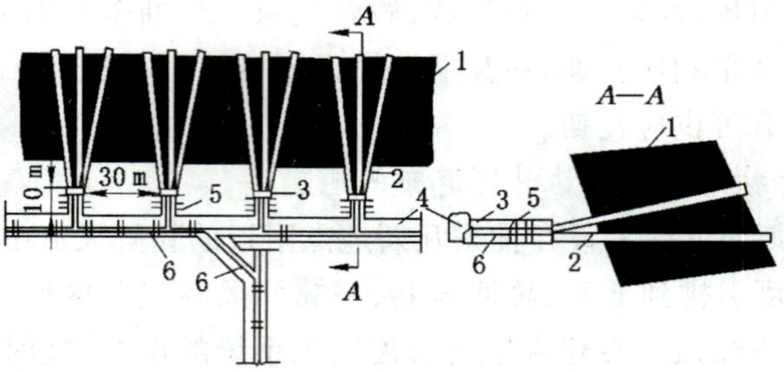

1—煤层；2—钻孔；3—钻场；4—运输大巷；
5—密闭；6—抽采瓦斯巷道

图 8-9　钻孔法预抽本煤层瓦斯钻场、钻孔和管路布置示意图

(3) 边采边抽。在煤层比较致密、透气性低、单纯用预抽方法达不到抽采效果，或者虽然煤层透气性较好，容易抽采，但因生产接续紧张，没有充分的预抽时间，开采时瓦斯涌出量较大时，往往采用边采边抽的方法，以弥补预抽的不足，如图 8-10 和图 8-11 所示。

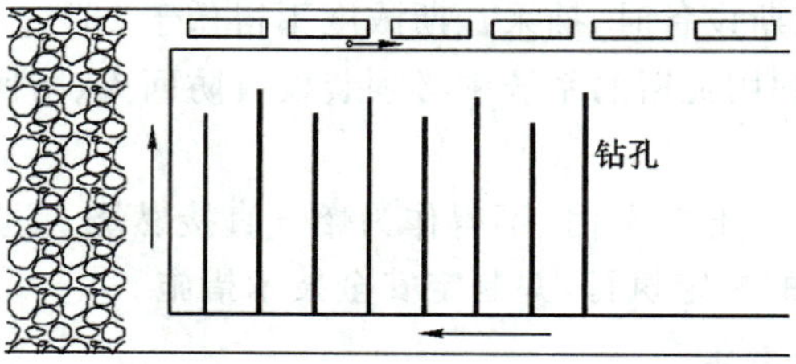

图 8-10　边采边抽钻孔布置方式(1)

边采边抽的方法适用于瓦斯大、时间紧、预抽不充分的地区及煤层透气性较小但有抽采可能的较薄或中厚煤层。

(4) 边掘边抽。如图 8-12 所示，随着工作面的不断推进，钻场和钻孔也要向前排列。这种方法由于工作面前方和巷道两帮的一定范围内形成了压力集中带，造成煤壁松动，因而煤体中解吸的瓦斯能直接被预抽出，从而大大减少巷道内的瓦斯涌出量。由于增加了掘钻场和打钻孔的工程量和时间，所以，对掘进工作面的掘进速度有一定影响。另外，这种方法只能降低掘进时的瓦斯涌出量，采煤时仍要打钻抽采。

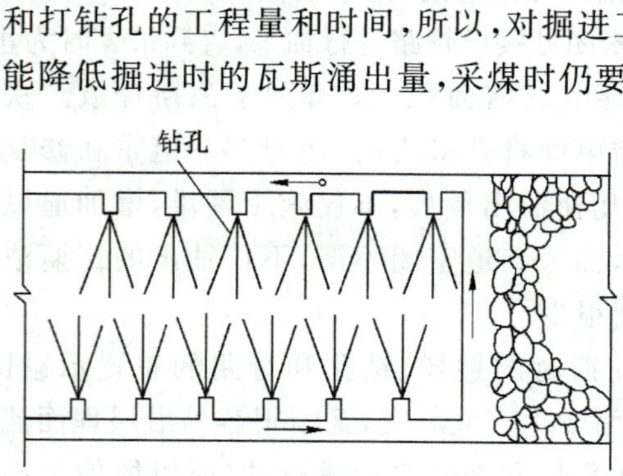

图 8-11　边采边抽钻孔布置方式(2)

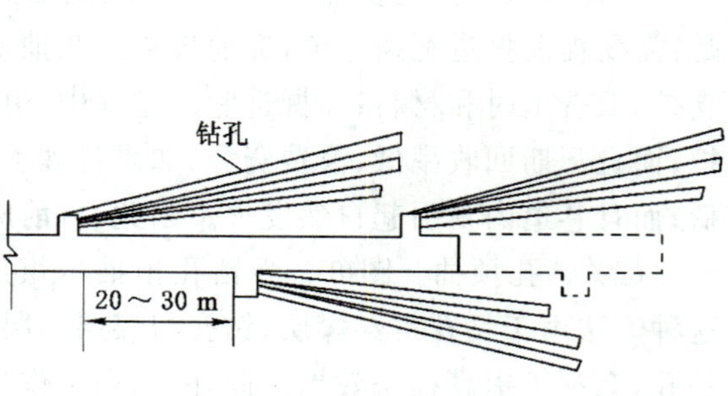

图 8-12　边掘边抽钻孔布置方式

边掘边抽的方法适用于预抽不充分或瓦斯涌出量大的煤巷掘进工作面，对透气性低的煤层也会获得一定效果。

2. 邻近层瓦斯抽采

在开采煤层群时，受采动影响，开采煤层上下一定距离内的其他煤层中的瓦斯就会沿着由卸压作用造成的裂隙流入开采煤层的工作面空间，这些煤层称为这一开采煤层的邻近层。为了解除邻近层涌出的瓦斯对开采煤层的威胁，从开采煤层或围岩大巷中间向邻近层打钻，抽采邻近层中的瓦斯，以减少邻近层由于受采动影响而向开采煤层涌出的瓦斯。这种瓦斯抽采称为邻近层瓦斯抽采，可分为上邻近层瓦斯抽采（抽采上邻近层中的瓦斯）和下邻近层瓦斯抽采（抽采下邻近层中的瓦斯）两种方式。

(1) 上邻近层瓦斯抽采。按抽采钻孔的布置位置，上邻近层抽采又分为开采煤层层内巷道打钻抽采和开采煤层层外巷道打钻抽采两种。开采煤层层内巷道打钻抽采，将钻场设在回风副巷内，然后由钻场向上邻近层打穿层钻孔进行抽采，如图 8-13 所示；开采煤层层外巷道打钻抽采，将钻场设在开采煤层顶板的岩巷中，由钻场向上邻近层打钻，每个钻场的钻孔多采用扇形排列，如图 8-14 所示。

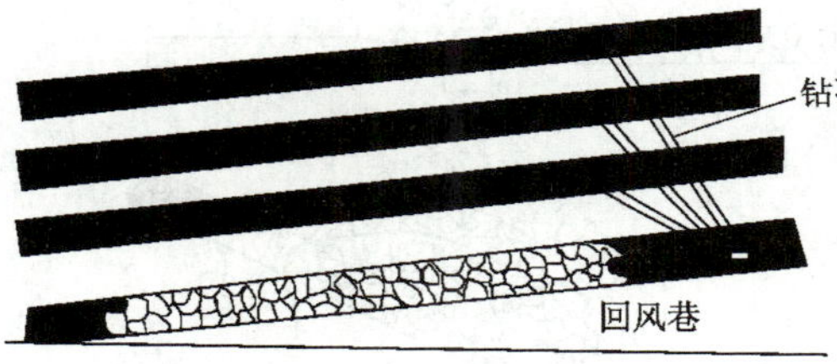

图 8-13 上邻近层瓦斯抽采钻孔位置布置示意图（层内）

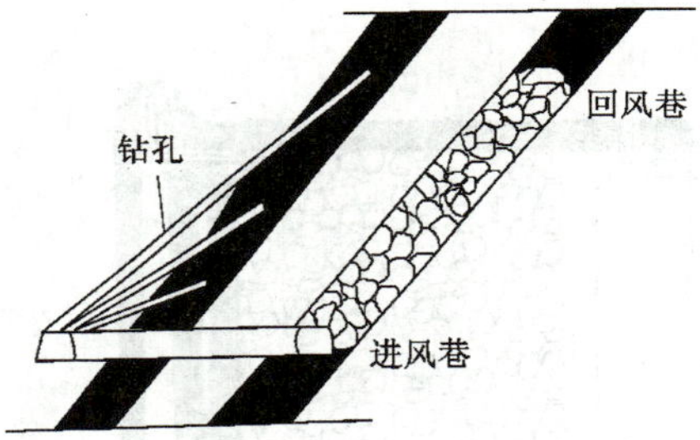

图 8-14 上邻近层瓦斯抽采钻孔位置布置示意图（层外）

(2) 下邻近层瓦斯抽采。与上邻近层瓦斯抽采一样，下邻近层瓦斯抽采也分为开采煤层层内和层外巷道打钻抽采两种。开采煤层层内巷道打钻抽采，将钻场设在工作面的进风正巷内，如图 8-15 所示；开采煤层层外巷道打钻抽采，将钻场设在开采煤层底板岩石巷道中，从钻场向下邻近层打穿层钻孔进行抽采，如图 8-16 所示。

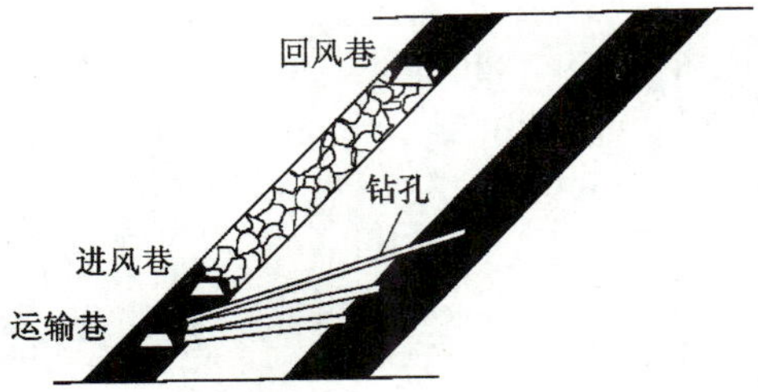

图 8-15 下邻近层瓦斯抽采钻孔位置布置示意图（层内）

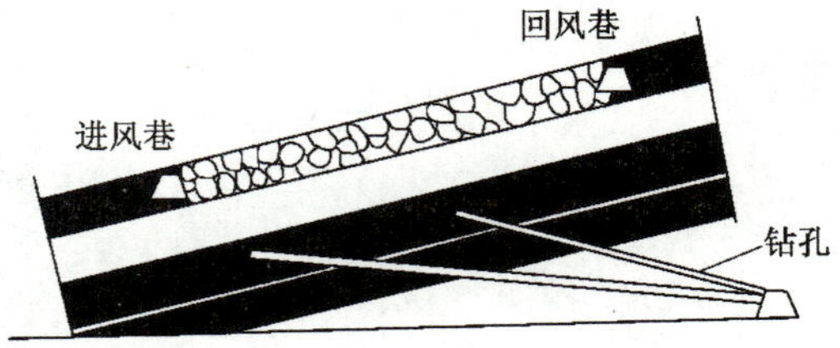

图 8-16 下邻近层瓦斯抽采钻孔位置布置示意图（层外）

3. 采空区瓦斯抽采

(1) 采空区瓦斯的主要来源：一是未能采出而被留在采空区的煤炭中存有一定数量的

残存瓦斯；二是顶板和周围煤岩中的瓦斯。采空区积聚的大量瓦斯，往往被漏风带入采煤工作面或生产巷道，影响正常生产。另外，有时由于大气压力或通风系统变化的影响，在工作面及采空区之间的压力平衡被破坏时，采空区的瓦斯会大量涌入工作面，威胁安全生产，甚至酿成重大事故。

(2) 采空区瓦斯抽采方法。

① 采煤工作面的采空区瓦斯抽采。对采煤工作面采空区的瓦斯抽采，应将采空区全部密闭，以防止向采空区漏风，在回风巷的密闭处插管进行抽采，如图 8-17 所示；也可以在回风巷每隔一定距离(30～50 m)掘一个斜口绕行巷道做钻场，由钻场向采空区上方打钻孔，使钻孔进入冒落带或裂隙带，然后将绕行巷道密闭并接设管路进行抽采，随着工作面的推进，不断掘出新的钻场(旧钻孔可继续使用)，如图 8-18 所示，这种方法适用于由采空区瓦斯涌出而引起的工作面瓦斯超限或上隅角瓦斯积聚。

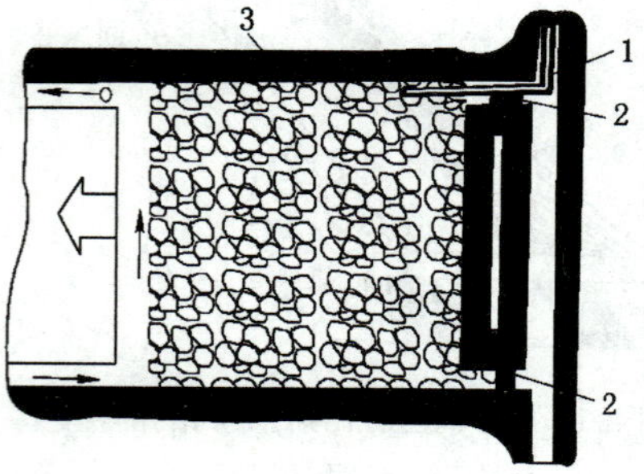

1—抽采瓦斯管路；2—密闭；3—采空区

图 8-17　采煤工作面采空区瓦斯抽采(1)

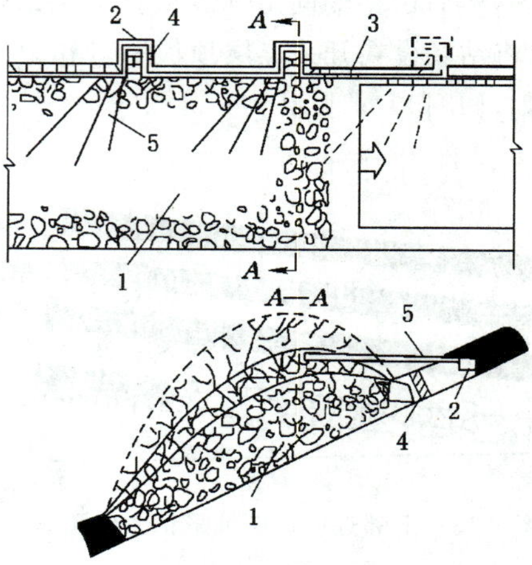

1—采空区；2—钻场；3—抽采瓦斯管路；4—密闭；5—钻孔

图 8-18　采煤工作面采空区瓦斯抽采(2)

② 采煤结束后的采空区瓦斯抽采。对采煤工作已结束的采区，可在进、回风巷道内修筑永久性密闭，两个密闭之间用河沙或黏土充满填实，并接设瓦斯管路进行抽采。

第三篇　实际操作技能

第九章　瓦斯检查工安全操作

本章培训与考核要点

- 了解瓦斯检查作业人员的上岗条件
- 掌握瓦斯检查操作的流程和手指口述

第一节　瓦斯检查作业的岗位安全操作

一、瓦斯检查作业人员的上岗条件

(1) 必须经过安全技术培训，取得安全技术工种操作资格证后，持证上岗。

(2) 需要掌握以下知识：《煤矿安全规程》有关风量、气体浓度、温度以及对瓦斯检查的规定；所使用仪器的性能、参数；熟悉矿井通风系统、各用风地点所需风量；瓦斯及其他有毒有害气体的相关知识和防治措施；瓦斯爆炸、煤与瓦斯突出事故发生的原因、规律和防治技术；熟悉入井人员的有关安全规定、各种灾害事故的避灾路线。

二、瓦斯检查的操作准备

(1) 准备瓦斯检查所需要的仪器：下井要带齐瓦斯检测仪、检查棍、胶皮管、温度计、手册及其他规定的仪器、用具。

(2) 瓦斯检查作业人员要对所要携带的瓦斯检测仪进行检查，要求做到部件完整、电路畅通、光谱清晰。

(3) 检查光学瓦斯检定器内所装的药品是否失效，如发现药品变色、失效，应该立即更换药品。

(4) 检查气路系统的气密性。

(5) 检查干涉条纹是否清晰：由目镜观察，按下按钮，同时旋转保护玻璃座调整视度，使得观察数字最清晰，再看干涉条纹是否清晰。

(6) 对仪器进行校正。

(7) 用新鲜空气清洗气室。

(8) 调整零位。

三、瓦斯检查的正常操作

(1) 测定地点一般在巷道顶板以下 20 cm 的位置,在有冒顶的巷道中,要将橡胶管伸入冒顶高处,由低到高逐渐向上检查,检查人员的头部不得伸入冒顶高处,以防缺氧窒息。

(2) 检查瓦斯浓度时,将调整好的零位瓦斯检测仪背在身上,把连接瓦斯入口的橡胶管或瓦斯检查棍伸入测定地点,然后慢慢握压吸气球 5～10 次,使得待测气体进入气室。按动粗读数按钮,观看目镜,查看原来零位黑线移动位置,读出整数;按动精读数按钮,转动测微手轮,将零位黑线移动到整数位置,再查看刻度盘上的读数,即为小数位;整数和小数相加,即为该地点的瓦斯浓度。

(3) 检查二氧化碳浓度时,应在靠近巷道底板 20 cm 处检查。在检查完瓦斯浓度后,拿掉二氧化碳吸收管,按上述操作在相同位置检查混合气体的浓度(即瓦斯和二氧化碳的浓度);混合气体的浓度减去瓦斯的浓度,再乘以 0.955,即为该处的二氧化碳浓度。

(4) 检查完瓦斯、二氧化碳等气体浓度及温度后,瓦斯检查作业人员要将检查结果及时记入瓦斯检查手册,然后填入检查地点的瓦斯检查牌板上,并将检查结果通知现场作业人员,由班组长或带班班长在瓦斯检查手册上签字。

(5) 瓦斯检查作业人员还应对沿途的通风设施、防尘设施的使用情况进行检查,发现问题及时汇报处理。

(6) 上井后,要根据瓦斯检查手册填写的数据,填写瓦斯报表,做到"牌板""手册""班报"三对口。

四、瓦斯检查的特殊操作

(1) 高瓦斯及煤与瓦斯突出矿井使用采煤机和掘进机的采掘工作面的跟机瓦斯检查作业人员,必须坚守岗位。当采煤机、掘进机工作时应在以下地点检查瓦斯:检查采煤机前后 20 m 内、距煤壁 30 cm、距顶板 20 cm 范围内的瓦斯。当局部积聚的瓦斯浓度达 2%或采煤机前后 20 m 内风流中瓦斯浓度达 1.5%时,应停止采煤机工作,切断工作面电源,立即进行处理;利用检查棍、胶皮管检查采煤机滚筒之间、距煤壁 30 cm、距顶板 20 cm 范围内的瓦斯。当瓦斯浓度达 2%时,应停止采煤机的工作,切断工作面电源,进行处理;处理不了的,应立即向通风部门及调度汇报。对于使用掘进机的掘进工作面,当掘进机工作时,应检查掘进的电动机附近 20 m 范围内及风筒出口至煤壁间风流中的瓦斯浓度。当瓦斯浓度达到 1.5%或掘进工作面回风流中瓦斯浓度达到 1%时,应停止掘进机工作,切断工作面电源,立即进行处理;处理不了的,应向通风调度汇报。

(2) 煤仓内的瓦斯检查及煤仓堵塞后的瓦斯检查与处理,应按矿技术负责人组织编制的措施进行。

(3) 高瓦斯矿井和煤与瓦斯突出矿井采掘工作面的专职瓦斯检查作业人员应认真执行"一炮三检""三人连锁放炮"制度,瓦斯检查作业人员不在现场不准爆破。

(4) 对于高瓦斯矿井和煤与瓦斯突出矿井的采掘工作面,应定点检查瓦斯和其他有害气体及温度等。需进行定点检查的地点包括采煤工作面采空区边缘、工作面风流、工作面的上隅角、高冒处、工作面刮板输送机及机尾附近和底部、局部漏顶处、局部通风机附近等。发现超限及有突出预兆时,应向通风调度汇报。

(5) 采煤工作面采空区爆破放顶时，采空区瓦斯浓度的检查范围应按技术负责人组织编制的措施中的有关规定执行，当瓦斯浓度超限时应立即停止爆破。

(6) 在临时停工地点(停风)检查瓦斯时，必须至少 2 人同行，携带氧气检测仪，并且相距 4～6 m，从外向里随时检查瓦斯和氧气浓度；瓦斯浓度达到 3%或其他气体浓度超过《煤矿安全规程》规定时，必须停止前进，并要按照《煤矿安全规程》规定排放有害气体，不能及时处理的要在 24 h 内进行密闭。

(7) 在临时停风地点检查瓦斯时，不准先开局部通风机进入迎头检查，应按照《煤矿安全规程》的要求检查，停风区内瓦斯浓度不超过 1%、二氧化碳浓度不超过 1.5%，并且局部通风机及其开关附近 10 m 范围内风流中的瓦斯浓度都不超过 0.5%时，方可开动局部通风机恢复正常通风。

(8) 对于可能存在的瓦斯积聚区，进行瓦斯检查，发现体积大于 0.5 m^3、浓度达到 2%时，附近 20 m 内必须停止工作，撤出人员，切断电源，进行处理，并向有关部门汇报。

(9) 在氧气浓度较低的环境，如盲巷、采空区、灾区等区域检测瓦斯，应注意便携式电子(光学)仪表检测误差较大。

(10) 矿井因为停电和检修主要通风机停止运转或通风系统发生重大变化(受到破坏)后，恢复正常通风后，所有受到影响的地点，必须经过瓦斯检查，证实无危险后方可恢复工作。

(11) 井下需要电焊、气焊、喷灯焊时的瓦斯检查，需按照编制的安全措施执行。

第二节　瓦斯检查工手指口述

(1) 岗位作业口述标准：仪器完好不可少，检查记录样样齐；巡查路线和时间，确保检测不漏点；盲巷停电和停风，检查无事再开工；瓦斯超限别慌乱，按照措施来排放；爆破作业要牢记，“一炮三检”不漏掉。

(2) 手指口述操作要领(表 9-1)：

表 9-1　手指口述操作要领

岗位作业流程	岗位作业操作要领	岗位作业安全确认
准备	检查上岗证、操作证	证件齐全、完好、有效，确认完毕
	检查劳动保护用品	劳动保护用品穿戴整齐，确认完毕
	检查工具、仪器(瓦斯检定仪、胶皮管、温度计、便携式瓦斯/氧气两用仪、一氧化碳检定器)	工具、材料、仪器齐全完好，确认完毕
	检查瓦斯检测仪	
	检查瓦斯检测仪各部件是否完好	各部件齐全完好，确认完毕
	“两药”检查：吸收 CO_2 的钠石灰为鲜艳的粉红色，颗粒粒径 3～5 mm；吸收水分的硅胶为深蓝色；要求药品颜色鲜艳，颗粒均匀，药量适当	药品颜色鲜艳，颗粒均匀，符合测定要求，确认完毕

表 9-1(续)

岗位作业流程	岗位作业操作要领	岗位作业安全确认
准备	检查“光路”	光谱清晰，确认完毕
	检查“电路”	电路畅通，确认完毕
	检查干涉条纹	干涉条纹清晰、宽窄适当，确认完毕
	检查胶皮管、温度计、瓦斯/氧气两用仪、一氧化碳检定器等	工具齐全完好，确认完毕
	清洗气室，仪器调零	气室已清洗、仪器已调零，确认完毕
检查及处理	按照规定的时间、地点进行交接班，询问上班瓦斯检查工工作地点的瓦斯情况和“一通三防”情况	瓦斯情况及“一通三防”情况了解清楚，确认完毕
	检查责任范围内的“一通三防”设施是否完好	设施完好，确认完毕
	检查工作范围内瓦斯检查牌板的完好情况	牌板齐全完好，确认完毕
	检查工作面风流、风向与通风系统图是否一致	风流、风向正确，确认完毕
	检查出的问题要立即处理	问题已处理，确认完毕
操作顺序	领取仪器→检查仪器→调试仪器→接班→按布点路线及时间检测气体→读数→记录现场数据→填写牌板→分析数据→问题处理→填报表	熟悉操作顺序，确认完毕
操作	检查瓦斯：按照巡回路线及时间依次检查工作面及其他地点的瓦斯及混合气体含量	
	瓦斯检查：将胶皮管伸向测点(距巷道顶板 200 mm 以下处)，手压吸气球 5～10 下，待测气体进入气室，打开目镜护盖，观察瓦斯含量	浓度××，记录正确，确认完毕
	二氧化碳的检查：在测定地点距离底板 200 mm 以上处，首先测出该点的瓦斯浓度，然后拔开二氧化碳吸收剂管，将仪器吸气嘴伸向同一地点，同测瓦斯浓度一样，测出该处混合气体的浓度，混合气体浓度减去瓦斯浓度乘以 0.955 即为该地点二氧化碳的浓度	二氧化碳浓度××，记录正确，确认完毕
	检查后的作业：检查后及时填写记录手册	手册填写正确，确认完毕
	第一次填写牌板时，要将前一天同班次的检查数据全部擦净，然后依据本班每次检查结果依次填明日期、时间、检查人	牌板填写正确，确认完毕
	及时将牌板移到离工作面较近且安全易见地点	牌板位置正确，确认完毕
	检查完后及时向通风调度汇报	汇报翔实，确认完毕

表9-1(续)

岗位作业流程	岗位作业操作要领	岗位作业安全确认
操作	盲巷瓦斯检查:盲巷应严格按照有关规定进行管理,如果进入盲巷检查瓦斯及二氧化碳时,要携带氧气检定仪,一人在前一人在后相距 4～6 m 左右,边走边检查,当瓦斯、二氧化碳浓度达到 3%或氧气浓度低于 18%时,必须停止前进,立即退出,设好栅栏,设置警标,汇报通风调度。如恢复盲巷工作,应制定排放瓦斯措施,并按照措施进行工作	盲巷瓦斯检查与处理按照措施执行,确认完毕
	临时停电停风处理:如因故临时停电停风,而需对临时停风巷道检查时,可由一人检查一人陪同,由外向里,边走边检查,当瓦斯浓度达 1%或二氧化碳浓度达 1.5%时,停止前进,立即退出,设好栅栏,设置警标,并汇报通风调度	按照措施执行,确认完毕
	主要通风机突然停电、停风处理:主要通风机突然停电、停风,要及时通知受影响区域人员切断电源,撤到进风巷道,并向通风调度汇报,按照指示进行工作	按照措施撤人并汇报,确认完毕
	局部通风机停电、停风处理:发现局部通风机停电、停风,要将局部通风机通风地段的人员撤到全风压供风巷道中,在巷口设置警标,并向通风调度汇报	按照措施执行,确认完毕
	瓦斯积聚或超限处理:发现瓦斯积聚或超限,立即通知超限地区的人员停止作业,切断电源,撤出险区,在通向超限区的所有入口处设置警标,并查明原因,及时汇报通风调度,并按照通风调度的指示进行处理	按照措施处理,确认完毕
	如发现风流异常,要查明原因,及时汇报通风调度	原因查明,汇报通风调度,确认完毕
收尾	向接班人交代本班情况:接班人到达接班地点后,主动向接班人交代当班的瓦斯检查情况及本班所存在的问题,交接中双方要对存在的问题全面检查,并整改落实后,双方在交接班手册上签字	交接清楚,落实问题,确认完毕
	汇报当班各点瓦斯检查情况,填写有关记录台账	汇报清楚,记录翔实,确认完毕

第三节 瓦斯检查工安全操作口诀

一、岗位责任

煤矿瓦斯检查员，责任重大任务繁。
初中以上可担任，专业技术要熟练。
特种作业严培训，持证上岗保安全。
检查瓦斯和温度，通防设施常运转。
熟悉通风系统图，通防标准心有数。
按照规定来检查，严禁假检和空、漏。
执行规程与规定，填写牌板和记录。
局部瓦斯超了限，及时处理莫迟延。
发现通防存隐患，停工、汇报、处理完。
瓦检工作不寻常，必须井下交接班。

二、安全操作

1. 操作前准备工作

瓦斯仪器最重要，入井之前检验好。
首先药品高质量，电路气路都通畅。
条纹清晰精度准，遵章操作要细心。
检查棍，胶皮管，记录表格温度计。
若是煤层有自燃，莫忘携带检定器。
仪表齐全性能好，检查区域要熟悉。

2. 检查瓦斯操作

瓦检工作责任重，检查先要方法明。
井下新鲜空气中，清洗气室再对零。
检查气体浓度时，操作要领必记清。
二氧化碳与甲烷，检查方法各不同。
甲烷浓度先测出，后把吸收管去除。
混合浓度减甲烷，二氧化碳浓度全。
所有采掘工作面，进风回风全查遍。
煤壁、高冒、上隅角，认真检查要把握。
硐室以及爆破点，瓦斯浓度也须检。
现场如果要爆破，三人连锁要做到。
“一炮三检”严执行，检查瓦斯按规程。
巡回检查瓦斯时，次数、顺序须牢记。
查后记录写班报，值班调度要汇报。
瓦斯牌板作警示，填写吊挂莫忽视。
监测装置传感器，记录结果报上线。

发现局部有异常，采取措施莫惊慌。
瓦检工作不一般，必须现场交接班。

3. 特殊地点检查瓦斯的操作

高突矿井瓦检工，检查瓦斯莫放松。
采掘工作机械化，瓦检必须跟机查。
煤仓若要查瓦斯，本矿总工定措施。
高突矿井采掘面，配备专职瓦检员。
“一炮三检”严执行，爆破、检查遵规程。
高突矿井采掘面，测气测温须定点。
发现超限快停工，断电、处理汇报清。
强制放顶爆破时，按照规定查瓦斯。
如若瓦斯超了限，停止爆破莫迟缓。

4. 操作中的注意事项

检查瓦斯有顺序，自身安全须注意。
高冒、隅角、老塘边，使用小棍送胶管。
由低到高逐步查，人员站在安全点。
头部切忌超高度，以防缺氧而窒息。
废巷、盲巷、停风点，测气只准隔栅栏。
若须进入盲洞内，救护队员来承担。
携带仪器要保护，不准碰损防丢失。
出现故障莫乱修，升井交给检修员。
检定仪器莫私存，升井交给保管员。
排放聚积瓦斯前，必先撤人断电源。
按照措施来排放，限量控制保安全。

第十章 瓦斯检查与管理

本章培训与考核要点

- 熟练掌握井巷、采煤工作面、掘进工作面及其他地点的瓦斯检查方法
- 掌握矿井瓦斯管理的规章制度
- 熟练掌握排放瓦斯的方法
- 掌握巷道贯通时在通风、瓦斯管理上的要求

第一节 矿井瓦斯检查的方法

矿井瓦斯检查方法是瓦斯检查作业人员必须熟练掌握的基本技能。正确选用不同的测定方法，准确地检查甲烷浓度，能准确地反映井下不同地点、不同时间的瓦斯涌出情况，以便进行风量分配与调节，从而达到安全、经济、合理通风。防止和及时发现瓦斯超限或积聚，并采取针对性措施妥善处理对于防止瓦斯事故的发生都是十分重要的。

一、巷道风流与回风流瓦斯检查的方法

1. 巷道风流

巷道风流是指距巷道的顶板、底板和两帮有一定距离的巷道空间内的风流。在设有各类支架的巷道中，是距支架 50 mm 和巷道底板 200 mm 的巷道空间；在不设支架或用锚喷、砌碹支护的巷道中，是距巷道的顶板、底板和两帮各为 200 mm 的巷道空间。

2. 检查方法

测定巷道风流瓦斯和二氧化碳浓度时应该在巷道空间风流中进行。

(1) 当测定地点风流速度较大时，无论测瓦斯还是二氧化碳检测仪进气管口都应位于巷道中心点风速最快的部位进行。连续测 3 次取其平均值。

(2) 当测定地点风速比较慢时，检测仪的进气管口应根据不同气体的比重来确定位置，测定甲烷或氢气、氨气等气体时，应该在巷道风流的上部(风流断面全高的上部约 1/5 处)进行抽气，连续测定 3 次，取其平均值。测定二氧化碳(硫化氢、二氧化氮或二氧化硫等)浓度时，应在巷道风流的下部(风流断面全高的下部 1/5 处)进行抽气，首先测出该处甲烷浓度，然后去掉二氧化碳吸收管，测出该处甲烷和二氧化碳混合气体浓度，后者减去前者，再乘以校正系数即是二氧化碳的浓度，这样连续测定 3 次，取其平均值。

3. 注意事项

(1) 矿井总回风或一翼回风中瓦斯或二氧化碳的浓度测定，应在矿井总回风或一翼回风的测风站内进行。

(2) 采区回风中瓦斯或二氧化碳的测定，应在该采区所有的回风流汇合稳定的风流中进行，其测定部位和操作方法与在巷道风流中进行的测定相同。

(3) 测定位置应尽量避开由于材料堆积冒顶等原因造成的巷道断面变化而引起的风速变化大的区域。

(4) 注意自身安全，防止冒顶、片帮、运输等其他事故的发生。

二、采煤工作面瓦斯检查的方法

1. 采煤工作面风流与采煤工作面回风流

采煤工作面风流是指距煤壁、顶板(岩石、煤或假顶)、底板、两帮(煤、岩石或充填材料)各为 200 mm (小于 1 m 厚的薄煤层采煤工作面距顶、底各为 100 mm)和以采空区的切顶线为界的采煤工作面空间内的风流。采用充填法管理顶板时，采空区一侧应以挡矸、砂帘为界。采煤工作面回风隅角以及一段未放顶的巷道空间至煤壁线的范围内的空间风流，都按采煤工作面风流处理。

采煤工作面回风流是指采煤工作面回风侧从煤壁线开始到采区总回风范围内，锚喷、锚网锁等支护距煤壁、顶板、底板各 200 mm 的空间范围内的风流。支架支护时是距棚梁、棚腿 50 mm 的巷道空间范围内的风流。

2. 采煤工作面瓦斯的检查方法

(1) 采煤工作面需测定瓦斯和二氧化碳的地点。工作面进风流(指进风平巷至工作面煤壁线 10～15 m 以外的风流)；工作面风流(指距煤壁、顶板、底板各 200 mm 和以采空区切顶线为界空间的风流)；上隅角(指采煤工作面回风侧最后一架棚处)；工作面回风流(指距采煤工作面 10 m 以外的回风平巷内不与其他风流汇合的一段风流)。

(2) 测定步骤：应由进风侧或回风侧开始，逐段检查，检查甲烷浓度和检查局部瓦斯积聚同时进行，同时还应测取温度；测定甲烷浓度时应在巷道风流的上部进行，测定二氧化碳浓度时应在巷道风流下部进行；测点选择正确，无遗漏，每个测点连续测定 3 次，取其最大值作为测定结果和处理标准；准确清晰地将测定结果分别记入瓦斯检查班报手册和检查地点的记录板上，并通知现场工作人员。

3. 注意事项

(1) 初次放顶前的采空区内应选点测定。

(2) 重点检查采煤工作面的上隅角。因为此区域是采面风流拐角处，风流不易带走瓦斯，同时此区域又是采空区瓦斯涌出的通道，易造成瓦斯积聚。

(3) 准确地掌握《煤矿安全规程》对井下不同地点的甲烷浓度的要求及措施。发现瓦斯或二氧化碳超限或积聚等隐患时，积极采取有效措施进行处理，并向有关领导和地面调度室汇报。

(4) 在检查的附近还应注意通风及其他设施是否存在问题，发现问题及时汇报。

(5) 另外，还应注意自身安全，防止冒顶、片帮、运输等因素可能造成的危害。测点应选在顶板或支护完好的地点。

三、掘进工作面瓦斯检查的方法

1. 掘进工作面风流及回风流

掘进工作面风流，是指掘进工作面到风筒出风口这一段巷道中按巷道风流划定法划定的空间中的风流。掘进工作面回风流，是指掘进工作面的风筒出口以外的回风巷道中按巷道风流划定法划定空间中的风流。

2. 瓦斯检查方法

掘进工作面测定瓦斯和二氧化碳浓度的地点，应根据掘进巷道布置和通风方式确定。掘进工作面风流中瓦斯和二氧化碳浓度的检查测定地点：应选取在工作面上部，左右角距顶、帮、工作面各 200 mm 处测定甲烷浓度；工作面第一架棚左、右柱窝距帮底各 200 mm 处测定二氧化碳浓度。其测定方法与巷道风流中的测定相同，并各取其最大值作为检查结果和处理依据。

(1) 单巷掘进采用压入式通风时，掘进工作面回风巷风流中甲烷浓度和二氧化碳浓度的测定，如图 10-1 所示，在其回风巷道风流中进行，并取最大值为测定结果和处理标准。

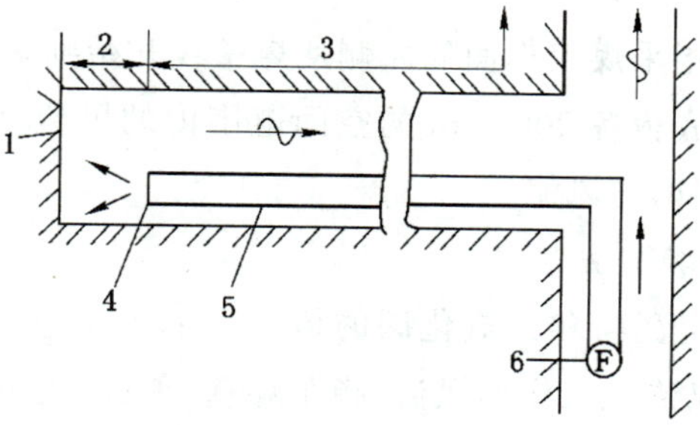

1—掘进工作面；2—掘进工作面风流；3—掘进工作面回风巷风流；
4—风筒出风口；5—风筒；6—压入式局部通风机

图 10-1 单巷掘进采用压入式局部通风时
掘进工作面和掘进工作面回风巷风流划分示意图

(2) 单巷掘进采用混合式通风时，掘进工作面回风巷风流中的瓦斯和二氧化碳浓度的测定，如图 10-2 所示，在其回风巷风流中①、②和③处测定，并取其最大值为测定结果和处理标准。

(3) 双巷掘进采用压入式通风时，掘进工作面回风巷风流中瓦斯和二氧化碳浓度的测定，如图 10-3 所示，在其回风巷风流中测定，并取其最大值为测定结果和处理标准。

3. 注意事项

(1) 检查工作应由外向内依次进行。当甲烷浓度超过 3.0% 或其他有害气体浓度超过规定时，立即停止前进，撤退到进风流中，并通知有关人员和部门进行处理。

(2) 首先应检查局部通风机安设位置是否符合规定，是否发生循环风以及是否挂牌并有专人管理。

(3) 在检查风流瓦斯的同时，还必须注意检查有无局部瓦斯积聚。

(4) 检查风筒末端至工作面距离及供风量是否合乎规定及风筒吊挂和安设质量、风筒有无破口等。

四、盲巷瓦斯的检查方法

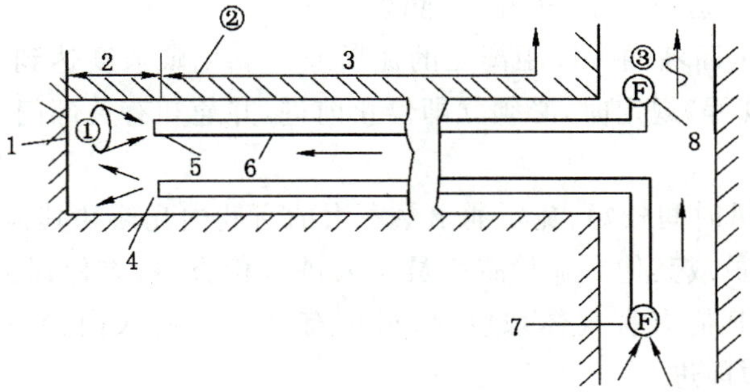

1—掘进工作面；2—掘进工作面风流；3—掘进工作面回风巷风流；
4—风筒出风口；5—风筒吸风口；6—风筒；7—压入式局部通风机；
8—抽出式局部通风机

图 10-2　单巷掘进采用混合式通风时
掘进工作面和掘进工作面回风巷风流划分示意图

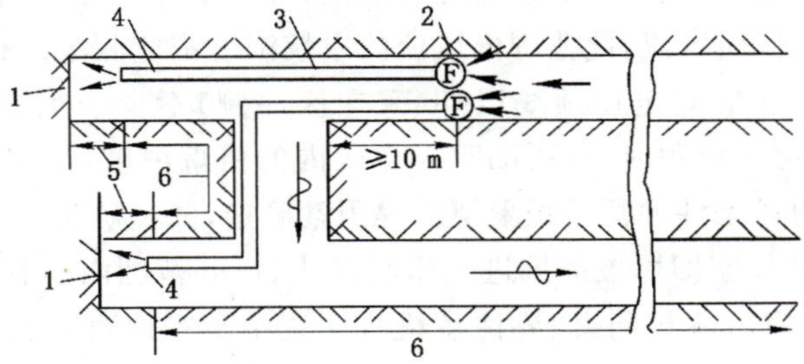

1—掘进工作面；2—压入式局部通风机；3—风筒；
4—风筒出风口；5—掘进工作面风流；6—掘进工作面回风巷风流

图 10-3　双巷掘进采用压入式通风时
掘进工作面和掘进工作面回风巷风流划分示意图

1. 盲巷

凡不通风或通风不良(包括临时停风的掘进区)且长度大于 6 m 的独头巷道，统称为盲巷。

2. 检查方法

由于巷道内不通风，如果瓦斯涌出量大或停风时间长，便会积聚大量的高浓度瓦斯，因此进入盲巷内检查瓦斯和其他有害气体时要特别小心谨慎。先检查盲巷入口处的瓦斯和二氧化碳，其浓度小于 3.0％方可由外向内逐渐检查，不可直接进入盲巷检查。

在水平盲巷检测时，应在巷道的上部检测瓦斯，在巷道的下部检测二氧化碳。在上山盲巷检测时，应重点检测甲烷浓度，要由下而上直至顶板进行检查，当甲烷浓度达到 3％时应立即停止前进。在下山盲巷检测时，应重点检测二氧化碳浓度，要由上而下直到底板进行检测，当二氧化碳浓度达到 3％时，必须立即停止前进。

3. 注意事项

(1) 检查工作应由专职瓦斯检查作业人员负责进行。检测前要首先检查自己的矿灯、自救器、瓦斯检定器等有关仪器，确认完好、可靠后方可开始工作。在进行检测过程中，要精神集中、谨慎小心，不可造成撞击“火花”等隐患。

(2) 盲巷入口处或盲巷内一段距离处的瓦斯或二氧化碳浓度达到3%或其他有害气体浓度超过《煤矿安全规程》规定时，必须立即停止前进，并通知有关部门采取封闭等措施进行处理。

(3) 检查临时停风时间较短、瓦斯涌出量不大的盲巷内瓦斯和其他有害气体浓度时，可以由瓦斯检查作业人员或其他专业检查人员1人进入检查；检查停风时间较长或瓦斯涌出量大的盲巷内瓦斯和其他有害气体浓度时，最少有2人一起入内检查，2人应拉开一定距离，一前一后边检查边前进。

(4) 在检查瓦斯、二氧化碳浓度的同时，还必须检测氧气和其他有害气体的浓度，超过规定或有异味等现象时，应停止前进，以防止发生中毒或窒息事故。

(5) 测定时应站在顶板两帮及支护较好地点，并小心谨慎以防因碰撞而造成冒落伤人。

五、其他地点瓦斯的检查方法

1. 采掘工作面爆破地点附近20 m范围风流中甲烷浓度的检查方法

采煤工作面爆破地点附近20 m范围内的风流，即爆破地点沿工作面煤壁方向两端各20 m范围内的采煤工作面风流，此范围内风流的甲烷浓度都应测定。长壁式采煤工作面采空区内顶板未冒落时，还应测定切顶线以外(采空区一侧)不少于1.2 m范围内的甲烷浓度。在采空区侧打钻爆破放顶时，也要测定采空区内的甲烷浓度，测定范围应根据采高、顶板冒落程度、采空区通风条件和瓦斯积聚情况等因素确定，并经矿工程师批准。掘进工作面爆破地点20 m以内的风流即爆破的掘进工作面向外20 m范围内的巷道风流，其甲烷浓度测定部位和方法与巷道风流相同，但要注意检查测定本范围内盲巷、冒顶的局部瓦斯积聚情况。

在上述范围内进行甲烷浓度测定时，都必须取其最大值作为测定结果和处理依据。

2. 采掘工作面电动机及其开关附近20 m范围风流中甲烷浓度的检查方法

在采煤工作面中，电动机及其开关附近20 m以内风流即电动机及其开关所在地点沿工作面风流方向的上风流端和下风流端各20 m范围内的采煤工作面风流。在掘进工作面中，电动机及其开关附近20 m以内风流即电动机及其开关地点的上风流端和下风流端各20 m范围内的巷道风流。

在测定采掘工作面电动机及其开关附近风流甲烷浓度时，对上风流端和下风流端各20 m范围内风流中的甲烷浓度都要测定，并取其最大值作为测定结果和处理依据。

3. 高冒区及突出孔洞内的瓦斯检查方法

高冒区由于通风不良容易积聚瓦斯，突出孔洞未通风时里面积聚有高浓度瓦斯，检查时都要特别小心，防止瓦斯窒息事故发生。

检查瓦斯时，人员不得进入高冒区域及突出孔洞内，只能用瓦斯检查棍或长胶管伸到里面去检查。应由外向里逐渐检查，根据检查的结果(甲烷浓度、积聚瓦斯量)采取相应的措施进行处理。当里面甲烷浓度达到3.0%或其他有害气体浓度超过规定时，或者瓦斯检查棍等无法伸到最高处检查时，则应进行封闭处理。

4. 爆破过程中的瓦斯检查方法

井下爆破是在极其特殊而又恶劣的环境中进行的。爆破时煤(岩)层中会释放出大量的瓦斯，并且容易达到燃烧或爆炸浓度，爆破时产生火源，就会造成瓦斯燃烧或爆炸事故。

“一炮三检制”即每一次爆破过程中在装药前、爆破前、爆破后都必须检查瓦斯，爆破作业人员、班组长、瓦斯检查作业人员都必须检查。具体实施过程是：采掘工作面及其他爆破地点，装药前必须检查附近 20 m 范围内瓦斯，甲烷浓度达到 1.0%时，不装药。爆破前（距起爆时间不能太长，否则爆破地点及其附近瓦斯可能超限），检查爆破地点附近 20 m 范围和回风流中瓦斯，当达到 1%时，均不准爆破。爆破后至少等候 15 min（突出危险工作面至少 30 min），并待炮烟吹散后，瓦斯检查作业人员在前、爆破作业人员居中、班组长在后一同进入爆破地点检查瓦斯及爆破效果等情况。

5. 煤仓、水仓等特殊地点的瓦斯检查方法

(1) 煤仓、水仓等特殊地点的瓦斯检查点的选定应以能相对准确地反映该区域的瓦斯情况为准则。

(2) 清理水仓前的瓦斯检查应重点检查二氧化碳浓度和氧气浓度，以防发生窒息事故。

(3) 煤仓施工等的瓦斯检查应同时检查瓦斯和二氧化碳的浓度。

六、采掘工作面和机电硐室空气温度的测定方法

井下空气温度是决定矿井气候条件的因素之一。为了给井下人员创造良好的气候条件，保证人员的身体健康和提高劳动生产率。《煤矿安全规程》规定采掘工作面空气温度超过 26 ℃、机电设备硐室的空气温度超过 30 ℃时，必须缩短超温地点工作人员的工作时间，并给予高温保健待遇。采掘工作面的空气温度超过 30 ℃、机电设备硐室空气温度超过 34 ℃时，必须停止作业。

矿井空气温度的测定，一般使用经过校正的最小分度为 0.5 ℃的温度计，空气温度的测定时间一般在上午 8 时到下午 4 时内进行，在其他工作时间也要测定，以掌握空气温度变化情况。

1. 采掘工作面空气温度的测定方法

(1) 测定长壁式采煤工作面空气温度的测点应选在运煤道空间中央距回风道口 15 m 处的风流中。采煤工作面串联通风时要分别测定。

(2) 测定掘进工作面空气温度的测点，应选在工作面距迎头 2 m 处的回风流中。

(3) 采掘工作面的温度测点不应靠近人体、机械制冷设备，至少要距离 0.5 m。

2. 机电设备硐室温度的测定方法

机电设备硐室的空气温度测点，应选在硐室回风口的回风流中。

七、瓦斯检查过程中常见的人身安全事故及其预防

(1) 因瓦检员多数是单独作业，因此要休息好，集中精力保持清醒的头脑。

(2) 了解矿井的通风线路及采掘大致情况，熟悉自己的测定区域及其范围的巷道情况及避灾路线。

(3) 认真检查保护好便携式光学瓦斯检定器，出现故障要及时修理，防止因便携式光学瓦斯检定器不准而造成事故。

(4) 做好下井前的准备工作，带齐各种器具，防止无法检查或没法记录。

(5) 检查高冒地点采煤工作面上隅角、采空区边缘的瓦斯时要站在支护完好的地点，用木棍将胶管送到检查地点，由下向上检查，检查人员的头部切忌超越检查的高度，以防缺氧

窒息。

(6) 检查废巷、盲巷和临时停风的掘进工作面及密闭墙处的瓦斯、二氧化碳及其他有害气体时，只准在栅栏处检查，必须进入废巷、盲巷内检查时，应遵守盲巷内检查的有关规定。

(7) 在运输巷道中检查时，应防止运输事故的发生。遵守行车不行人等安全规定，特别应注意跨越胶带、刮板输送机时的安全。

第二节　矿井瓦斯管理

一、瓦斯检查制度

1. 瓦斯检查制度的内容

《煤矿安全规程》规定：矿井必须建立甲烷、二氧化碳和其他有害气体检查制度。

矿井瓦斯检查制度的主要内容有：

(1) 每月根据矿井生产部署和工作安排编制矿井瓦斯检查计划图表，其内容应包括瓦斯检查地点、检查次数、巡回检查路线、巡回检查时间、检查人员的安排等。计划图表报矿总工程师批准后实施。

(2) 瓦斯检查作业人员的配备必须符合《煤矿安全规程》中有关规定和安全生产的需要。有煤(岩)与瓦斯突出危险的采掘工作面、有瓦斯喷出危险的采掘工作面和瓦斯涌出量较大、变化异常的采掘工作面必须设专人经常检查，并安设甲烷断电仪。其他采掘工作面(地点)瓦斯检查作业人员的配备，可以不设专人检查，但必须满足"三人连锁放炮制"和安全生产的需要。

(3) 瓦斯检查作业人员必须具有一定的煤矿实践经验，掌握一定的通风、瓦斯知识和技能，经专门培训，考核合格，持证上岗。在岗的瓦斯检查作业人员要进行定期培训，每次培训后都要考核、考试，不合格者不能上岗。

(4) 矿长、矿总工程师、爆破工、采掘区队长、通风区队长、工程技术人员、班长、流动电钳工等下井时，必须携带便携式甲烷检测报警仪。瓦斯检查工必须携带便携式光学甲烷检测仪和便携式甲烷检测报警仪。安全监测工必须携带便携式甲烷检测报警仪。

(5) 瓦斯检查作业人员必须严格执行瓦斯巡回检查制度和请示报告制度，并认真填写瓦斯检查班报。每次检查结果必须记入瓦斯检查班报手册和检查地点的记录牌板上，并通知现场工作人员。甲烷浓度超过规定时，瓦斯检查作业人员有权责令现场人员停止作业，将人员撤到安全地点。

(6) 瓦斯检查作业不得发生空班、漏检、假检，并做到井下记录牌板、检查手册、瓦斯日报"三对口"。

(7) 瓦斯检查作业必须严格执行交接班制度。

(8) 在有自然发火危险的矿井，必须定期检查一氧化碳浓度、气体温度等的变化情况。

(9) 瓦斯检查作业人员每班必须向通风值班室汇报检查的情况。汇报的次数由矿总工程师根据矿井生产、安全状况、井下环境条件的实际情况确定；瓦斯检查作业人员发现问题或隐患时必须及时汇报。

(10) 任何人检查瓦斯时，都不得进入瓦斯及二氧化碳浓度超过3%的区域或其他有害气体浓度超过《煤矿安全规程》规定的区域。否则，必须制定切实可靠的安全措施，报矿总工程师批准，并严格按措施的要求执行。

(11) 通风部门的值班人员，必须审阅瓦斯班报，掌握瓦斯变化情况，发现问题，及时处理，并向矿调度室汇报。

(12) 通风瓦斯日报，必须送矿长、矿技术负责人审阅，一矿多井的矿必须同时送井长、井技术负责人审阅。对重大通风、瓦斯问题，应制定措施，进行处理。

(13) 瓦斯检查牌板包括如下内容：日期、班次、地点、甲烷浓度、二氧化碳浓度、一氧化碳浓度、温度、检查人、检查时间。

(14) 停风时间不超过 24 h 的为临时停风。临时停风地点必须在独头巷道口不超过 3 m 处设置栅栏、挂明显警标牌或派专人在巷道口的新鲜风流中看守，严禁人员入内。

(15) 瓦斯管理重点区的掘进巷道临时停风恢复通风时，要在检查瓦斯、二氧化碳浓度的同时检查氧气。

2. 瓦斯检查作业的交接班制度

矿井必须建立瓦斯检查作业井下交接班制度，该制度的主要内容包括：

(1) 井下交接班地点。配备有专职瓦斯检查作业人员时，采煤工作面在回风巷入口的新鲜风流处交接班，掘进工作面在局部通风机处交接班，其他交接班地点由矿总工程师根据矿井的实际情况确定。

(2) 瓦斯检查作业人员井下交接班时间。交接班时间由矿总工程师根据矿井工作制度，以及人员出入井所需要的时间等因素确定，瓦斯检查作业人员不能提早离开检查地点到交接班地点等候交班，应避免分工区域出现长时间无人检查监视通风、瓦斯的状况。

(3) 交班内容。交接班时，交班瓦斯检查作业人员要交清如下几个内容：分工区域内的通风及通风系统、瓦斯、煤尘、防突、防火、爆破、局部通风和生产情况有无异常，是否需要下一班处理及应采取的措施；分工区域内的各种通风安全设施、装备的运行情况，是否需要维修、增加或拆除；分工区域内发生的各种“一通三防”隐患，当班处理的情况和需要继续处理的内容；有关领导交办工作的落实情况和需要请示的问题；其他应该交清的工作内容。

(4) 交接班要做到“上不清下不接”。接班人对交班内容了解清楚后，交接班人员都必须在交接班手册(或记录本)上签字，记录备查。

(5) 防止“空岗”。交班时，如果下一班的瓦斯检查作业人员未到班，交班瓦斯检查作业人员必须请示值班领导，由值班领导决定是由交班瓦斯检查作业人员继续进行下一班的瓦斯检查工作，还是由地面另派瓦斯检查作业人员。无论采取何种方式，都不能中断瓦斯检查工作。为了防止发生“空岗”，通风部门值班领导(或班组长)在每班上班之前要详细清点瓦斯检查作业人数。

3.《煤矿安全规程》对瓦斯检查地点与检查次数的规定

(1) 矿井瓦斯检查的地点。井筒施工以及开拓新水平的井巷第一次接近各开采煤层时，必须按掘进工作面距煤层的准确位置，在距煤层垂距 10 m 以外开始打探煤钻孔，钻孔超前工作面的距离不得小于 5 m，并有专职瓦斯检查工经常检查瓦斯。岩巷掘进遇到煤线或接近地质破坏带时，必须有专职瓦斯检查工经常检查瓦斯，发现瓦斯大量增加或其他异状时，必须停止掘进，撤出人员，进行处理。所有采掘工作面、硐室、使用中的机电设备的设置地点、有人员作业的地点都应纳入检查范围。

(2) 瓦斯及二氧化碳检查次数。采掘工作面的甲烷浓度检查次数：低瓦斯矿井中每班至少 2 次；高瓦斯矿井中每班至少 3 次；突出煤层的采掘工作面，有瓦斯喷出危险的采掘工作面和瓦斯涌出较大、变化异常的采掘工作面，必须有专人经常检查，并安设甲烷传感器。

采掘工作面二氧化碳浓度应每班至少检查 2 次；有煤（岩）与二氧化碳突出危险的采掘工作面，二氧化碳涌出量较大、变化异常的采掘工作面，必须有专人经常检查二氧化碳浓度。对于未进行作业的采掘工作面，可能涌出或积聚瓦斯、二氧化碳的硐室和巷道，应每班至少检查 1 次瓦斯或二氧化碳浓度。

在有自然发火危险的矿井，必须定期检查一氧化碳浓度、气体温度等变化情况。

井下停风地点栅栏外风流中的甲烷浓度每天至少检查 1 次，密闭外的甲烷浓度每周至少检查 1 次。

二、临时停风和采空区的瓦斯管理

1. 临时停风的管理

(1) 独头巷道的局部通风机必须保持正常运转，临时停工时，不得停风。如果因临时停电或其他原因，局部通风机停止运转，风电闭锁装置立即切断局部通风机供风巷道的一切非本安型电气设备的电源，人员撤至全风压通风的进风流中，独头巷道口设置栅栏、挂明显警标牌或派专人在巷道口新鲜风流中看守，严禁人员入内。

恢复通风前，必须检查甲烷浓度。只有在局部通风机及其开关附近 10 m 以内风流中的甲烷浓度都不超过 0.5%时，方可人工开启局部通风机。

确定为长期停风（超过 24 h），必须在 24 h 内封闭完毕。

(2) 因检修等原因需临时（不超过 24 h）停电停风的采、掘工作面，通风部门必须编制恢复通风（包括排放瓦斯）的安全措施，与停电停风申请报告书同时提出，不编制该安全措施不得停电停风。

(3) 临时停风，甲烷浓度不超过 3%的采掘工作面，由通风区队和瓦斯检查作业人员负责就地排放。

(4) 巷道甲烷和二氧化碳浓度超过 3%，排放瓦斯风流路线短，直接进入回风系统，不影响其他采掘工作面，排放瓦斯的安全措施必须由矿总工程师组织有关部门共同审查，由矿总工程师签字批准。排放瓦斯工作由救护队执行。

(5) 甲烷浓度超过 3%，排放瓦斯路线长，影响范围大，排放瓦斯风流切断采掘工作面的安全出口时，其排放瓦斯的安全措施必须由矿总工程师组织有关部门共同审查，报公司总工程师批准。排放瓦斯工作由救护队执行。

(6) 凡打开密闭必须制定安全措施，由救护队执行。实现正常通风后，甲烷浓度降到 1%以下，二氧化碳浓度降到 1.5%以下时，非救护人员方可进入。

2. 盲巷、采空区的管理

盲巷和采空区是井下积存大量高浓度瓦斯的主要场所，必须作为矿井瓦斯管理工作的重点进行管理。

(1) 井下应尽量避免出现任何形式的盲巷，与生产无关的报废巷道或旧巷，必须及时充填或用不燃性材料进行封闭。

(2) 对于掘进施工的独头巷道，局部通风必须保持连续运转，临时停工也不得停风。如因临时停电或其他原因，局部通风机停止运转，要立即切断巷道内一切电气设备的电源

(安设风电闭锁装置可自动断电)和撤出所有人员,在巷道口设置栅栏,并挂有明显警标,严禁人员入内,瓦斯检查作业人员每班在栅栏处至少检查一次。如果发现栅栏内侧 1 m 处甲烷浓度超过 3%或其他有害气体超过允许浓度,不能立即处理时,必须在 24 h 内密闭。

(3) 长期停工、瓦斯涌出量较大的岩石巷道也必须封闭,没有瓦斯涌出或涌出量不大(积存甲烷浓度不超过 3%)的岩巷可不封闭,但必须在巷口设置栅栏、揭示警标,禁止人员入内并定期检查。

(4) 凡封闭的巷道,要对密闭坚持定期检查,至少每周一次,并对密闭质量、内外压差、密闭内气体成分、温度等进行检测和分析,发现问题采取相应措施及时处理。

(5) 有瓦斯积存的盲巷恢复通风排放瓦斯或打开密闭时,应特别慎重,事先必须编制专门的安全措施,报矿总工程师批准。处理前应由救护队佩戴呼吸器进入瓦斯积聚区域检查甲烷浓度,并估算积聚的瓦斯数量,然后再按“分级管理”的规定排放瓦斯,应严格按照《煤矿安全规程》的规定执行。

三、贯通时的瓦斯管理

在掘进巷道与其他巷道相贯通时,为防止冒顶、瓦斯、煤尘和爆破等事故的发生,必须遵守《煤矿安全规程》的规定。

(1) 贯通前:巷道贯通前应制定贯通专项措施。综合机械化掘进巷道在相距 50 m 前、其他巷道在相距 20 m 前,必须停止一个工作面作业,做好调整通风系统的准备工作。停掘的工作面必须保持正常通风,设置栅栏及警标,每班必须检查风筒的完好状况和工作面及其回风流中的甲烷浓度,瓦斯超限时,必须立即处理。掘进的工作面每次爆破前,必须派专人和瓦斯检查工共同到停掘的工作面检查工作面及其回风流中的甲烷浓度,甲烷浓度超限时,必须先停止在掘工作面的工作,然后处理瓦斯,只有在 2 个工作面及其回风流中的甲烷浓度都在 1.0%以下时,掘进的工作面方可爆破。每次爆破前,2 个工作面入口必须有专人警戒。

(2) 贯通时:必须由专人在现场统一指挥。

(3) 贯通后:必须停止采区内的一切工作,立即调整通风系统,风流稳定后,方可恢复工作。

间距小于 20 m 的平行巷道的联络巷贯通,必须遵守上述规定。

四、瓦斯排放的管理

1. 排放瓦斯工作应遵守的规定

(1) 局部通风机因故停止运转,在恢复通风前,必须首先检查瓦斯,只有停风区中最高甲烷浓度不超过 1.0%和最高二氧化碳浓度不超过 1.5%,且局部通风机及其开关附近 10 m 以内风流中的甲烷浓度都不超过 0.5%时,方可人工开启局部通风机,恢复正常通风。

(2) 停风区中甲烷浓度超过 1.0%或二氧化碳浓度超过 1.5%,最高甲烷浓度和二氧化碳浓度不超过 3.0%时,必须采取安全措施,控制风流排放瓦斯。

(3) 停风区中甲烷浓度或二氧化碳浓度超过 3.0%时,必须制定安全排放瓦斯措施,报矿总工程师批准。

(4) 在排放瓦斯过程中,排出的瓦斯与全风压风流混合处的瓦斯和二氧化碳浓度均不得超过 1.5%,且混合风流经过的所有巷道内必须停电撤人,其他地点的停电撤人范围应在措施中明确规定。只有恢复通风的巷道风流中甲烷浓度不超过1.0%和二氧化碳浓度不超过1.5%时，方可人工恢复局部通风机供风巷道内电气设备的供电和采区回风系统内的供电。

2. 排放瓦斯的安全措施

(1) 计算排放瓦斯量、供风量和排放时间，制定控制排放瓦斯的方法，严禁“一风吹”，确保排出的风流在同全风压风流混合处的甲烷浓度不超过1.5%，要在排放瓦斯风流与全风压风流混合处安设声光瓦斯报警仪。

(2) 确定排放瓦斯风流的流经路线和方向、风流控制设施的位置，必须做到文图齐全，并在图上注明。

(3) 明确停电撤人范围，凡是受排放瓦斯影响的硐室、巷道和被排放瓦斯风流切断安全出口的采掘工作面，必须撤人、停止作业，指定警戒人员的位置，禁止其他人员进入。

3. 控制排放风流中瓦斯的方法

控制排放风流中瓦斯的方法很多，应根据排放现场的具体情况选定。

(1) 局部通风机直接排放法。独巷停风时间较短，积存瓦斯量不多，在排放瓦斯回风线路上甲烷浓度不超过规定时，可直接启动局部通风机进行排放。

(2) 使用变频调速风机直接排放法。这种方法方便易行，就是在排出瓦斯流经的巷道内设置甲烷传感器，将甲烷传感器和变频调速风机的调速装置连接，当甲烷超限时变频调速装置动作，减小风机的转速从而减少送入的风量，当排出的甲烷不超限时，变频调速装置加大风机转速增加送风量，从而保证排出的甲烷不超过规定。

(3) 增阻排放法。排放前，在回风口以外的新风流一侧将风筒用绳子捆结一定的程度，以增加阻力。控制通过风筒的风量，使全风压风流汇合处的甲烷浓度控制在规定范围内。随着浓度的下降，逐渐放开绳子，直到最后全部放松。捆风筒时，不能将风筒捆严，以防烧坏局部通风机。

(4) 风筒接头调风排放法。若独巷距离短，停风时间长，瓦斯积聚量大，启动局部通风机排放瓦斯前，在回风口一侧的全风压巷道内，将风筒接头断开，然后启动局部通风机，并检查局部通风机是否循环风。一旦出现循环风，立即停止局部通风机运转，将局部通风机一侧的风筒捆小，增加阻力，减少风量，消除循环风。根据甲烷浓度的大小，将断开的风筒接头拉成一定错距来调节送往独巷的风量，使大部分风量从断口短路，流入回风并降低甲烷浓度。检查瓦斯人员必须同调风人员紧密配合，根据甲烷浓度指挥调风人员及时调风，做到安全可靠。开始送往独巷的风量要小，然后根据排出的甲烷浓度大小来确定两风筒错口距或吻合的程度。随着接头的逐渐吻合，风量由小而大送往独巷。当两接头全部吻合后，独巷的风量近似最大值。如果回风长时间稳定在安全甲烷浓度范围，说明独巷内瓦斯排放工作完毕，即可全部恢复接头。在重新恢复接头时，如果因压力大有困难，可短时间停止局部通风机运转，但应尽量缩短操作时间，以免再次造成独巷内瓦斯积聚。

(5) 风筒三通调风排放法。独巷敷设风筒时，在回风口一侧的全风压风流中敷设一个三通风筒，如图10-4所示，平时将三通风筒未用的一头封堵，在图10-4中A处用绳子将风筒捆死。启动局部通风机排放瓦斯前，将三通风筒封堵的一头放开，启动局部通风机检查有无循环风，确认无循环风后开始排放瓦斯。当局部通风机启动后，风筒中的大部分风量经三通未用的一头进入回风内，很少一部分风量送往独巷便不会造成排出甲烷浓度超限。为做到绝对有把握，可将三通至独巷的一头缩小，然后根据需要逐渐放大，直至全部放完，在回风甲烷浓度不超限时，可以慢慢缩小三通未用的一头，全部封严后送往独巷的风量已达最高值。当回风长时间都稳定在安全甲烷浓度时，证明独巷瓦斯已排放完毕。

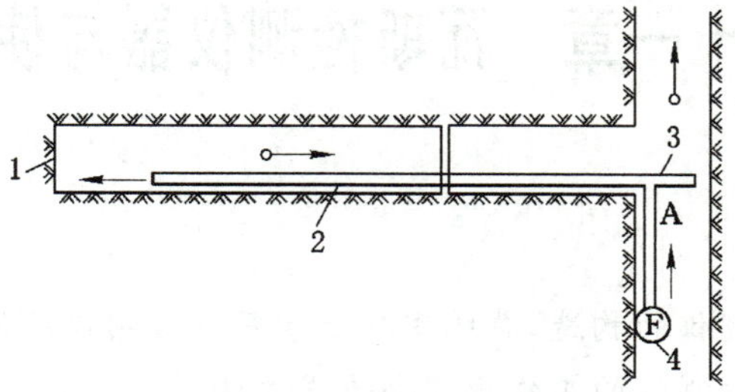

1—掘进工作面；2—风筒；3—三通风筒；4—局部通风机

图 10-4　三通风筒示意图

(6) 逐段通风排放法。一般情况下，已经封闭的独巷里面都已积聚了甲烷浓度高的气体，排放时比较困难。所以，启封密闭排放瓦斯要十分慎重。通常独巷内都未敷设风筒，启封密闭排放瓦斯时要敷设风筒。一次性将风筒全部敷设在井下无风的高浓度瓦斯区既困难又危险，因此，采取逐段排放法较好。

排放前，准备一根短风筒(5 m 左右)，先检查密闭处有无瓦斯积聚，如果有则必须先处理后启封。将密闭上角打一些比较小的孔洞，启动局部通风机，先使风筒偏离孔洞，然后逐渐靠近。同时检查回风瓦斯，用风筒与密闭孔洞距离的大小来控制甲烷浓度。再慢慢扩大密闭孔洞，直到风筒移入密闭内，附近甲烷浓度不超过 1.5%，再全部打开密闭，人员才能进入里面，风筒可随着向前敷设运入独巷。待风筒出口附近甲烷浓度下降后，可将风筒出口缩小，加大风筒出口射程，排出前方的瓦斯。当风筒出口前方一段的甲烷浓度不超过 1.5% 时，接上一根短风筒，加大射程排放前方的瓦斯，符合规定后取下短风筒，接上一根平时用的风筒(一般 10 m)，依次逐段排放。如果发现回风瓦斯超过安全值时，可将风筒接头断开，采用风筒接头调风法排放。

第十一章 瓦斯检测仪器与使用

本章培训与考核要点

- 掌握光学甲烷检测仪的构造，熟练掌握光学甲烷检测仪的使用和保养方法
- 掌握便携式甲烷检测仪的工作原理和使用方法
- 掌握一氧化碳检测仪的工作原理和使用方法

第一节 光学甲烷检测仪

一、光学甲烷检测仪的特点

光学甲烷检测仪是利用光干涉原理，测定甲烷和二氧化碳等多种气体的一种便携式检测仪器，按其测量甲烷浓度的范围分为0～10%（精度0.01%）和0～100%（精度0.1%）两种。这种仪器的特点是携带方便，操作简单，安全可靠，且有足够的精度，但构造复杂，维修不便。

二、光学甲烷检测仪的构造

光学甲烷检测仪有很多种类，我国生产的主要有AQG和AWJ型，其外形和内部构造基本相同，现以AQG-1型为例进行说明。AQG-1型光学甲烷检定器外部和内部结构如图11-1所示，其外形是个矩形盒子，由气路、光路和电路三大系统组成。

1. 气路系统

由吸气管4、进气管5、水分吸收管9、二氧化碳吸收管11、吸气橡皮球10、气室（包括瓦斯室和空气室）22和毛细管30等组成。其主要部件的作用是：气室用于分别存贮新鲜空气和含有甲烷或二氧化碳的气体；水分吸收管内装有氯化钙（或硅胶），用于吸收混合气体中的水分，使之不进入瓦斯室，以使测定准确；毛细管的外端连通大气，作用是使测定时空气室内的空气温度和绝对压力与被测地点（或瓦斯室内）的温度和绝对压力相同，同时又使含甲烷的气体不能进入空气室；二氧化碳吸收管内装有颗粒直径为3～5 mm的钠石灰，用于吸收混合气体中的二氧化碳，以便准确地测定甲烷浓度。

2. 光路系统

光路系统如图11-2所示。

3. 电路系统

由电池12、灯泡16、光源盖13、光源电门8和微读数电门7组成，其功能和作用是为光路供给电源。

三、光干涉式甲烷检测仪的使用方法、步骤

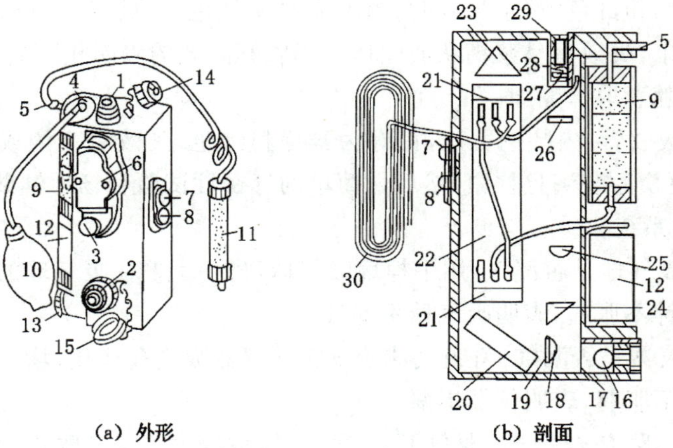

1—目镜；2—主调螺旋；3—微调螺旋；4—吸气管；5—进气管；
6—微读数观察孔；7—微读数电门；8—光源电门；9—水分吸收管；
10—吸气橡皮球；11—二氧化碳吸收管；12—干电池；13—光源盖；
14—目镜盖；15—主调螺旋盖；16—灯泡；17—光栅；18—聚光镜；
19—光屏；20—平行平面镜；21—平面玻璃；22—气室；23—反光棱镜；
24—折射棱镜；25—物镜；26—测微玻璃；27—分划板；28—场镜；
29—目镜保护玻璃；30—毛细管

图 11-1　AQG-1 型光学甲烷检定器结构图

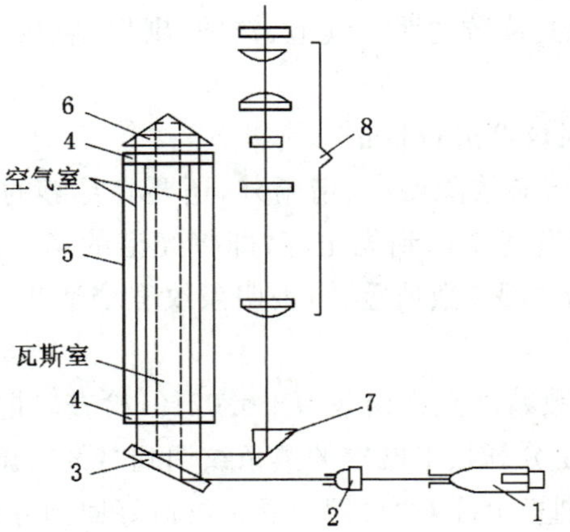

1—光源；2—聚光镜；3—平面镜；4—平行玻璃；
5—气室；6—折光棱镜；7—反射棱镜；8—望远镜系统

图 11-2　AQG-1 型甲烷检定器光路系统图

1. 使用前的准备工作

(1)药品检查。

① 要求药品装满，颗粒粒度均匀，大小适宜，一般约 3～5 mm。颗粒太大，不能充分吸收所通过气体中的水分或二氧化碳，影响测值准确性；颗粒过小又易于堵塞，造成仪器畅通不良，甚至将药品粉末吸入气室内，影响测值的准确性。

② 水分吸收管(内装干燥剂氯化钙或变色硅胶)：内装硅胶时，良好为光滑深蓝色颗粒

状，失效后变淡或为粉红色，严重失效时，为不光滑粉红色；内装氯化钙时，良好为纯白色颗粒，大小均匀无粉末，失效后呈浆糊状或固体。吸收管内装的隔圈相隔要均匀、平整，两端要垫匀脱脂棉，不得随意取掉隔圈。

③ 二氧化碳吸收管：内装钠石灰，良好为鲜艳粉红色，失效后变淡或为粉白色，呈粉末状，需及时更换，更换后装满且拧紧，然后做简单的气密性试验和畅通性试验。

(2) 检查气路系统。

① 首先检查吸气球是否漏气：用手捏扁吸气球，另一手捏住吸气球的胶管，然后放松吸气球，吸气球一分钟不胀起，表明吸气球不漏气。

② 其次检查仪器是否漏气：将吸气球胶皮管同仪器吸气孔连接，堵住进气孔，捏扁吸气球，松手后一分钟不胀起，表明仪器不漏气。

③ 最后检查气路是否畅通：即放开进气孔，捏放吸气球，气球瘪起自如时表明气路畅通。

(3) 检查电路系统和光路系统

① 电路系统要求接触良好。检查时分别按下光源电门和微读数电门，并由目镜和微读数观测窗观察，如灯泡亮度充分，松手即灭为良好。不得出现忽明忽暗或按下电门不亮，以及松手后常明等不良现象，特别是电池发热或灯光很快变红等严重的短路现象，若出现应及时检查电路系统。

② 检查光路系统时，按下光源电门，由目镜观察，并旋转目镜筒，调整到分板刻度清晰时为止，再看干涉条纹是否清晰，否则应进行调整或更换仪器。光路系统检查还要求，目镜观察范围内不得有影响观测读数的明显气泡、锈蚀、副像、麻点、擦痕灰尘等现象，否则应更换仪器。

(4) 检查干涉条纹，对仪器进行校正

① 按下光源电门，干涉条纹除明亮、清晰外，还要有足够的视场，且干涉条纹不得有明显的弯曲、倾斜，条纹间隔宽度要达到规定值，即将光谱的第一条黑纹(左侧黑纹)对在“0”位，第5条条纹和分划板上“7%”数值重合，表明条纹宽窄适当，可以使用，否则应调整光学系统。

② 检查小数精度：小数精度允许误差为±0.02%，检查时把测微读数盘刻度调到零位，调主调螺旋，由目镜观察使分划板上既定的黑条纹调到“1%”，调整微调螺旋，使测微读数盘刻度从“0”转到“1%”，分划板上原对“1%”的黑条纹恰好回到分划板上的零位时表明小数精度合格，如过零或不到零，且超过规定的允许误差范围，应重新调整光学系统。

③ 将仪器整理好放入工具包(现场提供工具包)或背在肩上，然后根据井下工作要求，领取瓦斯检查工记录手册、记录笔、便携式甲烷检测仪或便携式甲烷氧气两用检测仪、多种气体检测器、检定管、温度计、粉笔等工具和物品；领取的便携式仪器要按要求进行电源电压和调零检查。

2. 测定甲烷浓度的方法

(1) 清洗气室并调零。

①下井后，在待测瓦斯地点同标高的新鲜风流中，清洗瓦斯室，进行光学瓦斯检定器调零工作。将二氧化碳吸收管、水分吸收管都接入测量气路，捏放吸气球5～10次，吸入新鲜空气清洗瓦斯气室，将水蒸气、二氧化碳隔离，使进入仪器的为纯空气。

②调零位：按下微读电源电门，观看微读数观测窗，旋转微调螺旋，使微读数刻度盘的零位与指示板零位线重合，按下光源电门，观看目镜，旋下主调螺旋盖，调主调螺旋，在干涉条纹中选定一条黑基线与分划板上零位重合，并记住这条黑基线，再捏放吸气球 5～10 次，看黑基线是否漂移，如果出现漂移，再重复捏放吸气球 5～10 次，直至黑基线稳定在零位，然后一边观看目镜，一边盖好主调螺旋盖，要防止拧螺旋盖过紧时光谱移动，盖好螺旋盖以防止基线因碰撞而移动。

(2) 测定。将连接在二氧化碳吸收管进气口的胶皮管伸向待测位置，然后捏放气球 5～10 次，将待测气体吸入瓦斯室。

(3) 读数。按下光源电门，由目镜观察黑基线的位置。如其恰与某整数刻度重合，如图 11-3a 所示，读出该处刻度数值，即为甲烷浓度；如果黑基线位于两个整数之间，如图 11-3b 所示，则应顺时针转动微调螺旋，使黑基线退到较小的整数位置上，如图 11-3c 所示，然后，从微读数盘上读出小数位，整数与小数相加就是测定出的甲烷浓度。例如，若从整数位读出的数值为 1，微读数为 0.52，则测定的甲烷浓度为 1.52%。

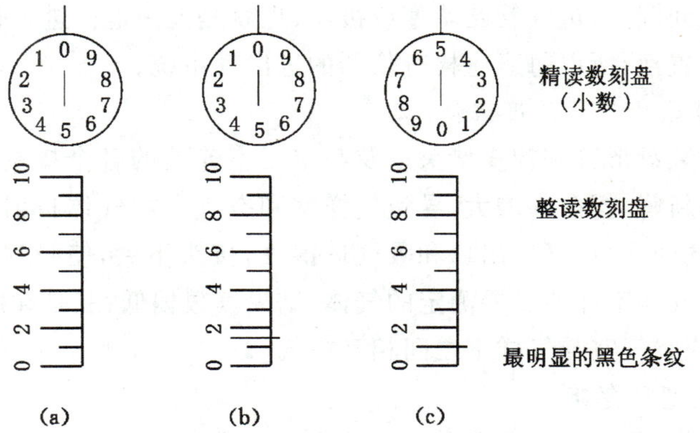

图 11-3　光学甲烷检定器读数方法示意图

3. 测定二氧化碳浓度的方法

用光学甲烷检定器测定二氧化碳浓度时，要首先测出甲烷浓度，然后去掉二氧化碳吸收管，再测定出瓦斯和二氧化碳混合气体的浓度，后者减去前者，再乘以校正系数 0.955（由于二氧化碳的折射率与甲烷折射率相差不大，一般测定时也可以不校正），即为所要测定的二氧化碳浓度。

4. 当温度和气压变化较大时测定结果的修正

光学甲烷检定器是在 1 个标准大气压(1.01×10^5 Pa)、温度 20 ℃的条件下标定刻度的。当被测地点的大气压力超过($1.01\times10^5\pm100$) Pa、温度超过(20 ± 2) ℃范围时，应当进行修正。修正的方法是将已测得的甲烷或二氧化碳浓度值乘以校正系数 K'。

$$K'=101325/p\cdot(T/293)=345.82T/p$$

式中　T——测定地点绝对温度($T=t+273$)，K；

p——测定地点的大气压力，Pa。

【例题 11-1】　在井下某一地点用光学甲烷检定器测定的风流中的甲烷浓度为 0.86%，同时测得该地点的空气温度为 28 ℃、大气压力为 78805 Pa，求算校正系数：

$$K' = 345.82T/p = 345.82(28+273)/78805 = 1.32$$

该地点真实的甲烷浓度值：

$$0.86\% \times 1.32 = 1.14\%$$

四、常见故障排除

1. 读数不准确

读数不准确的原因一是压测微玻璃的弹簧片失灵，使测微玻璃转动时与刻度盘的转动不一致，使读数不真实，这时可把弹簧片用手略向外弯开，增加其弹力，或更换弹簧片来解决；二是测微玻璃座底面上和测微螺杆接触处因磨损而出现凹坑，影响到条纹移动时的均匀性，使读数不准；三是平面镜和折光棱镜的倾角变化，使读数不准。

2. 所测甲烷读数比实际含量偏高

其原因可能是钠石灰失效或吸收能力降低，把甲烷和二氧化碳的混合浓度误认为甲烷浓度（虽药品吸收能力很好，但由于颗粒过大也会引起二氧化碳的不完全吸收）或是由于盘形管已被堵塞。如从含量高转到含量低的地点进行测定而读数偏高，其原因可能是吸气球或吸气球到气室之间漏气，进气管路堵塞或被压，也就是前一地区进入仪器中的气体不能被第二地区气体完全置换，所以每班应检查仪器的进出气系统。

3. 所测甲烷读数比实际浓度偏低

一是气室上所装盘形管和橡皮堵头以及与空气室连接的各个接头有漏气破裂情况，使空气室中的空气不新鲜，折射率增大，导致气样室和空气室中气体折射率的差降低，故读数也随着降低；二是气样入口、气样出口和吸气球漏气，接头不紧，使吸气能力降低，并在吸气时附近的气体渗入气样室冲淡了要测定的气体，结果读数偏低；三是在准备工作地点校正零位时空气不新鲜，或空气室与气样室之间相互窜气。

4. 灯泡不亮或忽明忽暗

电线的焊接部位不牢固、灯泡的旋接部分松动或尾部接触点太短、活动接触（电池、开关）部分进污物或生成氧化膜、仪器壳体的接触部分受腐蚀等都会引起导电不良。在检修时，不得擅自更换产品中的电池和灯泡型号、规格、参数等，如需更换，必须与原型号、规格、参数及结构保持一致。

5. 发生零位漂移的原因和预防方法

光学甲烷检测仪发生零位漂移（俗称跑正或跑负），会造成测定结果不准或错误。发生零位漂移的常见原因，一是仪器空气室内不新鲜，毛细管失去作用；二是“对零”时的地点与待测地点的温度和压力相差较大；三是瓦斯室气路不畅通。

防止零位漂移的办法有：

(1) 经常用新鲜空气清洗空气室，不要连班使用一个检定器，以免毛细管内空气不新鲜。

(2) 仪器对零时，应尽量在与待测地点温度相近、标高相同的附近进风巷内进行，以免因温差、压差过大引起零位漂移。

(3) 经常检查检定器的气路，发现不畅通或堵塞要及时修理。

五、使用和保养光学甲烷检测仪应注意的安全事项

(1) 携带和使用时，防止和硬物碰撞，以免损坏仪器内部零件和光学镜片。

(2) 光干涉条纹不清晰，往往是由于空气湿度过大，光学玻璃上有雾粒或灰尘附在上面以致光学系统有毛病造成的。如果调整光源灯泡后不能达到目的，就要由修理人员拆开进行擦拭，或调整光路系统。

(3) 测定时，如果空气中含有一氧化碳、硫化氢等其他气体时，若没有这些气体的吸收剂，将使甲烷测定结果偏离。为消除这一影响，应再加一个辅助吸收管，管内装有颗粒活性炭可消除硫化氢影响，装有40%氧化铜和60%二氧化锰的混合物可消除一氧化碳的影响。

(4) 在火区、密闭区等严重缺氧地点，由于气体成分变化大，用光学甲烷检定器测定甲烷和一氧化碳浓度时，测定结果会比实际浓度偏大很多(试验可知，氧气浓度每降低1%，甲烷浓度测定结果约偏大0.2%)。这时，应当采取试样，用气相色谱分析的方法而不宜使用光学甲烷检定器测定甲烷浓度。

(5) 检查药品时如药品失效或发现药品的颗粒变小成粉或胶结在一起应及时更换，否则可能使测定甲烷数值偏高，有时甚至可阻塞进气管路。

(6) 高原地区的空气密度小、气压低，使用时应对仪器进行相应调整，或根据当地实测的空气温度和大气压力计算校正系数，对测定结果进行校正。

(7) 气密检查如果发现漏气应想办法找出漏气的部位，及时更换吸管或吸球。如漏气，在接头处应将漏气管头切下。

(8) 检查光路如发现无光，应打开光源盖检查灯泡，及时更换，如灯泡正常则应更换电池。当发现灯光暗红时也是电池用得太久，应及时更换。

(9) 当发现干涉条纹无法归零，或干涉条纹和分划板的刻线不平行时，不要摔打，应找专职校对人员调校。

(10) 仪器不用时，要放在干燥的地方并取出电池，以防腐蚀仪器。

第二节　便携式甲烷检测报警仪

便携式甲烷检测报警仪是一种携带式可连续自动测定(或点测)环境中甲烷浓度的全电子仪器，具有操作方便、读取直观、工作可靠、体积小、质量轻、维修方便等特点。

一、便携式甲烷检测报警仪的种类

便携式甲烷检测报警仪种类很多，目前尚无明确分类方法，习惯上是按检测原理来进行总体分类的，主要分为热催化式、热导式及半导体气敏元件三大类。

便携式甲烷检测报警仪的测量范围一般为(0～4.0%)CH_4或(0～5.0%)CH_4，用于低浓度甲烷的测定。热导式甲烷检测仪元件寿命长，不存在催化剂中毒等现象，其测量范围为(0～100%)CH_4。

二、便携式甲烷检测报警仪的构造和工作原理

1. 热催化(热效)式甲烷检定器的构造和原理

热催化(热效)式甲烷检定器是由传感器、电源、放大电路、警报电路、显示电路等部分构成的，其中传感器(元件)是仪器的主要部分，它直接与环境中的甲烷接触、反应，把甲烷的浓度值变成电量，由放大电路放大后送给显示和警报电路。

热催化式元件是用铂丝按一定的几何参数绕制成螺旋圈，外部涂以氧化铝浆并经煅烧而成的一定形状的耐温多孔载体，其表面浸渍有一层铂、钯催化剂。因为这种检测元件表面呈黑色，所以又称黑元件。除黑元件外，在仪器的瓦斯检测室中，还有一个与检测元件构造相同，但表面没有涂催化剂的补偿元件，称白元件。黑、白两个元件分别接在一个电桥的两个相邻桥臂上，而电桥的另外两个桥臂分别接入适当的电阻，它们共同组成的测量电桥如图 11-4 所示。

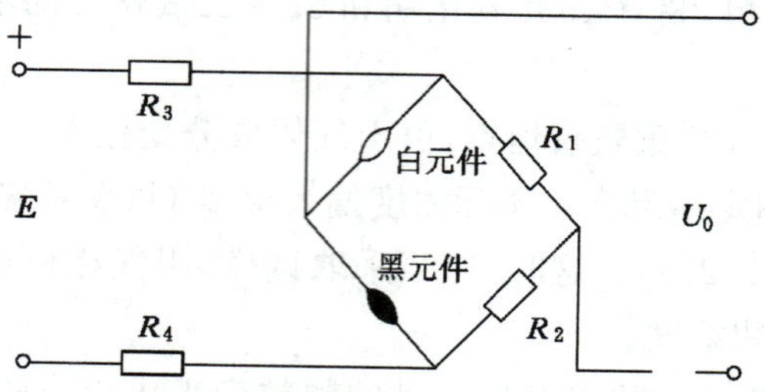

图 11-4　热催化甲烷检定器电原理图

当一定的工作电流通过检测元件（黑元件）时，其表面即被加热到一定的温度，而这时当含有甲烷的空气接触到检测元件表面时，便被催化燃烧，燃烧放出的热量又反过来进一步使元件的温度升高，使铂丝的电阻值明显增加，于是电桥就失去平衡，输出一定的电压。在甲烷浓度低于 4％的情况下，电桥输出的电压与甲烷浓度基本上呈直线关系，因此可以根据测量电桥输出电压的大小测算出瓦斯浓度的数值；当甲烷浓度超过 4％时，输出电压就不再与甲烷浓度成正比关系。所以按这种原理做成的甲烷检定器只能测低浓度甲烷。

2．热导式甲烷检定器的构造和原理

热导式甲烷检定器与热催化式甲烷检定器的构造基本相同，也是由传感器、电源、放大电路、显示及报警电路组成，区别在于两种仪器传感器的构造和原理不同。

热导式传感器是根据矿井空气的导热系数随瓦斯含量的不同而不同这一特性，通过测量这个变化来达到测量甲烷含量的目的的。通常仪器是通过某种热敏元件将混合气体中待测成分的含量变化所引起的导热系数的变化转变成为电阻值的变化，再通过平衡电桥来测定这一变化的。工作原理如图 11-5 所示。

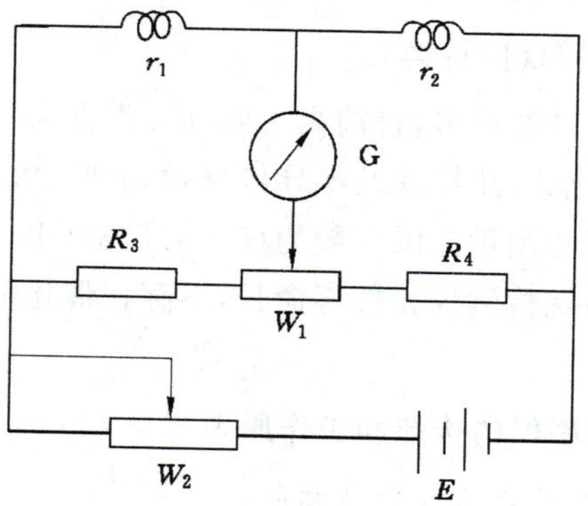

图 11-5　热导式传感器工作原理图

图中 r_1 和 r_2 为两热敏元件，分别置于同一室的两个小孔腔中，它们和电阻 R_3、R_4 共同构成电桥的4个臂。放置 r_1 的小孔腔与大气连通，称为工作室；放置 r_2 的小孔腔充入干净空气后密封，称为比较室。工作室和比较室在尺寸、形状、结构上完全相同。

在无甲烷的情况下，由于2个小孔腔中各种条件皆同，2个热敏元件的散热状态也相同，电桥就处于平衡状态，电表G上无电流通过，其指示为零；当含有甲烷的气体进入气室与 r_1 接触后，由于甲烷比空气的导热系数大，散热好，故将使其温度下降，电阻值减小，而被密封在比较室内的 r_2 阻值不变，于是电桥失去平衡，电表G中便有电流通过，甲烷含量越高，电桥就越不平衡，输出的电流就越大，根据电流的大小，便可得出矿井空气中甲烷的含量值。利用这种原理制成的检定器，一般常用于检定高浓度甲烷。

3. 气敏式甲烷检定器的构造和原理

气敏电阻是一种半导体电阻元件，当温度不变时，其电阻值随气体的成分及其浓度而变化，变化范围在 $10^3 \sim 10^5\ \Omega$ 之间。

气敏电阻随甲烷浓度而变化的特性，可以用来作为矿灯式甲烷报警器的传感元件。

图11-6为气敏式甲烷报警器电路图，图中 BG_1、BG_2 组成射极耦合触发器（称为施密特电路）。它有两个稳定状态：BG_1 截止、BG_2 导通或 BG_1 导通、BG_2 截止。当把气敏电阻接入 BG_1 基极回路中时，甲烷接触气敏电阻后，其电阻减小，使 BG_1 基极电流增加，当甲烷浓度达到报警浓度时，射极耦合触发器翻转，由 BG_2 导通（BG_1 截止）状态变为 BG_1 导通（BG_2 截止）状态。

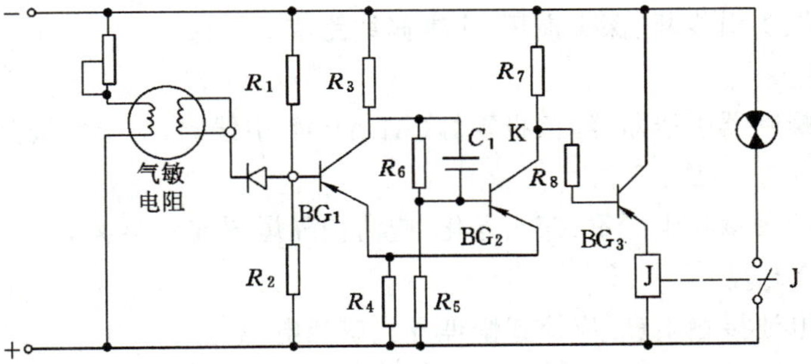

图11-6 气敏式甲烷报警器电路图

三、便携式甲烷检测报警仪的使用方法、步骤

（1）按"开"键开机，若小数点闪光，或按"开"键不能开机，说明检测仪电池电量已不足，应予充电。

（2）检测仪充电应使用专用充电器，JJZ3501-CR充电器，充电时间一般不少于12 h。检测仪具有电源工作电压自动检测功能，因此可随时检查充电情况，方法是将检测仪从充电器中拨出，按"开"键后再按住"电压"键，即显示出电源工作电压，通常达到2.70 V时认为已充满，检测仪可连续工作10 h以上。检测仪充电时应处于关机状态。

（3）检测仪使用前，应由经过专门培训的专职人员按下列步骤进行检查和调整：

① 零点的检查和调整。在新鲜空气中，开机5～10 min后，观察示值是否在0.00～0.02范围内，否则应打开密封盖，调节上面的"调零"电位器，使示值为0.00。注意调节时示值末位后出现"小数点"，表示示值为一负值，调零应使此点隐没。

② 精度的检查和调整。将检测仪的校正螺钉卸下，拧上校正气嘴，通入浓度为2%左右

的 CH_4 标准气样，控制流量在 200 mL/min，待检测仪读数稳定后，观察示值是否在标准气样值±真值的 5%范围内，否则应调节中间的“校准”电位器，使示值为标准气样值。

③ 报警点的检查和调整。调节调零电位器，使示值升至报警点设定值，观察检测仪是否报警，不报警的话应反复调节下面的“报警点”电位器，使检测仪刚好报警。

(4) 便携式甲烷检测报警仪在每次使用前都必须充电，以保证可靠工作。使用时，首先在地面空气中打开电源，预热 15 min，观察指示是否为零，如有偏差，则需调整电位器使其归零。

(5) 测量时，用手将仪器的传感器部位举至或悬挂在测量处，经十几秒钟的自然扩散，即可读取甲烷浓度的数值，也可由工作人员随身携带，在甲烷超限发出声、光报警时，再重点监视环境甲烷，或采取相应措施。

四、常见故障排除

1. 开机无显示

原因分析：薄膜开关故障、电池引线断、电池电压严重不足，应维修线路，维修或重换新电池。

2. 开机后很快自动关机，或小数点闪光

原因分析：电池工作电压不足、充电引线断，应维修线路或及时充电。

3. 开机后示值异常

原因分析：探头引线断、探头损坏，应维修线路或更换探头。

4. 超限不报警

原因分析：蜂鸣器引线断、红色报警灯(ALARM)引线断，应维修线路。

5. 精度调不到标准气样值

原因分析：隔爆罩积尘严重、探头老化，应清扫隔爆罩或更换探头。

6. 显示时隐时现

原因分析：电池接触不良，应检查修理开关或装电池。

五、维修、使用安全注意事项

(1) 检测仪长期使用，应定期进行零点、精度和报警点检查和调整工作，一般每周进行一次。

(2) 要保护好仪器，在携带和使用中避免经受猛烈撞击和挤压，严禁摔打、碰撞；应防止水滴溅入，严禁被水浇淋或浸泡。

(3) 检测仪充电房应通风良好，并远离矿灯充电房和硫化氢等有害气体源。

(4) 当使用中发现电压不足时，仪器应立即停止使用，否则将影响仪器正常工作，并缩短电池使用寿命。

(5) 当环境中甲烷浓度和硫化氢含量超过规定值后，仪器应停止使用，以免损坏元件。

(6) 检查过程中还应注意顶板支护及两帮情况，防止伤人事故的发生。

(7) 当甲烷浓度或氧气浓度超过规定限度应迅速退出并及时处理或汇报。

(8) 当闻到有其他特殊的异杂气味也要迅速退出，注意自身安全。

六、便携式甲烷检测报警仪的日常维护

(1) 要爱护仪器，经常保持仪器的清洁。

(2) 及时进行校验,以保持其精度。

(3) 应在通风干燥处保存。

(4) 发现电池无电应及时充电,以防损坏电池。

第三节　甲烷、氧气检测仪

一、甲烷、氧气两用检测仪

(1) 甲烷、氧气两用检测仪是一种集监测甲烷浓度、氧气含量两种功能于一体的便携式报警仪器,可同时连续测量环境中甲烷浓度和氧气含量,并可任意显示一种气体的检测值。当任一气体超限时,仪器便发出声、光报警信号,并显示超限气体浓度。两用仪具有操作方便、读数准确、工作稳定、一机多用等特点,适合于煤矿有瓦斯危害的采掘工作面、回风巷等地点进行甲烷、氧气检查,在井下启封密闭、排放瓦斯、停风后恢复通风过程中使用。其结构与便携式甲烷检测仪相似。

(2) 甲烷、氧气两用检测仪的测量范围一般为氧气 0～25%、甲烷 0～4%,报警点为氧气 18.0%、甲烷 1%。

(3) 使用甲烷、氧气两用检测仪测定甲烷和氧气浓度应注意的事项:每次使用之前都必须先充电,以保证仪器可靠工作。使用时首先要在新鲜空气中打开电源,稳定一段时间后,看甲烷指示是否为 0.00% (±0.02%),氧气指示是否为 20.8%(±0.1%),两者皆稳定后方可进入现场测量。

因为开机后,甲烷、氧气传感器都在工作,所以仪器同时检测着两种气体的变化。仪器可由人随身携带,时刻监测人员周围的气体的变化,也可悬挂在固定地点或举至某一待测点进行定点检测。携带仪器进入无风区时,要缓慢行进,并时刻观察氧气和甲烷浓度的变化情况,要在气体浓度达到危险界限前及时退出,以免发生危险。

二、甲烷、氧气两用检测仪的构造和工作原理(JY2001 型)

1. 甲烷部分

检测仪采用热催化型高性能传感器组成惠斯顿电桥,测量臂由载体催化元件(俗称黑元件)和纯载体元件(俗称白元件)组成,辅助臂由金属膜电阻和电位组成,稳压电路为电桥提供稳定的电压。在新鲜空气中,桥路处于平衡状态,在检测气体中,甲烷在黑元件表面发生催化氧化反应(无焰燃烧),使黑元件温度增高,电阻增大,桥路失去平衡,从而输出一个电位差(在一定范围内,其大小与甲烷的浓度成正比)。

此电位差一路经控制电路控制,由 A/D 转换器转换成数字信号,驱动发光数码管直接显示出被测气体的甲烷浓度;另一路经 CH_4 超限鉴别电路鉴别,当甲烷浓度达到或超过报警浓度时,立即控制光报警器(甲烷)和声报警器,发出红色闪光和警鸣声。

2. 氧气部分

检测仪采用长寿命的氧气传感器(简称氧探头),在被测气体中,氧分子透过隔膜到达阴极,在外加极化电压作用下发生化学反应,产生一个极化扩散电流,此电流正比于气体中的氧气浓度。

此电流经检测电路放大处理后,一路经控制电路控制,由 A/D 转换器转换成数字信号,驱动发光数码管直接显示出气体的氧气浓度；另一路经 02 超限鉴别电路，当氧气浓度达到或超过报警值时，立即控制光报警器（氧气）和声报警器，发出红色闪光和警鸣声。

电源工作电压经工作电压检测电路检测后，经控制电路控制，通过 A/D 转换器，由发光数码管显示出来。

当电源工作电压不大于 2.30 V 时，经欠压鉴别电路鉴别，控制光报警器（欠压）发出绿色闪光。

当电源工作电压不大于 2.25 V 时，经过欠压鉴别电路鉴别，控制电子开关关机。

三、甲烷、氧气两用检测仪的使用方法、步骤（JY2001 型）

（1）按“开”键开机，若绿色欠压报警灯闪亮，或按“开”键不能开机，说明检测仪电池电量已不足，应予充电。

（2）检测仪充电应使用专用充电器，检测仪充电时应处于关机状态。

（3）检测仪使用前，应由经过专门培训的专职人员按下列步骤进行检查和调整：

① 零点的检查和调整：甲烷的零点检查和调整，在新鲜空气中，开机 10～20 min 后，观察示值是否在 0.00～0.02 范围内，否则应打开密封盖，调节上面的甲烷零点电位器，使示值为 0.00，注意调节时示值末位后出现“小数点”，表示示值是个负值，调零应使此点隐没；氧气的零点检查和调整，将检测仪的通气螺钉（氧气）卸下，拧上校准气嘴，通入纯氧气，控制流量在 200 mL/min，按选择键，待检测仪读数稳定后，观察示值是否在 0.0～0.3 范围内，否则应打开密封盖，调整下面的氧气调零电位器，使示值为 0.0。

② 精度的检查和调整：甲烷精度的检查和调整，将检测仪的通气螺钉（甲烷）卸下，拧上校准气嘴，通入浓度为 2%左右的 CH_4 标准气样，控制流量在 200 mL/min，待检测仪读数稳定后，观察示值是否在标准气样值±真值的 5%范围内，否则应调节上面的甲烷校准电位器，使示值为标准气样值；氧气的精度检查和调整，在新鲜空气中，按选择键，观察氧气示值是否在 20.9±0.1 范围内，否则应调节下面的氧气校准电位器，使示值为 20.9。

③ 报警点的检查和调整：甲烷报警点的检查和调整，调节上面的甲烷调零电位器，使示值升至报警点设定值，观察检测仪是否报警，不报警的话应反复调节上面的甲烷报警点电位器，使检测仪刚好报警。氧气报警点的检查和调整。按选择键，调节下面的氧气校准电位器，使示值降至报警点设定值，观察检测仪是否报警，不报警的话应反复调节下面的氧气报警点电位器，使检测仪处于报警状态。

四、常见故障分析（JY2001 型）

1. 开机无显示

原因分析：开关面板故障，电池引线断，电池电压严重不足。

2. 开机后很快自动关机，或绿色欠压报警灯闪亮

原因分析：电池工作电压不足，充电引线断。

3. 开机后示值异常

原因分析：甲烷探头引线断，甲烷探头损坏。

4. 开机后，按选择键氧气示值异常

原因分析：氧气探头引线断，氧气探头损坏。

5. 超限不报警

原因分析：蜂鸣器引线断，红色报警灯引线断。

6. 精度调不到标准气样值

原因分析：隔爆罩或隔尘罩积尘严重，甲烷和氧气探头老化。

五、维修、使用安全注意事项(JY2001 型)

(1) 检测仪长期使用，应定期进行零点、精度和报警点检查和调整工作，一般每半个月进行一次。

(2) 氧气探头受大气压力的影响，实际测量时要消除因井深不同带来的误差，可采用以下两种方法。

① 校正系数法：

$$A = B \times 20.9 \div (20.9 + K \times H)$$

式中　20.9——地面校对仪器时，空气中的氧含量百分比；

H——测氧处井深度，hm；

B——测氧处仪器读数，%；

K——每百米井深修正系数，0.25%/hm；

A——测氧处实际含氧量，%。

② 利用矿井内新鲜空气校准。此法简便易行，只需在井下找到新鲜空气处校准仪器，在校准的同一水平测量，直接显示实际氧气浓度，不需再换算，是消除井深影响行之有效的方法。

(3) 检测仪使用时应防止水滴溅入，避免经受猛烈撞击和挤压。

(4) 检测仪充电房应通风良好，并远离矿灯充电房和硫化氢等有害气体源。

第四节　一氧化碳检测仪

煤矿发生火灾或瓦斯、煤尘爆炸事故时，都会产生大量的一氧化碳，而一氧化碳是一种无色、无味、有剧毒的气体，对人身危害极大，因此，及时检测矿井大气中的一氧化碳，是保证矿工人身安全的一种重要手段，同时也是早期预防井下火灾的有效办法。现行检测一氧化碳的手段主要有以下几种：利用束管检测系统；采用一氧化碳检定器或传感器报警仪来测定；利用抽气唧筒取气样，进行色谱分析或用一氧化碳检定管来测定一氧化碳的浓度。

一、一氧化碳检测仪的种类

检测矿井一氧化碳浓度的仪器很多，按原理分为电化学、红外线吸收、气敏半导体型等，按安装方式可分为便携式和固定式，就我国目前使用情况来看，以电化学便携式居多。

二、一氧化碳检测仪的构造和工作原理(GTB1000 型)

1. 仪器的组成

仪器由电源电路、一氧化碳气体敏感元件及测量电路、放大电路、A/D 转换电路、智能信号处理、显示电路、报警电路、充电控制电路等构成。

2. 仪器的工作原理

一氧化碳气体敏感元件采用电化学式三电极定电位工作原理，当通电工作时，空气中的一氧化碳在敏感元件的工作极上被氧化成二氧化碳，从而在敏感元件的工作极和对极之间形成电流，一氧化碳浓度越高，形成的电流就越大。此电流信号经 I/V 转换、电压放大和

A/V 转换后，变成数字信号，进入单片机进行处理，经智能处理后，由显示电路显示一氧化碳浓度值。报警电路由蜂鸣器、发光二极管构成。充电控制电路用于控制仪器的充电，以保护电池。

3. 仪器的显示

仪器刚开机后的 5 s 内，依次显示单片机软件的版本信息和报警点，5 s 后进入正常工作状态，显示一氧化碳浓度。

当仪器显示一氧化碳浓度时，按下电源开关，仪器显示电池剩余电压，5 s 后再返回显示一氧化碳浓度。显示电池剩余电压的格式为 EXX，充满电时显示 E99，放完电时显示 E00。

4. 仪器的报警

仪器刚开机时，有声、光报警，用于检验报警功能是否正常。

当一氧化碳浓度超限时，仪器有声、光报警。

当仪器欠压自动关机前，有短促的九次声光报警信号。

5. 仪器的充电

原则上仪器可以随时充电，随时使用，而不会损坏电池。

仪器进行充电时，充电器的指示灯常亮，仪器的报警灯每秒钟闪亮一次；当仪器充满电时，充电器的指示灯间断闪亮。

三、一氧化碳检测仪的使用方法、步骤(GTB1000 型)

1. 准备

(1) 仪器的工作电压检查。为了保持仪器工作可靠，在每次使用之前必须进行电压检查，即接通仪器电源 5 min 后，如果没有负压报警，说明仪器电源充足可以使用，否则需要更换 9 V 叠层电池。还要检查仪器的指示值是否稳定，如果发现不稳定，需等仪器稳定后再进行使用。

(2) 电零点检查。在清洁空气中接通电源后，仪器显示应为 000，如果发现超过 $0.5\times10^{-5}\%$，需要调整电位器，使其为零。

2. 开机

按下仪器电源开关，仪器依次显示单片机软件的版本信息和报警点，开机 5 s 后进入检测状态。

3. 使用

上述检查完毕后，仪器即可进行工作，以监测人员所在位置的一氧化碳浓度。若要检测某一点一氧化碳浓度时，可将仪器举到待测地点，指示值稳定后所显示的数值即是该点的一氧化碳气体浓度。

4. 关机

仪器在检测状态时，按两下电源开关或按下电源开关持续 1 s 即可关机。

5. 显示电池剩余电压

仪器在检测状态时，按一下电源开关，仪器显示电池剩余电压。仪器在显示电池剩余电压 5 s 后，又进入检测状态。

6. 充电

仪器在放完电并自动关机后，电源开关失效，必须充电后才能打开仪器的电源开关。当仪器在充满电以后，仍然插在充电器中并不会导致电池损坏，仪器会自动保持适当的浮充状态。

新购仪器到矿后，应及时进行放电、充电，防止仪器的电池因贮存时间过长而损坏；长期不用的仪器必须充电后贮存，以后应每 2～3 个月放电、充电一次。

7. 校正

仪器正常使用时，按标准每周校正一次。校正时一般用$(50\sim500)\times10^{-6}$ mol/mol CO 的标准气（背景气体为空气）。

仪器的右侧有两个小孔，上面一个是调零开关孔，下面一个是调节满度开关孔。校正时用小起子或牙签等小棒状物按压小孔内的弹片开关即可。

仪器开机预热 15 min 以后，再进行校正。校正的顺序是先调零，后调满度。

四、维修、使用安全注意事项

(1) 用户收到新仪器后，应将仪器进行一次全放电、全充电、校正的过程，再投入井下使用，以确认仪器的各项性能完好。

(2) 仪器长期不用时，应放置在空气新鲜、干燥、无腐蚀气体、无辐射、无强烈震动的环境中。当仪器再次启用时，应进行全放电、全充电、校正的全过程，以确保仪器的正常使用。

(3) 当仪器电池容量降低到不能满足正常的使用要求或电池损坏时，应更换电池组。更换电池组后，仪器应进行全放电、全充电、全放电、全充电两个周期的地面运行后，再下井使用。

(4) 当仪器的探头灵敏度降低到无法校正或稳定性不好时，应更换探头。更换过探头的仪器，应该放置一天后再进行校正，方可下井使用。对仪器进行充电、校正、维修时均应在地面进行，严禁在危险场所打开仪器。

五、一氧化碳检定管

在测定一氧化碳浓度时，需用的仪器仪表有抽气唧筒、秒表和气体检定管。下面以比长式一氧化碳检定管为例，说明其测定原理、仪器构造和测定方法。

1. 一氧化碳检定管结构

比长式一氧化碳检定管是一个装有化学指示剂、两端封口的玻璃管，如图 11-7 所示。

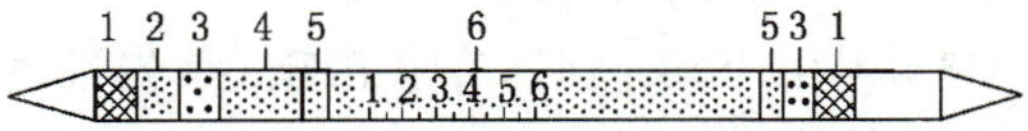

1—堵塞物；2—活性炭；3—硅胶；4—消除剂；5—玻璃粉；6—指示剂

图 11-7　比长式一氧化碳检定管

2. 一氧化碳检定管的工作原理

比长式一氧化碳检定管的测定原理是：利用吸附五氧化二碘(I_2O_5)和发烟硫酸的硅胶做指示剂，置于玻璃管中，当含有一氧化碳的气体通过检定管时，检定管中的指示剂与一氧化碳(CO)相接触并起化学反应，CO 将 I_2O_5 还原，产生一个棕色圈（游离碘），变色圈的长度与通过检定管的气体中的 CO 浓度成正比。因此，根据变色圈的长度就可指示 CO 的浓度，并从检定管的刻度上直接读值。检定管的测定范围为：Ⅰ型为 0.005%～0.05%，Ⅱ型为 0.001%～0.05%，Ⅲ型为 0.01%～0.5%。

为了消除乙炔、硫化氢、二氧化硫等气体的干扰，在检定管的前端（有黑色物质的一端）

装有活性炭（消除 H_2S 和 SO_2）、硫酸银（消除乙炔）等消除剂。

3. 抽气唧筒

抽气唧筒由铝合金管及气密性良好的活塞部件所组成，如图 11-8 所示。抽气唧筒抽取一次气样为 50 mL，在活塞杆上有十等分刻度，表明抽入气体试样的毫升数。三通阀阀把有三个位置：阀把平放时，是抽取气体试样；当阀把拨向垂直位置时，推动活塞把试样通过检定管插孔压出；当阀把拨在 45°位置时，是关闭状态，此时可把气体试样带到安全地带进行测定。

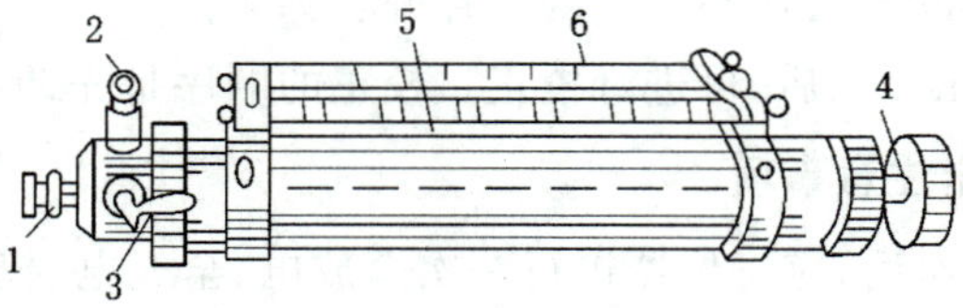

1—气体入口；2—检定管插孔；3—三通阀阀把；
4—活塞杆；5—比色板；6—温度计

图 11-8　抽气唧筒

4. 测定方法

(1) 采取空气试样。用抽气唧筒，在测定地点先将活塞往复抽送 2～3 次，使唧筒内原来存在的空气完全被待测气体所置换。

(2) 检查唧筒内气体浓度。把检定管两端的玻璃管封口打开，将有黑色物质的一端插入抽气唧筒的插孔，然后将唧筒中 50 mL 气样用仪器规定的时间均匀地送入检定管，气体中含有的一氧化碳与指示剂起反应，产生一个变色圈，这时按变色圈指示的长度，利用检定管上的刻度直接读出 CO 浓度。

5. 测定时的注意事项

(1) 检定管打开后，必须立即使用，以防影响测定效果。

(2) 检定管应储存在阴凉处，不要碰坏管及两端封口，否则不能使用。

(3) 检定管只能测定 0.1%以下的一氧化碳浓度，如果需要测定浓度超过 0.1%的气样时，首先应考虑测定人员的防毒措施，然后再进行测定。

当井下被测巷道中一氧化碳浓度较高时，在实测前，首先准备一个胶皮囊，其中装以新鲜空气，在测定时用唧筒先抽取巷道中的一部分气体以后，再从气囊中抽取一部分新鲜空气将之冲淡。空气中所含一氧化碳的实际浓度，即为测定时读数乘以冲淡的倍数。

对于浓度低于 0.001%的微量一氧化碳，在测定时可将气体试样送入的时间增大 2～10 倍，再观察其结果，若送气时间增大 10 倍，得出结果为 0.002%，则实际浓度为 0.0002%。或增加送气次数，然后将所得浓度数值除以送气次数，同样可得微量一氧化碳的真实浓度值。

第十二章　矿井安全监控系统及瓦斯报警断电装置

本章培训与考核要点

- 了解矿井安全监控系统的组成与功能
- 掌握瓦斯报警断电装置的设置要求

第一节　矿井安全监控系统

煤矿安全监控系统，是应煤矿生产自动化和管理现代化的要求，为确保安全、高效生产，在便携式检测仪器、半固定式、固定式检测装置的基础上应用遥测、遥控技术、监视及电子计算机的开发而发展起来的多种现代化技术装置组成的系统，是指对煤矿井上、下的有关气体、环境及有关生产环节的机电设备运行状态等进行检测、监视，用计算机对采集的数据进行分析处理，对设备局部生产环境或过程进行控制的一种系统。

矿井安全监控系统一般由传感器、执行机构、分站、电源箱、中心站（或传输接口，含显示器）、打印机、电视墙（或投影仪、模拟盘、多屏幕、大屏幕）、管理工作站、服务器、路由器、UPS电源、电缆和接线盒等组成。

（1）传感器：传感器将被测物理量转换为电信号，经矿用电缆与分站相连，有的还具有显示和声光报警功能。

（2）执行机构：实现声光报警、显示及控制，用矿用电缆与分站相连。

（3）分站：接受来自传感器的信号，并按预先约定的复用方式（频分制或时分制等）远距离传送给主站，同时接收来自主站多路复用信号。分站还具有简单的数据处理能力，对传感器输入的信号和主站（和传输接口）传输来的信号进行处理，控制执行机构工作。

（4）电源箱：供给系统所需的本质安全型直流电源，在交流电网停电后蓄电池维持供电不小于 2 h。

（5）中心站：接收与处理分站远距离发送的信号，信号数据统计与存储、显示，信号判别与声光报警、控制，打印输出，网络连接，人机对话等；同时将信号送相应分站。

（6）电视墙：用来显示信息，以便于在调度室远距离观察。

（7）管理工作站：一般设置在调度室、矿长办公室、总工程师办公室以及相关单位办公室，以便随时了解矿井安全及生产状况。

（8）服务器：用于存储信息，以便调用和查询。

（9）路由器：用于接入局部网络和广域网等。

第二节　瓦斯报警断电装置

一、概述

瓦斯报警断电装置是煤矿应用最早、最广泛的瓦斯监测仪器之一，可长期自动、连续监测风流中的瓦斯浓度。当瓦斯浓度超过规定值时，仪器同时发出声和光的报警信号；当瓦斯浓度超过断电值时，主机通过控制继电器切断被控区域内的电源，防止电气设备产生火花，引起瓦斯爆炸，从而保证安全生产。

瓦斯报警断电装置种类很多，主要有 ADJ-2 型瓦斯报警断电仪、AK20A 瓦斯报警断电装置、AWD-3 瓦斯报警断电装置、FD2B-1 型风电瓦斯闭锁装置、KG700S 智能型风电瓦斯闭锁装置等。

二、构成

瓦斯报警断电装置通常由传感器、声光报警箱和主机三部分组成。

三、传感器的种类与作用

（1）传感器的工作原理：传感器是一种借助于敏感元件或检测元件，对被测物理量（一般为非电量）进行检测和信号变换，输出模拟量信号或开关量信号的装置。传感器主要由敏感元件、转换器件、测量及变换电路和电源等组成，检测元件直接与被测物理量接触，并输出与被测物理量成一定关系、便于检测的电量，测量电路再将检测元件输出的电信号变换为便于显示、记录、控制处理的标准电信号。

（2）传感器的分类方法：传感器按被测量对象的不同分为速度传感器、压力传感器、温度传感器、浓度传感器等；按构造原理不同分为电阻式、磁阻式、热电式及特殊检测方式（如同位素、超声波、红外线）传感器等；按输出电信号不同分为模拟量输出传感器和数字量输出传感器。

（3）甲烷传感器：甲烷传感器可以连续实时地检测瓦斯浓度。煤矿常用的甲烷传感器，按检测原理分类有光学式、催化燃烧式、热导式、气敏式半导体式等。

催化燃烧式气体检测原理为：利用敏感元件或其他可燃烧气体的催化作用，使瓦斯在元件表面发生无焰燃烧，放出热量，使元件温度上升，检测元件可随自身温度变化量测定气体浓度。敏感元件的催化作用和检测原理与便携式瓦斯检测仪相同。催化燃烧式甲烷传感器一般只用于检测低浓度瓦斯。

光学式甲烷传感器亦称为光干涉式，是利用光干涉原理构成连续瓦斯检测装置。其检测原理和光学甲烷检测仪相同，不同点是加一个干涉条纹加宽装置，然后用光电接收器件（如光电管、光敏电阻等）将干涉条纹移动量转变为电信号。

热导式甲烷传感器的工作原理和热导式瓦斯检测仪相同，可用于高浓度瓦斯的检测。

气敏式半导体甲烷传感器是利用半导体材料当接触到气体时会发生电阻值或其他特性的变化，从而作为敏感元件来测定瓦斯浓度。在煤矿一般是测量 1%以下的瓦斯。

（4）一氧化碳传感器：检测一氧化碳的仪器按检测原理分为电化学、红外线吸收、气敏半导体型等。国内外煤矿广泛使用的是电化学一氧化碳传感器，其工作原理与一氧化碳检测仪相同。

(5) 氧气传感器:氧气传感器的种类很多,比较实用的有采用定电位法和加伐尼电池法的传感器。下面以后者为例,说明其工作原理。

加伐尼电池式氧气传感器由正负电极、电解液、隔膜等构成。传感器的正极使用铅等金属,负极使用金、铂等金属。隔膜选用透氧性好的聚乙烯等薄膜。它本身相当于一个电池,无须外加能源便能与氧气发生反应而产生电势和电流,且该电流的大小与氧气浓度成正比,根据这个电流的大小便可知气体中氧气的含量。

四、《煤矿安全规程》对传感器设置的规定

(一) 对甲烷传感器设置的规定

由于甲烷的密度小于空气,矿井巷道上方的甲烷浓度大于下方,因此,甲烷传感器应垂直悬挂在巷道的上方,距顶板(顶梁)不得大于 300 mm,距巷道侧壁不得小于 200 mm。甲烷传感器的报警浓度、断电浓度、复电浓度和断电范围必须符合表 12-1 的规定。

表 12-1　甲烷传感器的报警、断电、复电浓度和断电范围

设置地点	报警浓度/%	断电浓度/%	复电浓度/%	断电范围
采煤工作面回风隅角	≥1.0	≥1.5	<1.0	工作面及其回风巷内全部非本质安全型电气设备
低瓦斯和高瓦斯矿井的采煤工作面	≥1.0	≥1.5	<1.0	工作面及其回风巷内全部非本质安全型电气设备
突出矿井的采煤工作面	≥1.0	≥1.5	<1.0	工作面及其进、回风巷内全部非本质安全型电气设备
采煤工作面回风巷	≥1.0	≥1.0	<1.0	工作面及其回风巷内全部非本质安全型电气设备
突出矿井采煤工作面进风巷	≥0.5	≥0.5	<0.5	工作面及其进、回风巷内全部非本质安全型电气设备
采用串联通风的被串采煤工作面进风巷	≥0.5	≥0.5	<0.5	被串采煤工作面及其进、回风巷内全部非本质安全型电气设备
高瓦斯、突出矿井采煤工作面回风巷中部	≥1.0	≥1.0	<1.0	工作面及其回风巷内全部非本质安全型电气设备
采煤机	≥1.0	≥1.5	<1.0	采煤机电源
煤巷、半煤岩巷和有瓦斯涌出岩巷的掘进工作面	≥1.0	≥1.5	<1.0	掘进巷道内全部非本质安全型电气设备
煤巷、半煤岩巷和有瓦斯涌出岩巷的掘进工作面回风流中	≥1.0	≥1.0	<1.0	掘进巷道内全部非本质安全型电气设备
突出矿井的煤巷、半煤岩巷和有瓦斯涌出岩巷的掘进工作面的进风分风口处	≥0.5	≥0.5	<0.5	掘进巷道内全部非本质安全型电气设备

表12-1(续)

设置地点	报警浓度/%	断电浓度/%	复电浓度/%	断电范围
采用串联通风的被串掘进工作面局部通风机前	≥0.5	≥0.5	<0.5	被串掘进巷道内全部非本质安全型电气设备
	≥0.5	≥1.5	<0.5	被串掘进工作面局部通风机
高瓦斯矿井双巷掘进工作面混合回风流处	≥1.0	≥1.0	<1.0	除全风压供风的进风巷外,双掘进巷道内全部非本质安全型电气设备
高瓦斯和突出矿井掘进巷道中部	≥1.0	≥1.0	<1.0	掘进巷道内全部非本质安全型电气设备
掘进机、连续采煤机、锚杆钻车、梭车	≥1.0	≥1.5	<1.0	掘进机、连续采煤机、锚杆钻车、梭车电源
采区回风巷	≥1.0	≥1.0	<1.0	采区回风巷内全部非本质安全型电气设备
一翼回风巷及总回风巷	≥0.75	—	—	
使用架线电机车的主要运输巷道内装煤点处	≥0.5	≥0.5	<0.5	装煤点处上风流 100 m 内及其下风流的架空线电源和全部非本质安全型电气设备
矿用防爆型蓄电池电机车	≥0.5	≥0.5	<0.5	机车电源
矿用防爆型柴油机车、无轨胶轮车	≥0.5	≥0.5	<0.5	车辆动力
井下煤仓	≥1.5	≥1.5	<1.5	煤仓附近的各类运输设备及其他非本质安全型电气设备
封闭的带式输送机地面走廊内,带式输送机滚筒上方	≥1.5	≥1.5	<1.5	带式输送机地面走廊内全部非本质安全型电气设备
地面瓦斯抽采泵房内	≥0.5			
井下临时瓦斯抽采泵站下风侧栅栏外	≥1.0	≥1.0	<1.0	瓦斯抽采泵站电源

1. 采煤工作面甲烷传感器的设置

瓦斯、高瓦斯和煤与瓦斯突出矿井都必须在工作面设置甲烷传感器,高瓦斯和煤与瓦斯突出矿井都必须在工作面的回风巷设置甲烷传感器。由于工作面上隅角通风条件较差,易造成瓦斯积聚,同时为便于使用与维护,高瓦斯和煤与瓦斯突出矿井的采煤工作面上隅角必须设置便携式甲烷检测报警仪。串联通风的采煤工作面,必须在被串工作面的进风巷设置甲烷传感器。

(1) 采煤工作面甲烷传感器的设置。采煤工作面甲烷传感器应尽量靠近工作面设置,如图 12-1 所示。其报警浓度为 1.0%CH_4,断电浓度为 1.5%CH_4,复电浓度为 1.0%CH_4,断电范围为工作面及回风巷中全部非本质安全型电气设备。有煤与瓦斯突出矿井的采煤工作面，断电范围为进风巷、工作面和回风巷内的全部非本质安全型电气设备。若工作面甲烷传感器不能控制进风巷内全部非本质安全型电气设备，则必须在进风巷布置甲烷传感器。

（2）采煤工作面上隅角甲烷传感器的设置。采煤工作面应在工作面上隅角设置甲烷传感器，如图12-2所示。其报警浓度为1.0%CH_4，断电浓度为1.5%CH_4，复电浓度为1.0%CH_4，断电范围为工作面及回风巷中全部非本质安全型电气设备。

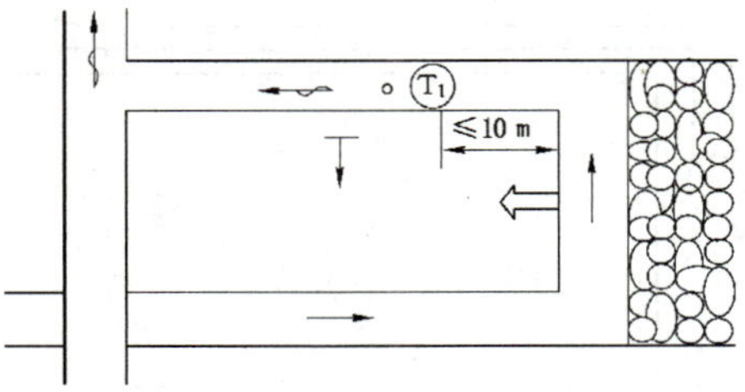

T_1—采煤工作面甲烷传感器

图12-1　采煤工作面甲烷传感器的设置

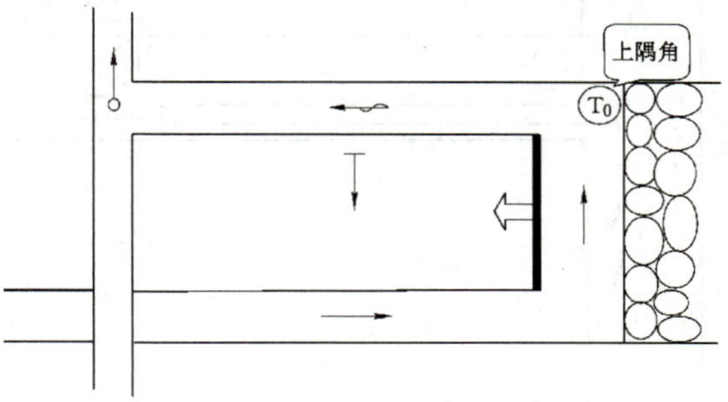

T_0—采煤工作面上隅角甲烷传感器

图12-2　采煤工作面上隅角甲烷传感器的设置

（3）采煤工作面回风巷甲烷传感器的设置。为保证采煤工作面回风巷甲烷传感器能正确反映采煤工作面回风巷内的瓦斯含量，回风巷甲烷传感器应设置在瓦斯等有害气体与新鲜风流混合均匀且风流稳定的位置，如图12-3所示。其报警浓度为1.0%CH_4，断电浓度为1.0%CH_4，复电浓度为1.0%CH_4，断电范围为工作面及回风巷中全部非本质安全型电气设备。

（4）采煤工作面进风巷甲烷传感器的布置。用于监测有煤与瓦斯突出矿井的采煤工作面的进风巷甲烷传感器，应尽量靠近工作面布置，如图12-4所示，以便及时监测采煤工作面的瓦斯变化情况。其报警浓度为0.5%CH_4，断电浓度为0.5%CH_4，复电浓度为0.5%CH_4，断电范围为进风巷内的全部非本质安全型电气设备。

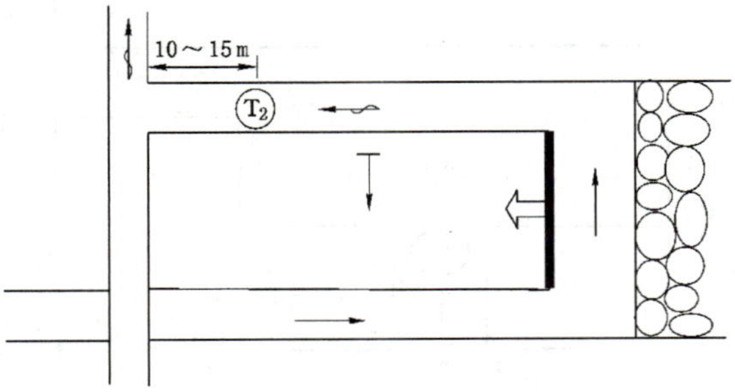

T_2—采煤工作面回风巷甲烷传感器

图12-3　采煤工作面回风巷甲烷传感器的布置

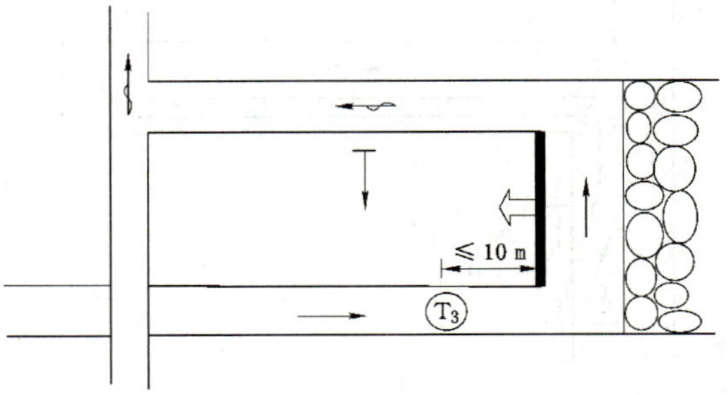

T_3—采煤工作面进风巷甲烷传感器

图12-4　采煤工作面进风巷甲烷传感器的布置

2. 掘进工作面甲烷传感器的布置

（1）掘进工作面甲烷传感器的布置。掘进工作面甲烷传感器应尽量靠近工作面布置，如图12-15所示。其瓦斯报警浓度为1.0%CH_4，断电浓度为1.5%CH_4，复电浓度为1.0%CH_4，断电范围为掘进巷道内全部非本质安全型电气设备。

(2) 沿空掘进工作面回风流甲烷传感器的布置。沿空掘进工作面回风流甲烷传感器应布置在瓦斯等有害气体与新鲜风流混合均匀且风流稳定的位置，如图 12-6 所示。报警浓度为 1.0%CH_4，断电浓度为 1.0%CH_4，复电浓度为 1.0%CH_4，断电范围为掘进巷道内全部非本质安全型电气设备。

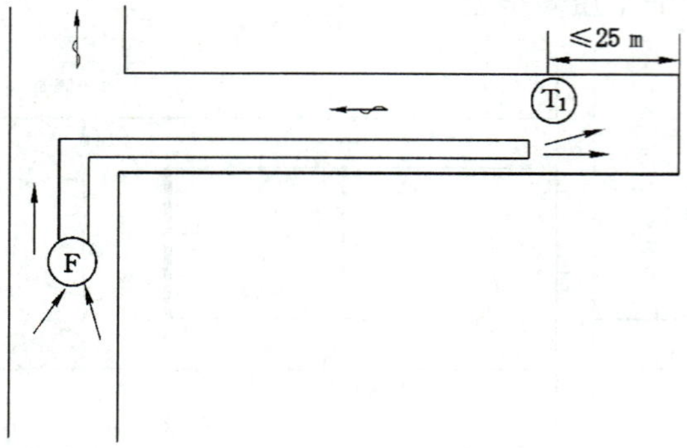

T_1—掘进工作面甲烷传感器；F—局部通风机

图 12-5　掘进工作面甲烷传感器的布置

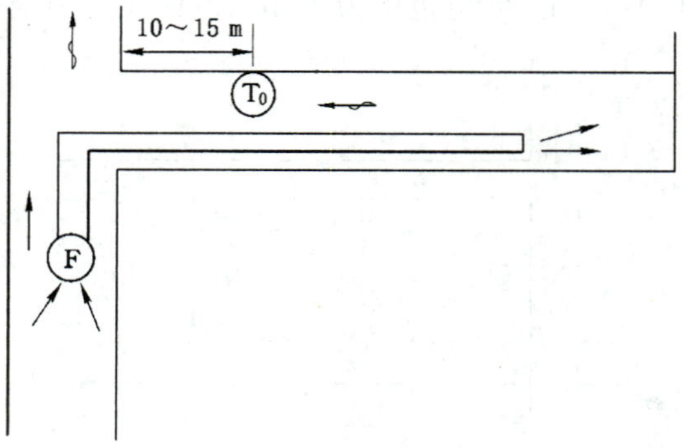

T_0—掘进工作面回风流甲烷传感器；F—局部通风机

图 12-6　掘进工作面回风流甲烷传感器的布置

(3) 采用串联通风的掘进工作面甲烷传感器的布置。采用串联通风的掘进工作面，必须在被串工作面局部通风机前布置掘进工作面进风流甲烷传感器，如图 12-7 所示。其报警浓度为 0.5%CH_4，断电浓度为 0.5%CH_4，复电浓度为 0.5%CH_4，断电范围为掘进巷道内全部非本质安全型电气设备。

3. 机电硐室甲烷传感器的布置

在回风流中的机电硐室的进风侧中必须布置甲烷传感器，如图 12-8 所示。其报警浓度为 0.5%CH_4，断电浓度为 0.5%CH_4，复电浓度为 0.5%CH_4，断电范围为机电硐室内的全部非本质安全型电气设备。

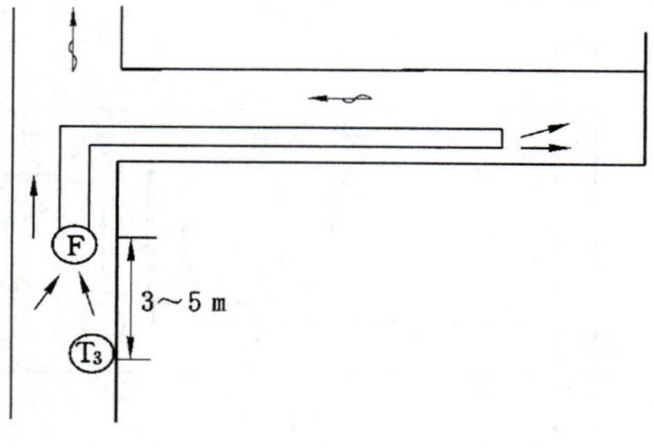

T_3—掘进工作面进风流甲烷传感器；F—局部通风机

图 12-7　串联通风掘进工作面进风流甲烷传感器的布置

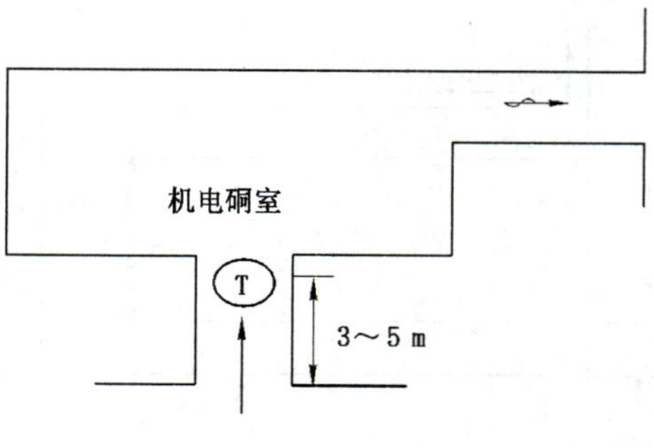

T—机电硐室进风流甲烷传感器

图 12-8　机电硐室甲烷传感器的布置

4. 装煤点甲烷传感器的布置

高瓦斯矿井的主要进风(全风压通风)运输巷道内使用架线电机车时，装煤点必须布置甲烷传感器，如图 12-9 所示。其报警浓度为 0.5%CH_4，断电浓度为 0.5%CH_4，复电浓度为 0.5%CH_4，断电范围为装煤点上风流 100 m 内及其下风流的架空线电源和全部非本质安全型电气设备。

5. 运输巷道甲烷传感器的布置

高瓦斯矿井进风的主要运输巷道使用架线电机车时，在瓦斯涌出巷道的下风流中必须布置甲烷传感器，如图 12-10 所示。其报警浓度为 0.5%CH_4，断电浓度为 0.5%CH_4，复电浓度为 0.5%CH_4，断电范围为瓦斯涌出巷道上风流 100 m 内及其下风流的架空线电源和全部非本质安全型电气设备。

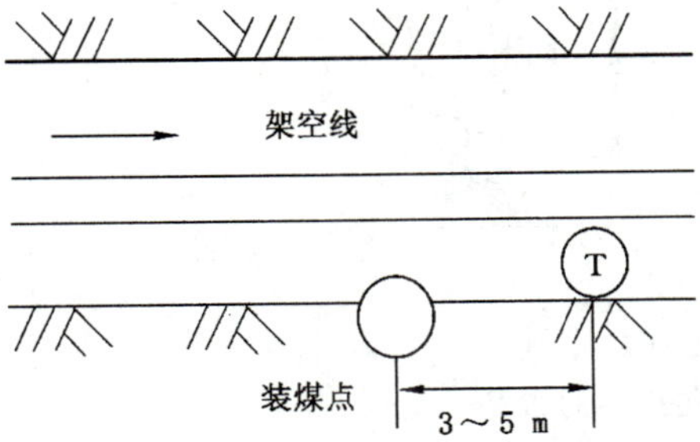

T—高瓦斯矿井的主要进风运输巷道内使用架线电机车时，装煤点处甲烷传感器

图 12-9　装煤点甲烷传感器的布置

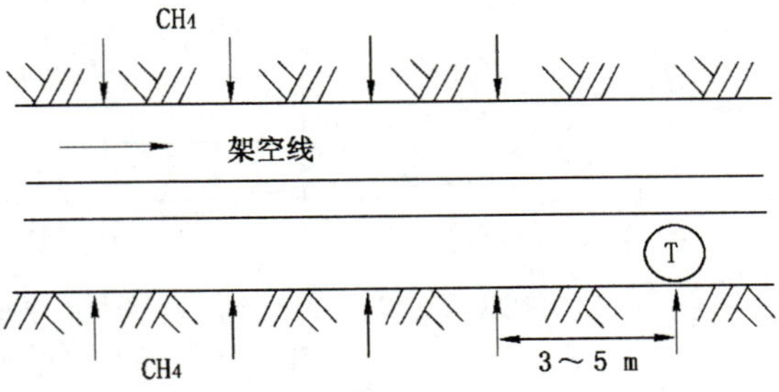

T—高瓦斯矿井进风的主要运输巷道使用架线电机车时，在瓦斯涌出巷道的甲烷传感器

图 12-10　运输巷道甲烷传感器的布置

(二) 对一氧化碳传感器设置的规定

一氧化碳传感器主要用于煤炭自然发火的监测。由于一氧化碳的比重小于空气，因此一氧化碳传感器应布置在巷道的上方，并应不影响行人和行车，安装维护方便。为保证一氧化碳传感器的监测值能正确反映所监测区域的一氧化碳含量，一氧化碳传感器应布置在一氧化碳等有害气体与新鲜风流混合均匀且风流稳定的位置。一氧化碳传感器应布置在巷道前后 10 m 内无分支风流、无拐弯、无障碍，能够监测自然发火区域的位置。一氧化碳传感器应垂直悬挂，距顶板(顶梁)不得大于 300 mm，距巷道侧壁不得小于 200 mm。用于监测采煤工作面的一氧化碳传感器应布置在回风巷内，如图 12-11 所示。用于监测掘进工作面的一氧化碳传感器应布置在回风流中，如图 12-12 所示。

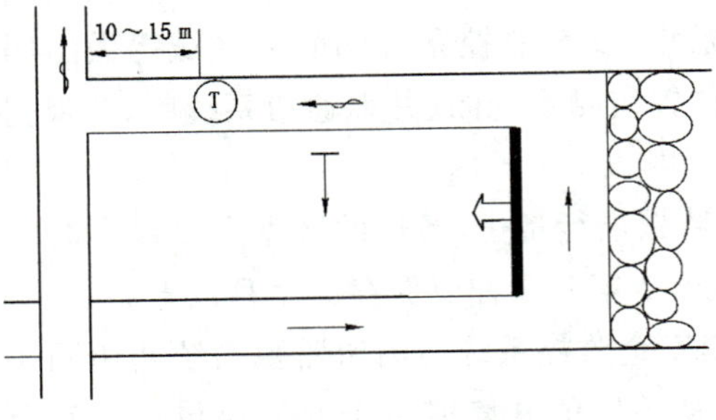

T—采煤工作面一氧化碳传感器

图 12-11　采煤工作面一氧化碳传感器的布置

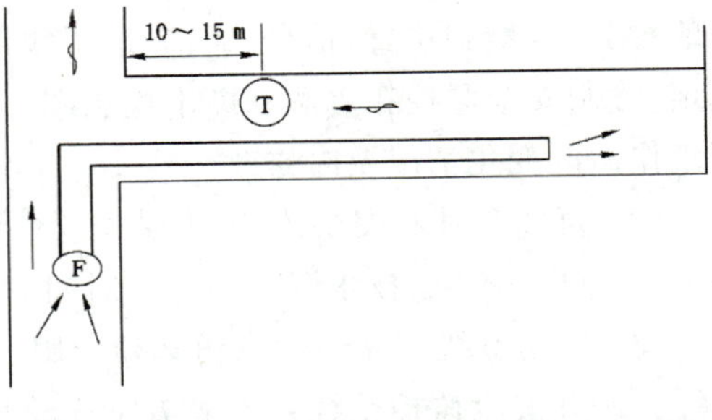

T—掘进工作面一氧化碳传感器；F—局部通风机

图 12-12　掘进工作面一氧化碳传感器的布置

(三) 对温度传感器设置的规定

温度传感器主要用于煤炭自然发火的监测。由于巷道上方温度高于下方，因此温度传感器应布置在巷道的上方，并应不影响行人和行车，安装维护方便。为保证温度传感器的监测值能正确反映所监测区域的温度，温度传感器应布置在靠近监测区域且风流稳定的位置。

因此，温度传感器应布置在能够监测自然发火区域的位置。温度传感器应垂直悬挂，距顶板(顶梁)不得大于 300 mm，距巷道侧壁不得小于 200 mm。温度传感器的报警值为 30 ℃。如图 12-13 所示。

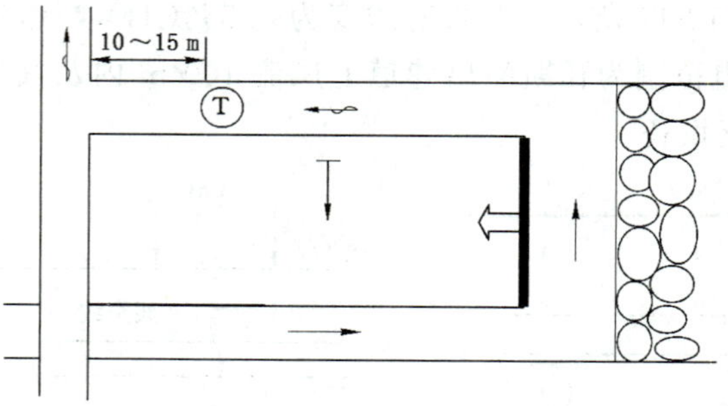

T—采煤工作面温度传感器

图 12-13 采煤工作面温度传感器的布置

(四) 对其他传感器设置的规定

装备矿井安全监控系统的矿井，每一个采区、一翼回风巷及总回风巷的测风站应设置风速传感器，主要通风机的风硐应设置压力传感器；瓦斯抽采泵站的抽采泵吸入管路中应设置流量传感器、温度传感器和压力传感器，利用瓦斯时，还应在输出管路中设置流量传感器、温度传感器和压力传感器。

装备矿井安全监控系统的开采容易自燃、自燃煤层的矿井，应设置一氧化碳传感器和温度传感器。

装备矿井安全监控系统的矿井，主要通风机、局部通风机应设置设备开停传感器，主要风门应设置风门开关传感器，被控设备开关的负荷侧应设置馈电状态传感器。

五、《煤矿安全规程》的其他规定

(1) 所有矿井必须装备安全监控系统、人员位置监测系统、有线调度通信系统。编制采区设计、采掘作业规程和安全技术措施时，必须对安全监控、人员位置监测、有线调度通信设备的种类、数量和位置，信号、通信、电源线缆的敷设，安全监控系统的断电区域等做出明确规定，绘制安全监控布置图和断电控制图、人员位置监测系统图、井下通信系统图，并根据采掘工作面的变化情况及时修改。

(2) 每 3 个月对安全监控、人员位置监测等数据进行备份，备份的数据介质保存时间应不少于 2 年。图纸、技术资料的保存时间应不少于 2 年。录音应保存 3 个月以上。

(3) 矿用有线调度通信电缆必须专用。严禁安全监控系统与图像监视系统共用同一芯光纤。矿井安全监控系统主干线缆应分设两条，从不同的井筒或一个井筒保持一定间距的不同位置进入井下。设备应满足电磁兼容要求。系统必须具有防雷电保护，入井线缆的入井口处必须具有防雷措施。系统必须连续运行。电网停电后，备用电源应能保持系统连续工作时间不小于 2 h。

(4) 监控网络应通过网络安全设备与其他网络互通互联。安全监控和人员位置监测系统主机及联网主机必须双机热备份，连续运行。当工作主机发生故障时，备份主机应在 5 min 内自动投入工作。安全监控和人员位置监测系统显示和控制终端、有线调度通信系统调度台必须设置在矿调度室，全面反映监控信息。矿调度室必须 24 h 有监控人员值班。

(5) 安全监控设备必须具有故障闭锁功能。当与闭锁控制有关的设备未投入正常运行或故障时，必须切断该监控设备所监控区域的全部非本质安全型电气设备的电源并闭锁；当与闭锁控制有关的设备工作正常并稳定运行后，自动解锁。

(6) 安全监控系统必须具备甲烷电闭锁和风电闭锁功能。当主机或系统线缆发生故障时，必须保证实现甲烷电闭锁和风电闭锁的全部功能。系统必须具有断电、馈电状态监测和报警功能。

(7) 安全监控设备的供电电源必须取自被控开关的电源侧或者专用电源，严禁接在被控开关的负荷侧。改接或拆除与安全监控设备关联的电气设备、电源线和控制线时，必须与安全监控管理部门共同处理。检修与安全监控设备关联的电气设备，需要监控设备停止运行时，必须制定安全措施，并报矿总工程师审批。

(8) 安全监控设备必须定期调校、测试，每月至少 1 次。采用载体催化元件的甲烷传感器必须使用校准气样和空气气样在设备设置地点调校，便携式甲烷检测报警仪在仪器维修室调校，每 15 天至少 1 次。甲烷电闭锁、风电闭锁和故障闭锁功能每 15 天至少测试 1 次。可能造成局部通风机停电的，每半年测试 1 次。安全监控设备发生故障时，必须及时处理，在故障处理期间必须采用人工监测等安全措施，并填写故障记录。

(9) 必须每天检查安全监控设备及电缆是否正常，使用便携式甲烷检测仪或者便携式甲烷检测报警仪与甲烷传感器进行对照，并将记录和检查结果报矿值班员；当两者读数误差大于允许误差时，应当以读数较大者为依据，采取安全措施，并必须在 8 h 内对 2 种设备调校完毕。

(10) 井下下列地点必须设置甲烷传感器：

① 采煤工作面及其回风巷和回风隅角，高瓦斯和突出矿井采煤工作面回风巷长度大于 1000 m 时回风巷中部。

② 煤巷、半煤岩巷和有瓦斯涌出的岩巷掘进工作面及其回风流中，高瓦斯和突出矿井的掘进巷道长度大于 1000 m 时掘进巷道中部。

③ 突出矿井采煤工作面进风巷。

④ 采用串联通风时，被串采煤工作面的进风巷；被串掘进工作面的局部通风机前。

⑤ 采区回风巷、一翼回风巷、总回风巷。

⑥ 使用架线电机车的主要运输巷道内装煤点处。

⑦ 煤仓上方、封闭的带式输送机地面走廊。

⑧ 地面瓦斯抽采泵房内。

⑨ 井下临时瓦斯抽采泵站下风侧栅栏外。

⑩ 瓦斯抽采泵输入、输出管路中。

(11) 突出矿井在下列地点设置的传感器必须是全量程或者高低浓度甲烷传感器：

① 采煤工作面进、回风巷。

② 煤巷、半煤岩巷和有瓦斯涌出的岩巷掘进工作面回风流中。

③ 采区回风巷。

④ 总回风巷。

(12) 井下下列设备必须设置甲烷断电仪或者便携式甲烷检测报警仪：

① 采煤机、掘进机、掘锚一体机、连续采煤机。

② 梭车、锚杆钻车。

③ 采用防爆蓄电池或者防爆柴油机为动力装置的运输设备。

④ 其他需要安装的移动设备。

(13) 突出煤层采煤工作面进风巷、掘进工作面进风的分风口必须设置风向传感器。当发生风流逆转时,发出声光报警信号。突出煤层采煤工作面回风巷和掘进巷道回风流中必须设置风速传感器。当风速低于或超过《煤矿安全规程》的规定值时,应发出声光报警信号。

(14) 每一个采区、一翼回风巷及总回风巷的测风站应当设置风速传感器,主要通风机的风硐应当设置压力传感器;瓦斯抽采泵站的抽采泵吸入管路中应设置流量传感器、温度传感器和压力传感器,利用瓦斯时,还应在输出管路中设置流量传感器、温度传感器和压力传感器。

(15) 使用防爆柴油动力装置的矿井及开采容易自燃、自燃煤层的矿井,应当设置一氧化碳传感器和温度传感器。

(16) 主要通风机、局部通风机应设置设备开停传感器。

(17) 主要风门应设置风门开关传感器,当两道风门同时打开时,发出声光报警信号。甲烷电闭锁和风电闭锁的被控开关的负荷侧必须设置馈电状态传感器。

第十三章　典型事故案例

本章培训与考核要点

- 掌握煤矿“三违”行为
- 掌握瓦斯检查工相关的典型事故案例

第一节　煤矿“三违”

“三违”是指煤矿员工在生产建设中所发生或出现的违章指挥、违章作业和违反劳动纪律的现象及行为。任何人如果违反了其中的一项，就被称为“三违”人员。

“三违”现象及行为是导致煤矿发生事故的重要原因，严重威胁着煤矿的正常生产和员工的生命安全。据调查，90%以上的事故均是由人员“三违”造成的。因此，煤矿员工对“三违”现象和行为，绝不能宽容和忽视，要从自身做起，坚决与“三违”人员做斗争，确保安全生产。

一、“三违”的表现

(一) 违章指挥的表现

凡违反党和国家的安全生产方针、政策、法令、条例、规程、制度和有关规定盲目指挥生产的行为，均属于违章指挥。违章指挥的人员主要是煤矿安全生产管理人员和班组长等。

(二) 违章作业的表现

凡在劳动生产过程中违反国家颁布的各种法规性文件和企业、事业单位及其上级管理机关制定的各种规章制度，以及有关安全生产的通知、决定，不懂安全技术常识和技术或不听有关人员的劝告和阻止，冒险蛮干作业的现象和行为，均属于违章作业。其主要表现如下：

(1) 操作错误，忽视安全警告。

(2) 造成安全装置失效。

(3) 使用不安全设备。

(4) 以手代替工具操作。

(5) 物体存放不当。

(6) 冒险进入危险场所。

(7) 攀坐不安全位置。

(8) 起吊物下作业、停留。

(9) 运转时操作机器。

(10) 有分散注意力的行为。

(11) 个人防护用品使用不当。

(12) 着不安全装束。

(13) 处理燃、爆物品错误。

(14) 擅自动用未经检查、验收、移交或查封的设备和车辆,以及未经领导批准任意动用非本人操作的设备和车辆。

(15) 不执行“危险作业申请单”所规定的安全防范措施,对领导的违章指挥盲目服从不加抵制。

(16) 特种作业人员无证上岗,特种设备无证操作。特种设备和要害部门,不认真登记和交接班,擅自离岗或睡觉。

(17) 井下作业过程中擅自卸下劳动保护用品。

(18) 违反其他法律、法规明文规定的行为。

(三) 违反劳动纪律的表现

违反劳动纪律的表现通常为:

(1) 不遵守劳动时间和单位的作息制度,旷工和无故迟到、早退。

(2) 工作不负责任,不坚守工作岗位,不服从分配和管理,消极怠工和玩忽职守,擅自脱离岗位、串岗、饮酒、干私活。

(3) 不努力工作,完不成生产任务,保证不了生产质量。

(4) 在工作时间内不遵守生产和工作秩序,做与生产和工作无关的事情。

(5) 不严格遵守安全规程与作业规程,违章指挥或违章作业,做不到安全生产。

(6) 不爱护国家财产和公共财物。

(7) 不遵守本单位其他有关劳动纪律的规定。

二、“三违”现象的防范措施

(1) 追查分析。由煤矿安监站组织、相关部门领导、“三违”人员及单位负责人和发现“三违”人员参加,共同分析产生“三违”的各种原因,找出主要根源。

(2) 现身说法。“三违”人员在本单位安全活动时,结合自身“三违”事实,谈认识、谈体会,吸取教训,保证不再违章。这些均由各基层单位党政主管负责落实。

(3) 停班学习。停班学习的形式采取自学和集中学习相结合,集中学习由教培部门负责。

(4) 帮教提高。科级以上的领导、支部书记、工会女工协管对“三违”人员进行谈话,帮助“三违”人员提高思想认识。

(5) 行政处罚。按照企业文件规定的相关条款,对“三违”责任人进行处罚或处分。

(6) 公示。通过公示栏、局域网等形式公布“三违”人员名单。

(7) 媒体曝光。由企业宣传部门组织,通过企业内部新闻媒体对“三违”人员的追查、分析、处理进行曝光。

(8) 亲属签字。“三违”人员在停班学习期间,通过反思,写出安全保证书,家属或亲人在安全保证书上签名,由单位支部书记负责。

(9) 建档立卡。对各类“三违”人员由安监部门负责建立追查、处理档案,并记录清楚。

(10) 业务考试。停班学习期满前一天,由教育培训部门负责对“三违”人员进行业务知识考试,考试时严格按照教考分离的办法执行,考试不合格,将延长停班学习时间,直至考试合格后方可上岗。

第二节 瓦斯检查作业典型警示案例

一、江西省投资集团花鼓山煤业有限公司山南井较大窒息事故

2024 年 5 月 25 日，江西省投资集团花鼓山煤业有限公司山南井（以下简称山南井）发生一起较大窒息事故，造成 3 人遇难，直接经济损失 418 万元。

（一）事故单位基本情况

山南井位于江西省新余市渝水区，隶属江西省投资集团花鼓山煤业有限公司，省投资集团委托其所属的安源煤业集团股份有限公司管理，为国有控股企业，核定生产能力 28 万 t/a，低瓦斯矿井，水文地质类型为中等。事故地点为山南井北翼浅部采区－270 回风平巷与－260 西大巷的下山联络巷，该联络巷上出口位于－260 西大巷车场以里 165 m 处，下出口与－270 回风平巷顶部连通，长 7.6 m，宽 1 m，巷高 0.8～1.3 m，工字钢支护，上下出口高差 4 m，上出口处构筑了风门。该联络巷内设有排水管路，用于排出－270 回风平巷积水。

（二）事故直接原因

由于－270 回风平巷水位上涨，下山联络巷下出口被淹，风流被阻断形成盲巷。事故当班瓦斯检查工未检查气体浓度，违章进入缺氧的下山联络巷，造成窒息死亡。当班带班领导带人未采取有效安全措施进入事故巷道盲目施救，再次因缺氧窒息死亡，造成事故扩大。

（三）事故暴露出的主要问题

该起事故暴露出山南井存在如下问题：

（1）安全风险研判管控不到位。对汛期水量增大导致下山联络巷成为盲巷的安全风险研判不足，未采取有效措施化解窒息事故风险。

（2）对汛期防治水工作重视不够。仅凭经验估算涌水量并作为水泵选型依据，导致水泵排能力小于汛期补给水量，造成事故当班下山联络巷成为盲巷。

（3）事故隐患排查整治不到位。未及时排查消除－270 回风平巷巷道失修、放水管堵塞和－270 排水点水泵排水能力不足等问题隐患。

（4）安全管理松懈。未组织员工学习－270 排水安全技术措施，事故当班无专职安全检查工。

（5）安全教育培训不力。近年未开展防窒息事故应急演练，从业人员安全意识差，对风险隐患麻痹大意，3 名遇难人员均未使用自救器。

二、煤矿瓦斯检查工假检重大事故隐患

2023 年 1 月 26 日，宁夏银川市应急管理局矿山监管人员在指挥调度中心，利用综合安防平台进行视频巡查，发现某煤矿瓦斯检查工在井下 110906 机巷掘进工作面转载点的一处瓦斯检测点进行瓦斯检测作业时，未使用光学瓦斯检测仪对环境瓦斯进行检测，直接将数据填写在瓦斯检测牌板上。依据《煤矿重大事故隐患判定标准》，该行为可能属于重大事故隐患，矿山监管人员立即向分管领导汇报，并及时将视频线索移交银川市应急管理综合行政执法支队立案调查。

经调查核实后确定，该煤矿提供的2023年1月25日22时至1月26日15时人员出入井记录，确定两个班次共有502人在井下作业；提供的2023年1月25日22时至1月26日15时生产调度报表，显示该时间段共作业出煤6303 t，据此确定该矿在上述时间段有生产作业行为。

2023年1月25日22点10分，该煤矿夜班瓦斯检查工贾××入井后进行瓦斯检测作业，当晚11点55分许，巡检至110906机巷掘进工作面转载点回风流的检测点时，在未使用光学瓦斯检测仪对环境瓦斯进行检测的情况下，直接将数据填写在瓦斯检测牌板上。1月26日上午，瓦检工张×在110906机巷掘进工作面转载点回风流的检测点，在未使用光学瓦斯检测仪对环境瓦斯进行检测的情况下，直接将数据填写在瓦斯检测牌板上。

依据《煤矿重大事故隐患判定标准》第五条第（一）项规定，上述行为属于"瓦斯超限作业"重大事故隐患，违反了《国务院关于预防煤矿生产安全事故的特别规定》第八条第二款第（二）项规定。宁夏银川市应急管理局依据《国务院关于预防煤矿生产安全事故的特别规定》第十条第一款规定，决定对该煤矿作出罚款人民币80万元，责令停业整顿3天的行政处罚，对该煤矿安全总监马××作出罚款人民币3万元的行政处罚。

三、云南省富源县平庆煤矿煤与瓦斯突出事故

2022年3月15日，云南省富源县平庆煤矿117805机巷掘进工作面发生一起煤与瓦斯突出事故，造成1人死亡、97人涉险，直接经济损失282.7万元。

（一）事故原因

C_{7+8}煤层具有潜在突出危险性，事故地点处于构造带（煤层变厚、煤体松软），且位于上覆已开采的C_2、C_3煤层留设煤柱的应力叠加区和本煤层瓦斯富集区，煤矿采取的局部防突措施未能消除煤层的突出危险，掘进机割煤扰动诱发煤与瓦斯突出。

（二）事故暴露出平庆煤矿的问题

1. 瓦斯治理以包代管

（1）未定期组织开展矿井瓦斯防治监督检查，未能及时发现作业人员违规包裹、挪动甲烷传感器等违法违规行为以及瓦斯检查不规范等问题。

（2）对项目部出具的允掘通知单审核把关不严，未督促开展瓦斯抽采达标评判，默许项目部以允掘通知单代替117805机巷掘进工作面瓦斯抽采达标评判。

（3）项目部施工瓦斯抽采钻孔时，煤矿仅安排瓦斯检查工现场验收钻孔深度和数量，未对钻孔角度、方位、成孔质量、抽采浓度进行监督验收。

2. 技术管理薄弱

（1）瓦斯地质工作不到位，未认真组织开展地质预测预报工作，未查明117805机巷掘进工作面地质构造情况，巷道布置未分析避开C_2、C_3煤层煤柱应力叠加区。

（2）瓦斯防治不到位。未建立以总工程师为首的瓦斯治理技术管理体系，未认真落实瓦斯抽采达标评判、通风瓦斯日分析制度等"八招"措施。

3. 安全管理混乱

（1）煤矿未认真落实县煤炭管理部门对C_{7+8}煤层按突出煤层进行管理的要求，企业负责人、矿长未落实每季、每月组织开展防突专题研究等相关工作要求。

（2）隐患排查治理工作不到位，对117805机巷掘进工作面顶板破碎、煤层变厚、煤体松

软、瓦斯异常涌出、片帮频繁等突出征兆不重视，日常安全检查发现的问题隐患不建立台账，不下发整改通知单，仅使用电话或口头告知的形式进行整改。

(3) 矿领导带班下井制度执行不严格，煤矿任命5名安全副总专职负责井下带班，实际为安全科安全管理人员。副董事长、实际负责人张××未按规定要求带班下井。

4. 教育培训不到位

(1) 瓦斯检查工配备数量不足；事故地点掘进机司机未取得特种作业人员资格证上岗作业。

(2) 对部分新招录井下从业人员以复工前安全培训代替岗前培训，培训时间只有20学时，不满足72学时要求。

(3) 春节复工培训没有做到全覆盖，部分作业人员未经培训考核通过即安排入井作业。

(4) 部分煤矿安全管理人员对瓦斯治理知识不掌握，履职能力不足。

5. 法治意识淡薄

(1) 事故当班瓦斯检查工未将迎头瓦斯超限数据和数值偏高数据记录在瓦检手册和现场瓦斯检查牌板，故意隐瞒瓦斯真实情况。

(2) 人为关闭安全监控系统和人员位置检测系统数据生成上传软件，导致监测数据不能传输到监管部门。

(3) 事故发生后覆盖、删除安全监控系统数据。

四、山西省大同市新荣区东村煤矿瓦斯煤尘爆炸事故

1996年11月27日，山西省大同市新荣区郭家窑乡东村煤矿井下发生瓦斯煤尘爆炸事故，死亡114人，直接经济损失约976万元。

(一) 事故经过

1996年11月27日早班工人7时陆续到井口，没有召开班前会，采掘工分别进入10个掘进工作面和7个回采工作面作业，绞车工、瓦检员、挂钩工等辅助工各自进入工作岗位。7时30分，生产副矿长李某组织召开调度会议，安排机电负责人刘某解决矿车不足问题，李某和安全副矿长周某等人下井进行安全大检查。会后，8时20分，李某、周某和技术科长许某下井检查，他们先去2号煤层采掘工作面，没有发现异常情况。在到9号斜斜暗井检查前，李某提出："新井至今还未见煤，我先去那里看看"，随后升井。周某和许某先后检查了9号暗斜井、1号暗斜井，均未发现问题。12时6分，周某和许某升井，回到办公室。12时9分，一声巨响，井下发生爆炸，主井口砌碹全部被摧垮，料石块封堵了主井口，副井口防爆门被冲开。

(二) 事故原因

(1) 3号煤层11号暗斜井5号贯眼回柱放顶，使采空区高浓度瓦斯不断涌入顺槽，北顺槽正、副巷间无隔风闭墙，风流短路，巷内局部通风机无风筒，全巷处于无风、微风环风状态，6号贯眼至工作面35 m为盲巷，造成瓦斯积聚。电工带电检修80型开关、电火花引爆瓦斯，进而震起巷道积尘，煤尘参与爆炸，这是事故发生的直接原因。

(2) 通风、瓦斯、煤尘、机电管理混乱，"一通三防"工作没有落到实处。

矿井总风量不足，通风线路长，盘区之间有角联巷道，风流紊乱，通风设施不齐全、质量差，存在风流短路、跑漏风、串联风、循环风。井下作业点多，局部通风机数量不足，使用不当，时停时开，工作面处于微风、无风作业。

瓦斯检查制度不落实，瓦斯检查工严重不足，存在空班漏检现象，没有严格执行“一炮三检”。11号暗斜井回收煤柱工作面瓦斯浓度超限，没有记录，瓦斯检查流于形式，矿井无瓦斯监控报警设施，没有配备自救器。

强爆煤尘没有采取综合防尘措施，静压洒水系统没有按规定完工，仅有的洒水管路也不能正常使用，只有一名洒水工洒水灭尘，巷道积尘严重，未能及时冲洗，没有隔爆设施。

井下变压器容量不足，局部通风机、绞车不能同时运行，机电设备失爆严重，“鸡爪子”、“羊尾巴”、明接头、明打点多，没有“三大保护”。

以上是造成事故发生的主要原因。

(3) 超设计能力、超负荷开采，不尊重科学，不按客观规律办事，盲目生产，导致井下诸多事故隐患得不到解决。

(4) 有章不循，各种规章制度不能落到实处，职工安全教育培训不落实，多数特殊工种未能做到持证上岗，工人流动性大，职工素质低，对外包工队管理不善，以包代管。下井前不召开班前会，入井登记不严，现场管理混乱，这是造成事故发生的重要原因。

第十四章　煤矿瓦斯检查作业安全技术实际操作考试标准

（说明：本实操考核标准由国家煤矿安全监察局于 2016 年 9 月 2 日以煤安监行管〔2016〕19 号文印发。）

1　制定依据

本标准依据《中华人民共和国安全生产法》《煤矿安全规程》《特种作业人员安全技术培训考核管理规定》《煤矿瓦斯检查工安全技术培训大纲及考核标准》《 煤矿安全监控系统及检测仪器使用管理规范》等法律、法规和标准制定。

2　适用对象

从事煤矿井下瓦斯检查作业的人员，即瓦斯检查工。

3　考试方式

采用实物操作和手指口述等方式。

4　考试点基本条件

4.1　具有满足实际操作考试需要的考试场所。考试场所必须按照环境保护、劳动保护、安全和消防各项要求设置，应当设置有关安全指示标志、警示标语、考场规则等，应当安装实时监控系统。

4.2　具有满足实际操作考试需要的实物装置。配置便携式光学甲烷检测仪、一氧化碳采样器、一氧化碳检定管，不同浓度的甲烷、一氧化碳、二氧化碳气样（气瓶）等实物，或者配置“瓦斯检查作业安全操作考试装置”。实物装置及仪表应功能齐全、性能稳定、操作可靠、安全环保。

4.3　具有满足实际操作考试需要的考评人员。考评人员应具有工程师、讲师及以上专业技术职务或者技师及以上资格，实际从事通风与安全专业相关工作 5 年以上，熟悉相应的专业知识和操作技能，掌握考试标准。

5　考试要求

5.1　考试科目

5.1.1　便携式光学甲烷检测仪安全操作（简称 K1）

5.1.2　甲烷、二氧化碳、一氧化碳浓度检测安全操作（简称 K2）

5.2　组卷方式

由 K1、K2 两个科目组成试卷。

5.3　考试成绩

考试成绩总分为 100 分，80 分及以上为合格。

5.4　考试时间

考试时间为 30 分钟。

6　考试内容及评分标准

6.1　便携式光学甲烷检测仪安全操作，见表 K1。

表 K1　便携式光学甲烷检测仪安全操作　　　　考试时间：15 分钟

<table>
<tr><th>序号</th><th>考试项目</th><th>操作内容与步骤</th><th>考试方式</th><th>分值</th><th>评分标准</th></tr>
<tr><td>1</td><td>外观安全检查</td><td>① 外观无损伤、无变形。
② 部件齐全、完整，连接或固定牢靠。
③ 手轮、按钮、目镜操作灵活、可靠。
④ 光源亮度充分、稳定</td><td rowspan="9">实物操作＋手指口述</td><td>4 分</td><td>操作内容每项 1 分，每缺一项或一项不正确扣 1 分</td></tr>
<tr><td rowspan="2">2</td><td rowspan="2">药品性能安全检查</td><td>1. 检查硅胶
硅胶颜色由蓝色变为白色或很淡的浅红色，或者 1/2 的药品失去蓝色时，说明药品失效</td><td>2 分</td><td>操作内容不正确扣 2 分</td></tr>
<tr><td>2. 检查钠石灰
钠石灰颜色由粉红色变为淡黄色或粉白色，或者粒度不在 2～5 mm 之间时，说明药品失效</td><td>2 分</td><td>操作内容不正确扣 2 分</td></tr>
<tr><td rowspan="5">3</td><td rowspan="5">气路系统安全检查</td><td>1. 检查整机气密性
连接吸气球胶管，堵住吸气胶管末端，捏扁吸气球→放松吸气球，若 1 min 内不还原，说明整机不漏气；反之则说明漏气，再分部位进行逐项检查和处理</td><td>2 分</td><td>操作步骤每步 1 分，每缺一步或一步不正确扣 1 分</td></tr>
<tr><td>2. 检查吸气球气密性
捏扁吸气球，掐住连接吸气球的胶管→放松吸气球，若 1 min 内不还原说明吸气球不漏气</td><td>2 分</td><td>操作步骤每步 1 分，每缺一步或一步不正确扣 1 分</td></tr>
<tr><td>3. 检查机体气密性
拔掉仪器 CO_2 吸收管，将吸气球的胶管同检测仪吸气孔连接→堵住进气孔，捏扁吸气球→放松吸气球，若 1 min 内不还原，说明机体不漏气</td><td>3 分</td><td>操作步骤每步 1 分，每缺一步或一步不正确扣 1 分</td></tr>
<tr><td>4. 检查药管气密性
拔开 CO_2 吸收管和水分吸收管连接管→用手分别堵住其进气孔（分两次测试），捏扁吸气球→放松吸气球，若 1 min 内不还原，说明药管不漏气</td><td>3 分</td><td>操作步骤每步 1 分，每缺一步或一步不正确扣 1 分</td></tr>
<tr><td>5. 检查胶管气密性
堵住吸气胶管末端→捏扁吸气球→放松吸气球，若 1 min 内不还原，说明胶管不漏气</td><td>3 分</td><td>操作步骤每步 1 分，每缺一步或一步不正确扣 1 分</td></tr>
<tr><td>4</td><td>光路系统安全检查</td><td>按下光源按钮→通过目镜观察→旋转目镜筒，使分划板上读数清晰→确认干涉条纹清晰完整</td><td>4 分</td><td>操作步骤每步 1 分，每缺一步或一步不正确扣 1 分</td></tr>
</table>

表K1(续)

序号	考试项目	操作内容与步骤	考试方式	分值	评分标准
5	仪器调零安全操作	1. 调零准备 置仪器于新鲜空气巷道中(与待测地点温度、压力相近)→插上 CO_2 吸收管→捏、放吸气球 5～7 次	实物操作＋手指口述	3 分	操作步骤每步 1 分,每缺一步或一步不正确扣 2 分
		2. 小数对零 按下微读数按钮→旋转测微手轮,使微读盘的零位刻度与指标线重合		2 分	操作步骤每步 1 分,每缺一步或一步不正确扣 2 分
		3. 整数对零 打开主调螺旋盖→按下光源按钮→观察目镜→旋转主调手轮,选定一条黑基线与分划板的"零"位重合→盖好主调螺旋盖		5 分	操作步骤每步 1 分,每缺一步或一步不正确扣 1 分
6	合计			35 分	

6.2　甲烷、二氧化碳、一氧化碳浓度检测安全操作,见表 K2。

表 K2　甲烷、二氧化碳、一氧化碳浓度检测安全操作　　　　考试时间:15 分钟

序号	考试项目	操作内容与步骤	考试方式	分值	评分标准
1	甲烷浓度检测安全操作	1. 抽取气样 将 CO_2 吸收管出气口与便携式光学甲烷检测仪进气孔连接→把连接在 CO_2 吸收管进气口的胶皮管伸向测点位置→确认测点位置距巷道顶板不大于 300 mm、距巷道侧壁不小于 200 mm→捏放吸气球 5～7 次→将待测气体吸入检测仪瓦斯室	实物操作＋手指口述	5 分	操作步骤每步 1 分,每缺一步或一步不正确扣 1 分
		2. 检测读数 按下光源按钮→观察目镜中的黑基线位置(如其恰与某整数刻度重合,则该刻度即为所测甲烷浓度)→确认黑基线位于两整数之间→顺时针旋转微调手轮,使黑基线退到较小的整数位置→按下微读数按钮→读取微读数盘上的小数值(精确到 0.02)→把整数与小数相加即为本次操作所测的甲烷浓度→连续三次所测甲烷浓度的最大值为最终甲烷浓度的检测结果		8 分	操作步骤每步 1 分,每缺一步或一步不正确扣 1 分
		3. 处理检测结果 ① 发现甲烷浓度超过相关规定,立即打电话报告调度室,并根据规定责令现场人员停止工作,撤到安全地点。 ② 填写甲烷检查班报手册和检查地点的甲烷检查记录牌,并通知现场工作人员	手指口述	8 分	操作内容每项 4 分,每缺一项或一项不正确扣 4 分

表K2(续)

序号	考试项目	操作内容与步骤	考试方式	分值	评分标准
2	二氧化碳浓度检测安全操作	1. 检测甲烷浓度 将 CO_2 吸收管出气口与便携式光学甲烷检测仪进气孔连接→把连接在 CO_2 吸收管进气口的胶皮管伸向测点位置→确认测点位于巷道风流断面下部的 1/5 处→捏放吸气球 5～7 次→测取甲烷气体浓度	实物操作＋手指口述	5 分	操作步骤每步 1 分，每缺一步或一步不正确扣 1 分
		2. 检测二氧化碳与甲烷混合气体浓度 拔下 CO_2 吸收管→将检测仪或连接在其进气孔上的胶皮管伸向同一测点位置→捏放吸气球 5～7 次，测取同一测点混合气体浓度		6 分	操作步骤每步 2 分，每缺一步或一步不正确扣 2 分
		3. 计算二氧化碳浓度值 ① 用混合气体浓度减去甲烷气体浓度的差，再乘以 0.955 的校正系数，计算得出测点 CO_2 气体浓度值。 ② 采用同样的方法，在同一测点连续测三次，最大值为检测结果		6 分	操作内容每项 3 分，每缺一项或一项不正确扣 3 分
		4. 处理检测结果 ① 发现 CO_2 浓度超过 1.5 时，立即打电话报告调度室，并责令现场人员停止工作，撤到安全地点。 ② 填写甲烷检查班报手册，注明检查地点的 CO_2 检查浓度值，并通知现场工作人员		6 分	操作内容每项 3 分，每缺一项或一项不正确扣 3 分
3	一氧化碳浓度检测安全操作	1. 检测准备 ① 确认 CO 采样器三通阀开、关灵活。 ② 将 CO 采样器三通阀把打到 45°关闭位置，把活塞拉到最大位置后松开，确认活塞能够自动恢复原状或者活塞的余量不大于 5 mL 时，采样器气密性良好。 ③ 确认 CO 检定管在有效期内，并且与待查地点的气体浓度范围相匹配	实物操作＋手指口述	6 分	操作内容每项 2 分，每缺一项或一项不正确扣 2 分
		2. 抽取气样 穿戴好防毒防护装备→选择并进入待测地点→将 CO 采样器三通阀把打到水平吸气位置，抽送采样器活塞往复 3～5 次，吸入规定量的待测气样→将 CO 采样器三通阀把打到 45°关闭位置→撤离到安全地点→打开 CO 检定管两端封口→把 CO 检定管浓度标尺标“0”端插入到 CO 采样器采样插孔中→将 CO 采样器三通阀把打到垂直充气位置，推动活塞将气样按检定管说明书规定的送气时间匀速充入 CO 检定管内→读取 CO 检定管上棕色环最大刻度对应的 CO 浓度值		9 分	操作步骤每步 1 分，每缺一步或一步不正确扣 1 分

表K2(续)

序号	考试项目	操作内容与步骤	考试方式	分值	评分标准
3	一氧化碳浓度检测安全操作	3. 处理检测结果 ① 发现 CO 浓度超过 0.0024 时,立即打电话报告调度室,并责令现场人员停止工作,撤到安全地点。 ② 发现同一位置检测的 CO 浓度比较前几次有所增加时,应报告矿调度室和有关领导。 ③ 填写 CO 检测记录表,通知现场工作人员	手指口述	6 分	操作内容每项 2 分,每缺一项或一项不正确扣 2 分
4	合计			65 分	

第四篇　煤矿瓦斯检查作业操作资格考试题库

说明：1. 为了帮助学员顺利通过考试，本书配套了网络题库。

2. 扫描封底的二维码，注册后，登录“众学教培服务平台”小程序，可以免费进行练题。

3. 具体使用方法见本书目录前面一页。

第一部分　法律法规知识子题库

一、单选题

1.《安全生产法》规定，生产经营单位应当向从业人员如实告知作业场所和工作岗位存在的(　　)、防范措施以及事故应急措施。

A. 危险因素　　B. 人员状况　　C. 设备状况　　D. 环境状况

2.《安全生产法》规定，未经(　　)合格的从业人员，不得上岗作业。

A. 基础知识教育

B. 安全生产教育和培训

C. 技术培训

3. 在煤矿生产中，当生产与安全发生矛盾时必须是(　　)。

A. 安全第一　　B. 生产第一　　C. 先生产后安全

4. 特种作业人员必须取得(　　)才允许上岗作业。

A. 技术资格证书　　B. 操作资格证书　　C. 安全资格证书

5.《煤矿安全生产条例》的执法主体是(　　)。

A. 矿山安全监察机构　　B. 煤炭行业管理部门

C. 司法机关　　D. 职工代表委员会

6. 煤矿职工因行使安全生产权利而影响工作时，有关单位不得扣发其工资或给予处分，由此造成的停工、停产损失，应由(　　)负责。

A. 该职工　　B. 企业法人　　C. 责任者　　D. 工会

7. 煤矿安全监察工作应当以(　　)为主。

A. 预防　　B. 事故处理　　C. 处罚　　D. 事故教训警示他人

8. 规定采矿许可证制度的法律是(　　)。

A. 煤炭法　　B. 矿产资源法　　C. 矿山安全法　　D. 安全生产法

9.《安全生产法》规定的从业人员在安全生产方面的义务包括：从业人员在作业过程中，应当严格遵守本单位的安全生产规章制度和操作规程，服从管理，正确佩戴和使用(　　)。

A. 劳动防护用品　　B. 安全卫生用品　　C. 专用器材设备

10. 安全生产责任制重在(　　)上下真功夫。

A. 健全完善　　B. 分工明确　　C. 责任追究　　D. 贯彻落实

11.《刑法》第 134 条对重大责任事故罪追究刑事责任最高可判(　　)年有期徒刑。

A. 5　　B. 7　　C. 15　　D. 10

12. 煤矿企业必须建立健全各级领导安全生产责任制，职能机构安全生产责任制，(　　)安全生产责任制。

A. 领导干部　　B. 岗位人员　　C. 工作人员　　D. 作业人员

13. 行政处分只能对(　　)做出处分决定。

A. 单位　　B. 个人　　C. 单位和个人　　D. 领导集体

14.《矿山安全法》的制定目的是：为了保障矿山安全，防止矿山事故，保护(　　)人身安全，促进采矿业的发展。

A. 劳动者　　B. 煤矿工人　　C. 矿山职工　　D. 管理人员

15. (　　)是制定《安全生产法》的根本出发点和落脚点。

A. 依法制裁安全生产违法犯罪　　B. 建立和完善我国安全生产法律体系

C. 加强安全生产监督管理　　D. 重视和保护人的生命权

16. 根据《煤炭法》的规定，对违法开采的行为，构成犯罪的，由司法机关依法追究有关人员的(　　)。

A. 民事责任　　B. 行政责任　　C. 刑事责任　　D. 法律责任

17. 我国煤矿安全生产的方针是(　　)。

A. 安全第一，质量为本　　B. 安全第一，预防为主，综合治理

C. 安全为了生产，生产必须安全　　D. 质量是基础，安全是前提

18. 煤矿特种作业人员必须经过(　　)，取得特种作业操作资格证书后方可上岗作业。

A. 职业教育　　B. 专门安全作业培训　　C. 学历教育

19. 对于(　　)个月内 2 次或 2 次以上发现有重大事故隐患仍然进行生产的煤矿，矿山安全监察机构应当提请县级以上地方人民政府予以关闭。

A. 1　　B. 2　　C. 3

20. 井工煤矿企业的负责人和生产经营管理人员应当(　　)下井，并建立下井登记档案。

A. 不定期　　B. 轮流带班　　C. 定期

21. 煤矿职工举报煤矿重大事故隐患和安全生产违法行为经调查属实的，应给予最先举报人 3000 元至(　　)的奖励。

A. 10 万元　　B. 20 万元　　C. 30 万元

22. 矿山企业主管人员违章指挥、强令工人冒险作业，因而发生重大伤亡事故的，对矿山事故隐患不及时采取措施，因而发生重大伤亡事故的，依照刑法规定追究(　　)。

A. 刑事责任　　B. 行政责任　　C. 民事责任

23. 坚持"管理、(　　)、培训并重"是我国煤矿安全生产工作的基本原则。

A. 装备　　B. 技术　　C. 检查

24. 对发现事故预兆和险情，不采取防止事故的措施，又不及时报告，应追究(　　)的责任。

A. 当事人　　B. 领导　　C. 段长

25. 企业职工由于不服管理违反规章制度，或者强令工人违章冒险作业，因而发生重大伤亡事故，造成严重后果的行为是(　　)。

A. 玩忽职守罪　　B. 过失犯罪　　C. 重大责任事故罪　　D. 渎职罪

26.《劳动法》规定，用人单位应保证劳动者每周至少休息(　　)。

A. 0.5 日　　B. 1 日　　C. 1.5 日　　D. 2 日

27. 生产经营单位(　　)与从业人员订立协议，免除或者减轻其对从业人员因生产安全事故伤亡依法应承担的责任。

A. 可以　B. 不得以任何形式　C. 可以有条件

28. 规定安全生产许可证制度的法律法规是(　)。

A. 煤炭法　B. 矿山安全法

C. 煤矿安全生产条例　D. 安全生产许可证条例

29. 煤矿安全生产是指在煤矿生产活动过程中(　)不受到危害,物(财产)不受到损失。

A. 人的生命　B. 人的生命与健康　C. 人的健康

30. 矿山企业必须建立健全安全生产责任制,(　)对本企业的安全生产工作负责。

A. 矿长　B. 各职能机构负责人

C. 各工种、岗位工人　D. 特种作业人员

31. 从业人员对用人单位管理人员违章指挥、强令冒险作业,(　)。

A. 不得拒绝执行　B. 先服从后报告　C. 有权拒绝执行

32. 停工停产整改的矿山应当制定整改方案,限定单班下井人数,同一作业地点控制在(　)人以内。

A. 8　B. 10　C. 5

33. 首次取证的地下矿山特种作业人员应当具有(　)以上文化程度。

A. 初中　B. 中专　C. 高中

34. 矿山企业应当建立健全并落实全员安全生产(　)和安全生产管理制度。

A. 风险辨识　B. 岗位作业标准　C. 岗位责任制

二、多选题

1. 行政处罚有严格的程序,行政处罚程序的种类包括(　)。

A. 简易程序　B. 一般程序　C. 特别程序　D. 听证程序

2. "建立健全安全生产责任制度"是《煤炭法》确立的安全管理制度的一项重要内容,它包括(　)。

A. 煤矿企业职能管理机构及其工作人员的安全生产责任制

B. 煤矿企业负责人的安全生产责任制

C. 煤矿安全检查责任制

D. 岗位人员的安全生产责任制

E. 群防群治制度

3. 重大责任事故罪在客观方面必须具备的条件有(　)。

A. 违章行为　B. 违章行为发生在生产作业过程中

C. 不懂安全生产知识　D. 造成重大伤亡事故或其他严重后果

E. 未取得安全操作资格证书

4. 在下列说法中,符合我国安全生产方针的是(　)。

A. 必须坚持"以人为本"　B. 实行"安全优先"的原则

C. 在事故的预防与处理上应重在处理　D. 为了保证安全应将一些高危企业统统关闭

5. 以下几项制度中属于《煤炭法》规定的法律制度是(　)。

A. 生产许可制度　B. 采矿许可制度

C. 安全管理制度　D. 质量标准化制度

E. 井下作业矿工特殊保护制度

6. 《煤矿安全规程》是煤矿安全法规体系中一部重要的安全技术规章,它具有(　)的特点。

A. 强制性　B. 科学性　C. 规范性　D. 相对稳定性

7. 煤矿安全生产工作中人们常说的"三违"行为是指(　)。

A. 违章作业　B. 违反财经纪律　C. 违反劳动纪律　D. 违章指挥

8. 煤矿安全生产要坚持"三并重"原则,"三并重"是指(　)三并重。

A. 生产　B. 管理　C. 装备　D. 培训

9. 煤矿安全治理,要坚持(　)。

A. 依法办矿　B. 依法管矿　C. 依法纳税　D. 依法治理安全

10. 建立健全(　　)是党和国家在安全生产方面对各类生产企业的政策要求，同时也是生产经营企业的自身需求。
A. 安全生产责任制　B. 业务保安责任制　C. 工种岗位安全责任制　D. 经营目标责任制
11. 刑事制裁是各种法律制裁中最为严厉的制裁，包括主刑和附加刑。以下几种制裁属于主刑的是(　　)。
A. 有期徒刑　B. 没收财产　C. 剥夺政治权利　D. 管制
E. 拘役
12. 以下几种制裁属于行政制裁的是(　　)。
A. 支付违约金　B. 没收财产　C. 行政处罚　D. 行政处分
13. 过失犯罪的特点是(　　)。
A. 不是有意识的犯罪　B. 有意识的犯罪
C. 有无危害结果都要定罪　D. 必须追究其刑事责任
E. 客观上只有造成严重的危害结果才构成犯罪
14.《安全生产法》的出台，解决了目前安全生产面临的(　　)问题。
A. 企业的安全生产管理缺乏明确的法律规范，企业负责人安全生产责任制不明确
B. 煤炭生产中存在的乱采、滥挖行为
C. 一些地方政府监管不到位
D. 安全生产投入严重不足，企业安全技术装备老化、落后，抗灾能力差
E. 企业职工安全意识较差
15.《煤矿安全生产条例》确立了(　　)制度。
A. 煤矿事故报告与调查处理　B. 煤矿安全监察行政处罚
C. 煤矿安全生产监督检查　D. 煤矿安全监察监督约束
E. 煤炭生产许可制度
16. 企业民主监督的主要形式有(　　)。
A. 职工代表大会　B. 企业工会组织
C. 群众安全监督检查网(岗)　D. 社会监督
17. 违法行为，又称违法，是指人们(　　)的活动。
A. 违反法律　B. 违反纪律　C. 具有社会危害性　D. 主观上有过错
18. 属于法律的是(　　)。
A. 煤炭法　B. 煤矿安全生产条例
C. 安全生产法　D. 安全生产许可证条例
19. 属于行政法规的是(　　)。
A. 煤炭法　B. 煤矿安全生产条例
C. 安全生产法　D. 安全生产许可证条例
20. 煤矿进行采矿作业，不得采用可能危及相邻煤矿生产安全的(　　)等危险方法。
A. 决水　B. 高落式采煤　C. 爆破　D. 巷道掘进
E. 贯通巷道
21. 某煤矿生产副矿长赵某在采煤作业过程中擅自指挥工人开采保安煤柱，造成冒顶及地表塌陷，死亡村民及工人计5人，工人伤2人。在该事故中，赵某应承担(　　)，伤者承担(　　)，死亡矿工应(　　)，死亡村民应(　　)。
A. 民事责任　B. 刑事责任　C. 不追究责任　D. 获得民事赔偿
E. 行政责任　F. 追究重大责任事故罪
22. 安全生产管理，坚持(　　)的方针。
A. 安全责任制　B. 安全第一　C. 预防为主　D. 监督检查
E. 综合治理

23. 事故调查处理中坚持的原则是(　　)。
A. 事故原因没有查清不放过
B. 责任人员没有处理不放过
C. 广大职工没有受到教育不放过
D. 资金不到位不放过
E. 整改措施没有落实不放过
24. 煤矿的(　　)等安全设备、设施和条件应符合国家标准、行业标准。
A. 通风　B. 防瓦斯　C. 防煤尘　D. 防水火
E. 环境卫生
25. 煤矿职工安全手册应载明(　　)等。
A. 职工的权利和义务
B. 重大安全隐患
C. 应急保护措施和方法
D. 违法行为举报电话和受理部门
26.《安全生产法》规定,生产经营单位从业人员在安全生产方面有(　　)的权利。
A. 了解工作岗位存在的危险因素和防范措施
B. 对存在问题提出批评、检举和控告
C. 拒绝违章指挥和强令冒险作业
D. 危及人身安全时停止作业
E. 生产安全事故中受到损害时获得赔偿
F. 参与事故调查
27. 企业取得安全生产许可证,在从业人员方面应具备(　　)条件。
A. 主要负责人和安全生产管理人员经考核合格并取得安全资格证书
B. 特种作业人员考核合格并取得操作资格证书
C. 从业人员经安全生产教育和培训合格并取得培训合格证书
D. 依法参加工伤保险
E. 医疗保障
28. 生产经营单位的从业人员在作业过程中,应当(　　)。
A. 严格遵守本单位的安全生产规章制度
B. 严格遵守本单位的安全生产操作规程
C. 服从管理
D. 正确佩戴和使用劳动防护用品
E. 尊敬同事
29. 从业人员发现事故隐患或者其他不安全因素,应当立即向(　　)报告;接到报告的人员应当及时予以处理。
A. 煤矿安全监察机构
B. 地方政府
C. 现场安全生产管理人员
D. 本单位负责人
30. 属于规章的是(　　)。
A. 煤矿安全规程
B. 煤矿安全生产条例
C. 以省政府令颁布的煤矿安全生产监督管理规定
D. 安全生产许可证条例
31.《劳动法》规定,国家对(　　)实行特殊劳动保护。
A. 童工　B. 未成年工　C. 女职工　D. 青少年
32. 黄某与张某合资开办煤矿。在安全整顿中,因该矿不能保证生产安全,当即责令其停止生产,进行整顿。但两位矿主和矿长王某拒不进行整顿,仍强令矿工进行煤炭生产。当年 9 月 25 日,该煤矿发生瓦斯爆炸事故,造成 2 人死亡、5 人重伤。经查,爆炸是因为矿工李某违章吸烟造成的,李某当场死亡;爆炸时的当班瓦斯检查工刘某没有履行瓦斯检查职责,且未取得操作资格证。在该事故中,李某应承担(　　),刘某应承担(　　),矿主和王某应承担(　　),伤亡者应(　　)。
A. 民事责任
B. 刑事责任
C. 行政责任
D. 不追究责任
E. 追究重大责任事故罪
F. 获民事赔偿
33. 以下属于煤矿从业人员安全职责的是(　　)。
A. 严格落实岗位责任制
B. 参加安全生产教育培训

C. 及时报告事故隐患　　D. 组织制定事故应急救援预案

34. 根据《劳动法》的规定，不得安排未成年工从事(　　)的劳动。

A. 矿山井下　　B. 有毒有害

C. 国家规定的第四级体力劳动强度　　D. 其他禁忌从事

35.《安全生产法》规定，生产经营单位与从业人员订立的劳动合同，应当载明有关保障从业人员(　　)的事项。

A. 工资待遇　　B. 劳动安全　　C. 医疗社会保险　　D. 防止职业危害

36. 工会依法组织职工参加本单位安全生产工作的(　　)，维护职工在安全生产方面的合法权益。

A. 民主管理　　B. 安全管理　　C. 民主监督　　D. 生产管理

37. 生产经营单位应当对从业人员进行安全生产教育和培训，保证从业人员具备(　　)。未经安全生产教育和培训合格的从业人员，不得上岗作业。

A. 必要的安全生产知识

B. 必要的企业管理知识

C. 熟悉有关的安全生产规章制度和安全操作规程

D. 掌握本岗位的安全操作技能

38. 矿山企业应当健全以(　　)双重预防机制为核心的安全生产标准化管理体系。

A. 井口信息站　　B. 矿领导跟班制度　　C. 安全风险分级管控　　D. 隐患排查治理

39. 矿山企业应当查明隐蔽致灾因素，实施(　　)等重大灾害分区管理、超前治理。

A. 煤与瓦斯突出　　B. 冲击地压　　C. 水害　　D. 火灾

40. 煤矿出现下列情形(　　)的，现场作业人员应当及时向煤矿分管负责人或带班值班矿领导报告；情况严重的，及时向煤矿主要负责人报告。

A. 高瓦斯矿井、突出矿井煤层急剧变薄、增厚的

B. 井下出现突水点

C. 采掘工作面遇有预测外或者变化较大地质构造的

D. 顶板离层、锚杆(索)应力、支架压力等监测数据突然增大

41. 煤矿有下列情形(　　)的，必须及时撤出危险区域作业人员。

A. 发现明火且不能立即扑灭

B. 井下采掘作业地点出现强烈震动、巨响、瞬间底(帮)鼓、煤岩弹射等动力现象

C. 全矿井计划外停电且不能立即有效恢复

D. 井下出现煤层变湿、挂红、底鼓、淋水加大(含砂)等透水、突水、溃水征兆的

42. 事故隐患排查治理情况应当如实记录，可以过(　　)等方式向从业人员通报。

A. 职工大会　　B. 职工代表大会　　C. 信息公示栏　　D. 单位 QQ 群

三、判断题

1. 在煤矿安全生产方面，安全生产许可证制度是一项基本制度，由国家强制力来保证它的实施。(　　)
2. 矿山安全监察机构是《煤矿安全生产条例》的执法主体。(　　)
3. 安全生产责任制是“安全第一，预防为主，综合治理”方针的具体体现，是煤矿企业最基本的安全管理制度。(　　)
4. 把作业场所和工作岗位存在的危险因素，如实告知从业人员，会有负面影响，增加思想负担，不利于安全生产。(　　)
5. 企业的从业人员没有经过安全教育培训，不了解规章制度，因而发生重大伤亡事故的，行为人不应负法律责任，应由发生事故的企业负有直接责任的负责人负法律责任。(　　)
6. 安全生产责任制是一项最基本的安全生产制度，是其他各项安全规章制度得以切实实施的基本保证。(　　)
7. 矿山职工有享受劳动保护的权利，没有享受工伤社会保险的权利。(　　)
8. 过于自信和疏忽大意的过失而造成重大事故发生的，由于主观上不希望发生，不是有意识行为，不应对

责任人定为重大责任事故罪。（　）

9. 煤矿工人不仅有安全生产监督权、不安全状况停止作业权、接受安全教育培训权，而且还享有安全生产知情权。（　）

10. 生产经营单位为从业人员提供劳动保护用品时，可根据情况采用货币或其他物品替代。（　）

11. 立法机关经立法程序制定、认可的法律，才有实施保证；而群众组织、社会团体的文件，不具有国家强制力的保证。（　）

12. 违法的主体必须具有责任能力。（　）

13. 凡属违法行为，都应追究违法者的刑事责任，给予刑事制裁。（　）

14. 我国煤矿生产安全状况较差的原因较多，但煤矿职工整体素质较差，法律意识淡薄是不可忽视的主观因素。（　）

15. 煤矿生产中，事故的预防和处理都是较为重要的工作，都必须重点去抓，不能有主次之分。（　）

16. 煤矿企业作业人员有权拒绝任何人违章指挥，有权制止任何人违章作业。（　）

17. 煤矿企业及其人员因煤矿安全监察机构违法给予行政处罚受到损害的，有权依法提出赔偿要求。（　）

18. 安全生产教育、培训，应坚持统一规划，归口管理，分级实施，分类指导，教考分离的原则。（　）

19. 新的安全监察体制的建立，改变了长期以来政企不分，在安全管理上重管理轻监督的现象。（　）

20. 制定《安全生产法》最重要的目的是制裁各种安全生产违法犯罪行为。（　）

21. 矿产资源的开采，不论开采规模的大小，在安全和物质保证上都必须立足于保护矿山职工的人身安全。（　）

22. 煤炭生产是一项比较危险的生产活动，企业在与从业人员订立“生死合同”时，必须如实告知从业人员，并经双方签字后方可生效，否则将视为无效合同。（　）

23. 安全警示标志，能及时提醒从业人员注意危险，防止从业人员发生事故，因此对其设置应越多越好。（　）

24. 煤矿企业要保证“安全第一，预防为主，综合治理”方针的具体落实，必须严格执行《煤矿安全规程》。（　）

25. 2004 年 12 月 18 日，蹬钩工龙某在井下 1203 工作面作业时，擅自开动绞车，使下放的两节重车撞到停在空车道上的车斗，将掘进区爆破工庄某挤死，属于重大责任事故罪。（　）

26. 安全与生产的关系是，生产是目的，安全是前提，安全为了生产，生产必须安全。（　）

27. 某乡办小井瓦斯检查工王某，自 2005 年 8 月下旬起，已测知井下瓦斯浓度日趋上升，但未及时报告处理。9 月 2 日，井下爆破时，王某又没有检查瓦斯，结果爆破引起瓦斯爆炸，死伤多人，属于重大责任事故罪。（　）

28. 煤矿企业可以有偿为每位职工发放煤矿职工安全手册。（　）

29. 安全生产违法行为轻微并及时纠正，没有造成危害后果的，可不予行政处罚。（　）

30. 特种劳动防护用品实行三证制度，即生产许可证、安全鉴定证和产品合格证。（　）

31. 安全生产立法最根本的目的就是为了保护劳动者在生产过程中的生命安全与健康。（　）

32. 从业人员有获得符合国家标准的劳动防护用品的权利。（　）

33. 从业人员有权拒绝违章指挥和强令冒险作业。（　）

34. 在发生安全事故后，从业人员有获得及时抢救和医疗救治并获得工伤保险赔偿的权利。（　）

35. 法律责任是指违法者对其违法所造成的对社会和受害者的危害应承担的法律后果。（　）

36. 行政处罚由国家特别授权的机关依法追究、强制执行，其他机关和组织无权进行处罚。（　）

37. 自燃事故属于责任事故中的一种。（　）

38. 在冬季，经领导批准，井下个别硐室可采用灯泡取暖，但不准用电炉取暖。（　）

39. 劳动者本人可以自行购买劳动防护用品。（　）

40. 发生较大以上死亡事故的矿山，应当停产整顿，经验收符合安全生产条件后方可恢复生产。（　）

41. 发展绝不能以牺牲人的生命为代价，这是一条不可逾越的红线，要时刻把保护人的生命放到首位。（　）

42. 未造成人员伤亡，但造成 90 万元的直接经济损失的煤矿事故为一般事故。 ( )
43. 严禁在采掘工作面进行电焊、气割等动火作业。 ( )
44. 入井人员必须随身携带额定防护时间不低于 30 min 的隔绝式自救器。 ( )
45. 煤矿应在行人井口和存在重大安全风险区域的显著位置，公示存在的重大安全风险、管控责任人和主要管控措施。 ( )
46. 特种作业人员作业只需在作业前和作业结束时排查事故隐患。 ( )
47. 煤矿应及时在行人井口或其他显著位置公示重大事故隐患的地点、主要内容、治理时限、责任人、停产停工范围。 ( )

单选题答案与解析

1. A	2. B	3. A	4. B	5. A	6. C	7. A	8. B
9. A	10. D	11. B	12. B	13. B	14. C	15. D	16. C
17. B	18. B	19. C	20. B	21. C	22. A	23. A	24. A
25. C	26. B	27. B	28. D	29. B	30. A	31. C	32. B
33. C	34. C						

1. 从业人员对作业场所和工作岗位存在的危险因素、应当采取的防范措施和事故应急措施具有知情权，有助于有针对性地进行防范。生产经营单位应当如实告知，不得隐瞒，更不能欺骗从业人员。选 A。
2. 《安全生产法》第二十八条中明确规定，未经安全生产教育和培训合格的从业人员，不得上岗作业。选 B。
3. 当生产和其他工作与安全发生矛盾时，要以安全为主，生产和其他工作要服从于安全，这就是安全第一原则。选 A。
4. 煤矿特种作业人员必须经专门的安全技术培训并考核合格，由省级煤矿安全培训主管部门颁发《中华人民共和国特种作业操作证》，方可上岗作业。选 B。
5. 《煤矿安全生产条例》的执法主体是矿山安全监察机构。选 A。
6. 安全生产权利是法律赋予从业人员的，比如对安全生产工作中存在的问题提出批评、检举和控告的权利，拒绝违章指挥和强令冒险作业的权利等。由此而影响工作时，有关单位不得扣发其工资或给予处分，由此造成的停工、停产损失，应由责任者负责。选 C。
7. 煤矿安全监察应当以预防为主，及时发现和消除事故隐患，有效纠正影响煤矿安全的违法行为。选 A。
8. 《矿产资源法》第十六条明确了开采哪些矿产资源需由国务院地质矿产主管部门审批，并颁发采矿许可证。选 B。
9. 根据《安全生产法》第五十四条规定，从业人员在作业过程中，应当严格遵守本单位的安全生产规章制度和操作规程，服从管理，正确佩戴和使用劳动防护用品。选 A。
10. 安全生产责任制是根据我国的安全生产方针和安全生产法规建立的各级领导、职能部门、工程技术人员、岗位操作人员在劳动生产过程中对安全生产层层负责的制度。其实施的关键在于贯彻落实。选 D。
11. 根据《刑法》第一百三十四条规定，在生产、作业中违反有关安全管理的规定，因而发生重大伤亡事故或者造成其他严重后果的，处三年以下有期徒刑或者拘役；情节特别恶劣的，处三年以上七年以下有期徒刑。选 B。
12. 煤矿企业必须建立、健全各级领导安全生产责任制、职能机构安全生产责任制、岗位人员安全生产责任制。选 B。
13. 行政处分是指国家机关、企业事业单位，按行政隶属关系，根据国家法律或国家机关、企业事业单位的规章规定，对犯有轻微违法失职行为尚不够刑事处分或者违反纪律的所属人员，给予的一种制裁。选 B。
14. 《矿山安全法》是为了保障矿山生产安全，防止矿山事故，保护矿山职工人身安全，促进采矿业的发展而制定的法律。选 C。
15. 《安全生产法》的立法目的是加强安全生产工作，防止和减少生产安全事故，保障人民群众生命和财产安全，促进经济社会持续健康发展。其根本出发点和落脚点，是为了保障人民群众的生命和财产安全。选 D。

16. 根据《煤炭法》法律责任部分的规定，对违法开采的行为，构成犯罪的，由司法机关依法追究有关人员的刑事责任；造成损失的，依法承担赔偿责任。选 C。

17. 我国煤矿的安全生产方针是安全第一、预防为主、综合治理。选 B。

18. 煤矿特种作业人员必须经专门的安全技术培训并考核合格，由省级煤矿安全培训主管部门颁发《特种作业操作证》后，方可上岗作业。选 B。

19. 根据《煤矿安全生产条例》第七十条规定，3 个月内 2 次或者 2 次以上发现有重大事故隐患仍然进行生产的，矿山安全监察机构应当提请县级以上地方人民政府予以关闭。选 C。

20. 根据《煤矿安全生产条例》第二十三条规定，井工煤矿企业的负责人和生产经营管理人员应当轮流带班下井，并建立下井登记档案。选 B。

21. 根据《矿山安全生产举报奖励实施细则（试行）》的规定，矿山安全监管监察部门应当给予最先举报人 3000 元至 30 万元的奖励。选 C。

22. 根据《刑法》第一百三十四条规定，该矿山企业主管人员触犯刑法中强令、组织他人违章冒险作业罪，应追究其刑事责任。选 A。

23. 煤矿安全生产工作必须坚持"管理、装备、培训并重"原则，这是我国煤炭战线广大职工在多年安全生产工作中不断总结经验、提高认识得出的重要结论。选 A。

24. 发现事故预兆和险情时，现场作业人员应立即采取措施处理并进行汇报，若不采取防止事故的措施，又不及时报告，应追究当事人或事故肇事者的责任。选 A。

25. 根据《刑法》第一百三十四条规定，在生产、作业中违反有关安全管理的规定，因而发生重大伤亡事故或者造成其他严重后果的，处三年以下有期徒刑或者拘役；情节特别恶劣的，处三年以上七年以下有期徒刑。该企业职工的行为属于重大责任事故罪。选 C。

26. 根据《劳动法》第三十八条规定，用人单位应当保证劳动者每周至少休息一日。选 B。

27. 根据《安全生产法》第五十二条规定，生产经营单位与从业人员订立的劳动合同，应当载明有关保障从业人员劳动安全、防止职业危害的事项，以及依法为从业人员办理工伤保险的事项。生产经营单位不得以任何形式与从业人员订立协议，免除或者减轻其对从业人员因生产安全事故伤亡依法应承担的责任。选 B。

28. 《安全生产许可证条例》中规定了国家对矿山企业、建筑施工企业和危险化学品、烟花爆竹、民用爆炸物品生产企业实行安全生产许可制度。选 D。

29. 煤矿安全生产是指在煤矿生产活动过程中，人的生命和健康不受到危害，物、财产不受到损失。首先强调的是人的生命、人的健康第一宝贵。选 B。

30. 根据《矿山安全法》第二十条的规定，矿山企业必须建立、健全安全生产责任制。矿长对本企业的安全生产工作负责。选 A。

31. 根据《安全生产法》第五十四条规定，从业人员有权对本单位安全生产工作中存在的问题提出批评、检举、控告；有权拒绝违章指挥和强令冒险作业。生产经营单位不得因从业人员对本单位安全生产工作提出批评、检举、控告或者拒绝违章指挥、强令冒险作业而降低其工资、福利等待遇或者解除与其订立的劳动合同。选 C。

32. 根据《中共中央办公厅 国务院办公厅关于进一步加强矿山安全生产工作的意见》第十三条的规定，停工停产整改的矿山应当制定整改方案，限定单班下井人数，同一作业地点控制在 10 人以内，并向矿山安全监管监察部门报告后方可进行整改作业。选 B。

33. 根据《中共中央办公厅 国务院办公厅关于进一步加强矿山安全生产工作的意见》第十七条的规定，首次取证的地下矿山特种作业人员应当具有高中以上文化程度。选 C。

34. 根据《中共中央办公厅 国务院办公厅关于进一步加强矿山安全生产工作的意见》第十七条的规定，矿山企业应当建立健全并落实全员安全生产岗位责任制和安全生产管理制度。选 C。

多选题答案与解析

1. ABD	2. ABD	3. ABD	4. AB	5. ACE	6. ABCD	7. ACD
8. BCD	9. ABD	10. AC	11. ADE	12. CD	13. AE	14. ACD
15. ABCD	16. ABC	17. ACD	18. AC	19. BD	20. ACE	21. BECD
22. BCE	23. ABCE	24. ABCD	25. ABCD	26. ABCDE	27. ABCD	28. ABCD
29. CD	30. AC	31. BC	32. DCEBF	33. ABC	34. ABCD	35. BD
36. AC	37. ACD	38. CD	39. ABC	40. ABCD	41. ABCD	42. ABCD

1. 行政处罚法规定的行政处罚程序主要包括以下内容：① 简易程序和一般程序。② 申辩和听证程序。③ 办案人员与作出行政处罚决定的人员分开。④ 作出罚款决定的机关与收缴罚款的机构分离。⑤ 完善行政机关监督制度。**此题易错**，选 ABD。
2. 根据《煤炭法》第七条规定，煤矿企业必须建立健全安全生产的责任制度和群防群治制度。ABD 属于安全生产责任制。**此题易错**，选 ABD。
3. 重大责任事故罪在客观方面表现：① 行为人必须具有违反规章制度的行为。② 行为人违反规章制度的行为发生在生产过程中并与生产有直接联系。③ 行为人违反规章制度的行为引起了重大伤亡事故，造成严重后果。**此题易错**，选 ABD。
4. 我国安全生产方针是安全第一，预防为主、综合治理。AB 项符合安全生产方针，C 项在事故的预防与处理上应重在预防，D 项说法绝对，选 AB。
5. ACE 项属于《煤炭法》规定的法律制度。B 项采矿许可证制度规定的法律是《矿产资源法》。D 项质量标准化制度是《煤矿安全生产标准化管理体系基本要求及评分方法(试行)》规定的。**此题易错**，选 ACE。
6. 《煤矿安全规程》是煤矿安全生产法规体系中一部重要的安全技术规章，具有强制性、科学性、规范性和相对稳定性的特点。选 ABCD。
7. “三违”是违章指挥、违规作业和违反劳动纪律的简称。选 ACD。
8. “培训、管理、装备”三并重原则是落实安全第一、预防为主、综合治理的重要手段，是确保煤矿安全生产的重要原则。选 BCD。
9. “依法办矿、依法管矿、依法治理安全”是我国煤矿安全治理的基本思路。选 ABD。
10. 为贯彻落实“以人为本、安全第一”的思想，煤矿企业必须严格地把安全生产责任制和工种岗位安全责任制建立健全起来，B 项侧重各种工作岗位的职能及其责任，D 项侧重经营目标。**此题易错**，选 AC。
11. 主刑的种类如下：① 管制；② 拘役；③ 有期徒刑；④ 无期徒刑；⑤ 死刑。附加刑的种类如下：① 罚金；② 剥夺政治权利；③ 没收财产。**此题易错**，ADE 属于主刑，BC 属于附加刑。
12. 行政制裁分为行政处分、行政处罚。A 项支付违约金属于民事违约责任，B 项属于附加刑，**此题易错**，选 CD。
13. 应当预见自己的行为可能发生危害社会的结果，因为疏忽大意而没有预见，或者已经预见而轻信能够避免，以致发生这种结果的，是过失犯罪。过失犯罪，法律有规定的才负刑事责任。可知 BCD 不符合题意，**此题易错**，选 AE。
14. 《安全生产法》的出台，解决了目前安全生产面临的四大问题：① 现行的有关安全生产方面的法律、法规主要是针对国有企业和大型企业制定的，对非国有企业和中小型企业的安全生产条件和安全生产违法行为缺乏相应的法律规范和处罚依据；② 企业的安全生产管理缺乏明确的法律规范，企业负责人安全生产责任制不明确；③ 一些地方政府监管不到位；④ 安全生产投入严重不足，企业安全技术装备老化、落后、抗灾能力差。**此题易错**，选 ACD。
15. 《煤矿安全生产条例》确立了煤矿安全监察员管理制度、煤矿安全生产监督检查制度、煤矿事故报告和调查处理制度、煤矿安全监察信息管理制度、煤矿安全监察监督制约制度、煤矿安全监察行政处罚制度。E 选项中的煤炭生产许可证(注意，不是安全生产许可证)于 2013 年已被取消。**此题易错**，选 ABCD。
16. 企业民主监督的主要形式有职工代表大会、企业工会组织和群众安全监督检查网(岗)等。D 项主要是对国家机关和公职人员的监督，**此题易错**，选 ABC。
17. 违法行为指违背法律规定的行为。根据违法性质，违法行为可分为刑事违法行为、民事违法行为、经济违法行为、行政违法行为等；根据对社会的危害程度，违法行为可分为一般违法行为和严重违法行为（犯罪）。B项违纪不一定即是违法，**此题易错**，选 ACD。

18. AC 属于法律，BD 属于行政法规。
19. AC 属于法律，BD 属于行政法规。
20. 根据《煤炭法》第二十四条规定，煤炭生产应当依法在批准的开采范围内进行，不得超越批准的开采范围越界、越层开采。采矿作业不得擅自开采保安煤柱，不得采用可能危及相邻煤矿生产安全的决水、爆破、贯通巷道等危险方法。**此题易错**，选 ACE。
21. 该起冒顶及地表塌陷事故中，赵某违章指挥，强令他人冒险作业，触犯了刑法，应承担刑事责任；伤者没有阻止违章指挥，进行作业，承担行政责任；死亡矿工因死亡不追究责任；死亡农民应获得民事赔偿。选 BECD。
22. 我国安全生产方针是安全第一、预防为主、综合治理。选 BCE。
23. 事故调查处理的原则有三点：坚持实事求是、尊重科学的原则；坚持“四不放过”的原则；坚持重视追究领导责任的原则。其中“四不放过”的原则：对安全工作责任不落实，发生重特大事故的，要严格按照事故原因未查明不放过、责任人未处理不放过、有关人员未受到教育不放过、整改措施未落实不放过。选 ABCE。
24. 煤矿的通风、防瓦斯、防水、防火、防煤尘、防冒顶等安全设备、设施和条件应符合国家标准、行业标准。E 项为干扰项，选 ABCD。
25. 煤矿职工安全手册应当载明职工的权利、义务，煤矿重大安全生产隐患的情形和应急保护措施、方法以及安全生产隐患和违法行为的举报电话、受理部门。选 ABCD。
26. 《安全生产法》规定从业人员在安全生产方面的五大权利：① 事故工伤、保险和伤亡求偿权；② 危险因素、防范措施及事故应急措施的知情权；③ 安全管理的批评权、检举权、控告权；④ 拒绝违章指挥和强令冒险作业权；⑤ 紧急情况下的停止作业和紧急撤离权。F 项工会有权依法参加事故调查，选 ABCDE。
27. 根据《安全生产许可证条例》第六条规定，企业取得安全生产许可证，应当具备下列安全生产条件：① 建立、健全安全生产责任制，制定完备的安全生产规章制度和操作规程；② 安全投入符合安全生产要求；③ 设置安全生产管理机构，配备专职安全生产管理人员；④ 主要负责人和安全生产管理人员经考核合格；⑤ 特种作业人员经有关业务主管部门考核合格，取得特种作业操作资格证书；⑥ 从业人员经安全生产教育和培训合格；⑦ 依法参加工伤保险，为从业人员缴纳保险费；⑧ 厂房、作业场所和安全设施、设备、工艺符合有关安全生产法律、法规、标准和规程的要求；⑨ 有职业危害防治措施，并为从业人员配备符合国家标准或者行业标准的劳动防护用品；⑩ 依法进行安全评价；⑪ 有重大危险源检测、评估、监控措施和应急预案；⑫ 有生产安全事故应急救援预案、应急救援组织或者应急救援人员，配备必要的应急救援器材、设备；⑬ 法律、法规规定的其他条件。选 ABCD。
28. 根据《安全生产法》第五十七条规定，从业人员在作业过程中，应当严格遵守本单位的安全生产规章制度和操作规程，服从管理，正确佩戴和使用劳动防护用品。选 ABCD。
29. 根据《安全生产法》第五十九条规定，从业人员发现事故隐患或者其他不安全因素，应当立即向现场安全生产管理人员或者本单位负责人报告；接到报告的人员应当及时予以处理。A、B 两项由事故单位负责人进行上报，选 CD。
30. 规章是行政性法律规范文件，AC 属于规章；条例是国家权力机关或行政机关依照政策和法令而制定并发布的，针对政治、经济、文化等各个领域内的某些具体事项而作出的，比较全面系统、具有长期执行效力的法规性公文，BD 属于条例。**此题易错**，选 AC。
31. 根据《劳动法》第五十八条规定，国家对女职工和未成年工实行特殊劳动保护。未成年工是指年满 16 周岁未满 18 周岁的劳动者。选 BC。
32. 在该事故中，李某因死亡不追究责任；刘某没有履行瓦斯检查职责，且未取得操作资格证，应承担行政责任；矿主和矿长王某拒不进行整顿，仍强令矿工进行煤矿生产，从而造成瓦斯爆炸事故，应承担刑事责任，并追究重大责任事故罪；伤亡者应获民事赔偿。**此题易错**，选 DCEBF。
33. 根据《煤矿安全生产条例》第二十条规定，煤矿企业从业人员负有下列安全生产职责：① 遵守煤矿企业安全生产规章制度和作业规程、操作规程，严格落实岗位安全责任；② 参加安全生产教育和培训，掌握本职工作所需的安全生产知识，提高安全生产技能，增强事故预防和应急处理能力；③ 及时报告发现的事故隐患或者其他不安全因素。D项是煤矿企业主要负责人的安全生产职责。选ABC。

34. 根据《劳动法》第六十四条规定，不得安排未成年工从事矿山井下、有毒有害、国家规定的第四级体力劳动强度的劳动和其他禁忌从事的劳动。选ABCD。

35. 根据《安全生产法》第五十二条规定，生产经营单位与从业人员订立的劳动合同，应当载明有关保障从业人员劳动安全、防止职业危害的事项，以及依法为从业人员办理工伤社会保险的事项。选BD。

36. 根据《安全生产法》第七条规定，生产经营单位的工会依法组织职工参加本单位安全生产工作的民主管理和民主监督，维护职工在安全生产方面的合法权益。生产经营单位制定或者修改有关安全生产的规章制度，应当听取工会的意见。B、D属于安全生产管理的范畴。**此题易错**，选AC。

37. 根据《安全生产法》第二十八条规定，生产经营单位应当对从业人员进行安全生产教育和培训，保证从业人员具备必要的安全生产知识，熟悉有关的安全生产规章制度和安全操作规程，掌握本岗位的安全操作技能，了解事故应急处理措施，知悉自身在安全生产方面的权利和义务。未经安全生产教育和培训合格的从业人员，不得上岗作业。B项是针对管理人员的。选ACD。

38. 根据《中共中央办公厅 国务院办公厅关于进一步加强矿山安全生产工作的意见》第九条的规定，矿山企业应当健全以安全风险分级管控和隐患排查治理双重预防机制为核心的安全生产标准化管理体系。选CD。

39. 根据《中共中央办公厅 国务院办公厅关于进一步加强矿山安全生产工作的意见》第十条的规定，矿山企业应当查明隐蔽致灾因素，实施煤与瓦斯突出、冲击地压、水害等重大灾害分区管理、超前治理。选ABC。

40. 《国家矿山安全监察局关于做好煤矿灾害情况发生重大变化及时报告和出现事故征兆等紧急情况及时撤人工作的通知》[矿安〔2023〕26号]，规定了煤矿现场作业人员应当及时向煤矿分管负责人或带班值班矿领导报告，情况严重的及时向煤矿主要负责人报告的十种情形。选ABCD。

41. 《国家矿山安全监察局关于做好煤矿灾害情况发生重大变化及时报告和出现事故征兆等紧急情况及时撤人工作的通知》[矿安〔2023〕26号]，规定了煤矿必须及时撤出危险区域作业人员的十种情形。选ABCD。

42. ABCD。根据《安全生产法》第四十一条，事故隐患排查治理情况应当如实记录，并通过职工大会或者职工代表大会、信息公示栏等方式向从业人员通报。本题中的本单位QQ群是可以的，只要便于从业人员知晓的方式都可以。

判断题答案与解析

1. √	2. √	3. √	4. ×	5. √	6. √	7. ×	8. ×
9. √	10. ×	11. √	12. √	13. ×	14. √	15. ×	16. √
17. √	18. √	19. √	20. ×	21. √	22. ×	23. ×	24. √
25. √	26. √	27. √	28. ×	29. √	30. √	31. √	32. √
33. √	34. √	35. √	36. √	37. ×	38. ×	39. ×	40. √
41. √	42. ×	43. √	44. √	45. √	46. ×	47. √	

1. √。煤矿企业属于高危行业，国务院颁布的《安全生产许可证条例》，规定了国家对矿山企业实行安全生产许可制度。企业未取得安全生产许可证的，不得从事生产活动。其实施的保证是国家强制力。

2. √。《煤矿安全生产条例》的执法主体是矿山安全监察机构。

3. √。安全生产责任制是根据我国的安全生产方针"安全第一，预防为主，综合治理"和安全生产法规建立的各级领导、职能部门、工程技术人员、岗位操作人员在劳动生产过程中对安全生产层层负责的制度。安全生产责任制是企业中最基本的一项安全管理制度，也是企业安全生产、劳动保护管理制度的核心。

4. ×。根据《安全生产法》第四十四条规定，生产经营单位应当教育和督促从业人员严格执行本单位的安全生产规章制度和安全操作规程；并向从业人员如实告知作业场所和工作岗位存在的危险因素、防范措施以及事故应急措施。

5. √。根据《安全生产法》第二十八条规定，生产经营单位应当对从业人员进行安全生产教育和培训，保证从业人员具备必要的安全生产知识，熟悉有关的安全生产规章制度和安全操作规程，掌握本岗位的安全操作技能，了解事故应急处理措施，知悉自身在安全生产方面的权利和义务。未经安全生产教育和培训合格的从业人员，不得上岗作业。可知从业人员没有经过安全教育培训，不了解规章制度，因而发生重大伤亡事故的，行为人不应负法律责任，应由发生事故的企业负有直接责任的负责人负法律责任。
6. √。安全生产责任制是一项最基本的安全生产制度，是其他各项安全规章制度得以切实实施的基本保证。
7. ×。《劳动法》第三条中规定了劳动者享有劳动保护的权利，享受社会保险和福利的权利。
8. ×。**此题易错**，根据《刑法》第一百三十四条规定，在生产、作业中违反有关安全管理的规定，因而发生重大伤亡事故或者造成其他严重后果的，处三年以下有期徒刑或者拘役；情节特别恶劣的，处三年以上七年以下有期徒刑。可知若是违反有关管理规定，由于过于自信和疏忽大意的过失造成重大事故发生的，仍当定为重大责任事故罪。
9. √。煤矿工人安全生产的十项权利包括：参与安全生产管理权、安全生产监督权、安全生产知情权、参与事故隐患整改权、不安全状况停止作业权、接受安全教育培训权、抵制违章指挥权、紧急避险权、反映举报权、投诉上告权。
10. ×。根据《煤炭法》第三十六条规定，煤矿企业必须为职工提供保障安全生产所需的劳动保护用品。劳动保护用品是指劳动者在生产过程中为免遭或减轻事故伤害或职业危害的所配备的一种防护性装备，经营单位不得用货币或其他物品替代。
11. √。法律实施的保证是国家强制力。法律是由享有立法权的立法机关，依照法定程序制定、修改并颁布，并由国家强制力保证实施的规范总称。而群众组织、社会团体的文件，仅表示一定范围内的规定，不具有国家强制力的保证。
12. √。并不是任何人实施了危害社会的行为都构成违法。自然人必须达到法定的年龄并具有责任能力，单位必须具备法定条件，才能成为违法的主体。
13. ×。违法按其性质和危害程度的不同，可分为刑事违法、民事违法和行政违法等，可知并不是所有的违法行为都给予刑事制裁。**此题易错**。
14. √。我国煤炭行业属于高危行业，事故频发，安全生产形势严峻。其主要原因，既有瓦斯灾害严重等客观因素，也有煤矿职工整体素质较差，法律意识淡薄、思想认识不够高、安全措施不够得力等主观因素。
15. ×。煤矿生产中，事故的预防和处理要有主次之分，安全生产方针中的预防为主，目的是控制危险因素，减少或杜绝事故的发生，而处理是对已发生事故的处理，预防肯定比处理主要。**此题易错**。
16. √。这是《安全生产法》赋予从业人员的权利。从业人员有权对本单位安全生产工作中存在的问题提出批评、检举、控告；有权拒绝违章指挥和强令冒险作业。
17. √。根据《安全生产违法行为行政处罚办法》第四条规定，生产经营单位及其有关人员对安全生产监督管理部门或者煤矿安全监察机构给予的行政处罚，享有陈述权、申辩权；对行政处罚不服的，有权依法申请行政复议或者提起行政诉讼。生产经营单位及其有关人员因安全生产监督管理部门或者煤矿安全监察机构违法给予行政处罚受到损害的，有权依法提出赔偿要求。
18. √。根据《安全生产培训管理办法》第四条规定，安全培训工作实行统一规划、归口管理、分级实施、分类指导、教考分离的原则。
19. √。由于受计划经济体制的影响，我国早期煤矿的安全监察体制和工作制度存在一些弊端。一是由于政企不分，煤炭工业主管部门不能真正行使安全监察职能。政府参与企业决策、管理，再对企业进行监察实际是在对自身进行监察。二是安全监察、安全管理不分。各级煤炭工业主管部门和煤矿企业兼有监察、管理职能，削弱了监察工作的力度。为了适应社会主义市场经济的需要，应当在政企分开的原则下，煤矿安全实行国家监督，企业管理，强化国家对煤矿安全的监察职能。
20. ×。制定《安全生产法》最重要的目的是加强安全生产工作，防止和减少生产安全事故，保障人民群众生命和财产安全，促进经济社会持续健康发展。**此题易错**。
21. √。矿产资源的开采，不论开采规模的大小，在安全和物质保证上都必须立足于保护矿山职工的人身安全。体现了煤矿安全生产方针中把人的安全放在第一位。

22. ×。根据《安全生产法》规定，生产经营单位不得以任何形式与从业人员订立协议，免除或者减轻其对从业人员因生产安全事故伤亡应负的责任。
23. ×。安全警示标志的设置要有针对性，并不是越多越好，多了使人意识混淆，少了又起不到警示提醒和注意效果，应该是在有安全威胁的场所设置醒目的安全警示标志。
24. √。制定《煤矿安全规程》的目的，是保障煤矿安全生产和职工人身安全，防止煤矿事故。其意义是规范煤矿安全生产工作，加强管理和监察执法，遏制重大、特大事故，保护职工安全和健康，保证和促进我国煤炭工业健康发展和煤矿安全状况稳定好转。
25. √。重大责任事故罪是指在生产、作业中违反有关安全管理的规定，因而发生重大伤亡事故或者造成其他严重后果的行为。龙某违章操作，致使庄某死亡，属于重大责任事故罪。
26. √。安全与生产是相互促进、相互制约、相辅相成的关系，即生产是企业的目标，安全为生产服务；安全是生产的前提，生产必须安全，不安全就不能生产。
27. √。重大责任事故罪是指在生产、作业中违反有关安全管理的规定，因而发生重大伤亡事故或者造成其他严重后果的行为。瓦斯检查工王某违反规定，发现瓦斯隐患未上报处理，爆破作业前未检查瓦斯，属于重大责任事故罪。
28. ×。煤矿企业应当免费为每位职工发放职工安全手册。煤矿职工安全手册应当载明职工的权利、义务，煤矿重大安全生产隐患的情形和应急保护措施、方法以及安全生产隐患和违法行为的举报电话、受理部门。
29. √。根据《行政处罚法》第三十三条规定，违法行为轻微并及时改正，没有造成危害后果的，不予行政处罚。初次违法且危害后果轻微并及时改正的，可以不予行政处罚。**此题易错**。
30. √。特种劳动保护用品是指国家为确保劳动者在生产工作中安全与健康必须配备的防护用品。国家对特种劳动保护用品实行"三证"和"一标志"制度，即生产许可证、产品合格证、安全鉴定证和安全标志。
31. √。《安全生产法》总则第一条开宗明义地表述其立法宗旨是"为了加强安全生产监督管理，防止和减少生产安全事故，保障人民群众生命和财产安全，促进经济发展。"
32. √。生产经营单位必须为从业人员提供符合国家标准或者行业标准的劳动防护用品，并监督、教育从业人员按照使用规则佩戴、使用。从业人员在作业过程中，应当严格遵守本单位的安全生产规章制度和操作规程，服从管理，正确佩戴和使用劳动防护用品。
33. √。根据《安全生产法》第五十四条规定，从业人员有权对本单位安全生产工作中存在的问题提出批评、检举、控告；有权拒绝违章指挥和强令冒险作业。
34. √。根据《安全生产法》第五十六条规定，生产经营单位发生生产安全事故后，应当及时采取措施救治有关人员。因生产安全事故受到损害的从业人员，除依法享有工伤保险外，依照有关民事法律尚有获得赔偿的权利的，有权提出赔偿要求。
35. √。法律责任，广义指任何组织和个人均所负有的遵守法律，自觉地维护法律的尊严的义务。狭义指违法者对违法行为所应承担的具有强制性的法律上的责任。
36. √。行政处罚是指行政机关依法对违反行政管理秩序的公民、法人或者其他组织，以减损权益或者增加义务的方式予以惩戒的行为。行政处罚由具有行政处罚权的行政机关在法定职权范围内实施。
37. ×。自燃事故得以发生，说明自燃的条件具备，这些条件的形成多数存在技术不严、管理不当等原因，这部分自燃事故属于责任事故。天然形成的自燃事故则不在此列。**此题易错**。
38. ×。根据《煤矿安全规程》第二百五十三条规定，井下严禁使用灯泡取暖和使用电炉。电炉不仅不防爆，而且还是一种明火源，稍有不慎就可能点燃附近的可燃物，从而引起火灾。
39. ×。根据《安全生产法》第四十五条规定，生产经营单位必须为从业人员提供符合国家标准或者行业标准的劳动防护用品，并监督、教育从业人员按照使用规则佩戴、使用。劳动者本人无需也不允许自行购买劳动防护用品。
40. √。根据《中共中央办公厅 国务院办公厅关于进一步加强矿山安全生产工作的意见》第二十三条的规定，发生较大以上死亡事故的矿山，应当停产整顿，经验收符合安全生产条件后方可恢复生产。

41. √。发展绝不能以牺牲人的生命为代价，这是一条不可逾越的红线，要时刻把保护人的生命放到首位。
42. ×。根据国家矿山安全监察局于 2023 年 1 月 7 日印发的《矿山生产安全事故报告和调查处理办法》第四条，一般事故是指造成 3 人以下死亡，或者 10 人以下重伤，或者 100 万元以上 1000 万元以下直接经济损失的事故。
43. √。根据《煤矿防灭火细则》第三十八条，井下严格实行明火管制，严禁在采掘工作面进行电焊、气割等动火作业。电焊、气割等动火作业容易产生明火或电火花，采煤工作面煤尘和瓦斯浓度都可能比较高，容易引起煤尘、瓦斯爆炸。
44. √。根据《煤矿安全规程》第六百八十六条的规定，入井人员必须随身携带额定防护时间不低于 30 min 的隔绝式自救器。
45. √。煤矿应在行人井口和存在重大安全风险区域的显著位置，公示存在的重大安全风险、管控责任人和主要管控措施。
46. ×。根据《煤矿安全生产标准化管理体系基本要求及评分方法(试行)》，所有岗位作业人员作业过程中应随时排查事故隐患。
47. √。根据《煤矿安全生产标准化管理体系基本要求及评分方法(试行)》，煤矿应及时在行人井口或其他显著位置公示重大事故隐患的地点、主要内容、治理时限、责任人、停产停工范围。

第二部分　安全基本知识子题库

一、单选题

1. 凡长度超过(　　)而又不通风或通风不良的独头巷道,统称为盲巷。

A. 6 m　　B. 10 m　　C. 15 m

2. 煤矿井下构筑永久性密闭墙体厚度不小于(　　)。

A. 0.5 m　　B. 0.8 m　　C. 1.0 m

3. 矿井反风时,主要通风机的供给风量应不小于正常供风量的(　　)。

A. 30%　　B. 40%　　C. 35%

4. 当发现有人触电时,首先要(　　)电源或用绝缘材料将带电体与触电者分离开。

A. 闭合　　B. 切断　　C. 开关

5. 采掘工作面及其他作业地点风流中瓦斯浓度达到1.5%时,(　　)停止工作,切断电源,撤出人员,进行处理。

A. 不应　　B. 必须　　C. 不一定

6. 利用仰卧压胸人工呼吸法抢救伤员时,要求每分钟压胸的次数是(　　)。

A. 8～12 次　　B. 16～20 次　　C. 30～36 次

7. 煤层顶板可分为伪顶、直接顶和基本顶3种类型。在采煤过程中,(　　)是顶板管理的重要部位。

A. 伪顶　　B. 直接顶　　C. 基本顶

8. 在标准大气状态下,瓦斯爆炸的瓦斯浓度范围为(　　)。

A. 1%～10%　　B. 5%～16%　　C. 3%～10%　　D. 10%～16%

9. 井下风门每组不得少于(　　)道,必须能自动关闭,严禁同时敞开。

A. 1　　B. 2　　C. 3　　D. 4

10. 矿用防爆标志符号“d”为(　　)设备。

A. 增安型　　B. 隔爆型　　C. 本质安全型　　D. 充砂型

11. H_2S气体的气味有(　　)。

A. 臭鸡蛋味　　B. 酸味　　C. 苦味　　D. 甜味

12. 煤矿井下用人车运送人员时,列车行驶速度不得超过(　　)。

A. 3 m/s　　B. 4 m/s　　C. 5 m/s　　D. 6 m/s

13. 每个生产矿井必须至少有(　　)以上能行人的安全出口通往地面。

A. 1 个　　B. 2 个　　C. 3 个　　D. 4 个

14.《煤矿安全规程》规定,采掘工作面空气温度不得超过(　　)。

A. 26 ℃　　B. 30 ℃　　C. 34 ℃　　D. 40 ℃

15. 在导致事故发生的各种因素中,(　　)占主要地位。

A. 人的因素　　B. 物的因素　　C. 不可测知的因素

16. 油料火灾不宜用(　　)灭火。

A. 水　　B. 沙子　　C. 干粉

17. 井下(　　)使用灯泡取暖和使用电炉。

A. 严禁　B. 可以　C. 寒冷时才能

18. 由于瓦斯具有(　　)的特性,所以可将瓦斯作为民用燃料。

A. 可燃烧　B. 无毒　C. 无色、无味

19. 煤与瓦斯突出多发生在(　　)。

A. 采煤工作面　B. 岩巷掘进工作面　C. 石门揭煤掘进工作面

20. 在含爆炸性煤尘的空气中,氧气浓度低于(　　)时,煤尘不能爆炸。

A. 12%　B. 15%　C. 18%

21. 靠近掘进工作面迎头(　　)长度以内的支架,爆破前必须加固。

A. 5 m　B. 10 m　C. 15 m　D. 20 m

22. 恢复通风前,压入式局部通风机及其开关附近(　　)以内风流中瓦斯浓度都不超过0.5%时,方可人工开启局部通风机。

A. 10 m　B. 15 m　C. 20 m　D. 25 m

23. 过滤式自救器的主要作用是过滤(　　)气体。

A. CO　B. CO_2　C. H_2S　D. 所有气体

24. 煤矿企业必须按国家规定对呼吸性粉尘进行监测,采掘工作面每(　　)月测定(　　)。

A. 2个;1次　B. 1个;1次　C. 4个;1次

25. 在高瓦斯矿井、瓦斯喷出区域及煤与瓦斯突出矿井中,掘进工作面的局部通风机都应实行"三专供电",即专用线路、专用开关和(　　)。

A. 专用变压器　B. 专用电源　C. 专用电动机

26. 煤矿井下要求(　　)以上的电气设备必须设有良好的保护接地。

A. 24 V　B. 36 V　C. 50 V

27. 刚发出的矿灯最低限度应能正常持续使用(　　)。

A. 11 h　B. 12 h　C. 16 h　D. 18 h

28. 在混合气体中,当氧气浓度低于(　　)时,瓦斯就失去爆炸的可能性。

A. 18%　B. 17%　C. 13%　D. 12%

29. 对触电后停止呼吸的人员,应立即采用(　　)进行抢救。

A. 人工呼吸法　B. 清洗法　C. 心脏按压法

30. 戴上自救器后,如果吸气时感到干燥且不舒服,(　　)。

A. 脱掉口具吸口气　B. 摘掉鼻夹吸气　C. 不可从事A项或B项

31. 采掘工作面风量不足时,(　　)。

A. 必须停止工作　B. 严禁装药、爆破　C. 严禁使用电气设备

32. 井下探放水应坚持(　　)的方针。

A. 预测预报,有疑必探,先探后掘,先治后采

B. 有水必探,先探后掘

C. 有疑必探,边探边掘

33. 煤炭自然发火的条件有3条,(　　)自燃。

A. 只要3条中的一项条件存在,煤炭即可

B. 只要3条中的两项条件存在,煤炭即可

C. 三项条件必须同时存在,煤炭才能

34. 瓦斯爆炸的条件有3条,(　　)爆炸。

A. 只要3条中的一项条件存在,瓦斯即可

B. 只要3条中的两项条件存在,瓦斯即可

C. 三项条件必须同时存在,瓦斯才能

35. 煤尘爆炸的条件有4条,(　　)爆炸。

A. 只要4条中的一项条件存在,煤尘即可

B. 只要 4 条中的两项条件存在，煤尘即可

C. 四项条件必须同时存在，煤尘才能

36. 尘肺病中的矽肺病是由于长期吸人过量(　　)造成的。

A. 煤尘　　B. 煤岩尘　　C. 岩尘

37. (　　)在井下拆开、敲打、撞击矿灯。

A. 严禁　　B. 可以　　C. 矿灯有故障时才能

38. 灭火时，灭火人员应站在(　　)。

A. 火源的上风侧　　B. 火源的下风侧　　C. 对灭火有利的位置

39. 井下临时停工的地点，(　　)停风。

A. 可暂时

B. 可根据瓦斯浓度大小确定是否

C. 不得

40. 采掘工作面进风流中，氧气浓度不得低于(　　)。

A. 18%　　B. 19%　　C. 20%

41.《煤矿安全规程》规定，正常涌水量在 1000 m^3/h 以下时，井下主要水仓的有效容量应能容纳(　　)的正常涌水量。

A. 6 h　　B. 7 h　　C. 8 h

42. 在瓦斯防治工作中，矿井必须从采掘安全生产管理上采取措施，防止(　　)。

A. 瓦斯积聚超限　　B. 瓦斯生成　　C. 瓦斯涌出

43. 停风区中瓦斯浓度或二氧化碳浓度超过(　　)时，必须制定安全排瓦斯措施，报矿技术负责人批准。

A. 1.5%　　B. 2.0%　　C. 3.0%

44. 采区回风巷和采掘工作面回风巷风流中，瓦斯浓度最大允许值为(　　)。

A. 1.0%　　B. 0.5%　　C. 1.5%　　D. 2.0%

45. 井下两机车或两列车在同一轨道的同一方向行驶时，必须保持不少于(　　)的距离。

A. 50 m　　B. 100 m　　C. 150 m　　D. 200 m

46. 在掘进工作面或其他地点发现有透水预兆时，必须(　　)。

A. 停止作业，采取措施，报告矿调度，撤离人员

B. 停止作业，迅速撤退，报告矿调度

C. 采取措施，报告矿调度

D. 停止作业，报告矿调度

47. 井下使用的橡套电缆(　　)采用阻燃电缆。

A. 必须　　B. 严禁　　C. 不准

二、多选题

1. 以下关于风速的规定哪些是正确的？(　　)

A. 回采工作面的最高风速为 6 m/s　　B. 岩巷掘进中的最高风速为 4 m/s

C. 回采工作面的最低风速为 0.25 m/s　　D. 主要进、回风巷中的最高风速为 8 m/s

2. 造成局部通风机循环风的原因可能是(　　)。

A. 风筒破损严重，漏风量过大　　B. 局部通风机安设的位置距离掘进巷道口太近

C. 矿井总风压的供风量大于局部通风机的吸风量　D. 矿井总风压的供风量小于局部通风机的吸风量

3. 井下各地点的实际需要风量，必须使该地点风流中的(　　)符合《煤矿安全规程》的有关规定。

A. 瓦斯、二氧化碳、氢气和其他有害气体浓度　　B. 风速及温度

C. 每人供风量　　D. 瓦斯抽放量

4. 矿井应当具备完整的独立通风系统。(　　)的风量必须满足安全生产要求。

A. 风门　　B. 矿井　　C. 采掘工作面　　D. 采区

5. 煤矿有重大事故隐患和行为的，应当立即停止生产，排除隐患。下列哪些属于重大事故隐患和行

为？（　　）

A. 超能力、超强度或者超定员组织生产

B. 瓦斯超限作业

C. 煤与瓦斯突出的矿井，未依照规定实施防突出措施

D. 高瓦斯矿井未建立瓦斯抽放系统和监控系统，或者瓦斯监控系统不能正常运行

E. 其他

6. 矿井通风的基本任务是（　　）。

A. 供人员呼吸　　B. 防止煤炭自然发火

C. 冲淡和排除有毒有害气体　　D. 创造良好的气候条件

E. 提高井下的大气压力

7. 在煤矿井下，瓦斯的危害主要表现为（　　）。

A. 有毒性　　B. 窒息性　　C. 爆炸性　　D. 导致煤炭自然发火

E. 煤与瓦斯突出

8. 在煤矿井下，瓦斯容易局部积聚的地方有（　　）。

A. 掘进下山迎头　　B. 掘进上山迎头　　C. 回风大巷　　D. 工作面上隅角

9. 在煤矿井下，H_2S 的危害主要表现为（　　）。

A. 有毒性　　B. 窒息性　　C. 爆炸性　　D. 导致煤炭自然发火

E. 使常用的瓦斯探头"中毒"而失效

10. 影响矿井气候条件的因素有（　　）。

A. 温度　　B. 压力　　C. 湿度　　D. 风速

E. 瓦斯浓度

11. 安全生产工作的好坏关系到（　　）和国家形象。因此，必须把安全生产提高到政治的高度来对待。

A. 职工切身利益　　B. 社会稳定　　C. 企业形象　　D. 政府形象

12. 我国煤矿多为井工开采，作业地点经常受到（　　）有毒有害气体和破碎顶板的威胁。

A. 水　　B. 火　　C. 瓦斯　　D. 矿尘

E. 光照不足

13. 井工煤矿的特点是：作业地点（　　），地下开采技术复杂，生产环节多，工作面不断移动，地质条件常有变化。

A. 空间狭窄　　B. 阴暗潮湿　　C. 高温干燥　　D. 环境条件恶劣

14. 煤层顶板冒顶事故能使采煤工作面及巷道（　　）。

A. 垮落　　B. 生产中止　　C. 压毁设备　　D. 造成人员伤亡

15. 周期来压的主要表现形式是（　　）。

A. 煤层顶板下沉速度急剧增加　　B. 煤层顶板下沉量变大

C. 支柱所受载荷普遍增加　　D. 煤壁片帮

E. 煤层顶板发生台阶下沉

16. 如一时不能恢复冒顶区的正常通风，则可以利用（　　）向被埋压或截堵的人员供给新鲜空气。

A. 压风管　　B. 巷道　　C. 水管　　D. 打钻

17. 在处理冒顶事故中，必须（　　）清理出抢救人员的通道。必要时可以向遇险人员处开掘专用小巷道。

A. 由外向里　　B. 由里向外　　C. 加强支护　　D. 开掘通道

18. 在冒顶事故抢救处理中，必须有（　　），加强支护，防止发生二次冒顶；并且注意检查瓦斯及其他有害气体情况。

A. 专人检查　　B. 安全检查工检查　　C. 监视瓦斯　　D. 监视煤层顶板

E. 监视有害气体

19. 在顶板事故抢救中遇有大块岩石时，不许用爆破方法处理，如果威胁遇险人员时，则可用（　　）等工具移动石块，救出遇险人员。

A. 千斤顶　　B. 锤打　　C. 起石器　　D. 撬棍

20. 上止血带时应注意(　　)。

A. 松紧合适,以远端不出血为止　　B. 应先加垫

C. 位置适当　　D. 每隔 40 min 左右,放松 2～3 min

21. 心跳呼吸停止后的症状有(　　)。

A. 瞳孔固定散大　　B. 心音消失,脉搏消失

C. 脸色发绀　　D. 神志丧失

22. 按包扎材料分类,包扎方法可分为(　　)。

A. 毛巾包扎法　　B. 腹布包扎　　C. 三角巾包扎法　　D. 绷带包扎法

23. 做口对口人工呼吸前,应(　　)。

A. 将伤员放在空气流通的地方　　B. 解松伤员的衣扣、裤带、裸露前胸

C. 将伤员的头侧过　　D. 清除伤员呼吸道内的异物

24. 为了预防煤尘爆炸事故的发生,煤矿井下生产过程中必须采取一定的减尘、降尘措施。目前,常采用的技术措施有(　　)、通风防尘、喷雾洒水、刷洗岩帮等。

A. 煤层注水　　B. 湿式打眼　　C. 使用水炮泥　　D. 旋风除尘

25. 拨打急救电话时,应说清(　　)。

A. 受伤的人数　　B. 患者的伤情　　C. 地点　　D. 患者的姓名

26. 外伤急救的技术有(　　)。

A. 止血　　B. 包扎　　C. 固定　　D. 搬运

27. 判断骨折的依据主要有(　　)。

A. 疼痛　　B. 肿胀　　C. 畸形　　D. 功能障碍

28. 在煤矿井下判断伤员是否有呼吸的方法有(　　)。

A. 耳听　　B. 眼视　　C. 晃动伤员　　D. 皮肤感觉

29. 在煤矿井下搬运伤员的方法有(　　)。

A. 担架搬运　　B. 单人背负　　C. 双人徒手搬运　　D. 汽车搬运

30. 采掘工作面或其他地点遇到有突水预兆时,必须(　　),撤出所有受水威胁地点的人员。

A. 停止作业　　B. 采取措施　　C. 立即报告矿调度室　　D. 发出警报

31. 采掘工作面或其他地点发现有(　　)、底板鼓起或产生裂隙出现渗水、水色发浑、有臭味等突水预兆时,必须停止作业,采取措施。

A. 挂红　　B. 挂汗　　C. 空气变冷　　D. 出现雾气

E. 水叫　　F. 顶板淋水加大　　G. 顶板来压

32. 煤炭自燃的条件是(　　)。

A. 具有自燃倾向性的煤炭呈破碎堆积状态

B. 有连续的通风供氧条件,维持煤炭氧化过程的发展

C. 积聚氧化生成的热量,使煤的温度升高

D. 上述 3 个条件同时具备,且大于煤的自然发火期

33. 煤尘爆炸必须同时具备的条件是(　　)。

A. 足够的氧气　　B. 煤尘本身具有爆炸性

C. 煤尘达到爆炸浓度　　D. 有足以点燃煤尘的热源

三、判断题

1. 过滤式自救器只能使用 1 次,用后就报废。　(　　)
2. 佩戴自救器脱险时,在未到达安全地点前,严禁取下鼻夹和口具。　(　　)
3. 隔离式自救器在使用中外壳体会发热,当感到呼吸温度高时,可取下鼻夹和口具。　(　　)
4. 煤矿井下避难硐室是矿工在遇到事故无法撤退时躲避待救的设施。　(　　)
5. 煤矿井下永久性避难硐室是供矿工在劳动时休息的设施。　(　　)

6. 当掘进工作面出现透水预兆时，必须停止作业，报告调度室，立即发出警报并撤人。（　）
7. 生产矿井采掘工作面的空气温度不得超过 26 ℃。（　）
8. 如果有防水措施，可以开采煤层露头的防水煤柱。（　）
9. 局部瓦斯积聚是指在 0.5 m^3 以上的空间中瓦斯浓度达到 1%。（　）
10. 井下不得带电检修与移动电气设备。（　）
11. 对一般伤员，均应先进行止血、固定、包扎等初步救护后，再进行转运。（　）
12. 在煤矿井下发生瓦斯与煤尘爆炸事故后，避灾人员在撤离灾区时佩戴的自救器可根据需要随时取下。（　）
13. 当煤矿井下发生大面积的垮落、冒顶事故，现场人员被堵在独头巷道或工作面时，被堵人员应赶快往外扒通出口。（　）
14. 煤矿井下发生水灾时，被堵在巷道的人员应妥善避灾静卧，等待救援。（　）
15. 对于呼吸、心跳骤停的病人，应立即送往医院。（　）
16. 四肢骨折的病人，在固定时，一定要将(指)趾末端露出。（　）
17. 怀疑有胸、腰、椎骨折的病人，搬运时，可以采用一人抬头、一人抬腿的方法。（　）
18. 对被埋压的人员，挖出后应首先清理呼吸道。（　）
19. 煤矿井下出现重伤事故时，在场人员应立即将伤员送出地面。（　）
20. 隔离式自救器不受外界气体的限制，可以在含有各种有毒气体及缺氧的环境中使用。（　）
21. 井下发生火灾时，灭火人员一般是在回风侧进行灭火。（　）
22. 在井下可用铁丝、铜丝代替保险丝。（　）
23. 溜煤眼可兼作风眼使用。（　）
24. 瓦斯比空气轻，易积聚在巷道顶部。（　）
25. 巷道贯通后，必须停止采区内的一切工作，立即调整通风系统，待风流稳定后，方可恢复工作。（　）
26. 井下发生透水破坏了巷道中的照明和路标时，现场人员应朝着有风流通过的上山巷道方向撤退。（　）
27. 在井下将被埋压伤员救出后，应迅速升井，不得停留检查。（　）
28. 国家对从事煤矿井下作业的职工采取了特殊的保护措施。（　）
29. 职业安全卫生管理体系的建立，使企业安全管理更具系统性。（　）
30. 人的不安全行为和物的不安全状态是造成安全生产事故发生的基本因素。（　）
31. 任何人发现井下火灾时，应视火灾性质、灾区通风和瓦斯情况，立即采取一切可能的方法直接灭火，控制火势，并迅速报告矿调度室。（　）
32. 井下用的润滑油、棉纱、布头和纸等，用过后可任意摆放。（　）
33. 严禁将剩油、废油泼洒在井巷或硐室内。（　）
34. 井上下必须设置消防材料库。（　）
35. 消防材料库储存的材料、工具的品种和数量应符合有关规定并定期检查和更换。（　）
36. 消防材料库的材料、工具可在生产中使用。（　）
37. 井下主要硐室和工作场所应备有灭火器材。（　）
38. 井下工作人员必须熟悉灭火器材的使用方法和存放地点。（　）
39. 矽肺是一种进行性疾病，患病后即使调离矽尘作业环境，病情仍会继续发展。（　）
40. 煤层顶板暴露的面积越大，煤层顶板压力越小。（　）
41. 矿灯在井下作业中发生故障时，可以拆开修理。（　）
42. 矿井供电电缆可以用普通橡套电缆。（　）
43. 所有煤矿企业必须有矿山救护队为其服务。矿山救护队员是井下一线特种作业人员。（　）
44. 井下接近含水层、导水断层、溶洞和导水陷落柱时，根据生产需要可以不进行探水。（　）
45. 井下加强靠近探水地点的支护，打好坚固的立柱和拦板，以防高压水冲垮煤壁和支架。（　）
46. 探水地点不必要安设专用电话。（　）

47. 采取一定的安全措施后,可用刮板输送机运送爆破器材。 ( )
48. 煤矿企业应当向从业人员如实告知作业场所和工作岗位的危险因素、防范措施以及事故应急措施。 ( )
49. 在有安全措施条件下,专用排瓦斯巷内可以进行生产作业和设置电气设备。 ( )
50. 煤矿企业使用的设备、器材、火工品和安全仪器,必须符合国家标准和行业标准。 ( )
51. 煤层顶板暴露的时间越长,煤层顶板压力越大。 ( )
52. 处理采煤工作面冒顶时,首先应采取措施恢复生产,其次是抢救遇险人员。 ( )
53. 接近水淹或可能积水的井巷、老空或相邻煤矿时,必须先进行探水。 ( )

单选题答案与解析

1. A	2. A	3. B	4. B	5. B	6. B	7. B	8. B
9. B	10. B	11. A	12. B	13. B	14. A	15. A	16. A
17. A	18. A	19. C	20. C	21. B	22. A	23. A	24. B
25. A	26. B	27. A	28. D	29. A	30. C	31. B	32. A
33. C	34. C	35. C	36. C	37. A	38. A	39. C	40. C
41. C	42. A	43. C	44. A	45. B	46. A	47. A	

1. 凡长度超过 6 m 而又不通风或通风不良的独头巷道,统称盲巷。盲巷内往往积存大量高浓度瓦斯和其他有毒有害气体,如果管理不善,极容易发生人员窒息或瓦斯爆炸事故。选 A。
2. 根据规定,矿井井下构筑永久密闭墙体要求是用不燃性材料构筑,其厚度不小于 0.5 m,严密不漏风;墙体周边掏槽,要见硬顶硬帮,要与煤岩接实,四周要有不小于 0.1 m 的裙边。选 A。
3. 根据《煤矿安全规程》第一百五十九条规定,生产矿井主要通风机必须装有反风设施,并能在 10 min 内改变巷道中的风流方向;当风流方向改变后,主要通风机的供给风量不应小于正常供风量的 40%。选 B。
4. 触电者的急救措施包括:① 立即切断电源,或使触电者脱离电源;② 迅速判断伤情,对心搏骤停或心音微弱者,立即心肺复苏;③ 用干净衣物包裹创面,避免有色药物涂抹,其他损伤按创伤急救做相应处理。选 B。
5. 根据《煤矿安全规程》第一百七十三条规定,采掘工作面及其他作业地点风流中、电动机或者其开关安设地点附近 20 m 以内风流中的甲烷浓度达到 1.5%时,必须停止工作,切断电源,撤出人员,进行处理。**此题易错**,选 B。
6. 仰卧压胸人工呼吸法是一种利用按压和胸廓回弹的负压通气的手法,通常其每分钟的通气次数接近正常人的呼吸次数,大约在 16~20 次,一般情况下在 18 次。选 B。
7. 直接顶是需要管理的重要部位,因为伪顶一般随采随落,基本顶较稳定,在采煤过程中直接支护和控制的是直接顶。选 B。
8. 瓦斯爆炸必须同时具备 3 个条件:一是空气中混入一定浓度的瓦斯,其浓度范围在 5%~16%;二是有爆炸瓦斯的热源,温度在 650~750 ℃以上;三是空气中有足够的氧气,氧气含量在 12%以上。选 B。
9. 井下风门每组不得少于 2 道,必须自动关闭,严禁破坏风门或同时敞开,以免造成风流短路。选 B。
10. 矿用防爆标志符号"d"为隔爆型,"e"为增安型,"ia"为本质安全型。选 B。
11. H_2S 有剧毒,低浓度时有臭鸡蛋气味,但高浓度会很快引起嗅觉疲劳而不觉其味。选 A。
12. 煤矿井下用人车运送人员时,列车行驶速度不得超过 4 m/s。因为当人车运行速度大于 4 m/s 时,制动距离就会超过 20 m。速度越快,人车掉道的可能性越大,列车运行的噪声就越大,司机就越听不到后面人车上发出的呼叫声音,导致事故扩大。选 B。
13. 安全出口是灾害来临时工作人员的逃生通道,根据《煤矿安全规程》规定,每个生产矿井必须至少有 2 个能行人的通达地面的安全出口,各个出口间的距离不得小于 30 m。选 B。
14. 人处在高温的环境下,会导致体温升高、心率加快、身体不舒服等症状,严重时可导致中暑甚至死亡。因此《煤矿安全规程》第六百五十五条规定,为了维护职工的身体健康和劳动安全,当采掘工作面空气温度超过 26 ℃、机电设备硐室超过 30 ℃时,必须缩短超温地点工作人员的工作时间,并给予高温保健待遇。选 A。

15. 事故的发生是由人的不安全行为和物的不安全状态、环境的不安全条件和安全管理的缺陷引起的，其中人的不安全行为因素占有主要地位。发生事故，往往与思想上疏忽大意有关，与不遵守规定守则有关，“人”在防治事故中始终占主导地位。选 A。
16. 遇到油料着火，不能用水来扑灭。因为油的比重比水轻，且不溶于水，反而会浮于水面之上，仍能继续燃烧，而水往别处流动，会把火势带到别的地方，继续蔓延。选 A。
17. 为避免产生火灾，造成重大人员伤亡事故，《煤矿安全规程》第二百五十三条规定，井下严禁使用灯泡取暖和使用电炉。选 A。
18. 由于瓦斯具有可燃性的特性，可作为民用燃料。B、C 两项也是瓦斯的特点，但与燃料无关。选 A。
19. 煤与瓦斯突出多数发生在构造带、煤层遭受严重破坏的地带、煤层产状发生显著变化的地带中。石门揭煤是在巷道掘进过程中，遇到煤层时，揭露煤层的过程。选 C。
20. 煤尘爆炸的三个条件是：① 煤尘本身必须具有爆炸性，而且浮游粉尘要达到一定浓度：下限为 45 g/m^3，上限为 1500～2000 g/m^3；② 要有点燃煤尘的热源；③ 空气中氧的含量大于 18%。可知氧气浓度低于 18%时，煤尘不会爆炸。**此题易错**，选 C。
21. 掘进工作面严禁空顶作业。距掘进工作面 10 m 内的架棚支护，在爆破前必须加固，原因是为了防止崩倒、崩坏支架。选 B。
22. 根据《煤矿安全规程》第一百七十六条规定，局部通风机因故停止运转，在恢复通风前，必须首先检查瓦斯，只有停风区中最高甲烷浓度不超过 1.0%和最高二氧化碳浓度不超过 1.5%，且局部通风机及其开关附近 10 m 以内风流中的甲烷浓度都不超过 0.5%时，方可人工开启局部通风机，恢复正常通风。选 A。
23. 过滤式自救器是指用于发生火灾或瓦斯爆炸时防止一氧化碳中毒的个体保护装置，已被隔离式自救器取代。选 A。
24. 根据《煤矿安全规程》第六百四十二条规定，煤矿必须对生产性粉尘进行监测，并遵守下列规定：① 总粉尘浓度，井工煤矿每月测定 2 次；露天煤矿每月测定 1 次。粉尘分散度每 6 个月测定 1 次。② 呼吸性粉尘浓度每月测定 1 次。③ 粉尘中游离 SiO_2 含量每 6 个月测定 1 次，在变更工作面时也必须测定 1 次。选 B。
25. 根据《煤矿安全规程》第一百六十四条规定，高瓦斯、突出矿井的煤巷、半煤岩巷和有瓦斯涌出的岩巷掘进工作面正常工作的局部通风机必须配备安装同等能力的备用局部通风机，并能自动切换。正常工作的局部通风机必须采用三专（专用开关、专用电缆、专用变压器）供电，专用变压器最多可向 4 个不同掘进工作面的局部通风机供电。选 A。
26. 我国安全电压为 50 V 以下，因井下空气潮湿导致人体电阻下降，所以井下安全电压不超过 36 V，人体触及 36 V 带电导体时不会有触电死亡的危险，因此《煤矿安全规程》规定，电压在 36V 以上和由于绝缘损坏可能带有危险电压的电气设备的金属外壳、构架，铠装电缆的钢带（钢丝）、铅皮（屏蔽护套）等必须有保护接地。选 B。
27. 矿灯是从事煤矿井下工作人员随身携带的必备照明工具。考虑矿工每次井下所用总时间，《煤矿安全规程》规定发出的矿灯，最低应能连续正常使用 11 h。选 A。
28. 瓦斯爆炸的条件之一是空气中有足够的氧气，氧气含量在 12%以上。可知当氧气浓度低于 12%时，瓦斯不会发生爆炸。选 D。
29. 有人触电导致呼吸停止、心脏停跳，此时在场人员应第一时间迅速做心肺复苏，恢复呼吸、心跳。题目说停止呼吸，应立即恢复呼吸，人工呼吸法能帮助窒息人员被动呼吸。选 A。
30. 带上自救器后，如果吸气时感到干燥且不舒服，为自救器正常工作的状态，对人体无害，千万不可取下自救器。选 C。
31. 当采掘工作面风量不足时，既不能保证作业人员正常呼吸，还不能排出和稀释各种有害气体与矿尘，这种情况下，严禁装药、爆破。选 B。
32. “预测预报、有疑必探、先探后掘、先治后采”是探放水工作必须遵循的基本原则，根据这个原则，结合

“防、堵、疏、排、截”的综合治理措施，可以有效防止水害的威胁。选 A。

33. 煤炭自燃的条件是具有自燃倾向性的煤炭，呈一定厚度的破碎状堆积，有连续的供氧条件，3 个条件同时存在，缺一不可。选 C。

34. 瓦斯爆炸必须同时具备 3 个条件：一是空气中混入一定浓度的瓦斯，其浓度在 5%～16%范围内；二是有爆炸瓦斯的热源，温度在 650～750 ℃以上；三是空气中有足够的氧气，氧气含量在 12%以上。可知选 C。

35. 煤尘爆炸的条件是：① 煤尘本身必须具有爆炸性；② 浮游粉尘要达到一定浓度：下限为 45 g/m^3，上限为 1500～2000 g/m^3；③ 要有点燃煤尘的热源；④ 空气中氧的含量大于 18%。4 个条件必须同时存在，缺一不可。选 C。

36. 煤矿尘肺因吸入矿尘成分的不同分为矽肺、煤矽肺、煤肺。煤肺指吸入煤尘为主引起的尘肺病，煤矽肺指同时吸入煤尘和岩尘引起的尘肺病，矽肺即为吸入含游离二氧化硅较高的岩尘引起的尘肺病。选 C。

37. 矿灯是特殊型防爆产品，在井下拆开矿灯或敲打、撞击矿灯都能使矿灯失去防爆性，容易造成短路事故，产生电火花引起瓦斯、煤尘爆炸事故。因此严禁使用矿灯人员在井下拆开、敲打、撞击矿灯。选 A。

38. 灭火时，灭火人员应站在火源的上风侧。因为站在上风侧，能更好地保护灭火人员的安全，不用担心火苗朝自己的方向扑过来。若使用干粉从灭火器，如果站在下风方向，便会喷到自己身上，不能有效灭火。选 A。

39. 根据《煤矿安全规程》第一百七十五条规定，临时停工的地点，不得停风；否则必须切断电源，设置栅栏、警标，禁止人员进入，并向矿调度室报告。选 C。

40. 为了保证井下人员的正常活动和生产，《煤矿安全规程》第一百三十五条规定，采掘工作面的进风流中，氧气浓度不低于 20%，二氧化碳浓度不超过 0.5%。选 C。

41. 矿井主要水仓应当有主仓和副仓，当一个水仓清理时，另一个水仓能够正常使用。新建、改扩建矿井或者生产矿井的新水平，正常涌水量在 1000 m^3/h 以下时，主要水仓的有效容量应当能容纳 8 h 的正常涌水量。选 C。

42. 煤矿在采掘活动中会不断涌出瓦斯，容易发生瓦斯积聚现象，故《煤矿安全规程》第一百七十五条规定，必须从设计和采掘生产管理上采取措施，防止瓦斯积聚；当发生瓦斯积聚时，必须及时处理。选 A。

43. 根据《煤矿安全规程》第一百七十六条规定，停风区中甲烷浓度或者二氧化碳浓度超过 3.0%时，必须制定安全排放瓦斯措施，报矿总工程师批准。**此题易错**，选 C。

44. 根据《煤矿安全规程》第一百七十二条规定，采区回风巷、采掘工作面回风巷风流中甲烷浓度超过 1.0%或者二氧化碳浓度超过 1.5%时，必须停止工作，撤出人员，采取措施，进行处理。选 A。

45. 根据《煤矿安全规程》第三百七十七条规定，采用轨道机车运输时，2 辆机车或者 2 列列车在同一轨道同一方向行驶时，必须保持不少于 100 m 的距离。否则当车辆转过弯道后立即减速或停车时，很有可能发生相撞的危险。选 B。

46. 采掘工作面或者其他地点发现有煤层变湿、挂红、挂汗、空气变冷、出现雾气、水叫、顶板来压、片帮、淋水加大、底板鼓起或者裂隙渗水、钻孔喷水、煤壁溃水、水色发浑、有臭味等透水征兆时，应当立即停止作业，撤出所有受水患威胁地点的人员，报告矿调度室，并发出警报。在原因未查清、隐患未排除之前，不得进行任何采掘活动。选 A。

47. 井下使用橡套电缆必须选用取得煤矿矿用产品安全标志的阻燃电缆，电缆应带有供保护接地用的足够截面的导体。选 A。

多选题答案与解析

1. BCD	2. BD	3. ABC	4. BCD	5. ABCD	6. ACD	7. BCE
8. BD	9. ACE	10. ACD	11. ABCD	12. ABCD	13. ABD	14. ABCD
15. ABCDE	16. AD	17. AC	18. AD	19. AD	20. ABCD	21. ABCD
22. ACD	23. ABCD	24. ABC	25. ABC	26. ABCD	27. ABCD	28. ABD
29. ABC	30. ABCD	31. ABCDEFG		32. ABCD	33. ABCD	

1. 根据《煤矿安全规程》第一百三十六条规定，主要进、回风巷中的最高风速为 8 m/s，采煤工作面、掘进中的煤巷和半煤岩巷允许的风速范围为 0.25～4.00 m/s，掘进中的岩巷允许的风速范围为 0.15～4.00 m/s。A 项应为 4.00 m/s。**此题易错**，选 BCD。
2. 循环风是指沿一定路径不断循环流动的风流，一般出现在局部通风中。A 项会造成漏风，C 项不会出现循环风。**此题易错**，选 BD。
3. 根据《煤矿安全规程》第一百三十八条规定，矿井需要的风量应当按井下同时工作的最多人数计算，每人每分钟供给风量不得少于 4 m^3；按采掘工作面、硐室及其他地点实际需要风量的总和进行计算。各地点的实际需要风量，必须使该地点的风流中的甲烷、二氧化碳和其他有害气体的浓度，风速、温度及每人供风量符合本规程的有关规定。**此题易错**，选 ABC。
4. 根据《煤矿安全规程》第一百四十二条规定，矿井必须有完整的独立通风系统。改变全矿井通风系统时，必须编制通风设计及安全措施，由企业技术负责人审批。A 项风门为调节通风设施，选 BCD。
5. 根据《国务院关于预防煤矿生产安全事故的特别规定》第八条规定，煤矿有下列重大安全生产隐患和行为的，应当立即停止生产，排除隐患：① 超能力、超强度或者超定员组织生产的；② 瓦斯超限作业的；③ 煤与瓦斯突出矿井，未依照规定实施防突出措施的；④ 高瓦斯矿井未建立瓦斯抽采系统和监控系统，或者系统不能正常运行的；⑤ 通风系统不完善、不可靠的；⑥ 有严重水患，未采取有效措施的；⑦ 超层越界开采的；⑧ 有冲击地压危险，未采取有效措施的；⑨ 自然发火严重，未采取有效措施的；⑩ 使用明令禁止使用或者淘汰的设备、工艺的；⑪ 煤矿没有双回路供电系统的；⑫ 新建煤矿边建设边生产，煤矿改扩建期间，在改扩建的区域生产，或者在其他区域的生产超出安全设计规定的范围和规模的；⑬ 煤矿实行整体承包生产经营后，未重新取得安全生产许可证，从事生产的，或者承包方再次转包的，以及煤矿将井下采掘工作面和井巷维修作业进行劳务承包的；⑭ 煤矿改制期间，未明确安全生产责任人和安全管理机构的，或者在完成改制后，未重新取得或者变更采矿许可证、安全生产许可证和营业执照的；⑮ 其他重大事故隐患的。选 ABCD。
6. 矿井通风的基本任务有三个：① 向井下各工作场所连续不断地供给适宜的新鲜空气；② 把有毒有害气体和矿尘稀释到安全浓度以下，并排出矿井之外；③ 提供适宜的气候条件，创造良好的生产环境，以保障职工的身体健康和生命安全、机械设备正常运转，提高劳动生产率。**此题易错**，选 ACD。
7. 瓦斯的危害主要有：窒息、燃烧、爆炸、突出埋人。瓦斯是无毒的气体，煤炭自然发火是内因火灾，不是瓦斯的危害。A 项瓦斯无毒，选 BCE。
8. 瓦斯比空气轻，易悬浮在空间的上部，BD 两项容易积聚瓦斯，A 项下山迎头位置低，不易造成瓦斯积聚，C 项回风大巷风速较大，一般不会积聚瓦斯。选 BD。
9. 硫化氢是一种易爆气体，有臭鸡蛋味。主要的危害表现在：① 有剧毒，对呼吸道和眼强烈的刺激性；② 易燃易爆，与空气混合物体能形成爆炸混合物，遇明火，高热就能引起燃烧爆炸；③ 瓦斯探头化合物与硫化氢反应，生成物不能与甲烷反应，造成报警器中毒。选 ACE。
10. 影响矿井气候条件的因素有：温度、湿度、风速等。这三要素是影响人体热平衡的主要因素。BE 为干扰项。**此题易错**，选 ACD。
11. 题中 ABCD 都是企业在安全生产过程中需考虑的因素。
12. 煤矿井下作业环境复杂，作业地点经常变动，生产环节、机电设备较多，作业空间有限，生产中经常受到水、火、瓦斯、煤尘、顶板等自然灾害的威胁，导致职业危害因素也较多。E 项为干扰项，选 ABCD。
13. 工煤矿开采必须从地面向地下开掘一系列井巷，其生产过程是地下作业，自然条件比较复杂，开采的主要特点是空间狭窄，环境恶劣，存在水、火、瓦斯、煤尘、顶板等灾害。C 项干燥不准确，选 ABD。
14. 冒顶事故是指矿井采掘时，巷道顶板冒落、坍塌所产生的事故，是矿井采掘工作面生产过程中经常发生的。ABCD 都是冒顶事故造成的后果。
15. 周期来压是初次来压以后，随采煤工作面不断推进，老顶周期性地发生断裂和沉降，使工作面周期性地出现来压现象。主要表现形式有：煤层顶板下沉速度急剧增加；煤层顶板下沉量变大；支柱所受载荷普遍增加；煤壁片帮；煤层顶板发生台阶下沉等。选 ABCDE。
16. 根据《煤矿安全规程》第七百一十七条规定，处理顶板事故时，应当迅速恢复冒顶区的通风。如不能恢复，应当利用压风管、水管或者打钻向被困人员供给新鲜空气、饮料和食物。选 AD。

17. 在处理冒顶事故中，为保障抢救人员的安全，应当选择由外向里加固冒顶周围的支护，消除进出口的堵塞物，尽快接近堵人部位进行抢救，必要时可以开掘通向遇险人员的专用巷道。D 为干扰项，选 AC。

18. 在冒顶事故抢救处理中，应当指定专人检查甲烷浓度、观察顶板和周围支护情况，发现异常，立即撤出人员；加强巷道支护，防止发生二次冒顶、片帮，保证退路安全畅通。CE 两项监视不准确。**此题易错**，选 AD。

19. 在抢救中遇到大块岩石，应尽量避开，不许用爆破法处理。如果威胁遇险人员，则可用千斤顶、撬棍等工具移动石块，但尽量避免破坏冒顶岩石的堆积状态，清理矸石时要小心使用工具，以免伤害遇险人员。选 AD。

20. 使用止血带的注意事项包括：缚扎部位尽量靠近伤口以减少缺血范围，选定止血带的部位后，应先在该处垫好布条，把止血带拉紧，缠肢体两周打结，松紧要适宜，以观察伤口不出血为度；上止血带要记好时间，冬天每隔半小时、夏天每隔 1 h 要放松 2～3 min，然后再绑起来；再绑时部位要上、下略加移动；对大出血病人，应在上止血带的同时，尽快送医院治疗。选 ABCD。

21. 呼吸心跳停止后可出现意识丧失、神经反射消失、双侧瞳孔散大、动脉搏动消失、脸色发绀、缺氧等表现。选 ABCD。

22. 按包扎材料分类，包扎方法可分为：毛巾包扎法、角巾包扎法 、绷带包扎法。B 项应为腹部包扎，可以使用不同的材料进行包扎。选 ACD。

23. 口对口人工呼吸法是人工呼吸法中最适宜现场复苏的方法。ABCD 皆是做人工呼吸前的准备事项，A 项是保证施救者和被救者的安全，B 项使被救者处于放松状态，C 项侧头是方便口腔的异物流出，避免堵住呼吸道，D 项开放气道。

24. ABC 属于减尘、降尘措施。D 项旋风除尘也称为离心除尘，主要用于清除工业废气中含有密度较大的非纤维性及非黏结性粉尘，一般不在煤矿井下使用。

25. 井下发生险情，拨打急救电话时，应当说清事发地点，受伤人数，患者的伤情等。选 ABC。

26. 外伤急救一般包括四大技术：① 创伤急救止血技术，包括指压止血法、加压包扎止血法、填塞止血法和止血带止血法；② 创伤急救包扎技术，包括绷带包扎法和三角巾包扎法；③ 创伤急救固定技术，包括头部固定技术、锁骨及肋骨骨折固定技术、四肢骨折固定技术、脊柱骨折固定技术和骨盆骨折固定技术；④ 创伤急救搬运技术，包括徒手搬运和器械搬运技术。选 ABCD。

27. 判断骨折的主要依据：① 疼痛和压痛：受伤处有明显的压痛点，移动时有剧痛。② 肿胀：内出血和骨折端的错位、重叠，都会使外表呈现肿胀现象。③ 畸形：在骨折时肢体发生畸形，呈现短缩、弯曲或者转向等。④ 功能障碍：原有的功能受到影响或完全丧失。选 ABCD。

28. 检查判断是否有呼吸的方法称为“一听二看三感觉”。“一听”指的是听呼吸音，让自己的耳朵凑近患者口鼻处听是否有呼吸的声音；“二看”就是在听的同时头侧向患者胸壁方向眼看是否存在胸壁和腹部起伏；“三感觉”即感觉是否有呼出气流冲击面部的感觉。这三步可以同时进行判断的。C 项切忌不可使用，选 ABD。

29. 煤矿井下搬运伤员的方法有：① 徒手搬运，包括单人搬运（扶行法、抱持法、背负法）和双人搬运（椅托式、轿杠式、拉车式、平卧托运法）；② 器械搬运法，适用于病情较重又不适于徒手搬运的病人，常用器械有帆布担架、绳网担架、简易架担等。D 项汽车搬运在煤矿井下不易实现，选 ABC。

30. 根据《煤矿安全规程》的规定，采掘工作面或其他地点发现透水预兆时，应当立即停止作业，撤出所有受水患威胁地点的人员，报告矿调度室，并发出警报。在原因未查清、隐患未排除之前，不得进行任何采掘活动。选 ABCD。

31. 采掘工作面或者其他地点发现有煤层变湿、挂红、挂汗、空气变冷、出现雾气、水叫、顶板来压、片帮、淋水加大、底板鼓起或者裂隙渗水、钻孔喷水、煤壁溃水、水色发浑、有臭味等透水征兆时，应当立即停止作业，撤出所有受水患威胁地点的人员。选 ABCDEFG。

32. 煤炭自燃的的 3 个条件是：具有自燃倾向性的煤炭，呈一定厚度的破碎状堆积和有连续的供氧条件，且热量易于积聚。3 个条件必须同时存在，且持续时间大于煤的自然发火期。选 ABCD。

33. 煤尘爆炸的条件是：① 煤尘本身必须具有爆炸性；② 浮游粉尘要达到一定浓度，下限为 45 g/m^3，上限为 1500～2000 g/m^3；③ 要有点燃煤尘的热源；④ 空气中氧的含量大于 18%。这 4 个条件必须同时存在，缺一不可。选 ABCD。

判断题答案与解析

1. √	2. √	3. ×	4. √	5. ×	6. √	7. √	8. ×
9. ×	10. √	11. √	12. ×	13. ×	14. √	15. ×	16. √
17. ×	18. √	19. ×	20. √	21. ×	22. ×	23. ×	24. √
25. √	26. √	27. ×	28. √	29. √	30. √	31. √	32. ×
33. √	34. √	35. √	36. ×	37. √	38. √	39. √	40. ×
41. ×	42. ×	43. √	44. ×	45. √	46. ×	47. ×	48. √
49. ×	50. √	51. √	52. ×	53. √			

1. √。过滤式自救器的主要部件是过滤器，过滤器内装有催化剂和干燥剂，它们可将空气中的一氧化碳转化为无毒的二氧化碳，并吸收空气中的水汽。过滤式自救器是一次性的，煤矿已禁止使用。

2. √。佩戴自救器脱险时，在未到达安全地点前，取下鼻夹和口具，可能误吸入空气中的有毒有害气体，所以严禁取下。

3. ×。隔离式自救器在使用中外壳体发热，感到呼吸温度高，是自救器正在工作，产生氧气的表现，这时绝不可以取下鼻夹和口具，以免误吸入有毒有害气体。

4. √。由于自救器有效时间较短，当佩戴自救器后，在其有效作用时间内不能到达安全地点时，或者撤退路线无法通过时，可在避难硐室内躲避待救。

5. ×。煤矿井下永久性避难硐室是供矿工在发生灾害事故后，用于紧急避险的设施，而不是劳动时休息的设施。

6. √。采掘工作面或其他地点发现透水预兆时，应当立即停止作业，撤出所有受水患威胁地点的人员，报告矿调度室，并发出警报。在原因未查清、隐患未排除之前，不得进行任何采掘活动。

7. √。采掘工作面的空气温度不得超过 26 ℃，超过 26 ℃，工人身体散热较慢，容易疲劳。超过 26 ℃，应缩短工人工作时间，给予高温保健待遇。

8. ×。当煤层在露头区直接被松散孔隙含水层覆盖或地面有经常性水体时，应留设防水煤柱，并严禁开采破坏防水煤柱，以保证煤层开采后顶板导水裂隙带不波及含水体，防止地表水溃入矿井。

9. ×。局部瓦斯积聚是指在 0.5 m^3 以上的空间中瓦斯浓度达到 2%。**此题易错**。

10. √。带电检修电气设备极易发生人身触电和弧光短路事故，造成人身触电伤亡和引起瓦斯煤尘爆炸事故；带电搬迁、移动电气设备、电缆和电线时，可能因电气设备绝缘破坏造成作业人员触电，也可能造成设备失爆、短路产生高温电弧引起供电中断或引爆瓦斯或煤尘。

11. √。矿工互救“三先三后”的原则是：对窒息或心跳、呼吸骤停的伤员，先复苏，后搬运；对出血的伤员，先止血，后搬运；对骨折的伤员，先固定，后搬运。

12. ×。在煤矿井下发生瓦斯煤尘爆炸事故后，矿工应戴好自救器迅速撤离灾区，到达安全地点后方可取下。

13. ×。当煤矿井下发生大面积的垮落、冒顶事故，现场人员被堵在独头巷道或工作面时，因垮落面积大，贸然操作，容易消耗体力，造成二次垮落，应利用现有条件自救，等待救援。

14. √。煤矿井下发生水灾时，若撤退路线被堵，不得贸然潜入不明水体中撤离，应选择在较高处妥善避灾静卧，等待救援。

15. ×。对于呼吸、心跳骤停的病人，时间就是生命，应当立即施行心肺复苏术，使病人尽快恢复呼吸、心跳。

16. √。对四肢骨折病人进行固定时，是需要将趾末端露出，这样便于随时观察血液循环是否通畅，以免有缺血，坏死的情况。

17. ×。怀疑有胸、腰、椎骨折的病人，应先固定再搬运，搬运时，应将伤员平放在硬板或门板担架上，绝不可一人抱头、一人抱脚的不一致搬动。

18. √。对被埋压的人员，挖出后应首先迅速清除口鼻内尘土，防止窒息，再进行抢救。

19. ×。煤矿井下出现重伤事故时，在场人员应视患者的伤情，采取相对应的急救措施。对窒息或心跳、呼吸停止不久的伤员必须先复苏，对出血伤员必须先止血，对骨折的伤员必须先固定，然后搬运。

20. √。隔离式自救器是一种自生氧的往复式闭路呼吸系统的自救设备，不受外界气体成分条件的限制。可以在各种有毒气体及缺氧的环境下使用。

21. ×。井下发生火灾时，为保证人员安全，灭火人员一般是在进风侧进行灭火。若在回风侧灭火，则灭火人员位于回风流中，容易吸入有毒有害气体。

22. ×。不得用铁丝、铜丝代替保险丝。保险丝会在电流过大时发热自动熔断，切断电路，从而起到保护电路的作用。铜丝、铁丝的电阻率小、熔点高，在电流过大时不易熔断。

23. ×。溜煤眼只能作为溜煤使用而不得兼作风眼。这是因为边溜煤边通风会导致溜煤过程中产生的大量煤尘飞扬，并随风流飘散到其他作业地点，恶化生产环境甚至引发事故。

24. √。瓦斯的相对密度是 0.554，比空气轻，易积聚在巷道顶部。

25. √。巷道贯通后，由于附近区域的通风系统可能发生变化，原来的 2 个掘进工作面贯通后的风量和风流方向也会发生改变，所以必须及时调整通风系统和检查巷道中的风流及瓦斯情况。否则，可能导致贯通后的巷道内出现瓦斯积聚甚至诱发爆炸事故。因此，贯通后必须停止采区内的一切工作，立即调整通风系统，风流稳定后，方可恢复工作。

26. √。如透水破坏了巷道中的照明和路标，迷失行进方向时，遇险人员应朝着有风流通过的上山巷道方向撤退，这样可以保证暂时远离水患的威胁。

27. ×。在井下将被埋压伤员救出后，应首先检查伤情，采取必要的急救措施，再迅速升井。

28. √。煤矿井下工作环境空间狭窄，阴暗潮湿，能见度低，作业时间长、劳动强度大，这种情况易使工人劳累疲乏、体能下降、反应迟钝，易产生焦躁情绪；在生产过程中，工人还要随时随地与水、火、瓦斯、顶板冒落、掉罐和跑车等多种灾害事故作斗争。因此，应对从事煤矿井下作业的职工采取特殊的保护措施。

29. √。职业安全卫生管理体系标准，是一套标准体系，这种体系能科学化、规范化地从总体上对企业的职业安全卫生进行控制的战略及方法，而且与企业的其他活动及整体的管理是相容的，使企业安全管理更具系统性。

30. √。事故的发生是由人的不安全行为和物的不安全状态、环境的不安全条件和安全管理的缺陷引起的，人的不安全行为和物的不安全状态通常是事故发生的直接原因。

31. √。根据《煤矿安全规程》第二百七十五条规定，任何人发现井下火灾时，应当视火灾性质、灾区通风和瓦斯情况，立即采取一切可能的方法直接灭火，控制火势，并迅速报告矿调度室。矿调度室在接到井下火灾报告后，应当立即按灾害预防和处理计划通知有关人员组织抢救灾区人员和实施灭火工作。

32. ×。根据《煤矿安全规程》第二百五十五条规定，井下使用的润滑油、棉纱、布头和纸等，必须存放在盖严的铁桶内。用过的棉纱、布头和纸，也必须放在盖严的铁桶内，并由专人定期送到地面处理，不得乱放乱扔。严禁将剩油、废油泼洒在井巷或者硐室内。

33. √。解析见 32 题。剩油、废油都是易燃品，一旦在井下烧着了，会迅速消耗掉井下的大量氧气，危及井下人员的安全。

34. √。根据《煤矿安全规程》第二百五十六条规定，井上、下必须设置消防材料库。

35. √。根据《煤矿安全规程》第二百五十六条规定，消防材料库储存的材料、工具的品种和数量应符合有关规定，并定期检查和更换。

36. ×。根据《煤矿安全规程》第二百五十六条规定，消防材料库内存储的材料、工具不得挪作他用，必须由专人管理，确保材料、工具齐全完好。

37. √。井下主要硐室和工作场所应备有灭火器材，发现着火应尽快在火灾初期扑灭。

38. √。井下工人必须熟悉灭火器材的使用方法，并熟悉本职工作区域内灭火器材的存放地点，以便发生火灾时，能快速有效的使用灭火器材，扑灭火灾。

39. √。矽肺病属于慢性进行性发展的疾病，在患者身体状况较好时，病情可以保持相对稳定，甚至多年看不到病情恶化的迹象，但病情仍会继续发展，即使调离矽尘作业环境，病情仍会继续发展。

40. ×。煤层顶板暴露的面积越大，煤层顶板压力越大，反之煤层顶板压力就小；煤层顶板悬露时间越长，煤层顶板压力越大。
41. ×。若矿灯在井下作业中发生故障时擅自拆开，容易失去防爆性能，一旦产生火花有可能造成爆炸。
42. ×。矿井供电电缆必须选用取得煤矿矿用产品安全标志的阻燃电缆。
43. √。所有煤矿必须有矿山救护队为其服务。井工煤矿企业应当设立矿山救护队，不具备设立矿山救护队条件的煤矿企业，所属煤矿应当设立兼职救护队，并与就近的救护队签订救护协议；否则，不得生产。
44. ×。根据《煤矿安全规程》第三百一十七条规定，井下接近含水层、导水断层、溶洞和导水陷落柱时，应当立即停止施工，确定探水线，实施超前探放水，经确认无水害威胁后，方可施工。
45. √。探水作业不仅直接关系到探水人员的安全，而且关系到探放水周围地区甚至整个矿井的安危，所以，对钻探施工现场的安全环境、安全设施的严格要求非常重要。其中加强钻场附近的巷道支护，并在工作面打好坚固的立柱和拦板，可以防冒顶、防高压水冲垮煤壁及支架事故发生。
46. ×。在打钻地点或附近必须安设专用电话，可以在遇到水情时及时向有关领导和部门取得联系，汇报情况，以便及时采取有效措施。
47. ×。刮板输送机的运行速度快，爆炸物品容器不容易平稳牢固地固定在其上，容易颠簸摆动甚至滚出机外，爆炸物品受到冲击、摩擦会发生爆炸。尤其在刮板输送机搭接处和机尾与溜煤眼搭接处危险性更大。因此，严禁用刮板输送机运输爆炸物品。
48. √。根据《安全生产法》第四十四条规定，生产经营单位应当教育和督促从业人员严格执行本单位的安全生产规章制度和安全操作规程；并向从业人员如实告知作业场所和工作岗位存在的危险因素、防范措施以及事故应急措施。
49. ×。在新的《煤矿安全规程》里，明确取消了专用排瓦斯巷的使用。
50. √。根据《煤炭法》第三十八条规定，煤矿企业使用的设备、器材、火工产品和安全仪器，必须符合国家标准或者行业标准。
51. √。煤层顶板暴露的面积越大，煤层顶板压力越大。反之，煤层顶板压力就小。
52. ×。当采掘工作面发生冒顶事故后，首先应抢救遇险人员，将人员撤离危险区域，并向调度室汇报。
53. √。根据《煤矿安全规程》第三百一十七条规定，接近水淹或者可能积水的井巷、老空区或者相邻煤矿时，应当立即停止施工，确定探水线，实施超前探放水，经确认无水害威胁后，方可施工。

第三部分　安全技术理论知识子题库

一、单选题

1. 高瓦斯矿井中采掘工作面瓦斯检查次数，每班至少检查(　　)次。

A. 1　　B. 2　　C. 3

2. 采掘工作面爆破地点附近 20 m 以内风流中瓦斯浓度达到 1.0%时，(　　)爆破。

A. 严禁　　B. 不得　　C. 不许

3. 排放巷道积存瓦斯时，(　　)采用“一风吹”方法。

A. 严禁　　B. 不得　　C. 可以

4. 排放瓦斯时，(　　)局部通风机发生循环风。

A. 严禁　　B. 允许　　C. 不允许

5. 停工区内瓦斯或二氧化碳浓度达到 3.0%，不能立即处理时，(　　)。

A. 应在 24 h 内封闭完毕

B. 必须在 24 h 内封闭完毕

C. 立即采取排放措施

6. 炮掘工作面在贯通前(　　)，必须停止一个工作面作业，做好调整通风系统的准备工作。

A. 20 m　　B. 30 m　　C. 50 m

7. 炮掘工作面贯通前，必须(　　)检查停掘工作面及其回风流中的瓦斯浓度。

A. 每天　　B. 每班　　C. 在每次装药前

8. 光学瓦斯检定器按其测量瓦斯浓度的范围分为(　　)两种。

A. 0～10% 和 0～100%

B. 0～10% 和 0～20%

C. 0～20% 和 0～100%

9. 火灾事故中，绝大多数遇难者是因(　　)死亡。

A. 高温火焰　　B. CO 中毒　　C. 未掌握逃生方法

10. 井口房和通风机房附近(　　)内，不得有烟火或用火炉取暖。

A. 10 m　　B. 20 m　　C. 30 m

11. 入井人员(　　)随身携带自救器。

A. 应　　B. 可根据情况决定是否　　C. 必须

12. 含有瓦斯的混合气体中混入煤尘，会使瓦斯爆炸浓度的下限(　　)。

A. 不变　　B. 升高　　C. 下降

13. 含有瓦斯的混合气体中混入其他可燃性气体，会使瓦斯爆炸浓度的下限(　　)。

A. 不变　　B. 升高　　C. 下降

14. 引火源的温度越高，瓦斯爆炸的感应期(　　)。

A. 越长　　B. 越短　　C. 不变

15. 采掘工作面爆破作业时必须执行“一炮三检制”，其检查内容是(　　)。

A. 采掘工作面支护情况　　B. 采掘工作面瓦斯浓度

C. 采掘工作面撤人情况

16. 在井下(　　)放明炮、糊炮。

A. 没有瓦斯时可以　B. 可以　C. 禁止

17. 严禁在井下存放(　　)。

A. 变压器油　B. 润滑油　C. 棉纱

18. 突出矿井的入井人员必须随身携带(　　)自救器。

A. 过滤式　B. 隔离式　C. 过滤式或隔离式

19. 井下停风地点栅栏外风流中的瓦斯浓度(　　)至少检查1次。

A. 每天　B. 每12 h　C. 每班

20. 低瓦斯矿井中采掘工作面瓦斯检查次数,每班至少检查(　　)次。

A. 1　B. 2　C. 3

21. 瓦斯检查工对上级单位或领导人忽视职工安全健康的错误决定及行为,(　　)提出批评和控告。

A. 可以　B. 有权　C. 无权

22. 瓦斯检查工发现瓦斯积聚、超限、自然发火、瓦斯突出等异常灾害预兆时,(　　)责令相应地点停止工作和撤出所有人员。

A. 可以　B. 有权　C. 无权

23. 瓦斯浓度超过《煤矿安全规程》的有关规定时,瓦斯检查工(　　)责令现场人员停止工作并撤到安全地点。

A. 可以　B. 有权　C. 无权

24. 煤体内吸附状态的瓦斯在高温时转化为游离状态,这种现象称为(　　)。

A. 吸收　B. 解吸　C. 吸着

25. 倾角为50°的煤层属于(　　)煤层。

A. 缓倾斜　B. 倾斜　C. 急倾斜

26. 采区上下山属于(　　)巷道。

A. 开拓　B. 准备　C. 回采

27. 突出煤层中的突出危险区、突出威胁区(　　)采用放顶煤采煤法回采。

A. 可以　B. 应　C. 严禁

28. 当人所处环境氧含量低于(　　)时,会有生命危险。

A. 17%　B. 12%　C. 15%

29. 就密度而言,瓦斯与空气相比,(　　)。

A. 瓦斯比空气轻　B. 瓦斯比空气重　C. 瓦斯比空气略轻

30. 空气中因惰性气体混入而导致含氧量下降时,瓦斯爆炸浓度的下限(　　)。

A. 会随之下降　B. 会随之升高　C. 不变

31. 木料场、矸石山、炉灰场距进风井的距离不得小于(　　)。

A. 60 m　B. 70 m　C. 80 m

32. 在井口房、井筒和倾斜巷道内进行焊接作业时,必须在焊接作业地点的(　　)用不燃性材料设施接受火星。

A. 下方　B. 上风向　C. 下风向

33. 在井下进行焊接作业时,焊接作业地点至少应备有(　　)灭火器。

A. 1个　B. 2个　C. 3个

34. 井下焊接作业地点的风流中,瓦斯浓度不得超过(　　)。

A. 0.5%　B. 0.8%　C. 1.0%

35. 在有煤与瓦斯突出危险的矿井中进行焊接作业时,必须(　　)。

A. 停止突出危险区的一切工作

B. 切断突出危险区电源

C. 撤出突出危险区人员

36. 井下使用的油料必须装入盖严的(　　)内。

A. 木桶　　B. 塑料桶　　C. 铁桶

37. 井下使用的棉纱、布头等必须装在有盖的(　　)内。

A. 木桶　　B. 塑料桶　　C. 铁桶

38. 木料场与矸石山的距离不得小于(　　)。

A. 30 m　　B. 40 m　　C. 50 m

39. 瓦斯、煤尘爆炸事故的遇难者绝大多数是因(　　)死亡。

A. 遇高温作用　　B. 遇高压作用　　C. CO 中毒

40.《煤矿安全规程》规定，煤矿井下(　　)裸露爆破。

A. 严禁　　B. 采取措施后可以　　C. 不得

41.《煤矿安全规程》规定，在有瓦斯或有煤尘爆炸危险的采掘工作面，(　　)采用毫秒爆破。

A. 应　　B. 不得　　C. 禁止

42. (　　)在1个采煤工作面使用2台发爆器同时进行爆破作业。

A. 可以　　B. 不得　　C. 严禁

43. 在有煤尘爆炸危险的煤层中，掘进工作面爆破前后附近 20 m 的巷道内必须(　　)。

A. 切断电气设备电源　　B. 清扫煤尘　　C. 洒水降尘

44. 无封泥、封泥不实或封泥不足的炮眼(　　)爆破。

A. 不许　　B. 可以　　C. 严禁

45. 在井下通过炮烟区时，为避免炮烟中毒，要(　　)迅速通过。

A. 憋住呼吸　　B. 用湿毛巾堵住口鼻　　C. 佩戴自救器

46. 开采煤与瓦斯突出的煤层时，采掘工作面必须采用(　　)通风。

A. 独立　　B. 串联　　C. 角联

47. 井下机电硐室必须装设向(　　)开的防火铁门。

A. 里　　B. 外　　C. 里外

48. 带油的电气设备(　　)。

A. 应放在需要该设备的地点

B. 必须设在机电设备硐室外

C. 必须设在机电设备硐室内

49.《煤矿安全规程》规定，矿井完好的矿灯总数，至少应(　　)。

A. 等于经常用灯的总人数

B. 比经常用灯的总人数多 10%

C. 等于矿井总人数

50. 在井下发现伤员突然停止呼吸时，应(　　)。

A. 及时进行人工呼吸再转送医院

B. 立即送井上医院

C. 立即报告矿调度室

51. 某矿井下发生受伤事故，有伤员骨折，作为救护抢险人员到现场抢救时，应该怎样处理？(　　)

A. 先进行骨折固定再送医院

B. 立即送井上医院

C. 立即报告矿调度室

52. 一般来说，煤层埋藏越深，煤层瓦斯含量(　　)。

A. 越大　　B. 越小　　C. 与煤层埋藏深度无关

53. 一般来说，地下水活跃的矿区，煤层瓦斯含量(　　)。

A. 较大　　B. 较小　　C. 与地下水活跃程度无关

54. 在地表大气中，(　　)所占比例为20.96%。

A. N_2　　B. O_2　　C. CO_2

55. 矿井气候条件是指空气(　　)三者综合作用的结果。

A. 温度、湿度和风速

B. 风阻、风量和空气压力

C. 温度、风速和空气压力

56. 采煤工作面风流速度最低不得低于(　　)。

A. 0.15 m/s　　B. 0.25 m/s　　C. 4.0 m/s

57. 采掘工作面应实行独立通风。布置独立通风有困难时，在制定措施后，可采用串联通风，但串联通风的次数不得超过(　　)次。

A. 1　　B. 2　　C. 3

58.《煤矿安全规程》规定，机电硐室深度不超过6 m，入口宽度不小于1.5 m，且无瓦斯涌出，(　　)采用扩散通风。

A. 可　　B. 尽量　　C. 禁止

59. 矿井总风量应确保井下同时工作的最多人数每人每分钟供风量不少于(　　)。

A. 3 m^3　　B. 4 m^3　　C. 5 m^3

60. 压入式局部通风机和启动装置必须安装在(　　)巷道中。

A. 进风　　B. 回风　　C. 采区进风

61. 一般来说，如煤层顶底板条件相同，煤的变质程度越高，煤层瓦斯含量(　　)。

A. 越大　　B. 越小　　C. 与煤的变质程度无关

62. 在井下发现伤员心脏突然停止跳动时，应(　　)。

A. 先进行心脏复苏再送医院

B. 立即送井上医院

C. 立即报告矿调度室

63. 在井下有出血伤员时，应(　　)。

A. 先止血再送往医院　B. 立即送井上医院　　C. 立即报告矿调度室

64. 地面大气压力突然降低时，井下煤层瓦斯涌出量将(　　)。

A. 无变化　　B. 减少　　C. 增大

65. 在瓦斯矿井的同一采煤工作面，采煤机械化程度越高，工作面瓦斯涌出量(　　)。

A. 越小　　B. 越大　　C. 与采煤机械化程度无关

66. 采煤机械化程度越高，产生的煤尘量(　　)。

A. 越大　　B. 越小　　C. 与采煤机械化程度无关

67. 煤层越干燥，采掘工作面产生的煤尘量(　　)。

A. 越大　　B. 越小　　C. 与煤层干燥程度无关

68. 引爆火源的温度越高，煤尘爆炸的初始强度(　　)。

A. 越大　　B. 越小　　C. 与引爆火源温度无关

69. 井下每一水平到上水平和各个采区都必须至少有(　　)便于行人的安全出口，并与通达地面的安全出口相连通。

A. 1个　　B. 2个　　C. 3个

70. 压入式局部通风机及其启动装置必须安装在进风巷道中，距掘进巷道回风口不得小于(　　)。

A. 5 m　　B. 8 m　　C. 10 m

71. 利用矿井主要通风机的风压对掘进工作面通风的通风方式称为(　　)通风。

A. 全风压　　B. 自然　　C. 局部

72. 采用压入式供风的掘进工作面，全风压供给该处的风量必须(　　)局部通风机的吸入风量。

A. 大于　　B. 小于　　C. 等于

73. 矿井备用工作面的风量应按采煤工作面计划所需风量的(　　)分配。
A. 1倍　　B. 0.5倍　　C. 0.3倍
74. 串联通风网络与并联通风网络相比,串联通风网络的通风阻力(　　)并联通风网络的通风阻力。
A. 大于　　B. 小于　　C. 等于
75. 通风网络的连接形式有串联网络、并联网络和角联网络,其中,(　　)网络的安全性最好。
A. 串联　　B. 并联　　C. 角联
76. 风桥是矿井通风设施中的一种,其作用是(　　)。
A. 隔断风流
B. 调节风量
C. 使进回风路相交处的进风与回风互不混合
77. 井下有车辆通过的风门至少有2道,且2道风门的间距要(　　)所要通过车辆的长度。
A. 大于　　B. 小于　　C. 等于
78. 厚煤层分层开采,第一分层采完后的其他各分层开采时的瓦斯涌出量,比第一分层开采时的瓦斯涌出量(　　)。
A. 会显著增加　　B. 会显著减少　　C. 无明显变化
79. 采空区的瓦斯涌出量与采煤工作面的采出率(　　)。
A. 无关　　B. 成正比　　C. 成反比
80. 在同一采煤工作面,落煤工序比其他工序瓦斯涌出量(　　)。
A. 无明显变化　　B. 会减少　　C. 会增加
81. 采用负压通风(抽出式)的矿井,其瓦斯涌出量与其通风压力(　　)。
A. 成正比　　B. 成反比　　C. 无关
82. 含有瓦斯的空气中,若混入惰性气体,其瓦斯爆炸浓度的界限范围(　　)。
A. 会扩大　　B. 会缩小　　C. 无变化
83. 瓦斯爆炸所需的引火温度与含有瓦斯的混合气体压力(　　)。
A. 成正比　　B. 成反比　　C. 无关
84. 导致瓦斯爆炸事故的主要原因在于(　　)。
A. 大气压力变化　　B. 自然条件　　C. 管理不善
85. 长壁采煤工作面应采用(　　)通风。
A. 局部通风机　　B. 扩散　　C. 全风压
86. 下面不属于矿井"一通三防"管理制度之一的是(　　)。
A. 瓦斯检查制度　　B. 机电管理制度　　C. 防尘管理制度　　D. 防灭火管理制度
87. 排放瓦斯时,排放回风流与全风压汇合处瓦斯浓度应(　　)。
A. 在1%以下　　B. 不超过1%
C. 在1%~5%之间　　D. 不超过1.5%
88. 巷道内瓦斯浓度为1%~3%时,由(　　)组织排放。
A. 瓦斯检查工　　B. 安全部门　　C. 通风部门　　D. 矿总工程师
89. 矿井相对瓦斯涌出量大于10 m^3/t,或绝对瓦斯涌出量大于40 m^3/min,矿井瓦斯等级为(　　)。
A. 低瓦斯矿井　　B. 高瓦斯矿井　　C. 煤与瓦斯突出矿井
90. 在无支架的巷道检查瓦斯时,应距巷道顶、帮、底各(　　)的地点检查。
A. 100 mm　　B. 150 mm　　C. 200 mm　　D. 300 mm
91. 回拆上隅角支架,该处瓦斯浓度在(　　)时不得作业。
A. 超过1.0%　　B. 达到1.5%　　C. 超过1.5%　　D. 达到或超过3%
92. 突出危险工作面的瓦斯检查,应是(　　)。
A. 经常检查　　B. 每班4次　　C. 每班3次　　D. 每班2次
93. 进入盲巷检查瓦斯,瓦斯浓度(　　)时,必须停止前进。

A. 达到1.5% B. 超过1.5% C. 达到3% D. 小于3%

94. 采掘工作面风流中,瓦斯浓度( )时,必须停止电钻打眼。
A. 达到1% B. 超过1% C. 达到1.5% D. 超过1.5%

95. 采掘工作面回风流中,瓦斯浓度( )时,必须停止工作,撤出人员,采取措施,进行处理。
A. 达到1% B. 超过1% C. 达到0.5% D. 小于1%

96. 采掘工作面及其他地点,体积大于0.5 m^3 的空间内积聚瓦斯浓度达到( )时,附近20 m内必须停止工作,撤出人员,切断电源,进行处理。
A. 1% B. 1.5% C. 2% D. 3%

97. 采掘工作面进风流中,二氧化碳浓度( )时,必须进行处理。
A. 达到0.5% B. 超过0.5% C. 达到1% D. 超过1%

98. 采煤工作面上隅角瓦斯浓度( )时,必须停止工作。
A. 超过1% B. 达到1.5% C. 超过1.5% D. 达到3%

99. 已设置密闭的盲巷,在密闭外这一段巷道内必须( )检查1次瓦斯。
A. 每班 B. 每天 C. 每周 D. 每旬

100. 采煤工作面上隅角采用风筒导引瓦斯时,风筒内的瓦斯浓度应( )。
A. 在1.5%以下 B. 不超过1.5% C. 在3.0%以下 D. 不超过3.0%

101. 爆破过程中的瓦斯检查由( )检查。
A. 爆破工 B. 瓦斯检查工
C. 班组长 D. 爆破工、瓦斯检查工、班组长

102. 突出危险工作面爆破后的等候时间不低于( )。
A. 5 min B. 15 min C. 20 min D. 30 min

103. 对采煤机处的瓦斯检查,应在采煤机前后20 m内距煤壁( )、顶板200 mm范围内检查。
A. 100 mm B. 150 mm C. 200 mm D. 300 mm

104. 采煤工作面风流中的甲烷传感器应设置在回风巷距工作面煤壁不大于( )处。
A. 5 m B. 10 m C. 15 m D. 20 m

105. 测定风量时,在同一断面的测风次数不应少于( )。
A. 1次 B. 2次 C. 3次 D. 4次

106. 掘进工作面按炸药量配备风量时,每千克炸药应至少配备风量( )。
A. 10 m^3/min B. 15 m^3/min C. 20 m^3/min D. 25 m^3/min

107. 作业地点有煤与瓦斯突出预兆时,瓦斯检查工应立即( )。
A. 采取措施防止突出 B. 汇报
C. 停止工作 D. 停止工作和撤出人员

108. 两掘进面贯通时,只有在两个工作面及其回风流中的瓦斯浓度( )时,掘进工作面方可装药爆破。
A. 都在0.5%以下 B. 都在1%以下
C. 掘进面在1%以下、停工面在1.5%以下 D. 都在1.5%以下

109. 热导式瓦斯测定器是用( )测定瓦斯浓度的便携仪表。
A. 光干涉原理 B. 红外辐射原理 C. 电测方法 D. 过滤方法

110. 单巷掘进采用混合局部通风方式时,必须检测( )的瓦斯浓度。
A. 抽出式局部通风机附近 B. 压入式局部通风机附近
C. 进风道 D. 两台通风机附近

111. 用光学瓦斯测定器在火区、密闭区等严重缺氧地点进行瓦斯浓度测定时,测定结果比实际浓度( )。
A. 偏小很多 B. 偏大很多 C. 基本正常 D. 无法确定

112. ( )矿井,必须装备矿井安全监控系统。
A. 高瓦斯、煤与瓦斯突出 B. 低瓦斯
C. 突水 D. 所有

113. 采煤工作面采用下行风，机电设备设在回风巷时，回风流中瓦斯浓度不得超过( )。

A. 0.5% B. 1% C. 1.5% D. 2%

114. 采煤工作面掘进中的煤巷和半煤岩巷，允许最低风速为( )。

A. 1.0 m/s B. 0.5 m/s C. 0.25 m/s D. 0.15 m/s

115. 煤(岩)与瓦斯突出矿井的采煤工作面，甲烷传感器报警浓度、断电浓度、复电浓度分别为( )。

A. ≥1.0%CH_4；≥1.0%CH_4；<1.0%CH_4 B. ≥1.5%CH_4；≥1.5%CH_4；<1.0%CH_4

C. ≥1.0%CH_4；≥1.5%CH_4；<1.0%CH_4 D. ≥1.5%CH_4；≥1.0%CH_4；<1.0%CH_4

116. 能有效隔断风流的一组通风设施是( )。

A. 风门、风桥 B. 风门、风障 C. 风门、风墙 D. 风桥、风障

117. 瓦斯监测装置要优先选用( )电气设备。

A. 矿用一般型 B. 矿用防爆型 C. 本质安全型 D. 安全火花型

118. 采用串联通风的被串采煤工作面进风巷必须安设甲烷传感器，其断电范围是( )。

A. 被串采煤工作面中的全部电气设备

B. 被串采煤工作面回风巷中的全部电气设备

C. 被串采煤工作面及其进、回风巷中的全部非本质安全型电气设备

D. 风流串入矿井中的全部电气设备

119. 有自然发火危险的采煤工作面回采结束后，必须在( )内进行永久性封闭。

A. 25 天 B. 30 天 C. 35 天 D. 45 天

120. 邻近层瓦斯抽放，抽放率不小于( )。

A. 15% B. 20% C. 25% D. 30%

121. 矿井必须建立测风制度，每( )进行 1 次全面测风。

A. 7 天 B. 10 天 C. 15 天 D. 30 天

122. 使用光学瓦斯测定器检测瓦斯时，如果空气中含有 H_2S，将使瓦斯测定结果( )。

A. 偏低 B. 偏高 C. 不变 D. 无法估计

123.《煤矿安全规程》规定，掘进巷道必须采用( )。

A. 局部通风机通风 B. 全风压通风

C. 局部通风机或全风压通风 D. 风筒导风

124. 采用爆破法处理瞎炮时，必须在距瞎炮至少( )处，另打同瞎炮眼平行的新炮眼，重新装药爆破。

A. 0.1 m B. 0.2 m C. 0.3 m D. 0.5 m

125. 抽放采空区瓦斯时，采取控制抽放负压措施的主要目的是( )。

A. 防止大量瓦斯涌出 B. 防止采空区自然发火

C. 防止采空区冒顶 D. 防止瓦斯突出

126. 无瓦斯涌出的架线电机车巷道中的最低风速不得低于( )。

A. 0.25 m/s B. 0.5 m/s C. 1 m/s D. 4 m/s

127. 以下方法不能减少掘进工作面的瓦斯涌出量的是( )。

A. 边掘边抽瓦斯 B. 煤体注水

C. 封堵井巷周壁裂隙 D. 单巷掘进

128. 采煤工作面专用排放瓦斯巷道中的瓦斯浓度不得超过( )。

A. 1.5% B. 2.0% C. 2.5% D. 3.0%

129. 使用光学瓦斯测定器检测瓦斯时，如果空气中含有 CO，将使瓦斯测定结果( )。

A. 偏高 B. 偏低 C. 不变 D. 无法估计

130. 采煤工作面风流的划定是以距煤壁顶、底两帮各( )和以采空区切顶线为界的采煤工作面工作空间的风流。

A. 200 mm B. 300 mm C. 100 mm D. 250 mm

131. 掘进工作面恢复通风前，必须检查瓦斯。压入式局部通风机及其开关地点附近( )以内风流中的

瓦斯浓度都不超过0.5%时,方可人工开动局部通风机。

A. 10 m　　B. 5 m　　C. 8 m

132. 使用局部通风机的掘进工作面因故停风后,恢复通风前重点检查(　　)。

A. 顶板　　B. 设备状态　　C. CO浓度　　D. 瓦斯浓度

133. 在向老空区打钻探水时,预计可能有瓦斯或其他有害气体涌出时,必须有(　　)在现场值班,检查空气成分。

A. 班组长或瓦斯检查工　　B. 爆破工和救护队员

C. 班组长和救护队员　　D. 瓦斯检查工或救护队员

134. 当巷道中出现异常气味,如煤油味、松香味和煤焦油味时,表明风流上方有(　　)隐患。

A. 瓦斯突出　　B. 顶板冒落　　C. 煤炭自燃

135. 经科学实验,井下瓦斯爆炸威力最大的瓦斯浓度为(　　)。

A. 7.0%　　B. 9.5%　　C. 11%

136. 低瓦斯矿井瓦斯涌出量满足的条件是(　　)。

A. $q_{相} \leqslant 10\ m^3/t$　　B. $Q_{绝} \leqslant 40\ m^3/min$

C. $q_{相} \leqslant 10\ m^3/t$ 或 $Q_{绝} \leqslant 40\ m^3/min$　　D. $q_{相} \leqslant 10\ m^3/t$ 且 $Q_{绝} \leqslant 40\ m^3/min$

137. 单巷掘进采用压入式通风时,掘进工作面回风流瓦斯和二氧化碳浓度的测点位置应选择风筒出口(　　)以外风流汇合稳定的回风流中。

A. 10 m　　B. 20 m　　C. 30 m　　D. 50 m

138. 倾角较大的上山盲巷进行瓦斯检查时,应重点检查(　　)。

A. 甲烷　　B. 二氧化碳　　C. 氧气　　D. 其他气体

139. 倾角较大的下山盲巷进行瓦斯检查时,应重点检查(　　)。

A. 甲烷　　B. 二氧化碳　　C. 氧气　　D. 其他气体

140. 采煤工作面爆破地点附近20 m范围内风流瓦斯浓度达到1.0%时,严禁爆破。其20 m范围是指(　　)。

A. 下风流端20 m　　B. 上风流端20 m

C. 上风流端10 m,下风流端20 m　　D. 上、下风流端各20 m

141. 掘进工作面空气温度的测点,应选在工作面距迎头(　　)处的风流中。

A. 2 m　　B. 5 m　　C. 10 m　　D. 15 m

142. 掘进工作面的专职瓦斯检查人员井下交接班地点是(　　)。

A. 局部通风机处　　B. 掘进工作面迎头处　　C. 掘进巷道口处　　D. 井下任何地点

143.《煤矿安全规程》规定,本班未进行工作的采掘工作面,瓦斯和二氧化碳应每班至少检查(　　)。

A. 1次　　B. 2次　　C. 3次　　D. 4次

144. 采煤工作面因瓦斯浓度超过规定被切断电源的电气设备,必须在瓦斯浓度降到(　　)以下时,方可通电启动。

A. 0.5%　　B. 1.0%　　C. 1.5%　　D. 2.0%

145.《煤矿安全规程》规定,回风流中机电设备硐室的(　　)必须安装甲烷传感器,瓦斯浓度不超过0.5%。

A. 进风侧　　B. 回风侧　　C. 硐室内　　D. 硐室内和回风侧

146.《煤矿安全规程》规定,局部通风机及其开关地点附近10 m以内风流中,瓦斯浓度不超过(　　)时,方可人工开启局部通风机。

A. 0.5%　　B. 1.0%　　C. 1.5%　　D. 2.0%

147.《煤矿安全规程》规定,巷道贯通时,停掘工作面必须(　　)。

A. 停止通风　　B. 正常通风　　C. 增加风量通风　　D. 减少风量通风

148. 不能连续自动测定甲烷浓度的甲烷检测仪是(　　)甲烷检测仪。

A. 热效式　　B. 热导式　　C. 半导体气敏元件　　D. 光学

149. (　　)矿井的采煤工作面进风流中可不设甲烷传感器。

A. 高瓦斯　B. 低瓦斯　C. 瓦斯突出

150.《煤矿安全规程》规定,矿井总回风巷或一翼回风巷中瓦斯或二氧化碳浓度超过(　　)时,必须立即查明原因,进行处理。

A. 0.5%　B. 0.75%　C. 1.0%　D. 1.5%

151. 光学瓦斯检定器二氧化碳吸收管内的药剂是(　　)。

A. 钠石灰　B. 氯化钙　C. 硅胶　D. 活性碳

152. 光学瓦斯检定器辅助吸管装(　　)可消除硫化氢气体。

A. 钠石灰　B. 氯化钙　C. 硅胶　D. 活性碳

153. 高突矿井采煤工作面进风流的甲烷传感器的报警浓度为(　　)。

A. 0.5%　B. 1.0%　C. 1.5%　D. 2.0%

154. 瓦斯检查工在下井进入待测地点前,需在(　　)进行对零。

A. 地面进风井口处　B. 采区回风巷

C. 待测地点附近的进风巷道中　D. 矿井总回风巷

155. 突出危险区设置反向风门必须设置 2 道,其间距不得小于(　　)。

A. 5 m　B. 4 m　C. 6 m　D. 3 m

156. 调节通过巷道风量的通风设施是(　　)。

A. 风筒　B. 风桥　C. 风窗　D. 密闭

157. 采空区瓦斯抽放时,发现有自然发火征兆,应(　　)。

A. 停止抽放　B. 低负压抽放　C. 高负压抽放　D. 等负压抽放

158. 采煤工作面回风流中的瓦斯测定应在煤壁线(　　)以外的回风流中测定。

A. 5 m　B. 10 m　C. 15 m　D. 20 m

159. 排放独头巷道瓦斯时,排出风流与全风压风流混合处瓦斯浓度或二氧化碳浓度超过 1.5%时,应(　　)。

A. 增大供风量　B. 减小供风量　C. 停止供风　D. 保持风量不变

160. 检查光学瓦斯检定器的光路系统时,若干涉条纹不清应调整(　　)。

A. 目镜　B. 光源　C. 微调螺旋　D. 主调螺旋

161.《煤矿安全规程》规定,井下停风地点栅栏外风流中的瓦斯浓度(　　)至少检查 1 次。

A. 每天　B. 每周　C. 每月　D. 每年

162.《煤矿安全规程》规定,采煤工作面的允许风速为(　　)。

A. 0.25～4 m/s　B. 0.25～6 m/s　C. 0.15～4 m/s　D. 1～8 m/s

163. 总风量等于各分支风量之和是(　　)网路的特性。

A. 串联　B. 并联　C. 简单角联　D. 复杂角联

164. 瓦斯突出煤层掘进工作面局部通风机的通风方式是(　　)。

A. 压入式通风　B. 抽出式通风

C. 混合式通风　D. 压入式或混合式通风

二、多选题

1. 常用的矿用瓦斯抽放泵的形式有(　　)。

A. 轴流式抽放泵　B. 水环式真空泵　C. 离心式鼓风机　D. 回转式鼓风机

2. 影响瓦斯爆炸界限的因素有(　　)。

A. 发生爆炸的地点　B. 其他可燃气体　C. 空气中的氧浓度　D. 煤尘浓度

3. 空气中混入(　　)会增加瓦斯的爆炸性,扩大瓦斯爆炸的浓度界限。

A. 煤尘　B. CO　C. N_2　D. H_2S

4. 在(　　)情况下,尤其应该注意瓦斯涌出量的变化,以确保安全生产。

A. 开采遇地质构造　B. 地面大气压明显变化

C. 工作面开采接近结束时　　D. 顶板来压

E. 风量调节时

5. 划分矿井瓦斯等级的主要作用是(　　)。

A. 确定矿井产量　　B. 用于风量计算

C. 确定矿井的瓦斯管理制度　　D. 选用电气设备

6. 瓦斯爆炸必须同时具备的条件是(　　)。

A. 瓦斯浓度在爆炸范围内　　B. 一定的氧浓度

C. 在煤矿井下　　D. 高温热源及一定的存在时间

7. 专用排瓦斯巷道内必须用不燃性材料支护,并应有防止(　　)的安全措施。

A. 产生静电　　B. 产生摩擦火花　　C. 产生撞击火花　　D. 瓦斯事故扩大

E. 煤炭自然发火

8. 以下哪些情况的矿井必须建立瓦斯抽放系统?(　　)

A. 回采工作面的绝对瓦斯涌出量>5 m^3/min

B. 矿井绝对瓦斯涌出量≥40 m^3/min

C. 开采的煤层有煤与瓦斯突出危险

D. 年产量在 40 万 t 以下的矿井,其矿井绝对瓦斯涌出量>15 m^3/min

E. 掘进工作面的绝对瓦斯涌出量>3 m^3/min

9. 某一矿井发生瓦斯爆炸事故后需要建立井下临时瓦斯抽放泵站。若由你来进行设计,你考虑井下临时瓦斯抽放泵站应遵守以下哪些规定?(　　)

A. 临时瓦斯抽放泵站应安设在新鲜风流中

B. 抽出的瓦斯可以排放在有瓦斯监测装置,并能保证瓦斯浓度不超限的进风流中

C. 排放的瓦斯出口必须设置栅栏、悬挂警戒牌等

D. 当排放瓦斯巷道的瓦斯浓度超限时,应断电,并停止抽放瓦斯

10. 某一矿井是煤与瓦斯突出矿井,由你进行开采设计,不能选用哪些方法进行开采?(　　)

A. 放顶煤采煤法　　B. 炮采　　C. 水力采煤法　　D. 风镐落煤采煤法

E. 非正规采煤法

11. 以下哪些条件下的煤层瓦斯含量较高?(　　)

A. 煤变质程度高　　B. 煤层有露头　　C. 煤层埋藏深度大　　D. 煤层倾角小

E. 有流通的地下水通过煤层

12. 以下哪些因素是确定矿井瓦斯等级的依据?(　　)

A. 绝对瓦斯涌出量　　B. 瓦斯浓度　　C. 相对瓦斯涌出量　　D. 瓦斯的涌出形式

13. 低瓦斯矿井应符合以下哪些条件?(　　)

A. 绝对瓦斯涌出量≤40 m^3/min　　B. 相对瓦斯涌出量>10 m^3/t

C. 相对瓦斯涌出量≤10 m^3/t　　D. 绝对瓦斯涌出量>40 m^3/min

14. 煤层瓦斯含量的大小取决于(　　)。

A. 成煤和变质过程中瓦斯生成量的多少　　B. 瓦斯能被保存下来的条件

C. 瓦斯涌出量的多少　　D. 开采强度

15. 矿井瓦斯爆炸产生的有害因素是(　　)。

A. 电磁辐射　　B. 高温　　C. 冲击波　　D. 有害气体

16. 对于有突出危险的煤层应采取(　　)等区域性防治突出措施。

A. 开采保护层　　B. 钻孔排瓦斯　　C. 预抽煤层瓦斯　　D. 超前钻孔

17. 开采突出煤层时,必须采取(　　)等综合防治突出措施。

A. 突出危险性预测　　B. 防治突出措施

C. 防治突出措施的效果检验　　D. 安全防护措施

18. 装备矿井安全监控系统的机械化采煤工作面经采取必要措施后,并符合(　　)的要求,回风巷风流中

瓦斯最高允许浓度为1.5%。

A. 工作面的风流控制必须可靠　　B. 必须保持通风巷的设计断面
C. 工作面采用局部通风机通风　　D. 必须配有专职瓦斯检查工

19. 为了防止瓦斯积聚和发生瓦斯积聚时能及时得到处理，矿井必须有(　　)的安全措施。
A. 因停电和检修主要通风机停止运转　　B. 通风系统遭到破坏以后恢复通风
C. 排放瓦斯　　D. 送电

20. 采区设计、采掘作业规程和安全技术措施，必须对安全监控设备的(　　)等做出明确规定，并绘制布置图。
A. 种类、数量和位置　　B. 信号电缆敷设　　C. 电源电缆敷设　　D. 控制区域

21. 低瓦斯矿井的(　　)掘进工作面必须在工作面设置甲烷传感器。
A. 煤巷　　B. 半煤岩巷　　C. 有瓦斯涌出的岩巷　　D. 所有岩巷

22. 排放瓦斯措施必须做到文图齐全，图中要标明(　　)。
A. 排放瓦斯的流经路线和方向　　B. 通风设施的位置
C. 各种电气设备的位置　　D. 通信电话的位置

23. 排放瓦斯时，停电撤人的范围包括(　　)。
A. 受排放瓦斯影响的硐室和巷道　　B. 被排放瓦斯风流切断安全出口的采掘工作面
C. 全矿井　　D. 矿井一翼

24. 瓦斯排完后，满足(　　)，方准指定专人恢复供电。
A. 指定专人检查瓦斯　　B. 顶板状况良好
C. 排放巷道内的瓦斯浓度不超过1%　　D. 供电系统和电气设备必须完好

25. 开采有瓦斯或CO_2喷出的煤(岩)层时，必须采取下列哪些措施？(　　)
A. 打前探钻孔或抽排钻孔
B. 加大喷出危险区域的风量
C. 将喷出的瓦斯或CO_2直接引入回风巷或抽放瓦斯管路
D. 开采保护层

26. 在干式抽放瓦斯泵吸气侧管路系统中，必须装设有(　　)作用的安全装置，并定期检查，保持性能良好。
A. 防有害气体　　B. 防回火　　C. 防回气　　D. 防爆炸

27. 瓦斯检查的范围应包括所有的(　　)。
A. 采掘工作面　　B. 硐室
C. 井巷　　D. 使用中的机电设备的设置地点
E. 有人员作业的地点

28. 有(　　)的采掘工作面，必须有专人经常检查，并安设甲烷断电仪。
A. 突水危险　　B. 煤与瓦斯突出危险　　C. 瓦斯喷出危险　　D. 瓦斯涌出大、变化异常

29. 瓦斯检查工必须将每次检查结果记入(　　)。
A. 瓦斯检查班报　　B. 瓦斯检查手册　　C. 检查地点记录牌　　D. 瓦斯日报

30. 某矿井下一掘进工作面停风导致瓦斯积聚需要排放瓦斯，由你编制排放瓦斯措施，你认为排放瓦斯措施应包括下面哪些内容？(　　)
A. 采用控制排放瓦斯的措施
B. 确定并标明排放瓦斯的流经路线和方向
C. 明确停电撤人范围
D. 排放瓦斯所流经巷道内的电气设备的断电、警戒等
E. 瓦斯排完后，对瓦斯、供电系统和电气设备的完好性进行检查

31. 控制排放瓦斯时，要(　　)。
A. 计算排放瓦斯量、供风量和排放时间

B. 制定控制排放瓦斯的方法，严禁“一风吹”

C. 确保排放风流和全风压风流混合处的瓦斯浓度不超过 1.5%

D. 停运主要通风机

32. 高突矿井的煤巷、半煤岩巷和有瓦斯涌出的岩巷掘进工作面必须在(　　)设置甲烷传感器。

A. 工作面进风流中　B. 工作面　C. 工作面回风流中　D. 工作面冒落处

33. 高瓦斯矿井进风的主要运输巷道内使用架线电机车时，(　　)必须设置甲烷传感器。

A. 装煤点　B. 瓦斯涌出巷道的上风流中

C. 瓦斯涌出巷的下风流中　D. 巷道交叉口

34. 装备矿井安全监控系统的矿井，(　　)的测风站应设置风速传感器。

A. 每一个采区回风巷　B. 一翼回风巷

C. 总回风巷　D. 矿井总进风巷

35. 装备矿井安全监控系统的开采(　　)的矿井应设置一氧化碳传感器和温度传感器。

A. 不易自燃煤层　B. 自燃煤层　C. 易自燃煤层　D. 所有煤层

36. 矿井瓦斯管理制度主要有(　　)。

A. 瓦斯检查制度　B. 瓦斯检查工交接班制度

C. 排放瓦斯制度　D. 盲巷管理制度

E. 专用排放瓦斯巷管理制度

37. 在进风风流中，硐室深度不超过(　　)、入口宽度不小于(　　)而无瓦斯涌出，可采用扩散通风。

A. 5 m　B. 2 m　C. 6 m　D. 1.5 m

38. 瓦斯的主要性质有(　　)。

A. 窒息性　B. 扩散性　C. 燃烧性　D. 爆炸性

E. 毒性

39. 按照瓦斯涌出地点和分布状况，瓦斯来源可分为(　　)。

A. 煤岩壁瓦斯涌出　B. 采落煤岩瓦斯涌出　C. 采空区的瓦斯涌出　D. 邻近煤层瓦斯涌出

40. 影响瓦斯涌出量的因素有(　　)。

A. 煤层瓦斯含量　B. 地面大气压力变化　C. 开采规模　D. 开采顺序

E. 采煤方法和顶板管理　F. 生产工序　G. 通风压力　H. 采空区管理

41. 防止瓦斯积聚和超限的措施主要有(　　)。

A. 加强通风　B. 严格瓦斯管理

C. 及时处理局部积聚的瓦斯　D. 瓦斯抽放

42. 防止瓦斯引燃的主要措施有(　　)。

A. 防止明火　B. 防止电火花

C. 防止爆破引燃瓦斯　D. 防止机械摩擦、冲击火花

43. 某矿一掘进工作面顶板冒落产生空洞后导致瓦斯积聚需要处理，现场有黄土、木板、风筒、压风，能采用哪些方法进行处理？(　　)。

A. 黄土充填空洞　B. 导风板

C. 风筒接岔引入风流吹散瓦斯　D. 压缩空气吹散瓦斯

44. 瓦斯检查的“三对口”是指(　　)上填记的有关情况和数据完全一致。

A. 记录牌板　B. 检查手册　C. 瓦斯台账　D. 瓦检巡回图表

45. 掘进工作面瓦斯积聚的原因主要有(　　)。

A. 局部通风管理不善

B. 现场管理失控，不按规定检查瓦斯或瓦斯检查工脱岗

C. 遇地质条件变化工作面瓦斯异常涌出

D. 煤层厚度变化

46. 某矿发生瓦斯爆炸，通风区长因没有正确编制瓦斯检查计划图表而被处分。为吸取教训，若矿长安排

由你来进行瓦斯检查计划图表设计，你认为瓦斯检查计划图表的内容应包括(　　)。

A. 检查地点　　B. 检查次数　　C. 巡回检查时间　　D. 巡回检查线路

E. 监督人员

47.《煤矿安全规程》规定，下井时必须携带便携式甲烷检测仪的人员有(　　)。

A. 矿长　　B. 爆破工　　C. 班长　　D. 采掘区队长

E. 采煤机司机

48. 下面哪种属于瓦斯检查“三对口”的内容(　　)。

A. 检查地点　　B. 检查日期　　C. 班次　　D. 检查路线

E. 检查人姓名

49. 有以下哪几种情况之一时，不得排放瓦斯(　　)。

A. 无批准的措施　　B. 未贯彻措施　　C. 无瓦斯检查工　　D. 无矿长

E. 无排放现场负责人

50. 盲巷管理的“四对号”是(　　)。

A. 现场牌板　　B. 台账　　C. 采掘工程图　　D. 通风系统图

E. 瓦斯管理牌板

51. 瓦斯检查工应具备的素质有(　　)。

A. 专业技术水平高　　B. 身体健康　　C. 安全意识强　　D. 法制观念强

E. 工作作风好

52. 甲烷自动检测报警断电装置的设置地点有(　　)。

A. 采煤工作面

B. 煤及半煤岩巷掘进工作面

C. 串联通风时，被串联工作面的进风流中

D. 回风流中的机电硐室

E. 水平进风大巷

53. 某高瓦斯矿井使用采煤机采煤。某日，跟机瓦斯检查工见工作面无异常，因有事脱岗 3 h，返回时，瓦斯浓度已达 2%，幸未发生事故，此事例的教训是(　　)。

A. 高瓦斯矿井采煤机工作面瓦斯检查工应坚守岗位

B. 事出有因

C. 应坚持执行规程规定

54. 下列哪种方法能减少掘进工作面的瓦斯涌出量？(　　)

A. 边掘边抽瓦斯　　B. 煤体注水　　C. 封堵井巷周壁裂隙　　D. 单巷掘进

55. 采煤工作面上隅角局部瓦斯积聚的一般处理方法有(　　)。

A. 风障引风排除法　　B. 风筒导风排除法

C. 风压调节排除法　　D. 尾巷排除法

E. 沿空留巷排除

56. 一般采用的独巷排放瓦斯的方法有(　　)。

A. 局部通风机直接排放法　　B. 风筒接头调风排放法

C. 风筒三通调风排放法　　D. 逐段距离通风排放法

E. 风障引风排除法

57. 排放瓦斯应注意的事项有(　　)。

A. 了解停电、停风时间及瓦斯积聚情况

B. 了解通风机情况

C. 掌握排放回风线路各区间的风量及瓦斯浓度

D. 了解排放瓦斯时采取调节风量的条件

E. 回风线路各通道设岗

58. 某矿有一批光学甲烷检测仪产生零点漂移导致瓦斯检查结果不准确，被矿山安全监察局处罚。为整改隐患，通风区长安排你进行检修，你认为光学甲烷检测仪产生零点漂移的主要原因有哪些？（　　）
A. 仪器进气孔被堵　　B. 室内空气不新鲜
C. 对零点与测点温度不同　　D. 对零点与测点气压不同
E. 瓦斯室气路不畅通

59. 测定风量时，中速风表测量的风速可以是（　　）。
A. 0.2 m/s　　B. 0.5 m/s　　C. 3 m/s　　D. 7 m/s
E. 11 m/s

60. 瓦斯检查工发现（　　）时，有权责令相应地点停止工作和撤出所有人员。
A. 突出预兆　　B. 自然发火预兆
C. 瓦斯涌出异常　　D. 采煤工作面瓦斯浓度为 1.5%
E. 采煤工作面进风流中二氧化碳浓度为 0.5%

61. 瓦斯鉴定应根据当地的气候条件，选择瓦斯涌出量最大的一个月为鉴定月。一般情况下（　　）较合适。
A. 7月　　B. 1月　　C. 8月　　D. 10月

62. （　　）必须有专人经常检查瓦斯。
A. 有煤（岩）与瓦斯突出危险的地点　　B. 瓦斯涌出量较大的地点
C. 瓦斯变化异常的地点　　D. 硐室
E. 有瓦斯喷出危险的地点

63. 采煤工作面必须检查瓦斯和 CO_2 的地点有（　　）。
A. 采煤工作面区域　　B. 采煤工作面回风流区域
C. 采煤工作面进风流区域　　D. 上隅角
E. 下隅角

64. 掘进工作面必须检查瓦斯和 CO_2 的地点有（　　）。
A. 掘进工作面进风流区域　　B. 掘进工作面回风流区域
C. 局部通风机前后 10 m 以内区域　　D. 机电设备处
E. 局部通风机开关前后 10 m 以内区域

65. 混入下列何种气体，可使瓦斯爆炸下限升高？（　　）
A. He　　B. CO　　C. CO_2　　D. N_2

66. 下列表述正确的是（　　）。
A. 瓦斯涌出量后开采的分层比先开采的分层小
B. 基本顶初次垮落前瓦斯涌出量大
C. 落煤时瓦斯涌出量大于其他工序
D. 风量增加时，瓦斯涌出量减小

67. 防止瓦斯爆炸的措施是（　　）。
A. 防止瓦斯涌出　　B. 防止瓦斯积聚
C. 防止瓦斯引燃　　D. 防止煤尘达到爆炸浓度

68. 影响吸附瓦斯含量的因素是（　　）。
A. 煤的变质程度　　B. 开采顺序　　C. 瓦斯压力　　D. 煤中的水分

69. 瓦斯在煤层中的赋存状态有（　　）。
A. 游离状态　　B. 吸附状态　　C. 瓦斯解吸

70. 排放瓦斯必须执行的原则是（　　）。
A. 断电　　B. 撤人　　C. 限量　　D. 警戒

71. 瓦斯带的上界标志是（　　）。
A. 瓦斯压力为 200 kPa　　B. 甲烷含量大于 80%

C. 瓦斯压力为 300 kPa　　D. 相对瓦斯涌出量为 2 m^3/t

72. 下列说法错误的是(　　)。

A. 开采规模越大,矿井瓦斯涌出量也越大

B. 煤的变质程度越高,煤层瓦斯含量也越高

C. 开采煤层的瓦斯含量小,开采时瓦斯涌出量一定小

D. 瓦斯浓度越高,爆炸威力越大

73. 扩大瓦斯爆炸界限的因素有(　　)。

A. 混入可燃性气体　　B. 混入爆炸性煤尘

C. 混入惰性气体　　D. 混合气体的初始温度高

74. 某矿井因电气火花导致井下瓦斯爆炸。若矿领导安排你对电火花产生的原因进行分析,你认为下列可能产生电火花的情况是(　　)。

A. 带电作业　　B. 电气设备失爆　　C. 电缆明接头　　D. 电缆漏电

75. 下列可能产生爆破火花的情况是(　　)。

A. 炮泥装填不满　　B. 最小抵抗不够　　C. 炸药变质　　D. 炮线连接不良

76. 煤与瓦斯突出危险性随(　　)增加而增大。

A. 煤层埋藏深度　　B. 煤层厚度　　C. 煤层倾角　　D. 煤层强度

77. 井下临时瓦斯抽放系统中需设甲烷传感器的地点有(　　)。

A. 泵站内　　B. 抽放泵输入管路

C. 抽放泵输出管路　　D. 管路出口下风侧栅栏处

78. 若下列气体在井巷中同时聚积时,应在巷道顶板附近检测的气体是(　　)。

A. CH_4　　B. H_2　　C. CO　　D. H_2S

79. 某矿发生 45 年来最大的煤矿瓦斯爆炸事故,其中,煤矿八类人员下井未携带便携式瓦斯测定仪是重要原因之一,但有人认为瓦斯检查工、监测系统均可检查瓦斯而无必要携带该仪器。你认为煤矿八类人员下井必须携带便携式瓦斯测定仪的原因是(　　)。

A. 与瓦斯检查工、监测系统功能互相补充

B. 瓦斯检查工、监测系统可以替代八类人员携带便携式瓦斯测定仪的作用

C. 便于连续监测该区域瓦斯浓度的变化

D. 光学瓦斯测定仪不如电子瓦斯测定仪准确

80. 现有少数煤矿仍违规采用非正规采煤法,如落垛法等。这些方法存在的重大致灾隐患是(　　)。

A. 只有一个出口　　B. 采空区附近爆破易引爆瓦斯

C. 生产成本加大　　D. 采煤工作面难以采用全负压通风

81. 煤与瓦斯突出的预兆有(　　)。

A. 响煤炮　　B. 煤质变软　　C. 空气变冷,有时变热　　D. 出现雾气

82. 防治煤与瓦斯突出的局部措施有(　　)。

A. 开采保护层　　B. 抽放瓦斯　　C. 排放钻孔　　D. 松动爆破

83. 区域性防突措施有(　　)。

A. 开采保护层　　B. 抽放瓦斯　　C. 煤体注水　　D. 松动爆破

84. 突出矿井的工作人员入井时可以携带的自救器是(　　)。

A. 过滤式自救器　　B. 化学氧自救器

C. 压缩氧自救器　　D. 过滤式或隔离式自救器

85. 矿井局部风量的调节方法有(　　)。

A. 增阻调节法　　B. 降阻调节法

C. 增压调节法　　D. 改变主要通风机特性调节法

86. 采煤工作面需专人经常检查瓦斯的是(　　)。

A. 高瓦斯矿井采煤工作面　　B. 煤与瓦斯突出危险采煤工作面

C. 低瓦斯矿井采煤工作面　　D. 瓦斯喷出或涌出异常且量大的采煤工作面

87. 光学瓦斯检定器水分吸管内装（　　）可吸收混合气体中的水分。

A. 钠石灰　　B. 氯化钙　　C. 硅胶　　D. 活性碳

88. 某矿发生45年来最大的煤矿瓦斯爆炸事故，其中，采用剃头下山开采的方式是造成事故扩大的重要原因。剃头开采存在的重大隐患有（　　）。

A. 人员过度集中，发生灾害损失扩大　　B. 通风系统不健全

C. 易发生火灾　　D. 多工种交叉作业，相互干扰

89. 下列气体有毒的是（　　）。

A. CO　　B. H_2S　　C. CH_4　　D. SO_2

90. 防止瓦斯爆炸灾害扩大的安全装置有（　　）。

A. 防爆门　　B. 反风装置　　C. 隔爆设施　　D. 防火门

三、判断题

1. 热导式瓦斯测定器是用电测方法测定瓦斯浓度的便携式仪表。（　　）
2. AYJ-1型甲烷遥测仪可对井下5个测定地点的瓦斯浓度进行监测。（　　）
3. 有瓦斯或煤尘爆炸危险的采煤工作面，可采用分组装药，但一组装药必须一次起爆。（　　）
4. 单巷掘进工作面回风巷风流中瓦斯和二氧化碳浓度的测定，应在回风巷风流中进行，并取其最大值作为测定结果和处理标准。（　　）
5. 在井下无论发生哪一类火灾，都应充分利用火灾现场现有的工具尽快投入灭火。（　　）
6. 位于煤层之上，具有一定的稳定性，常随着采煤工作面移架或回柱而自行垮落的顶板岩层称为基本顶。（　　）
7. 在开采急倾斜煤层时，主要是控制煤层顶板，煤层底板不用控制。（　　）
8. 采掘工作面进风巷道内的空气成分比例与进风井口地表大气成分比例相同。（　　）
9. 氮气在空气中所占比例较大，无毒，可供人呼吸。（　　）
10. 氮气无毒，不能助燃，空气中氮气含量过高时，会使人缺氧窒息。（　　）
11. 瓦斯涌出分为普通涌出和特殊涌出。（　　）
12. 发生瓦斯爆炸、煤尘爆炸或火灾事故时，应及时佩戴自救器。（　　）
13. 发生瓦斯或二氧化碳突出事故时，应及时佩戴过滤式自救器。（　　）
14. 处理巷道积存瓦斯时，应加大风量以利于尽快地将积存的瓦斯排除。（　　）
15. 在安排矿井生产工作时，要坚持“以风定产”的原则。（　　）
16. 隔离式自救器的作用是防止遇险人员因缺氧发生窒息和防止发生有害气体中毒。（　　）
17. 风门能隔断巷道风流，确保需风地点的风量要求。（　　）
18. 发现有人触电，应赶紧拉他脱离电源。（　　）
19. 风电闭锁可以切断通风机电源，也可切断采煤机电源。（　　）
20. 过滤式自救器要注意保养，一般可用5年，无须定期检查。（　　）
21. 在井下矿灯熄灭后，应及时换上备用灯泡。（　　）
22. 井下每一水平到上水平都必须有2个便于行人的安全出口。（　　）
23. 煤层中有时也会涌出CO。（　　）
24. 矿井通风的任务之一是改善矿井的气候条件。（　　）
25. 人处在瓦斯浓度较高的环境中时，会使人中毒。（　　）
26. 瓦斯往往积聚在巷道顶部、冒落空间和上山掘进工作面。（　　）
27. 瓦斯爆炸浓度的上、下界限与爆炸环境因素无关。（　　）
28. 煤炭自然发火前不会产生CO。（　　）
29. 煤层倾角越大，煤层瓦斯含量越低。（　　）
30. 背斜构造的轴部和穹隆构造的顶部往往瓦斯含量很高。（　　）
31. 可采取向火区注氮的方法将燃烧物与空气隔绝开来，达到使燃烧窒息的目的。（　　）

32. 只要保证矿井主要通风机有足够大的功率，就能保证矿井的正常通风。（　）
33. 掘进巷道必须采用全风压通风或局部通风机通风。（　）
34. 矿井反风是矿井发生灾变事故时，控制事故范围，防止事故范围扩大的有效措施。（　）
35. 压入式局部通风机必须安装在进风巷道中，进风量应大于风机吸风量，并要求其距回风口距离不小于10 m。这是防止产生循环风的有效措施。（　）
36. 压入式局部通风机向掘进工作面有供风时产生循环风，其害处主要是不能保证掘进工作面足够的风量。（　）
37. 井下通风设施是否符合相关要求，是矿井漏风量和有效风量高低的重要影响因素。（　）
38. 对于煤矿使用的安全炸药和毫秒延期雷管来说，为了防止因爆破引起瓦斯或煤尘爆炸，要求雷管和炸药爆炸时不能产生火焰。（　）
39. 在巷道内测定瓦斯浓度时，如果测定地点风速较慢，应将检测仪器的进气管口置于巷道断面的中心位置。（　）
40. 煤层瓦斯含量与煤的变质程度有关。（　）
41. 井下爆破作业必须执行"一炮三检制"。（　）
42. 光学瓦斯检定器由气路和光路两大系统组成。（　）
43. 光学瓦斯检定器发生"零位漂移"会造成测量结果不准或错误。（　）
44. 火灾构成要素包括可燃物、热源和空气三个方面。（　）
45. 煤层自然发火形成的火灾属于内因火灾。（　）
46. 采煤工作面瓦斯浓度的测定，每个测点应连续测定3次，取其平均值作为测定结果。（　）
47. 掘进工作面风流是指掘进工作面到掘进巷道回风口这一段巷道内的风流。（　）
48. 掘进工作面回风流是指掘进巷道回风口以外的回风巷道内的风流。（　）
49. 掘进工作面瓦斯和二氧化碳浓度的测定，每个测点应连续测定3次，取其平均值作为测定结果和处理依据。（　）
50. 检测掘进巷道风流中的瓦斯浓度，应由外向里依次进行。（　）
51. 在上山巷道应注意检查上山工作面的瓦斯，在下山巷道应注意检查下山工作面的CO_2。（　）
52. 在停风时间较长或瓦斯涌出量较大的盲巷检测瓦斯或其他有害气体浓度时，最少应有两人一起入内检查，两人一前一后，边检查边前进。（　）
53. 在停风时间较长或瓦斯涌出量较大的盲巷检测瓦斯或其他有害气体浓度时，除检查瓦斯浓度外，还必须检测氧气和其他有害气体的浓度。（　）
54. 在检测冒落空间的瓦斯浓度时，检测人员要在能够保证顶板安全时，方可进入冒落空间检测。（　）
55. 间距小于20 m的两条平行巷道，其中一条巷道内进行爆破作业时，该巷道内的工作人员必须撤到安全地点；另一条巷道内的人员可照常工作。（　）
56. 光学瓦斯检定器是根据光干涉原理制成的。（　）
57. 用光学瓦斯检定器只能测定瓦斯浓度。（　）
58. 光学瓦斯检定器不用时，要放在干燥的地方，并取出电池。（　）
59. 煤层瓦斯含量的大小与煤层倾角无关。（　）
60. 在巷道内测定二氧化碳浓度时，如果测定地点风速较慢，应将检测仪器的进气管口置于巷道断面的中心位置。（　）
61. 矿井总回风或一翼回风巷中瓦斯或二氧化碳浓度的测定地点应选在矿井总回风或一翼回风巷的测风站内进行。（　）
62. 采区回风中瓦斯或二氧化碳浓度的测定，应选择在回风流汇合稳定后的风流中进行。（　）
63. 测定巷道风流中瓦斯浓度时，应连续测定3次，取其平均值。（　）
64. 测定巷道风流中二氧化碳浓度时，应连续测定3次，取其平均值。（　）
65. 倾斜煤层长壁采煤工作面的下隅角是瓦斯检测的重点部位。（　）
66. 在矿井火灾事故中，多数遇难者死于CO中毒。（　）

67. 在煤尘爆炸事故中，多数遇难者死于高温、高压及冲击波。（　）
68. 引爆热源温度越高，煤尘爆炸强度越大。（　）
69. 在巷道贯通前，停止掘进的工作面，每班的瓦斯检查次数可酌情减少。（　）
70. 使用光学瓦斯检定器下井检测瓦斯之前，应在井上进行“仪器对零”。（　）
71. 采煤工作面的进风和回风不得经过采空区或冒顶区。（　）
72. 瓦斯检查工应能绘制监测系统示意图。（　）
73. 掘进工作面的专职瓦斯检查工的交接班地点应在局部通风机处。（　）
74. 瓦斯检查工交班时，下一班瓦斯检查工未到班，交班瓦斯检查工出井后必须立即向领导报告，以杜绝“空班”情况发生。（　）
75. 全风压通风地点出现瓦斯超限需要排放瓦斯，由通风区编制措施，并组织排放。（　）
76. 栅栏或密闭应设在离巷道口小于 5 m 的支护完好的地方。（　）
77. 设置了栅栏的盲巷，只要设置有瓦斯检查牌就符合要求。（　）
78. 抗静电的风筒是完全满足安全要求的风筒。（　）
79. 每年的瓦斯等级鉴定结果，必须报省级煤炭行业管理部门审批。（　）
80. 在井下测定风量时，应在距交叉口 20 m 以外的一段平巷内进行。（　）
81. 在瓦斯检查时，每个地点至少要连续测定 2 次。（　）
82. 在台阶式采煤时，应重点检查台阶角处的瓦斯。（　）
83. 煤层倾角大于 12°但又不是很大的采煤工作面，在下行通风时，也应检查下隅角处的瓦斯。（　）
84. 在倾角较大的下山盲巷检查时，应重点检查瓦斯浓度。（　）
85. 任何人通过培训后，只要会检查瓦斯浓度和二氧化碳浓度，就可以担任瓦斯检查工作。（　）
86. 每班检查 2 次瓦斯的地点，应在进班和出班各检查 1 次。（　）
87. 瓦斯检查牌板应填写的内容有：地点名称、瓦斯及二氧化碳浓度、检查日期和瓦斯检查工的姓名。（　）
88. 瓦斯检查工的仪器坏了，应立即出井更换仪器，更换仪器后下井照常工作。（　）
89. 采煤工作面瓦斯浓度达到 2%时，瓦斯检查工应先撤出人员，后汇报处理。（　）
90. 煤层倾角大于 12°采用下行通风时，回风巷安设的甲烷传感器的报警浓度和断电浓度均≥1%CH_4。（　）
91. 采用串联通风时，为防止被串联工作面因停风造成瓦斯积聚，被串联通风的局部通风机进风流中瓦斯浓度不超过 1.5%，可以不停止局部通风机运转。（　）
92. 采煤工作面上隅角瓦斯浓度在 1.5%以下时，在 20 m 以外可以装药爆破。（　）
93. 无瓦斯涌出的掘进工作面，可以采用压缩空气通风。（　）
94. 瓦斯检查工所在的分工区域一旦发生灾害事故，应负责组织遇险人员自救、互救、安全脱离险区。（　）
95. 对危害安全的行为，瓦斯检查工有权提出批评、检举和控告。（　）
96. “一炮三检”是指装药前、爆破前、爆破后均必须检查瓦斯。（　）
97. 瓦斯检查工负责对分工区域内通风、防尘、防火、防突等项目进行检查，是瓦斯检查工的权力。（　）
98. 备用采煤工作面的风量配备，除满足瓦斯、CO_2、温度、风速等规定外，且不低于其采煤时实际需要风量的 30%。（　）
99. 长度不超过 6 m 的掘进巷道，可采用扩散通风。（　）
100. 开采有瓦斯喷出或有煤与瓦斯突出的煤层，严禁任何 2 个工作面串联通风。（　）
101. 在高瓦斯矿井中爆破，不应采用反向起爆。（　）
102. 开采突出煤层或石门揭穿突出煤层时，每个采掘工作面的专职瓦斯检查工，应该巡回检查瓦斯。（　）
103. 煤层瓦斯含量是矿井瓦斯涌出量大小的决定因素。（　）
104. 排放瓦斯时，每次启动局部通风机后，均应检查局部通风机是否有循环风。（　）

105. 从岩体或煤体裂隙和孔洞中放出瓦斯的现象称为瓦斯喷出。（　）
106. 轴流式通风机可采取反转反风。（　）
107. 煤层注水可以减小煤与瓦斯突出的危险性。（　）
108. 瓦斯和煤尘同时存在时，瓦斯浓度越高，煤尘爆炸下限越低。（　）
109. 采煤工作面回风巷风流中的瓦斯和二氧化碳浓度，应在距工作面煤壁线 15 m 以外的回风巷风流中测定，并取其平均值为测定结果和处理标准。（　）
110. 爆破前必须检查爆破地点附近 10 m 以内风流中的瓦斯浓度。（　）
111. 预防和处理瓦斯层状积聚的方法是使风速大于 0.5～1.0 m/s。（　）
112. 温度升高，煤吸附瓦斯的能力降低。（　）
113. 测定瓦斯浓度时，应在距巷道顶板 300～500 mm 处的风流中测定。（　）
114. 巷道风流划分中，有支架的巷道应划分为距支架和巷底各为 50 mm 的巷道空间的风流。（　）
115. 巷道风流划分中，无支架的巷道应划分为距顶、距帮和距底各 200 mm 的巷道空间的风流。（　）
116. 抽放瓦斯的目的之一就是降低煤层瓦斯压力，防止煤与瓦斯突出。（　）
117. 测定巷道风流中的瓦斯浓度时，应在巷道风流断面的上部进行，连续测定 3 次，取其平均值。（　）
118. 排放瓦斯后，经检查证实，独头巷道内风流中瓦斯浓度不超过 1%、氧浓度不低于 20%、二氧化碳浓度不超过 1.5%，且稳定 30 min 后，瓦斯浓度没有变化，才可以恢复局部通风机的正常通风。（　）
119. 1 台局部通风机不得同时向 2 个作业的掘进工作面供风。（　）
120. 测定巷道大气二氧化碳浓度时，由于甲烷轻，二氧化碳重，所以，应测巷道上部空气中的甲烷浓度和下部空气中的甲烷、二氧化碳总浓度，两者的差值，即为该处二氧化碳的浓度。（　）
121. 基于甲烷轻、二氧化碳重的特点，测定巷道空气中的二氧化碳浓度按测定甲烷浓度的方法，测定的下部气体的浓度即是二氧化碳的浓度。（　）
122. 为解决采煤工作面上隅角瓦斯积聚的问题，可采用在工作面装电动小风机的方法来稀释。（　）
123. 某矿综采放顶煤开采的工作面，因顶煤坚硬，上下隅角顶煤和顶板采用爆破强制放顶的方法充填上下隅角空塘，存在爆破火焰窜入采空区引爆积聚瓦斯的重大隐患。（　）
124. 扩散通风适用于深度不超过 6 m 的盲巷或硐室。（　）
125. 空气中矿尘浓度越大，人吸入的矿尘越多，尘肺病发病率就越高。（　）
126. 在有突出危险的采煤工作面，可采用松动爆破作为防突措施。（　）
127. 井下掘进巷道不得采用扩散通风。（　）
128. 对于装有风电闭锁装置的掘进工作面，电气设备的总开关与局部通风机开关是闭锁起来的。（　）
129. 压缩氧自救器佩用后，可重新充氧和更换二氧化碳吸收剂。（　）
130. 单巷掘进工作面回风巷风流中瓦斯和二氧化碳浓度的测定，应在回风巷风流中进行，并取其最大值作为测定结果和处理标准。（　）
131. 矿井瓦斯监测系统一般由地面中心站、井下工作站、信息传输系统和监测传感器等部分组成。（　）
132. 石门揭穿突出煤层前，当预测为无突出危险工作面时，可不采取防治突出措施，但必须用震动爆破揭穿煤层。（　）
133. 有煤与瓦斯突出的采煤工作面，严禁采用下行通风。（　）
134. 《煤矿安全规程》规定，井下空气中 CO 的浓度不得超过 0.5%。（　）
135. 井下爆破时产生的有害气体主要有 NO_2、CO、CO_2、H_2S 和 SO_2 等。（　）
136. 瓦斯浓度越高，爆炸威力就越大。（　）
137. 皮渣和黏块是区别和判断瓦斯爆炸、煤尘爆炸的主要依据之一。（　）
138. 佩用化学氧自救器时，戴好自救器后，首先要在原地呼吸几次，使呼出的 CO_2 和水汽与生氧剂反应生成氧。（　）
139. 装备矿井安全监控系统的矿井，主要通风机、局部通风机应设置设备开停传感器，主要风门应设置风门开关传感器。（　）

单选题答案与解析

1. C	2. A	3. A	4. A	5. B	6. A	7. C	8. A
9. B	10. B	11. C	12. C	13. C	14. B	15. B	16. C
17. A	18. B	19. A	20. B	21. B	22. B	23. B	24. B
25. C	26. B	27. C	28. B	29. A	30. B	31. C	32. A
33. B	34. A	35. A	36. C	37. C	38. C	39. C	40. A
41. A	42. C	43. C	44. C	45. B	46. A	47. B	48. C
49. B	50. A	51. A	52. A	53. B	54. B	55. A	56. B
57. A	58. A	59. B	60. A	61. A	62. A	63. A	64. C
65. B	66. A	67. A	68. A	69. B	70. C	71. A	72. A
73. B	74. A	75. B	76. C	77. A	78. B	79. C	80. C
81. A	82. B	83. B	84. C	85. C	86. B	87. D	88. C
89. B	90. C	91. B	92. A	93. C	94. A	95. B	96. C
97. B	98. B	99. B	100. D	101. D	102. D	103. D	104. B
105. C	106. D	107. D	108. B	109. C	110. D	111. B	112. D
113. B	114. C	115. C	116. C	117. C	118. C	119. D	120. C
121. B	122. B	123. C	124. C	125. B	126. B	127. D	128. C
129. A	130. A	131. A	132. D	133. D	134. C	135. B	136. D
137. A	138. A	139. B	140. D	141. A	142. A	143. A	144. B
145. A	146. A	147. B	148. D	149. B	150. B	151. A	152. D
153. A	154. C	155. B	156. C	157. A	158. B	159. B	160. B
161. A	162. A	163. B	164. A				

1. 根据《煤矿安全规程》第一百八十条规定，采掘工作面的甲烷浓度检查次数如下：低瓦斯矿井，每班至少 2 次；高瓦斯矿井，每班至少 3 次。选 C。
2. 根据《煤矿安全规程》第一百七十三条规定，采掘工作面爆破地点附近 20 m 以内风流中甲烷浓度达到 1.0%时，严禁爆破。选 A。
3. 若采用“一风吹”，会使巷道内的高浓度瓦斯在未经充分稀释的情况下排出，遇明火易发生瓦斯爆炸，因此瓦斯排放严禁采用“一风吹”方法。选 A。
4. 排放瓦斯时，循环风会使回风反复返回掘进工作面，导致风流中瓦斯浓度不断增加，当其进入局部通风机时，极易引起瓦斯爆炸事故。因此严禁发生循环风。选 A。
5. 《煤矿安全规程》第一百七十五条规定，停工区内甲烷或者二氧化碳浓度达到 3.0%不能立即处理时，必须在 24 h 内封闭完毕。选 B。
6. 《煤矿安全规程》第一百四十三条规定，巷道贯通前应当制定贯通专项措施。综合机械化掘进巷道在相距 50 m 前、其他巷道在相距 20 m 前，必须停止一个工作面作业，做好调整通风系统的准备工作。选 A。
7. 《煤矿安全规程》第一百四十三条规定，掘进的工作面每次爆破前，必须派专人和瓦斯检查工共同到停掘的工作面检查工作面及其回风流中的瓦斯浓度。选 C。
8. 光学瓦斯鉴定器按其测量瓦斯浓度的范围分为高浓度瓦检器（测量范围：0～100%）和低浓度瓦检器（0～10%）。选 A。
9. 矿井火灾事故中，遇难人员绝大多数是因为有毒有害气体（尤其是一氧化碳）中毒而死。选 B。
10. 《煤矿安全规程》第二百五十一条规定，井口房和通风机房附近 20 m 内，不得有烟火或者用火炉取暖。选 B。
11. 《煤矿安全规程》第十三条规定，入井人员必须随身携带自救器、标识卡和矿灯，严禁携带烟草和点火物品，严禁穿化纤衣服。选 C。
12. 煤尘能燃烧，有的本身还能爆炸；同时，当温度在 300～400 ℃之间时，从煤尘之中可以挥发出可燃气体。因此，含有瓦斯的混合气体中混入煤尘，会使瓦斯的爆炸下限降低，爆炸的危险性增加。选 C。

13. 当瓦斯和空气的混合气体中混入可燃性气体，会增加爆炸气体总浓度，使瓦斯爆炸下限降低。选 C。
14. 瓦斯爆炸的感应期长短与瓦斯浓度、引火温度有关，瓦斯浓度越高，感应期越长；引火温度越高，感应期越短。选 B。
15. 《煤矿安全规程》第三百四十七条规定，爆破作业必须执行"一炮三检"和"三人连锁爆破"制度，并在起爆前检查起爆地点的甲烷浓度。选 B。
16. 放明炮和糊炮，是指在煤岩表面进行爆破，爆炸的火焰直接暴露在矿井空气之中，容易引起瓦斯、煤尘爆炸。因此禁止在井下放明炮和糊炮。选 C。
17. 井下使用的汽油、煤油和变压器油必须装入盖严的铁桶内，由专人押运送至使用地点。剩余的汽油、煤油和变压器油必须运回地面，严禁在井下存放。选 A。
18. 《煤矿安全规程》第六百八十六条规定，入井人员必须随身携带额定防护时间不低于 30 min 的隔绝式自救器。选 B。
19. 《煤矿安全规程》第一百八十条规定，井下停风地点栅栏外风流中的甲烷浓度每天至少检查 1 次。选 A。
20. 《煤矿安全规程》第一百八十条规定，采掘工作面的甲烷浓度检查次数如下：低瓦斯矿井，每班至少 2 次；高瓦斯矿井，每班至少 3 次。选 B。
21. 《安全生产法》第五十四条规定，从业人员有权对本单位安全生产工作中存在的问题提出批评、检举、控告；有权拒绝违章指挥和强令冒险作业。选 B。
22. 发现瓦斯积聚、超限、自然发火、瓦斯突出等灾害预兆时，班组长、瓦斯检查工、矿调度员有权责令相关现场作业人员停止作业，停电撤人。选 B。
23. 《煤矿安全规程》第一百八十条规定，甲烷浓度超过本规程规定时，瓦斯检查工有权责令现场人员停止工作，并撤到安全地点。选 B。
24. 当压力升高，温度降低时，部分瓦斯由游离状态转化为吸附状态，这种现象称为吸附；当压力降低，温度升高时，有部分瓦斯由吸附状态转化为游离状态，这种现象称为解吸。选 B。
25. 急斜煤层是指倾角在 45°以上的煤层。选 C。
26. 为准备采区而掘进的巷道，称为准备巷道。如采区上、下山，采区车场等。选 B。
27. 此题出自老版《煤矿安全规程》，新版《煤矿安全规程》已删除。选 C。
28. 空气中正常含氧量约为 20.9%，低于 19.5%时，会变得呼吸加速，感到疲劳无力，工作效率降低；低于 12%时，判断力丧失，呼吸困难，出现嘴唇发紫等症状。选 B。
29. 瓦斯相对分子质量 14，空气相对分子质量 29，瓦斯比空气轻，约是空气的 0.48 倍。选 A。
30. 空气中混入惰性气体，可使氧浓度减少，缩小瓦斯爆炸界限，即上限降低，下限升高。选 B。
31. 《煤矿安全规程》第二百四十六条规定，木料场、矸石山等堆放场距离进风井口不得小于 80 m。选 C。
32. 《煤矿安全规程》第二百五十四条规定，在井口房、井筒和倾斜巷道内进行电焊、气焊和喷灯焊接等工作时，必须在工作地点的下方用不燃性材料设施接受火星。选 A。
33. 《煤矿安全规程》第二百五十四条规定，电焊、气焊和喷灯焊接等工作地点的前后两端各 10 m 的井巷范围内，应当是不燃性材料支护，并至少备有 2 个灭火器。选 B。
34. 《煤矿安全规程》第二百五十四条规定，电焊、气焊和喷灯焊接等工作地点的风流中，甲烷浓度不得超过 0.5%。选 A。
35. 《煤矿安全规程》第二百五十四条规定，突出矿井井下进行电焊、气焊和喷灯焊接时，必须停止突出煤层的掘进、回采、钻孔、支护以及其他所有扰动突出煤层的作业。选 A。
36. 《煤矿安全规程》第二百五十五条规定，井下使用的汽油、煤油必须装入盖严的铁桶内，由专人押运送至使用地点，剩余的汽油、煤油必须运回地面，严禁在井下存放。选 C。
37. 《煤矿安全规程》第二百五十五条规定，井下使用的汽油、煤油、润滑油、棉纱、布头和纸等，必须存放在盖严的铁桶内。选 C。
38. 《煤矿安全规程》第二百四十六条规定，木料场距离矸石山不得小于 50 m。选 C。
39. 据统计，煤矿瓦斯、煤尘爆炸事故中，遇难者绝大多数是因产生的 CO 中毒导致的。选 C。

40.《煤矿安全规程》第三百五十八条规定，无封泥、封泥不足或者不实的炮眼，严禁爆破；严禁裸露爆破。选 A。

41.《煤矿安全规程》第三百五十一条规定，在有瓦斯或者煤尘爆炸危险的采掘工作面，应当采用毫秒爆破。选 A。

42.《煤矿安全规程》第三百五十一条规定，严禁在 1 个采煤工作面使用 2 台发爆器同时进行爆破。选 C。

43.《煤矿安全规程》第三百二十六条规定，在有煤尘爆炸危险的煤层中，掘进工作面爆破前后，附近 20 m 的巷道内必须洒水降尘。选 C。

44.《煤矿安全规程》第三百五十八条规定，无封泥、封泥不足或者不实的炮眼，严禁爆破。选 C。

45. 湿毛巾能有效地吸收和过滤掉炮烟中的有毒有害气体，如一氧化碳、二氧化氮等。自救器是一种紧急逃生装置，通常需要在特定的条件下才能使用。选 B。

46.《煤矿安全规程》第一百五十条规定，采、掘工作面应当实行独立通风，严禁 2 个采煤工作面之间串联通风。开采有瓦斯喷出、有突出危险的煤层或者在距离突出煤层垂距小于 10 m 的区域掘进施工时，严禁任何 2 个工作面之间串联通风。选 A。

47.《煤矿安全规程》第四百五十六条规定，井下机电硐室必须装设向外开的防火铁门。选 B。

48.《煤矿机电硐室安全管理》规定，带油的电气设备必须设在机电硐室内。严禁设集油坑。如果溢油或漏油时，必须立即处理。选 C。

49.《煤矿安全规程》第四百七十一条规定，矿井完好的矿灯总数，至少应当比经常用灯的总人数多 10%。选 B。

50. 对停止呼吸的患者，施救越及时，生还的概率越大，因此应先进行人工呼吸，待恢复自主呼吸后再转送医院。选 A。

51. 先骨折固定是为了防止骨折的部位移位，对周围的组织造成损伤。同时减少骨折部位的疼痛，防止感染的作用。选 A。

52. 一般来说，煤层埋藏深度增加，煤层吸附瓦斯的能力加大，瓦斯放散越困难，煤层的瓦斯含量和瓦斯压力增加。选 A。

53. 地下水活跃的矿区，通常煤层的瓦斯含量较小。表现在 3 个方面：一是长期的地下水活动，带走了部分溶解的瓦斯；二是地下水渗透的通道，同样可以成为瓦斯渗透的通道；三是地下水带走了溶解的矿物，使围岩及煤层卸压，透气性增大，造成了瓦斯的流失。选 B。

54. 空气中的成分主要是：氮气（N_2）约占 78%，氧（O_2）约占 20.96%，稀有气体约占 0.939%，二氧化碳（CO_2）约占 0.031%。选 B。

55. 矿井的气候条件是指井下空气的温度、湿度、风速三者的综合作用状态。选 A。

56.《煤矿安全规程》第一百三十六条规定，采煤工作面、掘进中的煤巷和半煤岩巷允许最低风速为 0.25 m/s，最高风速为 4 m/s。选 B。

57.《煤矿安全规程》第一百五十条规定，采、掘工作面应当实行独立通风。布置独立通风有困难时，在制定措施后，可采用串联通风，但串联通风的次数不得超过 1 次。选 A。

58.《煤矿安全规程》第一百六十八条规定，采用扩散通风的硐室，其深度不得超过 6 m、入口宽度不得小于 1.5 m，并且无瓦斯涌出。选 A。

59.《煤矿安全规程》第一百三十八条规定，矿井需要的风量应当按井下同时工作的最多人数计算，每人每分钟供给风量不得少于 4 m^3。选 B。

60.《煤矿安全规程》第一百六十四条规定，压入式局部通风机和启动装置安装在进风巷道中，距掘进巷道回风口不得小于 10 m。选 A。

61. 在其他条件相同的情况下，煤的变质程度越高，生成的气体量就越大，煤的微孔隙就越多，总的表面积就越大，吸附瓦斯的量就越大，含瓦斯能力就越强，瓦斯含量就大。选 A。

62. 心脏骤停几分钟内就可致命，因此在井下发现伤员心脏突然停止跳动时，应先进行心脏复苏，待心脏恢复跳动，再送往医院进行综合治疗。选 A。

63. 在井下有出血伤员时，应“三先三后”原则，先进行止血，再送往医院。选 A。

64. 当地面大气压力下降时,瓦斯积存区的气体压力将高于风流中的压力,瓦斯就会更多地涌入风流中,使矿井的瓦斯涌出量增大;反之,矿井的瓦斯涌出量将减少。选 C。
65. 采煤机械化程度越高,对煤体的破碎程度越大,瓦斯被快速释放出来,从而增加了工作面瓦斯涌出量。选 B。
66. 在相同的地质条件下,随着机械化程度的提高,产煤量不断增长,在切割、破碎、运输、转载及装运过程中产尘量也会相应增大。选 A。
67. 当煤层干燥时,煤体的内聚力减弱,使得煤块容易被采掘机械破碎成更小的颗粒。同时,干燥的煤层中的水分含量较低,无法有效地起到润滑作用,导致采掘机械在破碎煤块时更容易产生煤尘。选 A。
68. 煤尘爆炸的引燃温度变化范围较大,温度越高,越容易引爆煤尘,煤尘爆炸的初始强度也越大。选 A。
69. 《煤矿安全规程》第八十八条规定,井下每一个水平到上一个水平和各个采(盘)区都必须至少有 2 个便于行人的安全出口,并与通达地面的安全出口相连。选 B。
70. 《煤矿安全规程》第一百六十四条规定,压入式局部通风机和启动装置安装在进风巷道中,距掘进巷道回风口不得小于 10 m。选 C。
71. 全风压通风,是指利用矿井主要通风机产生的风压对掘进巷道进行通风,常见形式有风障导风法和双巷平行掘进法。选 A。
72. 《煤矿安全规程》第一百六十四条规定,压入式局部通风机和启动装置安装在进风巷道中,距掘进巷道回风口不得小于 10 m;全风压供给该处的风量必须大于局部通风机的吸入风量。选 A。
73. 按采煤工作面计划所需风量的 0.5 倍分配备用工作面的风量,可以确保井下作业人员每人每分钟供给风量不少于 4 m^3/min。选 B。
74. 通风网络中并联风路各分支都有独立的新鲜风流,可以按需要进行调节,采用并联网路可明显降低矿井的通风阻力,优于串联风路。选 A。
75. 通风网络中并联风路各分支都有独立的新鲜风流,可以按需要进行调节,采用并联网路可明显降低矿井的通风阻力。因此,并联风路在安全、经济上优于角联风路。选 B。
76. 风桥的作用是把同一水平相交的进风巷道和回风巷道的风流隔开,以免掺混,影响矿井通风质量和安全生产。选 C。
77. 井下每组风门至少设置 2 道,目的是防止人员和车辆通过时风门开启造成风流短路。2 道风门的间距要大于通过车辆的长度,车辆在通过风门时不会对风门产生过大的压力,从而减少风门的损坏。选 A。
78. 厚煤层分层开采时,第一分层的瓦斯涌出量大,这是由于采动影响,其他分层中的瓦斯也会沿裂隙渗出的缘故。显然,在其他各分层开采时,其瓦斯涌出量会显著地减少。选 B。
79. **此题易错**,采空区的瓦斯涌出量与采煤工作面的采出率是成反比。是因为提高了采煤工作面的回采率,使留在采空区的煤炭减少,采空区的瓦斯涌出量也就会变小。选 C。
80. 从煤层暴露面和采落煤炭内涌出的瓦斯量,都随着时间的延长而迅速下降,所以同一工作面内,落煤工序的瓦斯涌出量总是大于其他工序时的瓦斯涌出量。选 C。
81. 抽出式通风的矿井,瓦斯涌出量随着矿井通风压力(负压)的提高而增大,压入式通风的矿井,瓦斯涌出量随着矿井通风压力(正压)的降低而增加。选 A。
82. 空气中混入惰性气体,可使氧浓度减少,缩小瓦斯爆炸界限,即上限降低,下限升高。选 B。
83. 瓦斯爆炸所需的引火温度与含有瓦斯的混合气体压力成反比,是因为高压使得瓦斯分子之间的距离缩小,碰撞频率增加,能量传递更加容易,增加了瓦斯分子与氧气分子碰撞并引发爆炸的机会。选 B。
84. 煤矿井下造成瓦斯积聚的原因很多,但通风系统不合理和局部通风管理不善是主要原因。选 C。
85. 《煤矿安全规程》第一百五十三条规定,采煤工作面必须采用矿井全风压通风,禁止采用局部通风机稀释瓦斯。选 C。
86. 一通三防指的是对煤矿安全生产中的矿井通风、防治瓦斯、防治煤尘、防火灭火的技术管理工作的简称。可知选 B。
87. **此题易错**,《煤矿安全规程》第一百七十六条规定,在排放瓦斯过程中,排出的瓦斯与全风压风流混合处的甲烷和二氧化碳浓度均不得超过 1.5%。选 D。

88. 巷道瓦斯浓度超过1%，不超过3%时，由通风部门值班领导制定措施，可由瓦斯检查工按措施要求排放。选C。
89.《煤矿安全规程》第一百六十九条规定，具备下列条件之一的为高瓦斯矿井：① 矿井相对瓦斯涌出量大于10 m^3/t；② 矿井绝对瓦斯涌出量大于40m^3/min；③ 矿井任一掘进工作面绝对瓦斯涌出量大于3 m^3/min；④ 矿井任一采煤工作面绝对瓦斯涌出量大于5 m^3/min。选B。
90. 瓦斯检查工岗位作业操作标准要求，无支架或用锚喷、砌碹支护的巷道，距巷道顶、底、帮各200 mm的巷道空间内的风流。选C。
91. 回拆上隅角支架时，如果甲烷浓度达到1.5%仍继续作业，会因为甲烷浓度过高，引发瓦斯爆炸等安全事故。选B。
92.《煤矿安全规程》第一百八十条规定，突出煤层、有瓦斯喷出危险或者瓦斯涌出较大、变化异常的采掘工作面，必须有专人经常检查。选A。
93. 盲巷内不通风，导致氧气浓度降低，有毒有害气体增加，因此进入盲巷内检查瓦斯和其他有害气体时要特别小心谨慎，当瓦斯浓度达到3%时应立即停止前进。选C。
94.《煤矿安全规程》第一百七十三条规定，采掘工作面及其他作业地点风流中甲烷浓度达到1.0%时，必须停止用电钻打眼。选A。
95.《煤矿安全规程》第一百七十二条规定，采区回风巷、采掘工作面回风巷风流中甲烷浓度超过1.0%或者二氧化碳浓度超过1.5%时，必须停止工作，撤出人员，采取措施，进行处理。选B。
96. **此题易错**，《煤矿安全规程》第一百七十三条规定，采掘工作面及其他巷道内，体积大于0.5 m^3 的空间内积聚的甲烷浓度达到2.0%时，附近20 m内必须停止工作，撤出人员，切断电源，进行处理。选C。
97. **此题易错**，《煤矿安全规程》第一百三十五条规定，采掘工作面的进风流中，氧气浓度不低于20%，二氧化碳浓度不超过0.5%。选B。
98. **此题易错**，为了预防瓦斯爆炸等安全事故的发生，采掘工作面上隅角瓦斯浓度达1.5%时，必须停止工作，切断电源、采取措施进行处理。选B。
99. 停风盲巷必须定期检查，已密闭处理的盲巷，每天至少检查1次密闭的质量情况及密闭至巷道口这一段巷道内的瓦斯、二氧化碳浓度。选B。
100. **此题易错**，采煤工作面上隅角采用风筒导引瓦斯时，风筒内的瓦斯浓度应不超过3.0%。选D。
101. 爆破作业应执行"一炮三检"制度，即在采掘工作面装药前、爆破前和爆破后必须检查瓦斯浓度。采掘工作面装药前、爆破前和爆破后爆破工、班组长和瓦斯检查员都必须在现场。选D。
102.《煤矿安全规程》第二百二十二条规定，爆破后，进入工作面检查的时间应当在措施中明确规定，但不得小于30 min。选D。
103.《瓦斯检查安全操作规程》规定，检查采煤机前后20 m内，距煤壁300 mm、顶板20 mm内风流中甲烷浓度达1.5%时，应停止采煤机工作，切断工作面电源，立即进行处理。选D。
104. **此题易错**，采煤工作面甲烷传感器应设置在回风巷距工作面煤壁5～10 m处，其报警浓度≥1%，断电浓度≥1.5%，复电浓度<1%。选B。
105. 在同一断面测风次数不少于3次，每次测量结果的误差不应超过5%，然后取3次的平均值。选C。
106.《煤矿通风能力核定标准》(AQ 1056—2008)规定，掘进工作面按炸药量配备风量时，每千克炸药应至少配备风量25 m^3/min。选D。
107.《煤矿安全规程》第二百零一条规定，突出煤层工作面的作业人员、瓦斯检查工、班组长应当掌握突出预兆。发现突出预兆时，必须立即停止作业，按避灾路线撤出，并报告矿调度室。选D。
108.《煤矿安全规程》第一百四十三条规定，贯通巷道必须遵守：只有在2个工作面及其回风流中的甲烷浓度都在1.0%以下时，掘进的工作面方可爆破。选B。
109. 热导式瓦斯测定器是用电测方法测定瓦斯浓度的便携式仪表的。选C。
110.《煤矿安全规程》第一百六十三条规定，掘进巷道如果采用混合式，必须制定安全措施。在两台通风机附近检测瓦斯浓度，目的是防止出现循环风。选D。
111. 在火区、密闭区等严重缺氧地点，应当用化学分析的方法而不准使用光学瓦斯检定器测定瓦斯浓度。

因为这些地点气体成分变化大，用光学瓦斯测定器测定瓦斯时，测定结果会比实际浓度偏大很多。选 B。

112.《煤矿安全规程》第四百八十七条规定，所有矿井必须装备安全监控系统、人员位置监测系统和有线调度通信系统。选 D。

113. **此题易错**，采煤工作面采用下行通风，机电设备设在回风巷时，回风流中甲烷浓度不得超过 1%。选 B。

114.《煤矿安全规程》第一百三十六条规定，采煤工作面、掘进中的煤巷和半煤岩巷，允许最低风速为 0.25 m/s，最高为 4 m/s。选 C。

115.《煤矿安全规程》第四百九十八条规定，突出矿井的采煤工作面，甲烷传感器（便携仪）的报警、断电、复电浓度分别为≥1.0%；≥1.5%；<1.0%。选 C。

116. 矿井隔断风流设施包括防爆门（盖）、密闭（挡风墙）、风门。引导风流设施包括风硐、风桥、风窗、风障、风筒。选 C。

117. 瓦斯监测装置要优先选用本质安全型电气设备，可以有效防止瓦斯爆炸事故的发生。选 C。

118.《煤矿安全规程》第四百九十八条规定，采用串联通风的被串采煤工作面进风巷安设甲烷传感器，断电范围是被串采煤工作面及其进、回风巷内全部非本质安全型电气设备。选 C。

119.《煤矿安全规程》第二百七十四条规定，采煤工作面回采结束后，必须在 45 天内进行永久性封闭，每周至少 1 次抽取封闭采空区内气样进行分析，并建立台账。选 D。

120.《矿井瓦斯抽放管理规范》对瓦斯抽放率的指标规定，邻近层泄压抽放时，矿井抽放率不小于 35%，回采工作抽放率不小于 45%。选 C。

121.《煤矿安全规程》第一百四十条规定，矿井必须建立测风制度，每 10 天至少进行 1 次全面测风。选 B。

122. CH_4 折射率大于 H_2S，使用光学瓦斯测定器检测瓦斯时，H_2S 对 CH_4 产生正干扰，导致瓦斯测定结果偏高。选 B。

123.《煤矿安全规程》第一百六十三条规定，掘进巷道必须采用矿井全风压通风或者局部通风机通风。选 C。

124. 处理瞎炮（拒爆）时，应当在距拒爆炮眼 0.3 m 以外另打与拒爆炮眼平行的新炮眼，重新装药起爆。选 C。

125. 如果采空区瓦斯抽放负压过大，会导致采空区漏风增大，进而使得采空区内的残煤更容易自燃。因此，控制抽放负压可以降低采空区内的漏风量，减少残煤自燃的可能性，从而防止采空区自然发火。选 B。

126. **此题易错**，《煤矿安全规程》第一百三十六条规定，无瓦斯涌出的架线电机车巷道中的最低风速可低于表 5 的规定值 1.0 m/s，但不得低 0.5 m/s。选 B。

127. 减少掘进巷道瓦斯涌出的主要方法有加大工作面风量、掘前预抽瓦斯、工作面迎头打排放瓦斯钻孔、煤体注水。封堵裂隙可以减少瓦斯泄漏通道，从而降低瓦斯涌出量。选 D。

128. **此题易错**，新版《煤矿安全规程》已删除。选 C。

129. 使用光学瓦斯测定器检测瓦斯时，如果空气中含有 CO，CO 的折射率大于 CH_4，对 CH_4 产生正干扰，导致瓦斯测定结果偏高。选 A。

130. 采煤工作面风流的划定：是以距煤壁顶、底两帮各 200 mm 和以采空区切顶红为界的采煤工作空间的风流。选 A。

131.《煤矿安全规程》第一百七十六条规定，局部通风机因故停止运转，在恢复通风前，必须首先检查瓦斯，只有停风区中最高甲烷浓度不超过 1.0%和最高二氧化碳浓度不超过 1.5%，且局部通风机及其开关附近 10 m 以内风流中的甲烷浓度都不超过 0.5%时，方可人工开启局部通风机，恢复正常通风。选 A。

132.《煤矿安全规程》第一百七十六条规定，局部通风机因故停止运转，在恢复通风前，必须首先检查瓦斯。选 D。

133.《煤矿安全规程》第三百二十三条规定，钻探接近老空时，应当安排专职瓦斯检查工或者矿山救护队员在现场值班，随时检查空气成分。选 D。

134. 煤炭自燃的征兆有：① 出现雾气或巷壁挂汗。② 风流中出现火灾气味，如煤油味、松香味、臭味等。

③ 从煤炭自燃的地点流出的水和空气较正常的温度高。选 C。

135. 瓦斯爆炸界限为 5%～16%。当瓦斯浓度为 9.5%时,氧气和瓦斯完全反应,其爆炸威力最大。选 B。

136.《煤矿安全规程》第一百六十九条规定,同时满足下列条件的为低瓦斯矿井:① 矿井相对瓦斯涌出量不大于 10 m^3/t;② 矿井绝对瓦斯涌出量不大于 40 m^3/min;③ 矿井任一掘进工作面绝对瓦斯涌出量不大于 3 m^3/min;④ 矿井任一采煤工作面绝对瓦斯涌出量不大于 5 m^3/min。选 D。

137. 单巷掘进工作面采用压入式通风时,回风流测点的位置应在回风流中,一般距风筒出风口 10 m 外风流汇合稳定处。测取的最大值作为测定结果和处理依据。选 A。

138. 瓦斯对空气的相对密度是 0.554,比空气轻,常积聚在巷道的上部及高顶处。而倾角较大的上山盲巷,容易积聚瓦斯,因此应重点检查。选 A。

139. 二氧化碳的密度比空气密度大,易积聚在巷道的下部。倾角较大的下山盲巷,容易沉积二氧化碳气体,因此应重点检查。选 B。

140.《煤矿安全规程》第一百七十三条规定,采掘工作面爆破地点附近 20 m 以内风流中甲烷浓度达到 1.0%时,严禁爆破。采煤工作面 20 m 范围是指上、下风流端各 20 m。选 D。

141. 瓦斯检查工岗位职责可知,在掘进工作面检查瓦斯过程中,要同时检查空气温度,空气温度测点应在工作面距迎头 2 m 处。选 A。

142. 瓦斯检查员现场交接班制度可知,采煤工作面在回风巷入口的新鲜风流处交接班,掘进工作面在局部通风机处交接班。选 A。

143.《煤矿安全规程》第一百八十条规定,对于未进行作业的采掘工作面,可能涌出或者积聚甲烷、二氧化碳的硐室和巷道,应当每班至少检查 1 次甲烷、二氧化碳浓度。选 A。

144.《煤矿安全规程》第一百七十三条规定,对因甲烷浓度超过规定被切断电源的电气设备,必须在甲烷浓度降到 1.0%以下时,方可通电开动。选 B。

145. 新版《煤矿安全规程》已删除。选 A。

146.《煤矿安全规程》第一百七十六条规定,局部通风机因故停止运转,在恢复通风前,必须首先检查瓦斯,只有停风区中最高甲烷浓度不超过 1.0%和最高二氧化碳浓度不超过 1.5%,且局部通风机及其开关附近 10 m 以内风流中的甲烷浓度都不超过 0.5%时,方可人工开启局部通风机,恢复正常通风。选 A。

147.《煤矿安全规程》第一百四十三条规定,停掘的工作面必须保持正常通风,设置栅栏及警标,每班必须检查风筒的完好状况和工作面及其回风流中的瓦斯浓度。选 B。

148. 光学甲烷检测仪由于其工作原理的限制,不能连续自动测定甲烷浓度。而热效式、热导式和半导体气敏元件类型的甲烷检测仪则能够进行连续自动的甲烷浓度测定。选 D。

149.《煤矿安全规程》第四百九十九条规定,突出矿井采煤工作面进风巷必须设置甲烷传感器。对于低瓦斯矿井,规定和实际情况,进风风流中不设置甲烷传感器也是可行的。选 B。

150.《煤矿安全规程》第一百七十一条规定,矿井总回风巷或者一翼回风巷中甲烷或者二氧化碳浓度超过 0.75%时,必须立即查明原因,进行处理。选 B。

151. 光学瓦斯检定器二氧化碳吸收管内装颗粒直径为 2～5 mm 的钠石灰,用于吸收混合气体中的二氧化碳,使之不能进入瓦斯室,以便准确地测定瓦斯浓度。选 A。

152. 光学瓦斯检定器辅助吸管内装颗粒活性炭,可消除硫化氢的影响,装有 40%氧化铜和 60%二氧化锰的混合物,可消除一氧化碳的影响。选 D。

153.《煤矿安全规程》第四百九十八条规定,突出矿井采煤工作面进风巷的烷传感器的报警浓度为≥0.5%。选 A。

154. 瓦斯检查工在进入待测地点前,应在待测地点较近的地点,温度压力相差不大的新鲜空气中进行对零工作,目的是保证瓦斯检查数值的准确性。选 C。

155.《防治煤与瓦斯突出细则》第一百一十八条规定,在突出煤层的井巷揭煤、煤巷和半煤岩巷掘进工作面进风侧,必须设置至少 2 道牢固可靠的反向风门。风门之间的距离不得小于 4 m。选 B。

156. 风窗允许风流通过并调节风量大小。风桥主要作用是把同一水平相交的一条进风巷道和一条回风巷道风流隔开。密闭不允许风流、人、车通过。选 C。

157. 抽采采空区瓦斯时，抽采管路应当安设一氧化碳、甲烷、温度传感器，实现实时监测监控。发现有自然发火征兆时，应当立即停止抽采，采取措施处理。选 A。

158. 采煤工作面回风巷风流中的瓦斯或二氧化碳测定，应在距煤壁线 10 m 以外的回风流中测定，并取其中最大值为测定结果和处理标准。选 B。

159. 在排放独头巷道瓦斯时，如果排出风流与全风压风流混合处的瓦斯浓度或二氧化碳浓度超过 1.5%，应减小供风量，确保独头巷道中排出的瓦斯和二氧化碳浓度在全风压风流混合处不超限。选 B。

160. 检查光学瓦斯检定器的光路系统时，查看干涉条纹是否清晰，如果不清晰，可以取下光源盏，拧松灯泡后盖，调整灯泡后端小柄，同时观察目镜内条纹，直到条纹清晰为止。选 B。

161.《煤矿安全规程》第一百八十条规定，井下停风地点栅栏外风流中的甲烷浓度每天至少检查 1 次，密闭外的甲烷浓度每周至少检查 1 次。选 A。

162.《煤矿安全规程》第一百八十条规定，采煤工作面、掘进中的煤巷和半煤岩巷，允许最低风速为 0.25 m/s，最高风速为 4 m/s。选 A。

163. 并联网路的总风压等于各分支的风压，总风量等于各分支风量之和。串联网路的总风量等于各分支风量。选 B。

164.《煤矿安全规程》第一百六十三条规定，瓦斯喷出区域和突出煤层采用局部通风机通风时，必须采用压入式。选 A。

多选题答案与解析

1. BCD	2. BCD	3. ABD	4. ABCDE	5. BCD	6. ABD	7. ABC
8. ABCDE	9. ACD	10. ACDE	11. ACD	12. ACD	13. AC	14. AB
15. BCD	16. AC	17. ABCD	18. ABD	19. ABCD	20. ABCD	21. ABC
22. ABCD	23. AB	24. ACD	25. ABC	26. BCD	27. ABDE	28. BCD
29. ABC	30. ABCDE	31. ABC	32. BC	33. AC	34. ABC	35. BC
36. ABCDE	37. CD	38. ABCD	39. ABCD	40. ABCDEFGH	41. ABCD	42. ABCD
43. ABC	44. ABC	45. ABC	46. ABCDE	47. ABCD	48. ABCDE	49. ABCE
50. ABCD	51. ABCDE	52. ABCD	53. AC	54. ABC	55. ABCDE	56. ABCDE
57. ABCDE	58. BCDE	59. BCD	60. ABCD	61. AC	62. ABCE	63. ABCDE
64. ABCDE	65. CD	66. AC	67. BC	68. ACD	69. AB	70. ABCD
71. ABD	72. CD	73. ABD	74. ABCD	75. ABCD	76. ABC	77. ABCD
78. ABC	79. AC	80. ABD	81. ABC	82. BCD	83. ABC	84. BC
85. ABC	86. BD	87. BC	88. ABD	89. ABD	90. ABCD	

1. **此题易错**。煤矿常用的瓦斯泵有三种类型：① 水环式真空泵，适用于瓦斯抽采量较小、管路较长和需要抽采负压较高的矿井或区域。② 回转式瓦斯泵，适用于流量要求稳定而阻力变化大和负压较高的抽采瓦斯矿井。③ 离心式瓦斯泵，适用于瓦斯抽采量大、管道阻力不高的瓦斯抽采矿井。选 BCD。

2. 空气中混合有其他可燃性气体、爆炸性煤尘及较高的氧气浓度时，都会影响瓦斯爆炸的界限，使瓦斯爆炸的浓度下限下降。选 BCD。

3. **此题易错**。空气中混有 CO、H_2S、H_2 等可燃性气体时，都会扩大瓦斯爆炸的浓度界限。当混有惰性气体（N_2、CO_2）时，则会减小瓦斯爆炸的浓度界限。选 ABD。

4. 影响矿井瓦斯涌出量的因素包括：煤层瓦斯含量，井下地质构造，顶底板压力，开采规模、开采工序、煤层厚度、倾角、地面大气压力、通风压力等。选 ABCDE。

5. **此题易错**。矿井瓦斯等级的划分，是为了采取不同的有针对性的技术、管理和装备措施，对矿井瓦斯进行有效的管理和事故预防，创造良好的井下作业环境。也是确定矿井的瓦斯管理制度、风量计算及机电气设备选用的主要依据。选 BCD。

6. 瓦斯爆炸的条件：① 瓦斯浓度在爆炸界限内（5%～16%）。② 混合气体中氧的浓度不低于 12%。③ 有足够能量的点火源。以上三个条件同时具备，缺一不可。选 ABD。

7. **此题易错**。专用排瓦斯巷道已被禁止使用。选 ABC。
8. **此题易错**。《煤矿安全规程》第一百八十一条规定，突出矿井必须建立地面永久抽采瓦斯系统。有下列情况之一的矿井，必须建立地面永久抽采瓦斯系统或者井下临时抽采瓦斯系统：(1) 任一采煤工作面的瓦斯涌出量大于 5 m^3/min 或者任一掘进工作面瓦斯涌出量大于 3 m^3/min，用通风方法解决瓦斯问题不合理的。(2) 矿井绝对瓦斯涌出量达到下列条件的：① 大于或者等于 40 m^3/min；② 年产量小于或者等于 0.4 Mt 的矿井，大于 15 m^3/min。选 ABCDE。
9. **此题易错**。为确保井下临时抽采瓦斯系统的安全、稳定运行，应做到以下几点：① 为防止处在正压管路中的瓦斯偶然泄露而引起瓦斯事故，临时抽采泵站应安设在新鲜风流中；② 为防止抽出瓦斯在回风流混合时，发生熏人或爆炸，在排放瓦斯管路出口必须设栅栏，挂警戒牌和安设甲烷传感器；③ 当排瓦斯巷道瓦斯超限时，应断电，并停止抽放瓦斯。选 ACD。
10. **此题易错**。《煤矿安全规程》第一百九十六条规定，突出煤层的采掘工作严禁采用水力采煤法、倒台阶采煤法或者其他非正规采煤法。预测或者认定为突出危险区的采掘工作面严禁使用风镐作业。选 ACDE。
11. **此题易错**。在煤变质程度高、煤层埋藏深度深、煤层倾角小的情况下，煤层中瓦斯不易释放，含量较高。而煤层有露头，有流通的地下水穿过煤层时，瓦斯含量相对较少。选 ACD。
12. **此题易错**。《煤矿安全规程》第一百九十六条规定，矿井相对瓦斯涌出量、矿井绝对瓦斯涌出量、工作面绝对瓦斯涌出量和瓦斯涌出形式，划分矿井瓦斯等级。选 ACD。
13. 《煤矿安全规程》第一百九十六条规定，同时满足下列条件的为低瓦斯矿井：① 矿井相对瓦斯涌出量不大于 10 m^3/t。② 矿井绝对瓦斯涌出量不大于 40 m^3/min。③ 矿井任一掘进工作面绝对瓦斯涌出量不大于 3 m^3/min；④ 矿井任一采煤工作面绝对瓦斯涌出量不大于 5 m^3/min。选 AC。
14. **此题易错**。煤层瓦斯含量的大小取决于多个因素，主要包括：成煤和变质过程中瓦斯生成量的多少、瓦斯能被保存下来的条件、地质构造、褶曲构造、煤层顶底板岩特征等。D 项开采强度影响的是瓦斯涌出量。选 AB。
15. 瓦斯爆炸的主要危害是高温高压，冲击波和大量的有毒有害气体(如 CO)。选 BCD。
16. **此题易错**。区域防突措施主要包括开采保护层和预抽煤层瓦斯。BD 项属于局部防突措施。选 AC。
17. 《煤矿安全规程》的规定，开采突出煤层时，必须采取突出危险性预测，防治突出措施、防治突出措施的效果检验、安全防护措施的综合防治突出措施。选 ABCD。
18. **此题易错**。装备矿井安全监控系统的机械化采煤工作面经采取必要措施后，并符合工作面的风流控制必须可靠，必须保持通风巷的设计断面、必须配有专职瓦斯检查工的要求，回风巷风流中瓦斯最高允许浓度为 1.5%。选 ABD。
19. 矿井必须从设计和采掘生产管理上采取措施、防止瓦斯积聚，当发生积聚时，必须及时处理，矿井必须有因停电和检修主要通风机停止运转或者通风系统遭到破坏以后恢复通风，排除瓦斯和送电的安全措施，按主要通风机停止运转的应急预案和排放瓦斯的安全措施进行操作。选 ABCD。
20. 《煤矿安全规程》第四百八十八条规定，编制采区设计，采掘作业规程时，必须对安全监控设备的种类、数量和位置，电源电缆的敷设，信号电缆的敷设，控制区域做出明确规定，并绘制安全监控布置图。选 ABCD。
21. **此题易错**。《煤矿安全规程》第四百九十九条规定，煤巷、半煤岩巷和有瓦斯涌出的岩巷掘进工作面及其回风流中，高瓦斯和突出矿井的掘进巷道长度大于 1000 m 时掘进巷道中部，必须设置甲烷传感器。选 ABC。
22. 在排放瓦斯工作中，必须绘制有关通风系统图和供电系统图，图中标明排放瓦斯风流流经的线路、方向、电气设备、通讯电话、甲烷传感器、通风设施的位置，做到文图齐全。选 ABCD。
23. 凡是可能受排放瓦斯风流影响的硐室，巷道和被排放瓦斯风流切断安全出口的所有采掘工作面，在排放瓦斯时，必须停电撤人，停止作业，指定警戒人员，禁止其他人员进入。选 AB。
24. 排放瓦斯应做好相关安全工作的落实与监督，包括在排完瓦斯后，指定专人检查瓦斯、供电系统、电气设备完好，在恢复通风的巷道风流中瓦斯浓度不超过 1% 和 CO_2 浓度不超过 1.5% 时，方准指定专人恢复供电。选 ACD。

25. **此题易错**。《煤矿安全规程》第一百七十八条规定，有瓦斯或者二氧化碳喷出的煤(岩)层，开采前必须采取下列措施：① 打前探钻孔或者抽排钻孔。② 加大喷出危险区域的风量。③ 将喷出的瓦斯或者二氧化碳直接引入回风巷或者抽采瓦斯管路。选 ABC。

26. **此题易错**。《煤矿安全规程》第一百八十二条规定，干式抽采瓦斯泵吸气侧管路系统中，必须装设有防回火、防回流和防爆炸作用的安全装置，并定期检查。选 BCD。

27. **此题易错**。《煤矿安全规程》第一百八十条规定，所有采掘工作面、硐室、使用中的机电设备的设置地点、有人员作业的地点都应当纳入检查范围。选 ABDE。

28. 《煤矿安全规程》第一百八十条规定，突出煤层、有瓦斯喷出危险或者瓦斯涌出较大、变化异常的采掘工作面，必须有专人经常检查。选 BCD。

29. 瓦斯检查工必须执行瓦斯巡回检查制度和请示报告制度，并认真填写瓦斯检查班报，每次检查结果必须记入瓦斯检查班报，瓦斯检查手册和检查地点记录牌上，并通知现场工作人员。选 ABC。

30. 排放瓦斯是消除隐患的安全措施，排放瓦斯工作的关键是严格控制排放瓦斯的措施，正确选择排放路线和方向，严格控制排放浓度，对排放瓦斯所流经巷道内的电气设备设置断电、警戒，排放完后对瓦斯、供电系统和电气设备的完好性检查，及明确停电撤人范围等相关工作的落实。选 ABCDE。

31. 排放瓦斯必须有可靠的安全技术措施，首先要控制排放瓦斯方法，严禁“一风吹”，确保排放风流和全风压风流混合出的瓦斯浓度不超过 1.5%，其次要计算出排放时最大供风量，最大排放量，最短排放时间，确定停电撤人范围等工作。选 ABC。

32. **此题易错**。《煤矿安全规程》第四百九十九条规定，煤巷、半煤岩巷和有瓦斯涌出的岩巷掘进工作面及其回风流中，高瓦斯和突出矿井的掘进巷道长度大于 1000 m 时掘进巷道中部，必须设置甲烷传感器。选 BC。

33. **此题易错**。《煤矿安全规程》第四百九十九条规定，使用架线电机车的主要运输巷道内装煤点处，有瓦斯涌出的岩巷掘进工作面及其回风流中必须设置甲烷传感器。选 AC。

34. 《煤矿安全规程》第五百零三条规定，每一个采区、一翼回风巷及总回风巷的测风站应当设置风速传感器，主要通风机的风硐应当设置压力传感器。选 ABC。

35. 《煤矿安全规程》第五百零三条规定，使用防爆柴油动力装置的矿井及开采容易自燃、自燃煤层的矿井，应当设置一氧化碳传感器和温度传感器。选 BC。

36. 为使通风与瓦斯管理工作能够得到正常开展，杜绝瓦斯事故的发生，矿井应《规程》的规定，结合本矿的瓦斯等级及灾害情况，建立健全瓦斯管理制度，包括：瓦斯巡回检查制度、请示制度、现场交接制度、盲巷管理制度、排放瓦斯制度、专用排放瓦斯巷道管理制度等。选 ABCDE。

37. 《煤矿安全规程》第一百六十八条规定，采用扩散通风的硐室，其深度不得超过 6 m、入口宽度不得小于 1.5 m，并且无瓦斯涌出。选 CD。如果机电硐室中有瓦斯涌出，即使硐室深度和入口宽度都满足要求，也不得采用扩散通风。

38. 瓦斯是一种无色、无味、无臭、无毒、可以燃烧和爆炸的气体。瓦斯的扩散性很强，扩散速度是空气的 1.34 倍。瓦斯浓度较高时会降低空气中的氧气浓度，使人窒息。选 ABCD。

39. 按照瓦斯涌出地点和分布状况，瓦斯涌出来源可分为以下 4 种：① 煤岩壁瓦斯涌出，即：从采掘工作面及巷道周围的煤岩壁中涌出的瓦斯；② 采落煤炭瓦斯涌出，即：采掘工作面进行采煤和掘进时从落煤中涌出的瓦斯；③ 采空区瓦斯涌出，即：从采空区的顶、底板和浮煤中涌出的瓦斯；④ 邻近煤层瓦斯涌出，即从顶、底板邻近煤层煤体中涌出的瓦斯。选 ABCD。

40. 矿井瓦斯涌出量并不是固定不变的，它随自然条件和开采技术条件的变化而变化。影响瓦斯涌出量的因素有：① 煤层瓦斯含量；② 地面大气压力的变化； ③ 开采规模； ④ 开采程序；⑤ 采煤方法与顶板管理；⑥ 生产工序；⑦ 通风压力；⑧ 采空区管理。选 ABCDEFGH。

41. 瓦斯积聚是瓦斯爆炸的主要因素之一，防止瓦斯积聚的措施有：① 加强通风，将瓦斯稀释并排出到井外；② 严格瓦斯管理，加强瓦斯检查；③ 及时处理局部瓦斯积聚；④ 抽采瓦斯，降低瓦斯浓度和压力。选 ABCD。

42. 防止瓦斯被引燃的主要措施有：防止明火，防止电火花，防止爆破火焰，防止摩擦火花，防止冲击火花，防止高温热源等。选 ABCD。

43. 当掘进工作面发生顶板冒落产生空洞后，极易导致瓦斯积聚，必须及时处理，处理的方法有：① 导风板引风法；② 充填置换法；③ 风筒分支排放法；④ 压风管排除法。选 ABC。

44. 矿井瓦斯检的查"三对口"，是指瓦斯检查工在检查工作中，必须做到井下检查地点的记录板、随身携带的检查手册和地面的瓦斯台账三者填记的有关情况和数据要完全一致，不能出现矛盾、不符或遗漏。选 ABC。

45. 掘**此题易错**。进工作面瓦斯积聚的原因有很多，主要包括：① 局部通风管理不善，随意停开，或因通风机产生故障停止运转，或无计划停电，都会造成工作面停风，引起瓦斯积聚；② 不按规定检查瓦斯或瓦斯检查工脱岗，造成瓦斯积聚；③ 遇地质条件变化，瓦斯大量异常涌出，造成瓦斯积聚；④ 巷道布置不合理，通风系统不稳定，导致风流紊乱，引起瓦斯积聚。选 ABC。

46. 每月矿井生产部署的工作安排，由通风部门按照《煤矿安全规程》规定的要求编制矿井瓦斯检查计划图表，其内容应包括：瓦斯检查地点、检查次数、巡回检查路线、巡回检查时间、检查、监督人员的安排等。检查计划图表报矿总工程师批准后实施。选 ABCDE。

47.《煤矿安全规程》第一百八十条规定，矿长、矿总工程师、爆破工、采掘区队长、通风区队长、工程技术人员、班长、流动电钳工等下井时，必须携带便携式甲烷检测报警仪。瓦斯检查工必须携带便携式光学甲烷检测仪和便携式甲烷检测报警仪。安全监测工必须携带便携式甲烷检测报警仪。选 ABCD。

48. "三对口"主要内容包括：检查地点和检查人姓名；检查日期、班次及每次检查的具体时间；检查结果，瓦斯浓度、二氧化碳浓度和空气温度以及《煤矿安全规程》和公司、矿规定要求检查的内容。选 ABCDE。

49. 排放瓦斯一项从技术上、操作上、管理上都非常严谨的工作，必须制定排放瓦斯的安全措施，明确排放瓦斯的负责人和参加人员及各自负担的责任。在无批准的措施、未贯彻措施、无瓦斯检查工和无排放现场负责人的情况下不得排放瓦斯。选 ABCE。

50. **此题易错**。由于盲巷内空气成分复杂，稍有不慎容易发生事故。所以在盲巷的管理上要做到现场牌板、台账、采掘工程图和通风系统图"四对号"。选 ABCD。

51. 因瓦斯检查工的职业特殊性及瓦斯检查工大多数是单独作业，所以瓦斯检查工必须具有一定的煤矿实践经验，掌握一定的通风、瓦斯防治知识和技能，并且要有专业技术水平高、身体健康、安全意识强、法制观念强、工作作风好等良好的工作素质。选 ABCDE。

52. 甲烷超限报警和断电，是避免瓦斯爆炸事故发生的有效措施。为及时发现甲烷超限，《煤矿安全规程》的规定，采煤工作面、煤及半煤岩巷掘进工作面、串联通风时，被串联工作面的进风流中、回风流中的机电硐室等地点必须设置甲烷自动检测报警断电装置。E 项进风大巷可以不用设置，选 ABCD。

53. 此事例的教训是：凡是配备专职瓦斯检查工的地点，都是容易发生瓦斯事故和出现各种隐患的地点。要求专职瓦斯检查工坚持执行规程规定，进行瓦斯检查等工作，杜绝空检、假检、漏检。要遵章守纪，不准随意离开工作现场。选 AC。

54. 在掘进中布置抽采瓦斯钻孔，采取边掘边抽的方法能减少掘进工作面的瓦斯涌出量；煤体注水时，水包围着采落的煤体，对其中的瓦斯逸散起阻碍作用，导致其瓦斯涌出量较小；封堵井巷周壁裂隙能有效减少瓦斯涌出量。单巷掘进的方法不能减少工作面的瓦斯涌出量。选 ABC。

55. 采煤工作面上隅角局部瓦斯积聚的一般处理方法有：风障引风排除法，风筒导风排除法、风压调节排除法、尾巷排除法和沿空留巷排除法等。选 ABCDE。

56. 为使排放瓦斯风流在同全风压风流混合后，其中的瓦斯浓度不超过 1.5%，现场采用的控制排放方法有：① 局部通风机直接排放法和增阻排放法。② 风筒接头调风排放法、风筒三通调风排放法、风障引风排除法。③ 逐段排放法：在独头巷道内将风筒断开，将独头巷道内积存的瓦斯由外间向里逐段排放出来。选 ABCDE。

57. 在排放瓦斯的过程中应注意以下事项：① 了解停电、停风时间及瓦斯积聚情况；② 了解局部通风机运行情况，定期检查局部通风机及其开关地点附近 10 m 以内风流中的甲烷浓度；③ 了解排放瓦斯时采取调节风量的条件，瓦斯风流与全风压风流混合后的瓦斯浓度不超过 1.5%；④ 掌握排放回风线路各区间的风量及瓦斯浓度；⑤ 回风线路各通道设岗，在回风汇合均匀处应设 2 个以上瓦斯检查点，以便控制排放浓度。选 ABCDE。

58. **此题易错**。光学甲烷检测仪在使用过程中，发生零点漂移的原因主要有：① 仪器空气室内的空气不新鲜，包括：仪器的空气室和盘形管不清洗或清洗周期过长，空气室和甲烷室互相串气等。② 甲烷室的气路存在问题，包括：水分吸收管或二氧化碳吸收管的药品颗粒过细、脱脂棉过厚或压得过紧，进气橡皮管受挤压或被堵塞造成气路不畅等。③ 对零地点与仪器使用地点空气温度或压力相差较大。选 BCDE。

59. 中速风表测量范围为 0.5～10 m/s，启动风速不大于 0.4 m/s。选 BCD。

60. **此题易错**。当采掘工作面发生瓦斯涌出异常，瓦斯超限，自燃或者突出预兆等情况时，瓦斯检查工有权责令相应地点停止工作并撤出所有人员。E 项应为 1.5%。选 ABCD。

61. 夏季大气压力较冬季低，气温高且昼夜温差小，易于瓦斯释放。如果矿井产量比较均衡，采掘工作面数量也没有大的变化，可将 7 月或 8 月作为矿井瓦斯等级鉴定月。选 AC。

62.《煤矿安全规程》第一百八十条规定，突出煤层、有瓦斯喷出危险或者瓦斯涌出较大、变化异常的采掘工作面，必须有专人经常检查。ABCE

63. 采煤工作面作业人员及生产设备较多，也是瓦斯涌出的主要来源，容易产生火花引爆瓦斯。二氧化碳浓度过高时会致人缺氧窒息。在采煤工作面进风流区域、采煤工作面区、采煤工作面回风流区域、工作面上隅角、下隅角必须有瓦斯检查工检查瓦斯和 CO_2 的浓度。ABCDE。

64. 掘进工作面是独头巷道，没有通风回路，容易出现瓦斯或 CO_2 积聚超限，造成事故。因此在掘进工作面进风流区域、局部通风机及开关前后 10 m 以内区域、机电设备处、掘进工作面回风流区域都必须对瓦斯和 CO_2 进行检查，防止超限。选 ABCDE。

65. **此题易错**。当井下空气中混有氮气、二氧化碳等惰性气体时，会导致空气中氧含量降低，使瓦斯爆炸浓度下限随之升高。选 CD。

66. **此题易错**。厚煤层分层开采，后开采的各分层的瓦斯涌出量，比第一分层开采时的瓦斯涌出量会显著减少。基本顶初次垮落期间瓦斯涌出量大。在同一采煤工作面，落煤时瓦斯涌出量往往大于其他工序。当风量突然增大时，矿井瓦斯涌出量会增大。选 AC。

67. **此题易错**。瓦斯爆炸必备的三个条件中，井下氧气浓度一般都是满足的，所以应该在防止瓦斯积聚和防止瓦斯引燃这两个方面采取措施，防止瓦斯爆炸。选 BC。

68. **此题易错**。① 煤的变质程度决定了成煤过程中伴生的气体量和煤的含瓦斯能力。② 煤层埋藏深度越深，瓦斯压力越大，保存瓦斯的条件就越好，煤层吸附瓦斯的能力就越大。③ 煤中水分增加，使围岩及煤层卸压，透气性增大，造成了瓦斯的流失。地下水活跃的矿区，通常煤层的瓦斯含量小。④ 开采顺序影响煤层瓦斯涌出量。选 ACD。

69. 瓦斯在煤层及围岩中的赋存状态有游离状态、吸附状态 2 种。吸附态的瓦斯转化为游离态的瓦斯，称为瓦斯解析。选 AB。

70. 排放瓦斯必须执行的原则：① 断电：受瓦斯排放影响范围内的所有电气设备，必须全部断电。② 撤人：受瓦斯排放影响范围内的所有人员必须全部撤出。③ 限量：瓦斯排放必须有限量措施，严禁一风吹。④ 警戒：指定警戒人员的位置，禁止其他人员进入。选 ABCD。

71. **此题易错**。瓦斯带的上界标志是：瓦斯压力为 0.15～0.2 MPa，甲烷含量大于 80%和相对瓦斯涌出量为 2～3 m^3/t。选 ABD。

72. **此题易错**。一般情况，开采规模越大，矿井的开采深度、开拓开采的范围以及矿井产量越大，其涌出量就越大；煤的变质程度越高，生成的气体量就越大，瓦斯含量就大。C 项如果开采煤层附近有瓦斯含量大的围岩或煤层，由于采动的影响，邻近层中的瓦斯就会沿采动裂隙涌入开采空间，有可能导致实际瓦斯涌出量大于开采煤层的瓦斯含量。D 项井下瓦斯爆炸威力最大的瓦斯浓度为 9.5%。选 CD。

73. 空气中混入爆炸性煤尘、可燃性气体时，会增加瓦斯的爆炸性，扩大瓦斯爆炸的浓度界限；混入惰性气体时，会缩小瓦斯爆炸的浓度界限，使瓦斯爆炸下限升高；瓦斯爆炸所需的引火温度与含有瓦斯的混合气体压力成反比，可知引火源的温度越高，瓦斯爆炸的感应期越短，会扩大瓦斯爆炸的浓度界限。

选 ABD。

74. 题中 ABCD 都可能产生电火花。

75. 题中 ABCD 都可能产生爆破火花。

76. **此题易错**。一般情况下，煤层的埋藏深度深，厚度大，倾角大，瓦斯含量大，瓦斯压力大，煤与瓦斯突出的危险性就愈大。煤的破坏类型越高，强度越小，煤与瓦斯突出的危险性就愈大。选 ABC。

77. **此题易错**。《煤矿安全规程》第四百九十九条规定，井下下列地点必须设置甲烷传感器：①井下临时瓦斯抽采泵站下风侧栅栏外；②瓦斯抽采泵输入、输出管路中；③地面瓦斯抽采泵房内。选 ABCD。

78. **此题易错**。甲烷、氢气、一氧化碳的密度都比空气小，会积聚在巷道的顶部。而硫化氢的密度比空气大，会积聚在巷道的底部。选 ABC。

79. **此题易错**。为保障下井人员的安全，煤矿八类人员下井时，必须携带便携式甲烷检测仪，以随时检测该区域瓦斯浓度的变化。在瓦斯检查方面，光学甲烷检测仪、便携式甲烷检测报警仪、瓦斯监测系统，三者可以起到互相补充的作用，缺一不可。另外，光学甲烷检测仪的检测精度比电子瓦斯测定仪更精确。选 AC 。

80. 严禁采用国家明令禁止的机械化程度低、煤炭资源回收率低、安全无保障、不能实现正规生产系统的采煤方法。因为这些方法存在着重大致灾隐患，有的方法只有一个出口，不满足行人，和工作面通风的需要；有的方法会向采空区供风，采空区附近爆破易引爆瓦斯；有的方法采煤工作面难以采用全负压通风，危及整个矿井的安全生产。选 ABD。

81. 突出预兆主要有以下三个方面：① 煤层结构、构造方面的预兆，如层理紊乱，煤质变软，煤暗淡无光，煤层受挤压，厚度变大，煤层干燥等；② 地压增大的预兆，如来压声响，煤炮声，煤岩开裂，煤壁外鼓，片帮，掉渣，底鼓等；③ 瓦斯及其他方面的预兆，如瓦斯涌出异常、忽大忽小，煤尘增大，煤或气温变冷，打钻喷瓦斯、喷煤等。ABC

82. **此题易错**。《煤矿安全规程》的规定 ，A 项属于区域综合防突，BCD 属于局部综合防突措施。

83. **此题易错**。《煤矿安全规程》的规定，区域综合防突措施主要包括开采保护层、抽采瓦斯和煤层注水。D 项松动爆破属于局部综合防突措施，选 ABC。

84.《煤矿安全规程》第六百八十六条规定，入井人员必须随身携带额定防护时间不低于 30 min 的隔绝式自救器。隔绝式自救器包括化学氧自救器和压缩氧自救器 2 种。选 BC。

85. **此题易错**。矿井局部风量调节的方法有以下 3 种：① 增阻调节法，即在并联网络中，增加风阻小的风路的风阻，从而减小其风路的风量，达到增加另一并联风路风量的目的。② 降阻调节法，即在并联网络中，降低需要增加风量的巷道的风阻，从而达到增加风量的目的。③ 增压调节法，即在风阻大、风量不足的风路上安设辅助通风机(新规程已禁止井下安装)。选 ABC。

86. **此题易错**。《煤矿安全规程》第一百八十条规定，所有采掘工作面、硐室、使用中的机电设备的设置地点、有人员作业的地点都应当纳入检查范围。突出煤层、有瓦斯喷出危险或者瓦斯涌出较大、变化异常的采掘工作面，必须有专人经常检查。选 BD。

87. **此题易错**。光学瓦斯检定器水分吸收管内装的是硅胶或氯化钙。A 项纳石灰吸收二氧化碳，D 项活性炭吸收硫化氢，选 BC。

88. **此题易错**。剃头下山开采是在下山采区未形成完整系统前，组织工作面生产，与开拓准备工作相互干扰大，安全管理困难，存在的安全隐患大，主要有多工种交叉作业，人员工作地集中，通风系统不健全等。选 ABD。

89. 题中 CH_4 是无毒、有爆炸危险的气体。CO、H_2S、SO_2 均有剧毒。选 ABD。

90. 防止瓦斯爆炸灾害扩大的安全装置主要包括防爆门、反风装置、隔爆设施、防火门。此外，优化通风网络及通风系统也是防止瓦斯事故和控制灾害扩大的重要措施。选 ABCD。

判断题答案与解析

1. √	2. √	3. √	4. √	5. ×	6. ×	7. ×	8. ×
9. ×	10. √	11. √	12. √	13. ×	14. ×	15. √	16. √
17. √	18. ×	19. ×	20. ×	21. ×	22. √	23. √	24. √

25. ×	26. √	27. ×	28. ×	29. √	30. √	31. √	32. ×
33. √	34. √	35. √	36. ×	37. √	38. ×	39. ×	40. √
41. √	42. ×	43. √	44. √	45. √	46. ×	47. ×	48. ×
49. √	50. √	51. √	52. √	53. √	54. ×	55. ×	56. √
57. ×	58. √	59. ×	60. ×	61. √	62. √	63. √	64. √
65. ×	66. √	67. ×	68. √	69. ×	70. ×	71. √	72. ×
73. √	74. ×	75. ×	76. ×	77. ×	78. ×	79. ×	80. √
81. ×	82. √	83. √	84. ×	85. ×	86. ×	87. ×	88. ×
89. √	90. √	91. ×	92. √	93. ×	94. √	95. √	96. √
97. √	98. ×	99. ×	100. √	101. ×	102. ×	103. √	104. √
105. ×	106. √	107. √	108. √	109. ×	110. ×	111. √	112. √
113. ×	114. √	115. √	116. √	117. √	118. √	119. √	120. ×
121. ×	122. ×	123. √	124. ×	125. √	126. √	127. √	128. √
129. √	130. √	131. √	132. √	133. √	134. ×	135. √	136. ×
137. √	138. √	139. √					

1. √。热导式瓦斯测定器是一种常见的瓦斯浓度测量仪器，它利用热导原理，通过测量瓦斯对热的传导能力来测定瓦斯浓度。

2. √。AYJ—1型甲烷遥测仪利用载体催化原理，将被测风流瓦斯含量变换成与之成正比的直流毫伏信号，经过电路处理，以载波频分制方式，将井下5个不同地点的风流瓦斯信号用电话线(或专线)传输至井上。

3. √。《煤矿安全规程》第三百五十一条规定，在有瓦斯或者煤尘爆炸危险的采煤工作面可分组装药，但一组装药必须一次起爆。

4. √。掘进工作面回风巷风流中瓦斯和二氧化碳浓度的检查测定，应在回风巷道风流中进行，并取其最大值作为测定结果和处理依据。

5. ×。井下发生火灾时，应现场情况判断火势情况，若火势较大，不能保证人身安全的情况下，应立即撤离，并汇报。

6. ×。**此题易错**。位于煤层之上，具有一定的稳定性，常随着采煤工作面移架或回柱而自行垮落的顶板岩层称为直接顶。

7. ×。急倾斜煤层开采后，煤层顶、底板都有可能沿倾斜方向滑动垮落，对支架稳定性产生影响。

8. ×。在采掘工作面进风流中，空气成分的比例与进风井口地表大气成分比例有所不同，具体表现是氧气浓度有所减少，二氧化碳浓度会增加。

9. ×。氮气是一种惰性气体，无毒但不能供人呼吸。

10. √。氮气无毒，不能助燃，空气中氮气含量过高时，会导致氧气浓度降低，使人缺氧窒息。

11. √。瓦斯按涌出形式不同可分为普通涌出和特殊涌出。

12. √。发生瓦斯爆炸、煤尘爆炸或火灾事故时，都会产生大量的有毒有害气体，应及时佩戴自救器。

13. ×。**此题易错**。过滤式自救器过滤功能单一，已被淘汰。

14. ×。加大风量虽然可以加速瓦斯的排除，但是会使巷道内的高浓度瓦斯在未经充分稀释的情况下排出，遇明火易发生瓦斯爆炸。正确的做法是实际情况适当调整风量。

15. √。瓦斯治理十二字方针是“先抽后采、监测监控、以风定产”。

16. √。隔离式自救器是入井人员在井下发生火灾、瓦斯、煤尘爆炸、煤与瓦斯突出时防止有害气体中毒或缺氧窒息的一种随身携带的呼吸保护器具。

17. √。风门是一种可以控制气流流量和方向的设施，可以隔断巷道风流，确保需风地点的风量要求。

18. ×。当发现有人触电时，应该先切断电源，或者使用绝缘工具将触电者与电源隔离，而不是直接拉他脱离电源。

19. ×。风电闭锁指正常工作的局部通风机停止运转停风后或者风筒中风速低于规定值时，能切断供风区内全部非本质安全型电气设备的电源，并闭锁。

20. ×。自救器要注意保养，需定期检查。
21. ×。《煤矿安全规程》第四百七十一条规定，严禁矿灯使用人员拆开、敲打、撞击矿灯。
22. √。为了保障人员在井下工作安全，井下每一水平到上水平都必须有2个便于行人的安全出口。
23. √。煤层内的煤矸石氧化或地下水与煤层反应会产生一氧化碳气体。
24. √。矿井通风的基本任务是：供给井下足够的新鲜空气，满足人员对氧气的需要；冲淡井下有害气体和粉尘，保证安全生产；调节井下气候，创造良好的工作环境。
25. ×。瓦斯无毒，人处在瓦斯浓度较高的环境中时，会使人窒息。
26. √。瓦斯比空气轻，积聚在巷道顶部、冒落空间和上山掘进工作面。
27. ×。瓦斯爆炸浓度的上、下界限与爆炸环境因素有关，如温度、压力、氧气浓度等。
28. ×。煤炭自然发火前的氧化还原反应，会产生 CO。
29. √。**此题易错**。煤层倾角变大，瓦斯会沿着某些透气性较好的岩层向上泄放，瓦斯含量会变小。
30. √。背斜构造和穹隆构造由于地层的变形和压缩，这些地形的轴部和顶部往往会形成裂隙和孔隙，特别是当上部的岩层透气性差或含水充分时，往往积聚高压的瓦斯。
31. √。氮气属于惰性气体，向火区注氮，可将燃烧物与空气隔绝开来，达到使燃烧窒息的目的。
32. ×。矿井的通风系统是一个复杂的系统，除了主要通风机之外，还包括支路通风机、风门、风道等多个部分，这些部分的运行状态也会影响矿井的通风效果。
33. √。《煤矿安全规程》第一百六十三条规定，掘进巷道必须采用矿井全风压通风或者局部通风机通风。
34. √。矿井反风是为了使矿井灾变时，尤其是发生火灾事故时缩小灾害波及范围，使可能受影响地区的人员能够有充分的时间按避灾路线撤至地面，从而减少因火灾等事故而带来的人员伤亡。
35. √。《煤矿安全规程》第一百六十四条规定，压入式局部通风机和启动装置安装在进风巷道中，距掘进巷道回风口不得小于10 m。
36. ×。**此题易错**。压入式局部通风机向掘进工作面有供风时，会产生循环风，会导致有毒有害气体和粉尘的浓度会越来越大。
37. √。井下通风设施与矿井漏风量和有效风量有直接关系。
38. ×。煤矿使用的安全炸药和毫秒延期雷管，爆炸时也会产生火焰，为防止因爆破引起瓦斯或煤尘爆炸，应采取安全爆破措施，对封泥长度、延期时间等做了严格要求。
39. ×。在巷道内测定瓦斯浓度时，应将检测仪器的进气管口置于巷道断面的上部。
40. √。一般情况下，煤的变质程度越高，煤层瓦斯含量越大。
41. √。《煤矿安全规程》第三百四十七条规定，爆破作业必须执行“一炮三检”和“三人连锁爆破”制度。
42. ×。**此题易错**。光学瓦斯检定器由电路、光路和气路三大系统组成。
43. √。光学瓦斯检定器发生零位漂移，会造成测定结果不准或错误。发生零位漂移的原因是仪器空气室内的空气不新鲜，或者“对零”时的地点与待测地点的湿度和压力相关较大。
44. √。火灾的三要素是助燃物、可燃物、着火源。
45. √。矿井火灾分为内因火灾和外因火灾，煤层自然发火形成的火灾属于内因火灾。
46. ×。采煤工作面瓦斯浓度的测定，每个测点应连续测定3次，取其最大值作为测定结果。
47. ×。掘进工作面风流是指掘进工作面到风筒出风口这一段巷道空间中的风流。
48. ×。掘进工作面回风流是指风筒出风口至局部通风机供风巷道的风流汇合处这一段掘进巷道空间内的风流。
49. ×。**此题易错**。掘进工作面瓦斯和二氧化碳浓度的测定，每一测点应连续测定3次，取其取最大值作为测定结果和处理依据。
50. √。为了检测人员的安全，检测掘进巷道风流中的瓦斯浓度，应由外向里依次进行。
51. √。瓦斯比空气轻，易积存在空间上部，CO_2 比空气重，易积存在空间下部。因此上山巷道应注意检查瓦斯，下山巷道应注意检查 CO_2。
52. √。在停风时间较长或瓦斯涌出量较大的盲巷检测瓦斯或其他有害气体浓度时，由于存在一定的危险性，应该采取两人一起入内检查的措施，以确保安全。两人一前一后，边检查边前进，可以相互照应，及时发现问题并采取措施，避免发生意外。

53. √。在停风时间较长或瓦斯涌出量较大的盲巷，瓦斯浓度容易超标，同时还可能存在氧气浓度下降，其他有害气体（一氧化碳、二氧化碳）升高的现象，应一并检查。

54. ×。检测高冒地点、采煤工作面上隅角的瓦斯时，要站在支护完好的地点，由低到高逐渐向上检查，检查人员的头部切忌超越检查的最大高度，以防缺氧窒息。

55. ×。**此题易错**。当两条平行巷道间距小于 20 m 时，其中一条巷道内进行爆破各作业，应通知相邻巷道工作面的作业人员撤到安全地点。

56. √。光学瓦斯检定器利用光干涉原理进行气体检测，它通过测量气体中的折射率变化来判断气体的浓度。

57. ×。光学瓦斯检定器除了能测定瓦斯浓度，还可测定二氧化碳的浓度。

58. √。光学瓦斯检定器属于精密仪器，需要在干燥的环境下存放，以免受潮受损。同时，为了避免电池长时间放置导致电池漏液，影响仪器的使用寿命，不用时应取出电池。

59. ×。一般情况下，煤层倾角越大，瓦斯含量越小。

60. ×。在巷道内测定二氧化碳浓度时，应将检测仪器的进气管口置于巷道断面的下部。

61. √。为了保证测定的准确性和可靠性，瓦斯或二氧化碳浓度的测定应该在矿井总回风或一翼回风巷的测风站内进行。

62. √。回风流汇合稳定后，风流中的气体浓度分布相对均匀，在这个地方测定，结果更加准确可靠。

63. √。在测定巷道风流中瓦斯浓度时，为了减小误差，应该连续测定 3 次，并取其平均值作为最终结果。

64. √。在测定巷道风流中二氧化碳浓度时，为了减小误差，应该连续测定 3 次，并取其平均值作为最终结果。

65. ×。倾斜煤层长壁采煤工作面的上隅角是瓦斯检测的重点部位。

66. √。矿井火灾事故中，由于燃烧产生了大量 CO，CO 能够与血红蛋白结合，导致血红蛋白不能与氧结合，从而引起 CO 中毒。据统计，火灾事故多数遇难者死于 CO 中毒。

67. ×。统计，煤尘爆炸事故中，多数遇难者死于 CO 中毒。

68. √。引爆热源温度越高，说明热能越大，煤尘与空气混合物的温度也会升高，从而使煤尘爆炸的强度越大。

69. ×。**此题易错**。《煤矿安全规程》第一百四十三条规定，停掘的工作面必须保持正常通风，设置栅栏及警标，每班必须检查风筒的完好状况和工作面及其回风流中的瓦斯浓度，瓦斯浓度超限时，必须立即处理。

70. ×。使用光学瓦斯检定器下井检测瓦斯之前，应在井上进行“仪器校准”，在井下待测地点进风流中进行“仪器对零”。

71. √。《煤矿防灭火细则》第二十三条规定，采掘工作面的进风和回风不得经过采空区或者冒顶区。

72. ×。瓦斯检查工的主要职责是进行瓦斯检测和监测，绘制监测系统示意图不属于瓦斯检查工的职责。

73. √。瓦斯检查工必须在井下指定地点交接班，掘进工作面交接班的地点应在局部通风机处。

74. ×。交班时，如果下一班瓦斯检查工未到班，交班瓦斯检查工必须请示值班领导，由值班领导决定是由交班瓦斯检查工继续进行下一班的瓦斯检查工作，还是另派瓦斯检查工。无论采取何种方式，都不能造成空班漏检现象。

75. ×。**此题易错**。全风压地点出现瓦斯超限或特殊情况需要排放时，由矿总工程师组织编制措施，并组织排放。

76. ×。煤矿井下栅栏或密闭应设在离巷道口小于 2 m 的支护完好、四周煤岩坚固的地方。

77. ×。设置了栅栏的盲巷，还要设置有瓦斯检查牌和警戒牌。

78. ×。矿用风筒必须满足阻燃和抗静电的双重要求。

79. ×。低瓦斯矿井每 2 年应当进行一次高瓦斯矿井等级鉴定，高瓦斯、突出矿井应当每年测定和计算矿井、采区、工作面瓦斯（二氧化碳）涌出量，并报省级煤炭行业管理部门和煤矿安全监察机构。

80. √。为确保测量结果的准确性和安全性，测定风量时应在距交叉口 20 m 以外的一段平巷内进行。

81. ×。在瓦斯检查时，每个地点至少要连续测定3次。

82. √。在台阶式采煤时，由于煤层倾角较大，瓦斯易在台阶角处积聚，因此应重点检查台阶角处的瓦斯，以确保采煤安全。

83. √。无论煤层倾角大小，采煤工作面在下行通风时都应该检查下隅角处的瓦斯，以确保矿井通风安全。

84. ×。在倾角较大的下山盲巷中，应重点检查二氧化碳浓度。

85. ×。瓦斯检查工作需要有一定的工作年限，具备专业知识和技能，并经过专门的培训和考核，获得相应的资格证书才能担任瓦斯检查工作。

86. ×。每班检查2次瓦斯的地点，间隔时间在3～5 h。

87. ×。瓦斯检查牌板填写内容包括：检查地点名称、瓦斯及二氧化碳浓度、其他有害气体浓度、温度、检查日期、班次、时间、次数、瓦斯检查工姓名等。

88. ×。瓦斯检查工的仪器坏了，应该立即出井更换仪器，更换仪器后应经过调校和调零，方能进行检测工作。

89. √。《煤矿安全规程》第一百七十三条规定，采掘工作面及其他作业地点风流中的甲烷浓度达到1.5%时，必须停止工作，切断电源，撤出人员，进行处理。

90. √。《煤矿安全规程》第四百九十八条的规定，采煤工作面回风巷安设的甲烷传感器的报警浓度和断电浓度均为≥1%。

91. ×。采用串联通风时，被串联通风的局部通风机进风流中甲烷浓度不超过0.5%。超过0.5%时，应停止局部通风机运转，待降至安全范围内再重新启动。

92. √。采掘工作面及其他巷道内，体积大于0.5 m^3 的空间内积聚的甲烷浓度达到2.0%时，附近20 m内必须停止工作，撤出人员，切断电源，进行处理。

93. ×。无瓦斯涌出的掘进工作面，可以采用局部通风机通风或者全风压导风。压缩空气通风属于辅助通风。

94. √。分工区域内一旦发生灾害事故，应负责组织遇险人员自救、互救、安全脱离险区，是瓦斯检查工在灾害事故中的责任和职责。

95. √。不仅是瓦斯检查工，企业职工都有权对危害的安全行为，提出批评、检举、控告。

96. √。"一炮三检"是指在采掘工作面进行爆破作业时，装药前、爆破前、爆破后分别由瓦斯检查工检查爆破地点附近风流中的瓦斯浓度。

97. √。负责对分工区域内通风、防尘、防火、防突、安全检测及"一通三防"安全设施的使用情况和工作状态进行检查、维护与管理，是瓦斯检查工的职责之一。

98. ×。**此题易错**。备用采煤工作面风量，不低于采煤时实际需要风量的50%。

99. ×。长度不超过6 m，入口宽度不小于1.5 m的巷道，可以采用扩散通风。

100. √。《煤矿安全规程》第一百五十条条规定，开采有瓦斯喷出、有突出危险的煤层或者在距离突出煤层垂距小于10 m的区域掘进施工时，严禁任何2个工作面之间串联通风。

101. ×。**此题易错**。《煤矿安全规程》第三百五十二条规定，在高瓦斯矿井采掘工作面采用毫秒爆破时，若采用反向起爆，必须制定安全技术措施。

102. ×。**此题易错**。在开采突出煤层或石门揭穿突出煤层时，每个采掘工作面的专职瓦斯检查工应该进行定点检查，而不是巡回检查。

103. √。煤层瓦斯含量是影响瓦斯涌出量的决定因素，被开采的煤层原始瓦斯含量较高时，瓦斯涌出量就大。

104. √。排放瓦斯时，在启动局部通风机后，需要检查是否有循环风，即通风机是否正常运行并有效排放瓦斯。这样可以确保排放安全，降低瓦斯爆炸的危险性。

105. ×。**此题易错**。矿井瓦斯喷出是指从煤体或岩体裂隙、孔洞或炮眼中大量瓦斯异常涌出的现象。

106. √。轴流式通风机可以采取反转反风。通过调换电动机电源的任意两相接线，使电动机改变转向，从而改变通风机叶轮的旋转方向，使井下风流反向。

107. √。通过在煤层中注入水，可以增加煤体的饱和度和孔隙度，使煤体内部的压力得到缓解，从而减少煤与瓦斯突出的风险。

108. √。瓦斯和煤尘是常见的易燃易爆物质，当这两种物质同时存在，并且达到一定的浓度范围时，极易引发爆炸。特别是当瓦斯浓度升高时，煤尘的爆炸下限会相应降低，这意味着在较低的煤尘浓度下也可能发生爆炸，从而增加了爆炸的风险。

109. ×。**此题易错**。采煤工作面回风巷风流中的瓦斯和二氧化碳浓度，应在距工作面煤壁线 10 m 以外的回风巷风流测定，并取其最大值为测定结果和处理标准。

110. ×。**此题易错**。爆破前，必须检查爆破地点附近 20 m 以内风流中的甲烷浓度。

111. √。预防和处理瓦斯层状积聚的方法之一，是使风速大于 0.5～1.0 m/s，以便瓦斯与空气充分紊流混合，并随风流排出。

112. √。煤是一种多孔矿物，可以吸附瓦斯。随着温度的升高，煤的孔隙结构会发生变化，吸附瓦斯的能力会降低。

113. ×。测定瓦斯浓度时，应在距巷道顶板 200～300 mm 处的风流中测定。

114. √。巷道风流划分的原则，有支架的巷道的风流应为距支架和巷底各为 50 mm 的巷道空间的风流，这样可以保证风流的通畅，避免支架对风流的阻碍。

115. √。巷道风流划分的原则，无支架的巷道的风流应为距顶、距帮和距底各 200 mm 的巷道空间的风流。

116. √。如果煤层瓦斯压力过高，贸然采动会导致煤与瓦斯突出，造成事故。因此，抽放瓦斯的目的之一就是降低煤层瓦斯压力，防止煤与瓦斯突出。

117. √。在测定巷道风流中瓦斯浓度时，因为瓦斯相对较轻，通常应该选择在风流断面的上部进行测定，为了获取更准确的测量结果，一般连续测定 3 次，取测定值的平均值。

118. √。排放瓦斯后，必须等待甲烷浓度稳定 30 min 后，甲烷浓度没有变化，且停风区中最高甲烷浓度不超过 1.0%和最高二氧化碳浓度不超过 1.5%，且局部通风机及其开关附近 10 m 以内风流中的甲烷浓度都不超过 0.5%时，方可人工开启局部通风机，恢复正常通风。

119. √。《煤矿安全规程》第一百六十四条规定，不得使用 1 台局部通风机同时向 2 个及以上作业的掘进工作面供风。

120. ×。测定下部混合气体浓度，减去下部瓦斯浓度，再乘校正系数 0.955，即为该处二氧化碳的浓度。

121. ×。测定下部混合气体浓度，减去下部瓦斯浓度，再乘校正系数 0.955，即为该处二氧化碳的浓度。

122. ×。这种方法并不能解决上隅角瓦斯积聚的问题，因为电动小风机只能起到稀释作用，无法消除瓦斯积聚的根本原因。

123. √。因为顶煤坚硬，使用爆破强制放顶的方法填充上下隅角空塘。由于爆破可能引发火焰并将火焰引入采空区，引爆积聚的瓦斯，因此存在重大的安全隐患。

124. ×。扩散通风适用于深度不超过 6 m，入口宽度不小于 1.5 m，并且无瓦斯涌出的盲巷或硐室。

125. √。空气中矿尘浓度越大，人吸入的矿尘越多，尘肺病发病率就越高，因此为了保障作业人员的健康，应当采取综合防尘措施。

126. √。松动爆破是指在煤层底板或煤柱上进行爆破，使其松动、破碎，从而减小突出危险。

127. √。掘进巷道具有封闭性和狭窄性的特点，使用扩散通风的效果不佳，容易造成空气污染和安全事故。因此，井下掘进巷道不得采用扩散通风。

128. √。对于装有风电闭锁装置的掘进工作面，电气设备的总开关与局部通风机开关是闭锁起来的。当局部通风机停止运转停风后，能切断供风区内全部非本质安全型电气设备的电源，并实现闭锁。

129. √。压缩氧自救器是一种可重复使用的紧急逃生装备，使用后需要进行维护和保养，包括重新充氧和更换二氧化碳吸收剂。

130. √。掘进工作面回风巷风流中瓦斯和二氧化碳浓度的测定，应在回风巷道风流中进行，并取其最大值作为测定结果和处理依据。

131. √。矿井瓦斯监测系统一般由地面中心站、井下工作站、信息传输系统和监测传感器等部分组成。

132. √。禁止使用震动爆破揭穿突出煤层。

133. √。《煤矿安全规程》第一百五十二条规定，有突出危险的采煤工作面严禁采用下行通风。
134. ×。《煤矿安全规程》规定，井下空气中 CO 的浓度不得超过 0.0024%。
135. √。井下爆破时会产生多种有害气体，包括 NO_2、CO、CO_2、H_2S 和 SO_2 等。
136. ×。当瓦斯浓度为 9.5%时，爆炸威力最大。
137. √。煤尘爆炸时，对于结焦煤尘会产生焦炭皮渣与粘块黏附在支架、巷道壁或煤壁等处，它可以用来判断是煤尘爆炸还是瓦斯爆炸。
138. √。使用化学氧自救器时，首先要呼吸几次，使呼出的 CO_2 和水汽与生氧剂反应生成氧气，这样才能保证自救器内的氧气充足，确保呼吸正常。
139. √。《煤矿安全规程》第五百零三条规定，主要通风机、局部通风机应当设置设备开停传感器。主要风门应当设置风门开关传感器。

参考文献

[1] 尹森山.煤矿瓦斯检查作业[M].徐州:中国矿业大学出版社,2014.

[2] 王作伦.煤矿瓦斯检查作业安全培训教材[M].徐州:中国矿业大学出版社,2016.

[3] 王永湘.煤矿瓦斯检查作业[M].北京:应急管理出版社,2019.

[4] 周连春,王滨.煤矿瓦斯检查作业安全培训教材[M].徐州:中国矿业大学出版社,2015.

[5] 张晓军,穆三奴,宋明明.煤矿岗位作业流程标准化建设指南[M].北京:应急管理出版社,2022.

[6] 国家安全生产应急救援指挥中心.矿山事故应急救援典型案例及处置要点[M].北京:应急管理出版社,2018.

[7] 杜计平,孟宪锐.采矿学[M].徐州:中国矿业大学出版社,2014.

[8] 张国枢.通风安全学[M].徐州:中国矿业大学出版社,2021.

[9] 本书编写组.《煤矿安全生产标准化管理体系基本要求及评分方法(试行)》达标指南[M].北京:应急管理出版社,2020.

[10] 纪晓峰,谢耀社.《煤矿重大事故隐患判定标准》应用指南[M].北京:地质出版社,2021.

[11] 袁亮.煤矿安全规程解读[M].北京:应急管理出版社,2022.

[12] 中华人民共和国应急管理部,国家矿山安全监察局.煤矿安全规程[M].北京:应急管理出版社,2022.

[13] 本书编写组.《煤矿安全规程》实施指南[M].北京:应急管理出版社,2022.

[14] 杜运夯,孙小林,陈小国.《煤矿防治水细则》专家解读[M].徐州:中国矿业大学出版社,2018.

[15] 国家煤矿安全监察局.防治煤与瓦斯突出细则[M].北京:煤炭工业出版社,2019.

[16] 国家矿山安全监察局.煤矿防灭火细则[M].北京:应急管理出版社,2021.

[17] 国家煤矿安全监察局.防治煤矿冲击地压细则[M].北京:煤炭工业出版社,2018.

[18] 宁廷全.瓦斯检查员[M].北京:煤炭工业出版社,2008.